电玩具安全及电气产品 EMC 检测技术

梁澄波　周　毅　周海波　**编著**
谢晋雄　**主审**

中国质检出版社
中国标准出版社
北　京

图书在版编目(CIP)数据

电玩具安全及电气产品 EMC 检测技术 / 梁澄波，周毅，周海波编著 . —北京：中国标准出版社，2015.10

ISBN 978 - 7 - 5066 - 8061 - 5

Ⅰ.①电…　Ⅱ.①梁…②周…③周…　Ⅲ.①电子玩具—安全检查②电气设备—产品安全性能—安全检查　Ⅳ.①TS958.2②TM08

中国版本图书馆 CIP 数据核字（2015）第 230870 号

中国质检出版社
中国标准出版社　出版发行

北京市朝阳区和平里西街甲 2 号（100029）
北京市西城区三里河北街 16 号（100045）
网址：www.spc.net.cn
总编室：(010) 68533533　发行中心：(010) 51780238
读者服务部：(010) 68523946
中国标准出版社秦皇岛印刷厂印刷
各地新华书店经销

*

开本 787×1092　1/16　印张 23.25　字数 517 千字
2015 年 10 月第一版　2015 年 10 月第一次印刷

*

定价 60.00 元

编审人员名单

主编 梁澄波

主审 谢晋雄

编委 （按姓氏笔画为序）
周海波   周 毅   梁澄波

前　言

我国是全世界最大的玩具生产基地和消费大国，产品主要出口到欧美国家及内销，其中电玩具占玩具总量的40%以上，随着科技的发展这一比例还在逐年增加。根据多年来大量的检验积累以及欧美国家的不合格玩具回收信息显示，20%以上的电玩具均存在不同程度的安全隐患，严重的甚至会危及使用者的生命健康和财产安全，影响出口创汇。为此，欧美国家及我国对电玩具都分别制定了严格的市场准入制度和安全标准。另外，电玩具检测除了要考虑电安全要求外，还涉及电磁兼容（EMC）检测。

随着信息技术的迅猛发展，电子电气设备的使用越来越广泛，结构越来越复杂，工作频率也有越来越高的趋势。在地铁、图书馆、餐饮商店、超市和写字楼等地方，到处都可以看到使用智能手机和平板电脑登录无线局域网的人们，到处都可以看到使用近场通信设备刷卡消费的场景。然而，由于芯片的处理速度越来越快，信号的收发频率越来越高，线缆的传输速度越来越快，设备内部与设备之间的电磁兼容问题也逐渐凸显出来。

EMC 包括 EMI（Electromagnetic Interference，电磁干扰）和 EMS（Electromagnetic Susceptibility，电磁敏感度）两方面的内容。简而言之，EMC 就是在某一电磁环境中，任何设备、分系统和系统都应该不受干扰且不干扰其他设备。EMC 包括两个方面的要求：一方面是指设备在正常运行过程中对所在环境产生的电磁干扰不能超过一定的限值;另一方面是指设备对所在环境中存在的电磁干扰具有一定程度的抗扰度。

本书讲解了电玩具安全及电气产品 EMC 检测的相关基础知识,比对了各国的测试标准要求,讨论了相关检测方法,并通过实际案例分析研讨了相关的关键检测项目,可帮助读者系统深入地了解相关的检测技术。

本书可作为电玩具及电气产品生产企业的设计、品质控制技术人员及相关检测行业技术人员的培训教材,也可以作为大、中专院校相关专业学生的参考书。

本书共分三部分,其中第一部分为电玩具安全检测技术,由梁澄波编写;第二部分为电玩具的 EMC 检测,由周毅编写;第三部分为电气产品 EMC 检测技术,由周海波编写。全书由梁澄波统稿。

本书经深圳出入境检验检疫局玩具检测技术中心谢晋雄研究员审稿,并提出了宝贵的意见和建议,在此谨表示衷心的感谢。

由于电玩具安全和电气产品 EMC 检测内容丰富,发展迅速,再加上编者水平有限,书中不妥之处在所难免,恳请读者批评指正。

编著者

2015 年 8 月

目　录

第一部分　电玩具安全检测技术

第二部分　电玩具的 EMC 检测

第三部分　电气产品 EMC 检测技术

第一部分

电玩具安全检测技术

第一章　电玩具安全技术要求及测试方法

第一节　欧盟电玩具安全技术要求

一、概述

出口到欧盟的所有电玩具应符合欧盟玩具安全标准 EN 62115《Electric toys – Safety》(以下称本标准)。

所谓电玩具,是指至少有一种功能需要用电的玩具,该功能可是玩具的主要功能,也可是玩具的非主要功能。上述"电"是指所有类型的电池和电源,也就是说只要玩具中使用了"电",就在该标准的检测范围内。

额定电压超过 24V 的单独屏幕、玩具的变压器和电池充电器不属于玩具。此外,本标准不适用于下述产品:玩具蒸汽机、供成人收藏的比例模型、民间玩偶和装饰玩偶以及其他供成人收藏的类似物品、体育器械、供深水中使用的水下器械、游乐场上供集体使用的器械、娱乐器具(IEC 60335 – 2 – 82)、装在公共场所(商业中心、车站等)的专业性玩具、包含发热元件并预期在成人监督下使用的教学用产品、儿童感兴趣的可移式灯具(IEC 60598 – 2 – 10)、圣诞装饰品。

电玩具除了应符合本标准的安全要求外,还应符合欧盟玩具安全标准 EN 71 中有关机械物理性能、燃烧性能、元素转移以及相关 EMC 性能等安全要求。下述内容是对本标准技术要求的分析。

二、试验的一般条件

1. 标准技术要求(对应本标准第 5 章)

下述定义适用于本条款:

电池玩具:包含或使用一个或多个电池,并将其作为电能唯一来源的玩具。变压器玩具:通过一个玩具变压器和供电电网相连接,并将其作为电能唯一来源的玩具。双电源玩具:能同时或交替当作电池玩具和变压器玩具使用的玩具。电池盒:可以从玩具上拆卸的、用于容纳电池的单独盒子。玩具用变压器:专门设计用于向工作电压不超过 24 V 安全特低电压的玩具供电的安全隔离变压器。额定电压:由生产商为玩具指定的电压。可拆卸部件:不借助于工具就可移取或打开的部件,用玩具附带的工具能移取或打开的部件,或按使用说明(书)给定的方法即使需要工具才能移取或打开的部件。

3

下述内容为标准的主要技术要求：

1.1 在最不利的情况下，进行本标准要求的所有试验。

当玩具在预定或可预见方式进行使用时，将玩具或任何可移动部件放置在最不利的位置进行试验。打开或移去电池室的盖，拆除或保留其他可拆卸部件，取其中更不利的情况。如果玩具上的开关或控制器的设定能由使用者改变，则将这些装置的设定调至其最不利的状态进行试验。对于双电源玩具，评估每个试验的供电方式，用结构允许的最不利电源进行试验。电池玩具使用新的不可充电电池或满充的可充电电池进行试验，取其中较不利的情况。

1.2 如果玩具预期由儿童进行装配，本标准的要求适用于每个能由儿童装配的部件和装配后的玩具。如果玩具由成人装配，本标准的要求只适用于装配后的玩具。

1.3 除非结构上能确保极性正确，否则电池玩具也要在极性颠倒的情况进行试验。图1－1所示的玩具电池腔，其结构能保证极性正确，反装不能导通，该玩具不需要在极性颠倒的情况进行本标准要求的试验。

1.4 试验开始之前，按照 EN 71 的下述要求对样品进行预处理，其后，不检查是否符合 EN 71 的要求，而检查是否会产生有违本标准要求的缺陷：8.5 跌落试验，含电池在内的重量不超过 5 kg 的玩具；8.21 静态强度试验，供

图1－1 不能反接的电池腔结构

坐下或站立的玩具；8.22 动态强度试验，有轮的骑乘玩具；8.4.2.1 拉力试验，然而，该拉力是与尺寸和适用的年龄组无关的 70N 的力；8.4.2.2 拼缝拉力试验，其电池或电气部件被纺织品或其他柔性材料覆盖的玩具。

2. 标准分析

本标准第 5 章为试验的一般条件，其目的是规定玩具安全测试的试验顺序、条件和预处理要求等，使得检测结果尽可能少的受到主观因素的影响，在对不同类型电玩具进行测试时，结果准确，保证玩具对使用者而言是安全的。

在上述标准要求中多次提及"按其中最/更不利情况进行测试/选择"，下列内容对应标准条款要求，对"最不利情况"作分析。

对由儿童进行装配的玩具，装配前或后，选择其中"更不利情况"对玩具进行试验。例如，在玩具装配前，其部件的不同电极间绝缘能被标准规定的直钢针短路，而装配完成后不能短路，则应对装配前的玩具进行测试；又如，玩具在装配后，其负载比装配前大，可能产生更大的温升，应选择装配后的玩具进行测试。

对拆除或保留玩具的可拆卸部件，取其中更不利的情况对玩具进行试验。例如，电池腔的盖应拆除，因为在测量温升时，电池表面的温度比电池腔盖表面的温度更高，将产生更不利的测试结果；又如，飞机螺旋桨应保留，因为在测量温升时有螺旋桨的玩具飞机将产生更

大的阻力,使电机和电池的表面温度更高,产生更不利的测试结果。如果不能确定拆除或保留玩具的可拆卸部件二者的更不利测试结果,则应对两种情况分别进行测试,对比试验结果后,选其更不利的情况作为最终测试结果。

此外,条款 5.15 规定在本标准试验开始之前,按 EN 71 的相关条款对玩具进行预处理,其后,不检查是否符合 EN 71 的要求,而评估玩具是否会产生有违本标准要求的缺陷。因此,在进行上述滥用试验前,应检查玩具的内部结构,以确定滥用测试的位置,然后有针对性的对玩具进行滥用试验;例如,对内部有发热元件的玩具,如果该发热元件可触及将导致本标准第 9 章表面温升测试不合格,则对发热元件的保护外壳进行拉力测试;又如,如果玩具内部电路变得可触及,将导致玩具在进行 9.4 短路温升测试不合格,则重点对该部位进行滥用试验。在实际检测工作中,有很多外壳薄弱的电玩具,如果不进行上述预测试而直接进行本标准的正式试验,该玩具符合本标准的要求;但是,经上述预测试后再进行正式试验,则导致该玩具不符合本标准的要求,这一点是生产设计和安全检测期间应注意的。

三、减免测试项目的预测试

1. 标准技术要求(对应本标准第 6 章)

对某些玩具,如果满足条款 6.1 或 6.2 的条件,则没有必要进行本标准规定的所有试验。

6.1　不同极性部件之间的绝缘短路后仍符合第 9 章要求的玩具,被认为也符合第 10 章、第 11 章、第 12 章、第 15 章和第 18 章。短路依次施加在所有易于击穿和可用软电线进行短路的绝缘上。

6.2　如果电池玩具满足下列情况,则认为符合第 9 章(9.3 和 9.6 除外)、第 10 章、第 11 章(11.1 除外)、第 12 章、第 15 章和第 17 章至第 19 章:不同极性部件之间的可触及绝缘不能被直径为 0.5 mm、长度至少为 25 mm 的直钢针桥接,而且玩具处于非工作状态,在任何限流装置短路的情况下,用 1 Ω 的电阻连接在玩具电源接线端子之间 1 s 后测得的玩具电池两端之间的总电压值不超过 2.5 V。

2. 标准分析

上述标准要求的目的是通过测量,确定玩具供电电源能量的大小,对供电能量不超过上述标准要求的玩具,则认为其不会产生有违本标准相关条款的危害,并符合这些条款的要求,以减免相关测试,提高工作效率。

1)条款 6.1 适用于包括电池、变压器及双电源玩具在内的所有电玩具。标准要求对玩具中所有易于击穿和可用软电线进行短路的不同极性部件间绝缘依次进行短路,也就是说可用软电线对玩具电源的绝缘进行短路,而对电源进行短路可能会导致玩具相关部件/电池表面产生最大温升。

对电池玩具的电源/电池进行短路时,绝大部分类型电池的表面温升会远超过标准要求,同时,电池会产生漏液、破裂甚至爆炸等有害情况。因此,大部分电池玩具不适合于本条款的减免测试条件。但是,扣式电池的能量是有限的,当对其进行短路时,大部分扣式电池的表面温升不会超过标准要求。因此,根据实际检测结果,检查以扣式电池作为唯一电源的电池玩具是否适合本条款的减免测试条件。

对变压器玩具内的电源输入端绝缘进行短路,实际上是短路玩具用变压器的输出端,这将导致玩具用变压器的表面温升增加。但是,本标准第1章范围中已经明确指出,玩具变压器不属于玩具,因此,当短路变压器玩具内的电源输入端绝缘时,只对玩具的可触及表面进行温升测试,在这种情况下,玩具的表面温升一般不会超过标准要求。除玩具内的电源输入端绝缘外,还应对变压器玩具内其他不同极性部件间绝缘依次进行短路,根据实际检测结果,检查变压器玩具是否适合本条款的减免测试条件。

对双电源玩具,选择上述两种类型玩具中可能产生更不利情况的检测结果,作为检查该玩具是否适合本条款的减免测试条件的最终结果。

2)条款6.2适用于电池玩具,要适合本条款的减免测试条件应同时符合两个条件,一是可触及的不同极性部件之间的绝缘不能被标准规定的直钢针桥接,二是用1 Ω的电阻连接在玩具电源接线端子之间,1 s后测得的玩具电池两端之间的总电压值不超过2.5 V。

要检查是否符合上述第一个条件,首先将玩具的可拆卸部件(如电池腔的盖)拆除或打开,以正确的方式装入电池,然后检查玩具有无可触及的不同极性部件(如电池连接触片),如果没有可触及的不同极性部件,则认为玩具符合该条件;如果有可触及的不同极性部件,用直径为0.5 mm、长度至少为25 mm的笔直钢针,在不施加外力只保持直钢针在位的情况下,以不同的角度和位置检查直钢针是否能将玩具可触及的不同极性部件桥接/短路,以确定玩具是否符合该条件。图1-2的左图和中图是两种能被标准规定的直钢针短路不同电极间绝缘的玩具电池盒结构,右图是不能被短路的规范的电池盒结构。

图1-2 电池盒的结构

要检查是否符合上述第二个条件,首先将电池玩具的可拆卸部件打开,以正确的方式装入电池,检查玩具有无限流装置,如果有,将其短路;用导线把1Ω电阻连接到玩具电源/电池输出接线端之间,然后用示波器观察记录在电源与该电阻建立连接1s时,电池两端电压波形,记下其电压值,如果总电压值不超过2.5 V,则符合该条件的要求。

3. 测试仪器

条款 6.1:表面温度数据采集器如图 1-3 所示。

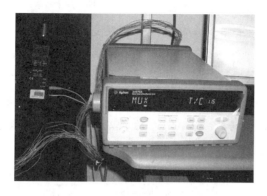

图 1-3　表面温度数据采集器

条款 6.2:示波器及 1Ω 电阻如图 1-4 所示。

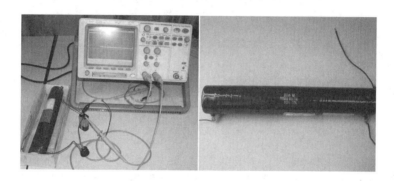

图 1-4　示波器及 1Ω 电阻

四、电玩具的标志和说明

1. 标准技术要求(对应本标准第 7 章)

下述定义适用于本条款:

电池玩具:包含或使用一个或多个电池,并将其作为电能唯一来源的玩具。电池可以在电池盒内。变压器玩具:通过一个玩具变压器和供电电网相连接,并将其作为电能唯一来源的玩具。双电源玩具:能同时或交替当作电池玩具和变压器玩具使用的玩具。电池盒:可以从玩具上拆卸的、用于容纳电池的单独盒子。可更换的电池:不用破坏玩具就可以更换的电池。额定电压:由生产商为玩具指定的电压。额定输入功率:由生产商为玩具指定的输入功率。额定电流:由生产商为玩具指定的电流。如果玩具没有指定的电流,本标准的额定电流是指玩具在额定电压下正常工作时所测得的电流。

对电玩具的具体技术要求从本标准第 7 章开始,下列内容对应标准相关条款的要求:

7.1　玩具或其包装上应有下述标志:制造厂或责任承销商的名称、商标或识别标记;型号或规格。

7.1.1 用可更换电池的电池玩具应有下述标志:电池的标称电压,在电池腔内或其外表面上;直流电符号,如果玩具有电池盒。如果使用一个以上电池,电池腔应标记尺寸成比例的电池形状及其标称电压和极性。

7.1.2 变压器玩具应有下述标志:额定电压(单位:V);直流电或交流电符号;额定输入功率(单位:W 或 V·A),如果该功率大于 25 W 或 25 V·A;玩具用变压器的符号,该符号也应标记在包装上。额定电压的标志及交流电或直流电的符号应标记在接线端子附近。

7.1.3 双电源玩具的标志应符合对电池玩具及变压器玩具的标志要求。

7.2 可拆卸灯的识别符号应标记:灯的额定电压和型号;或最大输入功率;或最大电流。

7.3 当使用符号时,应按下述要求标记:

═══ 直流电;∿ 交流电;☀ 灯;⊡ 变压器玩具符号。

物理量单位和相应的符号应是国际标准体系中的符号。

7.4 如果清洁和保养对于玩具的安全操作是必要的,则应在说明(书)中提供有关的详细要求,并应声明:应定期检查玩具用的变压器和电池充电器的电线、插头、外壳和其他部件的损坏;如果出现此类损坏,应对该变压器和电池充电器进行修理,直至损坏消除,方可与玩具一起使用。

在下列情况下玩具应提供组装说明(书):如果预定由儿童装配的;如果该说明(书)对玩具的安全操作是必须的。如果玩具预定由成人装配,则应声明。

变压器玩具和含电池盒的玩具,其说明(书)应声明:玩具不能连接多于推荐数量的电源。

带有无连接方法的导线的玩具,其说明(书)应声明不可将其插入插座中。

可更换电池的电池玩具,其说明(书)在适用时应包含下述内容:可以使用的电池类型;如何取出和装入电池;非可充电电池不能充电;可充电电池仅能在成人的监督下进行充电;可充电电池在充电前应从玩具中取出;不同型号的电池或新旧电池不能混用;仅可使用型号与推荐型号相同或等同的电池;电池应以正确的极性装入;用完的电池应从玩具中取出;电源连接端子不得短路。

变压器玩具的说明(书)适用时应包含下述内容:玩具不得供 3 岁以下的儿童使用;玩具只能使用推荐的变压器;变压器不是玩具;需用液体清洗的玩具,清洗前应与变压器断开。

预定在水中使用的电池玩具,其说明(书)应声明,仅当根据说明(书)将其完全装配好以后,玩具才能在水中工作。

说明(书)可以标记在宣传单、包装或玩具上。如果该说明(书)标记在玩具上,从外部看应可见;如果玩具包括多个部件,只需要对其主体进行标记。

7.5 当说明(书)和标志在包装上时,还应声明由于该包装含有重要信息应予以保留。

7.6 本标准要求的说明(书)和其他文件应用该玩具销售地所在国的官方语言书写。

7.7 玩具上的标志应清晰且持久。

通过视检,并用手拿沾水的布对该标志擦拭15 s,再用沾溶剂汽油的布擦拭15 s,检查其合格性。在经受本标准全部试验后,标志应仍然清晰,标志牌应不易揭下且没有卷曲。

2. 标准分析

标准要求的目的是规范所有玩具的标志和说明,使玩具的标志和说明清晰持久、易于理解,儿童及其监护人能正确的使用和维护玩具,减少儿童因使用不当而造成的伤害。玩具的标志和说明应按标准规范标示在玩具或其包装、说明书上。下列解析对应本标准条款:

1)7.1 玩具或其包装上应有:制造厂或责任承销商的名称、商标或识别标记;以及玩具的型号或规格,使得当玩具出现问题时,可以找到相关的责任人或单位。

2)7.1.1 用可更换电池的电池玩具应有图1-5所示标志。

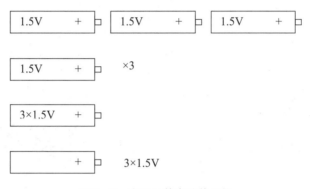

图1-5 表示3节电池的示例

图1-6是按标准要求进行标记的可更换电池的电池玩具的示例,本要求适用于所有含可更换电池的电池玩具。

3)7.1.2 图1-7是按标准要求进行标记的变压器玩具的示例,本要求适用于所有变压器玩具,其中额定电压和直流电或交流电符号应标记在玩具的接线端子附近,玩具用变压器的符号应标记在包装上。如果玩具或其包装/说明书上没有额定输入

图1-6 可更换电池的电池玩具标志

功率符号,以额定电压给玩具供电,并在玩具进行正常工作的情况下,测量玩具的输入功率,如果该功率大于25 W或25 V·A,则应在玩具或包装/说明书上标记功率符号。

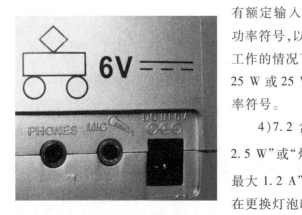

图1-7 变压器玩具的标志

4)7.2 含可拆卸灯的玩具标志的示例:"灯最大2.5 W"或"灯最大1.0 A"或"☀最大3.8 W"或"☀最大1.2 A"。上述标志应标记在灯泡接合处附近,使在更换灯泡时该标志应清晰可见。

5)7.4 变压器玩具/使用充电电池的玩具应在说明

（书）中提供有关的详细清洁和保养要求，并声明："应定期检查玩具用的变压器和电池充电器的电线、插头、外壳和其他部件的损坏；如果出现此类损坏，应对该变压器和电池充电器进行修理，直至损坏消除，方可与玩具一起使用。"

对变压器玩具以及电池盒供电的玩具，其说明（书）应声明"玩具不能连接多于推荐数量的电源"。

对带有无连接方法的导线的玩具，例如遥控玩具上的金属天线，如果将其插入到电网的插座中，很可能造成使用者有触电危险，因此玩具的说明（书）应声明："不可将导线/天线插入插座中。"

对可更换电池的电池玩具，如何取出和装入电池的示例见图 1-8。

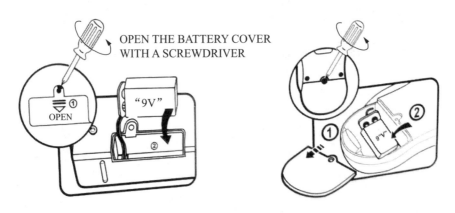

图 1-8　电池安装说明

6）7.7 擦拭试验是模拟使用者在清洁擦拭玩具的情形，防止玩具上重要的标志在日常清洁维护过程中变得不清晰或脱落。该试验的擦拭力度约是正常清洁时所使用的力，绝大部分模刻在玩具材料表面以及粘贴牢固并有透明胶面封盖的标志都能通过该试验。

3. 测试仪器

条款 7.7 溶剂汽油是脂肪族溶剂己烷，其按容积的最大芳烃含量为 0.1%，贝壳松脂丁醇值为 29，始沸点约为 65 ℃，干点约为 69 ℃，密度约为 0.66 kg/L。

五、电玩具的发热和非正常工作

1. 标准技术要求（对应本标准第 9 章）

第 9 章是本标准的技术重点和难点，下述技术内容对应本标准第 9 章的相应条款。

9.2　试验条件

玩具放置于玩耍过程中可能出现的最不利位置：手持式玩具自由悬挂在空中；其他玩具放在试验角的底板上，尽可能靠近或远离边壁，二者取更不利的情况。玩具用四层面积为 500 mm×500 mm 漂白棉纱覆盖。棉纱放置于预期可能出现高温和棉纱被烧焦的部件表面。尺寸不超过 500 mm 的玩具用棉纱完全覆盖。

电池玩具以额定电压供电。变压器玩具以 0.94 或 1.06 倍的额定电压供电，二者取更不利的情况。

温升是通过埋置细丝热电偶的方法来确定,以使其对被检部件的温度影响最少。

9.3　玩具在正常工作状态下工作,确定其各部位的温升。

9.4　取下除灯外的可拆卸部件后,依次将可触及的不同极性部件之间的绝缘短路,重复9.3的试验。然而,只在绝缘可能被直径为0.5 mm、任何长度超过25 mm的直钢针,或直径为1.0 mm的细棒通过外壳上深度不超过100mm的孔桥接的情况下才施加短路。只用适当的力将钢针保持在位,而且只插入从外部可见的孔。

9.5　将在9.3和9.4试验期间限制温度的所有控制器短路,重复9.3的试验。如果玩具装有一个以上的控制器,将其依次短路。

9.6　锁定可触及的运动部件,重复9.3的试验。如果玩具有一个以上的电机,则依次锁定每个由电机驱动的运动部件进行该试验。如果玩具要用手或脚持续作用以保持接通,则在30 s后终止该试验。

9.7　除说明(书)推荐使用的电源外,变压器玩具和使用电池盒的玩具还连接到另一个电源。该附加电源与玩具电源相同并以串联或并联的方式与玩具连接,二者取更不利的情况。然后,玩具按9.3和9.4进行试验。

9.8　除非玩具中的电子电路为低功率电路,否则通过对电路中的电子元件进行下述故障情况的评估,检查其合格性。如果有必要,每次施加一种故障情况:

a)不同极性部件之间的电气间隙和爬电距离的短路,条件是这些距离小于第18章中规定的数值,相关部件被完全封装的情况除外;b)任何元件的接线端子的开路;c)电容器的短路,符合IEC 60384-14的除外;d)电子元件的任意二个接线端子的短路,集成电路除外;e)三端双向可控硅开关元件以二极管方式失效;f)集成电路的失效。

9.9　温升要求

试验期间应连续监测可触及部件的温升:

可能用手触摸的手柄、旋钮和类似部件的表面温升不应超出下述数值:25 K,金属部件;30 K,陶瓷或玻璃部件;35 K,塑料或木制部件。

玩具的其他可触及部件的温升不应超出下列数值:45 K,金属部件;50 K,陶瓷或玻璃部件;55 K,其他材料部件。

在试验期间,密封剂不应流出;玩具不应产生火焰或熔融金属;不应产生危险物质,例如达到危险量的有毒或可燃气体;蒸汽不应在玩具中积聚;外壳的形变不应损害对本标准的符合性;电池不应泄漏有害物质或爆裂;包括棉纱在内的材料不应烧焦。

2. 标准分析

所谓"温升"是指测量所得的温度与外部环境空气温度的差值,即 $\Delta t = t_1 - t_0$。其中 Δt 为温升;t_1 为测量所得的温度;t_0 为外部环境空气温度。本条款适用于所有的电玩具,是本标准的技术重点和难点。

标准要求在"正常使用""导体短路""电机停转"等多种情况下测试电玩具可触及表面的温升,然后按9.9条款进行判定。其目的是为防止儿童接触到玩具的发热表面导致烫伤

以及玩具因设计、结构或材料的缺陷导致温度过高而起燃,造成火灾等危害。下述解析对应上述标准条款的内容:

1)9.2 规定了在温升测试时的条件,并按以下最不利条件进行测试:

①测试样品的测试位置:玩具放置于玩耍过程中可能出现的最不利位置。手持式玩具自由悬挂在空中,例如玩具遥控器,见图 1-9。其他玩具放在试验角的底板上,例如玩具车,见图 1-10。

图 1-9 玩具遥控器

图 1-10 玩具车

②用四层尺寸为 500 mm × 500 mm、质量密度为 40 g/m² ± 8 g/m² 的漂白棉纱,覆盖玩具模拟最不利情况进行温升测试。对尺寸大于 500 mm 的玩具,棉纱覆盖在预期可能出现高温和棉纱被烧焦的部件表面;对尺寸不超过 500 mm 的玩具用棉纱完全覆盖。

③测试样品的供电电压:电池玩具以额定电压供电。变压器玩具以 0.94 倍或 1.06 倍的额定电压供电,二者取更不利的情况。

④温升测试的方法:测量温度的方法有很多,通常用于电气产品测试的仅有三种,即温度计法、电阻法、热电偶法。温度计法指用水银或酒精温度计直接测量,此法主要用于测量环境温度(样品周围的温度)。电阻法主要用于电磁线圈温升的测量。热电偶法可用于测量环境温度,也可用于测量样品各部位的温升。由于本标准要求测量的部位是玩具的可触及部件表面,根据上述温度的测量方法的不同特点,热电偶法最为适用。热电偶法是测量玩具表面温升的主要方法。所谓热电偶,就是当两种不同金属导线组成闭合回路时,若在接头处维持一温差,回路就有电流和电动势产生,其中产生的电动势称为温差电动势,上述回路称为热电偶。热电偶法测量温度是根据热电偶的热端和冷端有温差时出现热电动势,且此热电动势随温差的增大而增大的

图 1-11 温升测试仪器

原理来测量热端温度的。图 1-11 是用热电偶法测量温升的测试仪器。

2)9.3 要求电玩具在正常工作状态下工作,确定其各可触及部位的表面温升,然后根据条款 9.9 的要求判定是否合格。

"正常工作"是指按玩具的操作说明，或按传统或习惯的、明显的玩具玩耍方式进行使用。下述内容是如何在玩具正常工作的过程中确定该玩具发热部位的温度是否达到稳定状态，或者说在电池寿命使用期间该发热部位的温度是否达到最大值。

对于一些相对静态的电池动力玩具，例如只是简单的发光、发声音的玩具，很容易就可以模拟其正常使用的情况，然后通过热电偶法测试其发热表面的温度。但是，对于如电动玩具车这种在正常使用过程中是动态的玩具，只通过在玩具表面粘贴热电偶的方法，是很难直接对其进行正常使用并监测其最大温升，因为热电偶丝的长度是有限的，在玩具车的正常使用过程中会从玩具表面脱落而导致无法测温。

对于电动玩具而言，工作电流是引起其发热的主要原因，因为温升 $\Delta t = P/kS = I^2R/kS$。其中 R 为样品电阻；I 为测试电流；S 为样品散热面积；k 为样品散热系数。对此，可以通过模拟玩具车的正常使用，并监测记录其工作电流 $I_{正常}$，然后通过使用图 1－12 所示的辅助测试器具模拟正常使用，并通过调整车轮与辅助测试器具间的摩擦力使其工作电流与之前测得

图 1－12　温升试验辅助测试器具

的 $I_{正常}$ 一致，在玩具车发热表面粘贴热电偶，连续监测其发热表面的温度，直到最大值的出现为止。通过这种方法我们可以准确的测量出这类玩具在"正常工作"时的最大温升。

3)9.4 适用于所有电玩具，其目的在于防止类似直钢针的导电体被误放而桥接导通可触及不同极性间绝缘，尤其是电源正负极间绝缘，导致电源短路，电池表面温升超标，甚至电池漏液爆炸等有害情况的发生。

可以连通两个可触及的相隔绝缘的带电件（不同极性），则将该两个带电件短路，如图 1－13 所示，然后进行温升测试。

图 1－14 是用笔直钢针对两不同极性的带电件进行导体短路的示意图，图 1－14a）是两导体不能短路的情况，图 1－14b）和 c）是两导体能被笔直钢针短路而需要进行"导体短路"的情况。

对于电玩具，如果电池的正负极可被标准规定的笔直钢针连通，然后短路电池的两极，这将造成电池短路，电池表面将会急速发

图 1－13　直钢针桥接电池间绝缘

热，导致对儿童使用者的烫伤。根据实际检测经验，普通电池的短路将会导致电池表面温升超标，可达到 100℃ 以上，而且电池破裂漏出有害液体，甚至爆炸。

适用本条款测试的玩具需要同时符合两个条件，一是不同极性的两个带电件可触及或通过直径为 1.0 mm 的细棒从玩具外壳上深度不超过 100mm 的孔插入两个不同极性的带电件可触，二是两个带电件可被笔直钢针导通。当带电件不可触及时，不用进行"导体短路"

测试。如图1-14中a)所示,虽然两带电件可触及,但其间有突起绝缘件使笔直钢针不能导通两带电件,也不用进行短路测试。如图1-14b)所示,两带电体可触及,且其间没有绝缘件挡隔,两带电件可被笔直钢针导通,这种情况需要进行短路测试。如图1-14c)所示,两带电体可触及,虽然其间有绝缘件,但该绝缘件不能挡隔笔直钢针导通两带电件,两带电件可被笔直钢针导通,这种情况也需要进行短路测试。

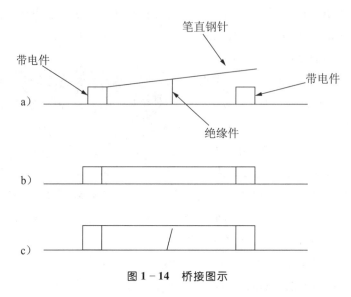

图1-14 桥接图示

4)9.5适用于带限制温度控制器的玩具,其目的是防止因温度控制器失效而导致玩具可触及表面温升超标,防止儿童被烫伤。

所谓温度控制器是指动作温度可固定或可调的温度敏感装置,在正常工作期间,通过自动接通或断开电路来保持玩具或其某个部位的温度在某些限值之间。普通的电玩具中一般不会使用温度控制器,但是对某些功能性发热实验型玩具或内部装有大功率电机的乘骑玩具,通过在相关发热元件表面安装温度控制器,可以防止因元件过热而产生的危害。因此,对这些类型玩具在进行试验时要特别检查是否适用于本条款。

5)9.6适用于带电机的玩具,其目的是模拟玩具电机在使用过程中被堵转的滥用情况下的可触及表面温升,防止儿童被烫伤。

"堵住可触及运动部件"是指对于带电机的玩具,如果玩具的外部运动部件是机械的连接到电机,且能被使用者堵转,则在对该玩具进行使用时,通过物理的方法强行使电机停转。由此可见,玩具适用于"堵住可触及运动部件"的条件是,玩具带有电机,且连接到电机的运动部件是可触及的。相对于"正常工作"而言,在"堵住可触及运动部件"条件下测得的玩具表面温升要高得多,在我们日常的检测工作过程中,一些功率较大而又没有保护电路的大型玩具车经常会因温升超标而导致不合格。因为在"电机停转"时,玩具的工作电流会变得很大,而温升 $\Delta t = P/kS = I^2 R/kS$,所以当工作电流急剧变大时,温升就会非常大。

如果玩具设计不当,在"堵住可触及运动部件"条件下重复进行上述9.3规定的温升试验,就很容易产生温升超标而导致不合格情况的发生,这点也是我们在测试过程中应该注意的。

6）9.7适用于变压器玩具和使用电池盒的玩具,其目的是防止因电源错误连接而产生的玩具电源发热甚至爆炸等危害的发生。

需要进行本测试的玩具有三个条件:一是用于与推荐使用电源连接的附加电源来自两个相同玩具或组装套件的部件,二是两电源相同,三是两电源不用工具即可轻易地进行连接。

7）9.8适用于含电子电路的玩具,其目的是通过模拟电子元件出现故障,检验电子电路在非正常工作时可能引起的危险,防止玩具电源短路等有害情况的发生。本条款的故障条件不适用于(对危险故障的保护不依赖于电子电路的正常工作的)低功率电路。

所谓电子元件是指主要通过电子在真空、气体或半导体中运动来完成传导的部件。电子元件不包括电阻、电容和电感器。所谓电子电路是指至少装有一个电子元件的电路。

低功率电路按下述方法确定:以额定电压给玩具供电,并将一个已调至最大值的可变电阻器连接在待测点和电源异性极之间。然后减少电阻值,直到该电阻器上消耗的功率达到最大值。在第5s末,供给该电阻器的最大功率不超过15 W的最靠近电源的那些点,称为低功率点。离电源比低功率点远的电路部分被认为是低功率电路。

3. 案例分析

例1 样品名称:某电池动力玩具的电池室

不合格描述:如图1－15所示,电池室正确的装上电池后,由于左右两端的金属电池触片的高度大于电池的厚度,用标准规定的笔直钢针可将电池两极的触片短路,造成电池短路温升超标;如图1－16所示,电池室正确的装上电池后,由于两电池间没有绝缘挡板,用标准规定的笔直钢针可将两电池的电极短路,造成电池短路,电池表面温升超标。

图1－15　电池触片短路

整改建议:如图1－17所示,规范电池室的结构,将金属电池触片的高度修改为小于电池的厚度,则笔直钢针不能将电池两极的触片短路;在两电池之间增加绝缘挡板,使得笔直钢针不能将两电池的电极短路。

图1－16　电池电极短路

图1－17　规范的电池室

例 2 样品名称:电动玩具车

不合格描述:该电动玩具车的车轮能被使用者锁定,导致电机停转,在 5 分钟后测得玩具电池的表面温升为 65K,超出标准要求的 45K。

整改建议:在玩具电路中加装合适的限温或限流装置,当电机停转时,玩具的温度升高、电流增大,上述装置可停止电机工作,使得玩具的表面温升不超标;也可以通过在玩具电机和可触及车轮间加装合适的齿轮装置,当车轮被锁定时,齿轮打滑,使得电机不能被停转。

4. 测试仪器

温度数据采集器及线径不超过 0.3 mm 的热电偶,见图 1 - 12。试验角由两面成直角的边壁和底板组成,其材料为厚约 20 mm、涂有无光黑漆的胶合板,见图 1 - 18。棉纱的质量密度为 40 g/m^2 ± 8 g/m^2,见图 1 - 19。

图 1 - 18　试验角　　　　　　　　　图 1 - 19　棉纱

六、电玩具的结构安全

1. 输入功率(对应本标准第 8 章)

(1)标准技术要求

变压器玩具的输入功率的不应超过额定输入功率的 20%。

在玩具的输入功率稳定并达到正常工作温度后,在下列条件下,通过测量检查其合格性:所有能同时工作的电路均在工作状态;玩具以额定电压供电;玩具在正常工作状态下使用。

注:必须测量输入功率以确定是否需要标记额定输入功率。

(2)标准分析

本技术要求适用于额定输入功率超出 25W 或 25V·A 的变压器玩具,其目的是规范玩具的输入功率,防止因玩具实际输入功率大大超过额定输入功率,造成玩具产生发热等危害。

变压器玩具的直流输入功率为电压 U 与电流 I 的乘积,即:$P = UI$,其中变压器玩具的额定电压 U 是相对固定的,因此当 P 增大时,I 也随之增大。工作电流是引起玩具发热的主要原因,因为温升:$\Delta t = P/kS = I^2R/kS$,其中 R 为样品电阻,I 为测试电流,S 为样品散热面积,k 为样品散热系数。因此,本标准规定了功率较大的变压器玩具的实际输入功率不应超过额定输入功率的 20%。

（3）测试仪器

功率计如图 1 - 20 所示。

2. 工作温度下/室温下的电气强度（对应本标准第 10 章/第 12 章）

（1）标准技术要求

在工作温度/室温下，玩具的电气绝缘应是足够的。通过下述试验，检查其合格性。

将跨接在电源两端之间的所有元件的一个接线端子断开，使不同极性部件之间绝缘承受 1 min 频率为 50 Hz 或 60 Hz、值为 250V、基本为正弦波的电压。不应出现击穿。

图 1 - 20　功率计

（2）标准分析

本技术要求适用于所有电玩具，其目的是为了验证在工作温度/常温高湿的情况下，电气绝缘材料承受电压的能力。如果玩具电路中的电气间隙过小，例如小于 3mm，在正常工作电压下该间隙一般不会被导通。但是，玩具在按 9.3 和 9.4 要求进行正常工作或短路工作后，电路的温度会上升；或者，玩具在按本标准第 11 章要求进行浸泡试验和潮湿试验后，玩具内部电路的湿度会上升。此时，不同极性部件之间绝缘材料的绝缘强度可能降低，当该绝缘承受 250V 较高电压时则可能发生击穿情况。

本条款的试验电源的电压为正弦波，频率为 50 Hz 或 60 Hz。当测试样品被击穿时，泄漏电流剧增，当达到耐压测试仪器预先设定动作电流值时，250V 的测试电压被切断。因此，如果设定的动作电流值太大，则测试样品有严重的闪络也检验不出来。相反，如果该电流值太小，则可能被误认为击穿。通常，该动作电流值设定为 100mA。

由于测试用的耐压测试仪可输出高电压，因此在使用该仪器进行本条款试验时一定要注意安全，以防触电。在试验场地应设置类似"高压危险"的安全警告标识。

（3）测试仪器

耐压测试仪如图 1 - 21 所示。

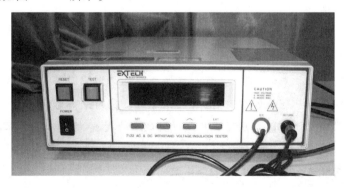

图 1 - 21　耐压测试仪

3. 机械强度(对应本标准第13章)

(1)标准技术要求

外壳应有足够的机械强度。

通过 IEC 60068-2-75 锤击试验 Ehb,检查其合格性。

玩具被刚性支撑,在其外壳可能薄弱的每一个点上用 0.7 J±0.05 J 的冲击能量击打六次。玩具不应损坏到影响本标准符合性的程度。

注:外壳应经受该试验的例子是:内含液体的非密封电池腔的外壳;覆盖不同极性之间绝缘的外壳,除非玩具符合9.4的试验(即使外壳是不可拆卸的);覆盖可能存在危害的运动部件的外壳。

(2)标准分析

本技术要求适用于所有电玩具。玩具在实际使用过程中或运输过程中都可能因疏忽大意而受到摔打或撞击,使玩具产品损坏,包括外壳变形和损坏,导致安全性能下降,影响爬电距离和电气间隙降、产品结构、电气强度等。因此,本技术要求的目的是对玩具产品进行机械强度检验,以确保玩具的安全可靠。

玩具样品的固定方式如图 1-22 所示,将样品刚性支撑在聚酰胺板上,使被测试点的冲击方向水平且与聚酰胺板垂直,对不同的测试点要调整样品位置使其符合上述冲击方向的要求。

(3)测试仪器

弹簧冲击锤见图 1-23。

图 1-22 冲击试验

图 1-23 弹簧冲击锤

4. 结构(对应本标准第14章)

(1)标准技术要求

下述技术内容对应本标准第14章的相应条款。

14.1 玩具应是电池玩具、变压器玩具或双电源玩具,其供电电压不应超过 24 V。

当玩具以额定电压供电时,其任何二个部件之间的工作电压不应超过 24 V。所谓工作电压是指玩具在额定电压下正常工作时,有关部件所承受的最高电压。

14.2 变压器玩具使用的变压器不应是玩具的一个整体部分。在变压器内不应包含玩具用控制器。

14.3 变压器玩具不应是预定在水中使用的玩具。

14.4 变压器玩具不应是预定给3岁以下儿童使用的玩具。

14.5　符合本标准要求所需的非自复位热断路器应只有借助工具才可复位。

所谓非自复位热断路器是指要求手动复位或更换部件来恢复电流的热断路器。

14.6　在不借助工具的情况下,钮扣电池和 R1 型电池不应可触及,除非电池腔的盖只能在至少同时施加二个互相独立的动作后才能被打开。

14.7　对预定供 3 岁以下儿童使用的玩具,不借助工具应不可触及电池,除非电池腔盖的防护是足够的。

试用手动的方法进入电池腔。除非至少同时施加二个互相独立的动作,否则应不能打开电池腔盖。

将玩具放置在一个水平的钢材表面上,然后使一个质量为 1 kg,直径为 80mm 的圆柱形金属块从 100 mm 高处跌落,并使其平面落在玩具上。电池腔不应被打开。

经 5.15 预处理后,电池腔不应被打开。

14.8　无论玩具放置在任何位置,玩具中的可充电电池不应泄漏。即使用工具取下盖或类似部件,电解液也不应变得可触及。

14.9　玩具不应用并联的电池来供电,除非新旧电池混用或电池反装都不会损害其对本标准的符合性。

14.10　玩具的插头和插座不应与 IEC 60083 所列的插头和插座或符合 IEC 60320 - 1 的连接器和产品输入插口互换。

预定给 3 岁以下儿童使用的玩具中,不应使用没有连接装置的导线。

通过视检和手动试验,检查其合格性。

14.11　防止接触运动部件或热表面,或防止进入可能发生爆炸或火险部位的不可拆卸部件,应以可靠的方式固定,并能承受使用期间产生的机械应力。

通过施加下列拉力,检查其合格性。

——50 N,如果最长的可触及尺寸不大于 6 mm;

——90 N,如果最长的可触及尺寸大于 6 mm。

该作用力在 5 s 期间逐渐施加,并维持 10 s。该部件不应变得可触及。

14.12　可充电电池在玩具内时,应不可能对其充电。

14.13　玩具不应装有输入功率超过 20 W 的串激电机。

玩具在额定电压下正常工作,通过测量检查其合格性。所谓串激电机是指定子和转子以串联的方式连接的电机。

14.14　玩具不应含有石棉。

14.15　当玩具的内部部件电压超过 24 V 时,不应有导致电击的危险。

即使破坏玩具,也要取下玩具的保护部件或防止触及带电部件的部件。使用标称值为 100 Ω 的无感电阻测量其放电量和放电能量。

——当玩具以额定电压供电时,玩具的任何两个部件之间的工作电压都不应超过 5 kV。

——电压超过 24V 的电路中的电流不应超过 0.5 A。

——电压超过 24V 的电路中的放电能量不应超过 2 mJ。

——放电量不应超过 45 μC。

14.16 预定安装在儿童上方的电池玩具,其电池箱应能防止电池液的泄露。

注:童床悬挂玩具是这类玩具的一个例子。

从玩具中取出所有电池,玩具以正常方向放置,根据电池型号和电池数量,用移液枪向电池室注入表 1-1 规定的水量(水温为 21℃ ±1℃),对玩具外壳的损坏应不影响试验结果。加水后按制造厂的说明关闭电池室,玩具以正常方向放置,用秒表计时 5min,试验时水不应从玩具中流出。

表 1-1 每个电池的水量

电池类型	水量/mL
LR03/R03(AAA)	0.25
LR6/R6(AA)	0.5
LR14/R4(C)	1.0
LR20/R20(D)	2.0
6LR61/6R61(9V)	0.75
Button cells	0.1

(2)标准分析

本条款适用于所有电玩具,其目的是通过规范电玩具电气和机械物理结构特性,确保玩具对儿童而言是安全的。

(3)案例分析

例1:玩具中电池的电压,对应本标准14.1。

产品名称:可承载儿童的电动玩具车

不合格描述:该玩具是通过两个充电电池串联给玩具供电的,其额定电压为直流电24V,从标识上看符合标准要求"供电电压不应超过 24 V"的规定。但实际上,当充电电池满充后,用电压表检查电源正负极,结果为 26.3V,超过标准要求的 24V,因此判定为不符合标准要求。

不合格原因分析:满充的充电电池通常要比其额定的电压值高,因此,上述充电电池的额定电压为 24V 的充电电池,在满充后为为 26.3V,超过标准要求的 24V。

整改建议:使用较低电压(例如 20V)的充电电池作电源。

例2:玩具中充电电池充电要求,对应本标准14.12。

产品名称:可承载儿童的电动玩具车(同上例)

不合格描述:电动玩具车的重量为 7.8kg,给玩具供电的两个充电电池固定在玩具内,当给该电池进行充电时,玩具车仍可工作,不符合标准要求。

整改建议:在充电口加装充电断路开关,使充电时,玩具电路自动断电;或充电电池只有一个接线端口,使得给充电电池充电时,充电电池不能给玩具电路供电。

5. 软线和电线的防护(对应本标准第 15 章)

(1)标准技术要求

15.1　线路的通道应光滑且无利边。

软线和导线应被保护,以使它们不能触及毛刺、散热片或类似能对绝缘带来损坏的利边。

软线和导线穿过的金属孔应有光滑、圆整的表面或提供绝缘套管。应有效防止软线和导线与运动部件接触。

15.2　裸线和电热元件应是刚性的并被固定,以保证在使用期间爬电距离和电气间隙不能减少到小于第 18 章规定的值。

(2)标准分析

本技术要求适用于所有电玩具。其目的是通过检验线路通道是否光滑,裸线和电热元件是否坚硬并固定,以确保玩具在使用过程中不会有导致爬电距离和电气间隙减少到小于第 18 章规定的值或短路情况的发生。

6. 元件(对应本标准第 16 章)

(1)标准技术要求

下述技术内容对应本标准第 16 章的相应条款。

16.1　在合理使用的条件下,元件应符合相关 IEC 标准安全要求的规定。

对载流不超过 3 A 的开关和自动控制器没有特别要求。对载流超过 3 A 的开关和自动控制器应在玩具中出现的情况下使用,并分别符合 IEC 61058 - 1 或 IEC 60730 - 1 的要求。

如果元件上标有其工作参数,除非另有规定,否则元件在玩具中的使用条件应与这些标志相符合。

16.2　玩具不应安装有:可通过锡焊操作复位的热断路器;水银开关。

16.3　玩具用变压器应符合 IEC 61558 - 2 - 7 的要求。变压器和玩具分开进行试验。

(2)标准分析

本技术要求适用于所有电玩具。电气元件是否安全可靠,直接影响到电玩具在正常使用和非正常工作是否导致危险,因此,电气元件的选择和测试很重要。

16.1 指出"符合相关元件的国家标准,未必能保证符合本标准的要求",其含义主要有以下两方面:一是额定参数,电气元件按相应的标准检验时,是依据元件的额定参数进行检测,例如额定电压、电流和负载特性等,在这些条件下,该元件符合相应的元件标准要求。但是,当把元件安装在玩具产品内使用时,如果玩具的工作条件与元件标示的不一样,例如,一个符合 IEC 电容标准的电容元件,其额定电压为 10V,但实际在玩具内的工作电压为 20V,这时,该电容虽然符合相关的 IEC 标准,但却不符合本标准 16.1.2 的要求。二是工作负载,当元件在玩具产品上的实际工作负载与其额定的工作负载相匹配,该元件可正常工作,否则不能正常工作。

检查电气元件上标志的使用条件与在玩具使用时的条件相符合,可以从以下几方面检查:一是额定电压,电气元件标出的额定电压必须大于在玩具中的实际工作电压;二是额定电流,电气元件的额定电流必须大于实际工作电流;三是负载特性,元件输出的负载特性应与控制的负载特性相一致;四是 T 标志,电气元件的实际使用环境必须小于 T 标志所示的温度,如果没有 T 标志,则应小于55℃。

开关及控制器标志的示例

1)8(2)A110V～:表示开关的额定工作电压是交流110V,不应在高于此电压条件下工作,用于电阻性负载时,其额定工作电流为8A,用于电动机负载时,其额定工作电流为2A。

2)20T90:表示开关可以在周围空气温度为 −20℃ 至 90℃ 环境下正常工作。

3)没有温度标志:表示开关周围环境温度应为 0℃ ～55℃。

4)30E3:表示开关的额定工作循环次数为 30000 次,E3 表示 10^3,$30 \times 10^3 = 30000$。

5)没有额定工作循环数:表示开关的额定循环数为 10000 次。

7. 螺钉和连接(对应本标准第 17 章)

(1)标准技术要求

下述技术内容对应本标准第 17 章的相应条款。

17.1 电气连接及失效可能损害对本标准符合性的固定装置,应能承受玩具在玩耍过程中所产生的机械应力。

用于此目的的螺钉不应用锌或铝等软的或可能蠕变的金属制造。如果螺钉由绝缘材料制成,则其标称直径应至少为 3 mm,而且不应用于任何电气连接。

传递电接触压力的螺钉应旋进金属。

通过视检和下述试验,检查其合格性。

用于电气连接或可能由使用者固定的螺钉和螺母要进行试验。

在不使猛力的情况下,拧紧和拧松螺钉和螺母,

——对与绝缘材料的螺纹相啮合的螺钉进行 10 次;

——对螺母和其他螺钉进行 5 次。

与绝缘材料的螺纹相啮合的螺钉每次都完全地拧出并重新拧入。

用合适的螺丝刀、扳手或特殊扳子,并施加表 1−2 所示扭矩进行试验。

表 1−2　试验螺钉和螺丝用的扭矩

螺钉的标称直径	扭矩 N·m	
(外螺纹直径)mm	I	II
2.8ᵃ	0.2	0.4
>2.8 及 ≤3.0	0.25	0.5
>3.0 及 ≤3.2	0.3	0.6
>3.2 及 ≤3.6	0.4	0.8
>3.6 及 ≤4.1	0.7	1.2
>4.1 及 ≤4.7	0.8	1.8
>4.7 及 ≤5.3	0.8	2.0
>5.3	—	2.5
ᵃ 直径小于 2.8 mm 的螺钉不进行试验。		

第Ⅰ栏适用于在固定时不从孔中伸出的无头金属螺钉。

第Ⅱ栏适用于其他金属螺钉以及由绝缘材料制成的螺钉和螺母。

不应出现影响固定装置或电气连接继续使用的损坏。

注:试验用螺丝刀的刀头形状与螺钉的钉头相配。

17.2　承载电流超过0.5A的电气连接,其结构上应为接触压力不是通过容易收缩或变形的绝缘材料来传递,除非金属部件有足够的弹性补偿非金属材料可能产生的收缩和形变。

注:陶瓷材料被认为不易收缩或变形。

（2）标准分析

本技术要求适用于用螺钉进行固定的电玩具,以及含电气连接电玩具。其目的是通过对螺钉进行扭矩试验和检查电气连接,确保玩具不会因连接失效而造成内部电路可触及和电气连接松动造成火花短路等危害情况的发生。

（3）案例分析

某玩具厂生产的可供乘坐的电动玩具车,其电源是12V的充电电池。该玩具电源的引出导线与电路的引出导线是通过螺钉连接在一起,这就是上述标准技术内容中所谓的"电气连接"。但是,该电气连接固定在塑料螺母中,根据17.1规定"传递电接触压力的螺钉应旋进金属",因此该玩具车不符合17.1的要求,判定为不合格。

其实,只要将上述的固定作用的塑料螺母换成金属螺母,该电气连接就能可靠的建立,从而符合17.1的要求。

（4）测试仪器

扭力起子见图1-24;扭力扳手见图1-25。

图1-24　扭力起子

图1-25　扭力扳手

8. 电气间隙和爬电距离（对应本标准第18章）

（1）定义

电气间隙　clearance:两个导电部件之间或一个导电部件与玩具可触及表面之间的空间最短距离。

爬电距离　creepage distance:两个导电部件之间或一个导电部件与玩具可触及表面之间沿绝缘材料表面的最短距离。

（2）标准技术要求

功能性绝缘的电气间隙和爬电距离不应小于0.5 mm。

（3）标准分析

本技术要求适用于所有电玩具。其目的是确保不同电压/极性的两带电部件间的绝缘距离足够大，防止在潮湿或积尘等不利情况下产生短路等危害。

功能性绝缘（functional insulation）是正确地使用玩具样品前提下的绝缘，该绝缘用于不同电压/极性的带电部件间，而非用于防护电击危险。

（4）案例分析

图1-26所示是一款电动玩具娃娃的开关引线焊接脚，其中左端焊脚的红色引线连接电源/电池的正极，中间焊脚的黑色引线连接电源/电池的负极。经测量，上述不同极性的两带电部件间绝缘的电气间隙为0.25mm，小于本条款要求的0.5mm，判定为不合格。

建议整改措施：在焊接引线时小心焊接，使上述绝缘的电气间隙大于0.5mm。

（5）测试仪器

数显游标卡尺、刻度放大镜、量规见图1-27。

图1-26　电气间隙

图1-27　数显游标卡尺、刻度放大镜、量规

9. 辐射毒性和类似危害（对应本标准第20章）

（1）定义

激光器 laser：主要通过受控受激发射过程而产生或放大波长在180nm～1mm范围的电磁辐射的装置。

发光二极管（LED）light emitting diode（LED）：在半导体内通过辐射再激活产生波长在180nm～1mm范围的电磁辐射的P-N结器件。

注：光辐射主要由自发发射过程产生，但有些受激发射也可能会产生光辐射。

（2）标准技术要求

玩具不应产生有害辐射。

玩具内的激光器和发光二极管应符合IEC 60825-1中1类激光器的要求。

（3）标准分析

本条款的辐射要求适用于含激光器和发光二极管（LED）的电玩具。玩具不应产生有害辐射，玩具内的激光器和发光二极管应符合IEC 60825-1中1类激光器的要求（1类激光器不包括1M类激光器）。

随着科技的发展,使用激光器和发光二极管的玩具在不断增加,例如,玩具激光笔、玩具CD机等。但是由于儿童使用这类玩具过程中,因大功率的激光辐射造成眼睛伤害的案例也不断增加。为了保护玩具使用者免收激光辐射的伤害,这类玩具应符合 IEC 60825 - 1 中 1 类激光器的要求,以确保儿童安全。

(4)测试仪器

光功率计见图 1 - 28。光辐射能量测试定位系统见图 1 - 29。

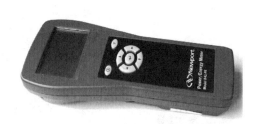

图 1 - 28　光功率计

图 1 - 29　光辐射能量测试定位系统

七、电玩具的耐潮湿及耐热耐燃

1. 耐潮湿(对应本标准第 11 章)

(1)标准技术要求

下述技术内容对应本标准第 11 章的相应条款。

11.1　预定在水中使用的电池玩具以及可能用液体清洗的玩具,其外壳应提供适当防护。

对可能用液体清洗的玩具,取下其可拆卸部件后,通过 IEC 60529 中 14.2.4 的试验,检查其合格性。然后把外壳剩余的水分擦除。玩具应经受第 12 章的电气强度试验,并且视检应表明在绝缘上没有能导致爬电距离和电气间隙减小到小于第 18 章规定值的水迹。

对在水中使用的电池玩具,进行以下浸泡试验:将玩具浸没在约 1% 的 NaCl 水溶液中,玩具的所有部件放置在水面下至少 150 mm。玩具以最不利的方向放置并工作 15 min。然后,从水中取出玩具,让多余的水排出,并擦干其外壳。在测试过程中玩具不应出现因内部气体引起的外壳内压力过高。测试后玩具应能经受住第 12 章的电气强度试验。

11.2　玩具应耐潮湿。

潮湿试验在空气相对湿度为(93 ± 3)% 的潮湿箱内进行 48 h。空气温度维持在 20 ℃至 30 ℃之间任一方便值 t 的 1 K 内。在放入潮湿箱前,使玩具温度达到 t_{-0}^{+4}℃。

然后,玩具应在潮湿箱内,或在使玩具达到规定温度的房间内,重新装配好取下的部件,并立即经受第 12 章的试验。

(2)标准分析

1)11.1 适用于两种类型的玩具,一是预期使用在水中的玩具,例如电动玩具船等;二是可能用液体清洗的玩具,例如玩具电炉等。其目的是确保这两类玩具的外壳有足够的防护能力,防止因玩具在最不利情况下使用和清洁时,导致的水上玩具的内部电气绝缘不能经受住第12章的电气强度试验。以及用液体清洗的变压器玩具,其内部电气绝缘有能导致爬电距离和电气间隙减小到小于第18章规定值的水迹。

2)11.2适用于所有电玩具。其目的是通过模拟欧洲地区环境气候中最潮湿的情况,确保电玩具的内部电气绝缘在高度潮湿的情况下也能符合第12章电气强度的要求。

综上所述,本条款的技术要求是对测试样品进行潮湿处理,然后按第12章和第18章的技术要求进行判断。

(3)测试仪器

手持式喷水和溅水试验设备见图1-30;恒温恒湿柜见图1-31。

图1-30 手持式喷水和溅水试验设备   图1-31 恒温恒湿柜

2. 耐热和耐燃(对应本标准第19章)

(1)标准技术要求

下述技术内容对应本标准第19章的相应条款。

19.1 球压试验

条件:工作电压超过12 V且电流超过3 A的玩具,其封装电气部件的非金属材料外部部件和支撑电气部件的绝缘材料,应进行以下球压试验:该试验在温度为40 ℃ ±2 ℃加上第9章试验期间确定的最大温升下进行,但该温度应至少为75 ℃ ±2 ℃。所谓工作电压是指玩具在额定电压下正常工作时,有关部件所承受的最高电压。

19.2 封装电气部件的非金属材料部件和支撑电气部件的绝缘材料应耐燃和阻燃。

本要求不适用于装饰物、旋钮以及不可能被点燃或传播发源于玩具内部的火焰的其他部件。软线和导线的绝缘不进行这些试验。

通过19.2.1和19.2.2的试验来检查其合格性。从玩具上取出非金属部件进行该试验。当进行灼热丝试验时,测试部件按其在正常使用时的同样朝向放置。

19.2.1　550 ℃的灼热丝试验

假如试验样品不比相关部件的厚度大,根据 IEC 60695 - 11 - 10 分级为 HB40 或以上材料的部件不进行该灼热丝试验。

不能进行灼热丝试验的部件,例如由软材料或泡沫材料构成的部件应符合 ISO 9772 分级为 HBF 的材料要求,该试验样品不比相关部件的厚度大。

19.2.2　650 ℃灼热丝试验、针焰试验

支撑载流超过 3 A 且工作电压超过 12 V 的连接件的绝缘材料部件,以及与该连接件的距离在 3 mm 以内的绝缘材料部件,要经受 IEC 60695 - 2 - 11 中温度为 650 ℃灼热丝试验。

在施加灼热丝期间,测量火焰的高度和持续时间。

对经受住 IEC 60695 - 2 - 11 灼热丝试验,但在试验期间产生一个持续时间超过 2 s 的火焰,则进行下述更多的试验。在连接件的上方,直径为 20mm、高度为 50mm 的垂直圆柱体包络范围内的部件经受附录 B 的针焰试验。但是,由符合附录 B 针焰试验的隔离挡板进行防护的部件不进行该试验。

（2）标准分析

本技术要求的球压试验、针焰试验和 650 ℃灼热丝试验适用于工作电压超过 12V 和电流超过 3A 的电玩具;550 ℃灼热丝试验适用于所有电玩具。其中球压试验是耐热试验,其他两个为耐燃试验。

球压试验的目的是:封装电气部件的非金属材料外部部件和支撑电气部件的非金属绝缘材料,由于其质量原因,在高温状态下会熔融或变软,导致电玩具内部电路的电气强度降低、爬电距离和电气间隙产生变化,严重时间可造成电源短路,引起火灾。可通过球压试验进行检验,确保这些非金属材料在较高温度的情况下也不会产生熔融或变软。

灼热丝试验的目的是:电玩具在实际使用中可能会由于过载、短路等非正常工作情况而导致过热,玩具中的非金属材料如果质量不过关,可能会因为过热而引起着火危险。可通过灼热丝试验进行检验,确保这些非金属材料在过热的情况下也不会产生着火危险。

针焰试验的目的是:模拟电玩具内部因短路等原因产生火花引起局部起燃的现象,检查玩具的非金属材料是否会因此而起燃,

图 1 - 32　球压试验仪

确保这些非金属材料在过热的情况下也不会产生着火危险。

（3）测试仪器

球压试验仪见图 1 - 32;针焰测试仪见图 1 - 33;灼热丝试验仪见图 1 - 34。

图1-33 针焰测试仪

图1-34 灼热丝试验仪

第二节 美国电玩具安全标准技术要求

一、概述

出口到美国的所有玩具应符合 ASTM F963《消费者安全规范：玩具安全》(以下称本标准)，其中电网供电的电玩具应符合本标准的 4.4 "电/热能" 的要求，电池供电的电玩具应符合本标准的 4.25 "电池供电操作的玩具" 的要求。

本标准中电网供电的电玩具，是指由美国电网额定电压 120V(110-125V)的交流电供电驱动的电玩具。电池供电的电玩具是指至少有一个功能是靠电池供电的玩具。该功能可是玩具的主要功能，也可是玩具的非主要功能。上述 "电" 是指所有类型的电池和电网电源，也就是说只要玩具中使用了 "电"，就在该标准的检测范围内。

电玩具除了应符合本标准 4.4 或 4.25 的安全要求外，还应符合 ASTM F963 的其他相关条款的安全要求。下述内容是对本标准技术要求的分析。

二、试验条件及范围(对应本标准 4.25 电池供电玩具)

1. 标准技术要求

对 96 个月或以下儿童使用的电池玩具，在按 8.5~8.10 进行正常使用和合理可预见滥用试验的条件下，应符合这些要求；对 96 个月以上儿童使用的电池玩具，在按 8.5 进行正常使用的条件下，应符合这些要求。应选用符合 ANSI C18.1 或 IEC 60086 要求的新碱性电池作为测试用途。如果制造商特别要求使用另一类电池，应使用该电池重复测试。当制造商规定使用可充电电池时，应使用满充的电池作为测试用途。不可充电及可充电电池都要遵守这些要求。

2 标准分析

上述要求目的是明确测试的范围，规定玩具安全测试的条件和预处理要求等，使得检测结果尽可能少的受到人为主观因素的影响，在对不同类型电玩具进行测试时结果准确，保证玩具对使用者而言是安全的。

对 96 个月或以下儿童使用的电池玩具,按本标准 8.5～8.10 进行正常使用和合理可预见滥用试验对玩具进行预处理,其后,不检查是否符合本标准其他条款的要求,而评估玩具是否会产生有违本标准 4.25 的缺陷。因此,在进行上述正常使用和滥用试验前,应检查玩具的内部结构,以确定滥用测试的位置,然后根据标准要求有针对性的对玩具正常使用和进行滥用试验。例如,对内部有带电点之间的直流电压的标称值大于 24V 的玩具,如果该带电点可触及将导致本标准 4.25.2 测试不合格,则对带电点的保护外壳进行拉力测试。有很多外壳薄弱的电玩具,如果不进行上述预测试而直接进行本标准的正式试验,该玩具符合本标准的要求。但是,经上述预测试后再进行正式试验,则导致该玩具不符合本标准的要求。

测试时应选用标准要求的新碱性电池或制造商指定的电池,并对两种电池的测试结果进行比对,选择更不利情况作为最终测试结果。所谓碱性电池是指不可充电的碱锰干电池。如果制造商规定使用的电池为可充电电池,则应按玩具说明书上充电要求充电,测试时使用满充的电池。

三、电池供电玩具(除乘骑玩具)的要求

1. 标准技术要求

下述技术要求对应本标准 4.25 的相应子条款:

4.25.1　在电池腔或其临近位置应标记正确的电池极性符号"+"和"-";在玩具上或其说明书里必须有正确的电池尺寸和电压值。本要求不适用于不可更换电池、设计成只能正确插入的可充电电池组、扣式电池。

4.25.1.1　含不可更换电池的玩具应按 5.15 进行标识。

4.25.2　任何两个可接触带电点之间的直流电压的标称最大允许值为 24V。

4.25.3　电池供电的玩具应设计成不能对任何不可充电电池进行充电。

4.25.3.1　本条款不适用于以扣式电池作为唯一电源的玩具。

4.25.4　对于供三岁以下儿童使用的玩具,在进行 8.5～8.10 测试的前后,所有电池在不使用硬币、螺丝刀或其他普通家用工具时都不能可触及。测试时要装上建议使用的电池。

4.25.5　对于所有玩具,如果电池能完全容入小物体测试圆筒,那么在按 8.5～8.10 测试的前或后,不使用硬币、螺丝刀或其他家用工具的情况下,都不能可触及。测试时要装上建议使用的电池。

4.25.6　在任何单一的电路内不能将不同型号或容量的电池混用。在实际使用中为了达到不同的功能,需要使用一种以上型号或容量的电池,或在实际使用中需要将交流电和不可充电电池结合在一起使用时,应当对每一个电路进行电绝缘处理,以防止电流在各独立电路间流动。

4.25.7　电池的表面温度不能超过 71℃。

4.25.7.1　本要求适用于在正常使用条件下的所有电池供电玩具。另外,供 96 个月或以下的儿童使用的电池供电玩具,应在合理可预见的滥用后符合本要求。

4.25.7.2 如果玩具的外部活动部件通过机械装置连接到马达,且能被使用者堵转,则按8.18的程序在马达堵转的条件下测试,以确定是否符合温度限量。

4.25.8 不应出现会导致玩具不符合4.25.7的温度要求,或导致玩具出现4.25中所述的燃烧的危险情形。

4.25.9 电池供电的玩具应符合6.6中关于电池安全说明的要求。对在一个电路里使用一个以上电池的玩具,玩具或其说明书应标记下述相关内容:新旧电池不能混用,碱性、标准(碳-锌)、可充电(镍-镉)电池不能混用。

2. 标准分析

本要求涉及以下定义:碱性电池是指不可充电的碱锰干电池;扣式电池是指直径大于高度的电池;不可更换电池是指在产品或设备的预期寿命期间对其供电的一种电化学装置,该装置不让使用者接触或更换,在正常使用及按8.6~8.10进行合理可预见滥用试验时,这种电池不可触及。工具是指用于操作螺丝、夹子或类似固定装置的螺丝起子、硬币或其他物件。

本要求用于防止在玩具(除乘骑玩具外)中使用电池有关的潜在伤害危险,如:电池过热、泄露、爆炸或着火,以及噎住或吞咽电池。下述分析内容对应4.25的相应子条款:

图1-35 可更换电池的电池玩具标志

1)4.25.1目的是确保儿童在使用电玩具时,能够确保所用电池的正确极性、正确电池尺寸和电压,减少儿童因使用不当而造成的伤害,示例见图1-35。

极性符号"+"和"-"应当永久性地标记在电池腔或紧靠电池腔的区域,而对于不可更换的电池,或由于设计而只能按正确方向插入的可充电电池组,不要求作这样的标识,因为上述这些情形的电池本身已经能够保证儿童在使用玩具的过程中电池的正确极性。

正确的电池尺寸和电压可在玩具或其说明书中标出,以便更好地指导儿童及其监护人安装使用电池。

扣式电池的电池腔不适用于条款4.25.1,扣式电池本身已经可以确保所使用电池的正确极性、正确容量和电压。

2)4.25.1.1目的是减少儿童因使用不当强行更换本身属于不可更换的电池而造成伤害。

配有不可更换电池的玩具,其电池如果通过使用硬币、螺丝刀或其他常用家居工具可被触及,则应有标识说明电池是不可更换的。如果制造商认为在产品上标注是不可行的,则此信息可放在包装上或说明书内。EN 62115的5.15要求:当使用硬币、螺丝刀或其他家用工具时,玩具中的不可更换电池可触及,则在玩具上(或其包装或说明书)应有下述声明:该电池是不可更换的。

3)4.25.2 目的是防止电玩具所使用的电压过高对儿童造成伤害,任何两个可接触电接点之间的标称允许直流电压应小于或等于额定 24V。

4)4.25.3 目的是防止儿童及其监护人使用电池供电玩具过程中对本身是不可充电的电池进行充电而造成伤害。多个电池连接时,可能因为电池极性颠倒使得其他电池对颠倒的电池进行充电,因此电池供电玩具应该从设计上保证不能对不可充电电池进行充电,同时,使用过程中电池可能被儿童及其监护人反方向放置,或者含有的电池充电器能够对带有不可充电电池的玩具进行充电,两者情形只要有一就需符合这一条款,示例见图 1-36。

例如,有一款电玩具录音机是双电源玩具,既可用碱性电池也可用变压器给玩具供电。经测试,当两种电源同时给玩具供电时玩具能工作,但电池表面的温度为 80℃ 并伴有漏液情况,超出标准要求的 71℃,当只用碱性电池供电工作时,电池表面温度为 36℃。经检查玩具供电电路发现,变压器与电池是直接并联供电,当同时供电时,相当

图 1-36 结构上保证不能颠倒极性的电池腔

于变压器直接给碱性电池充电,造成电池温度超标现象。要改进这种结构缺陷,就要在玩具的变压器接入插口处加装电路切断开关,当接入变压器电源插头时,电池与玩具电路被切断,只有变压器供电,就可在结构上保证玩具中的碱性电池不被变压器充电。

当电玩具的电路只含有一个或者两个电池作为唯一的电源时,玩具的结构上能保证电池间不可能相互充电,因此此条款不适用于这类玩具。

5)4.25.3.1 由于扣式电池本身不能进行充电,故不适用于 4.25.3。

6)4.25.4 目的是防止三岁以下儿童因接触到电池而造成伤害。对于供三岁以下儿童使用的电玩具,在玩具进行正常使用(8.5 正常使用试验)和滥用测试(8.6 滥用测试、8.7 冲击试验、8.8 部件移取的扭力试验、8.9 部件移取的拉力试验和 8.10 压力试验)前或后,所有的电池在不使用硬币、螺丝刀或其他普通家用工具时都不能可触及。在进行本条款测试时要装上玩具建议使用的电池。

7)4.25.5 适用于所有玩具,目的是防止儿童在使用玩具的过程中误吞入本身属于小零件的电池造成窒息等伤害。对于玩具含有的电池,如果电池能够完全容入小物体测试圆筒,则在按 8.5、8.6、8.7、8.8、8.9 和 8.10 测试的前或后,电池在不使用硬币、螺丝刀或其他普通家用工具时都不能可触及。在进行本条款测试时要装上玩具建议使用的电池。

8)4.25.6 适用于所有电玩具,目的是防止防止儿童及其监护人将不同型号或容量的电池混用造成伤害,如 5 号和 7 号电池、1.5V 和 9V 电池。在实际过程中,单一电路内不同型号或容量电池混用或者交流电和不可充电电池混用等都可能会对电路中的电池充电从而引起温升超标、电池内的溶质泄漏等造成伤害。在测试过程中检查单一电路是否将不同型号或容量的电池混用,如果是则每一个电路都应有电绝缘处理以防止电流在各独立电路间

流动。

9）4.25.7 适用于所有电玩具的电池，目的是防止儿童使用电玩具过程中因电池温度过高造成伤害。

测量玩具电池表面的温度最常用的方法是热电偶法。所谓热电偶，就是当两种不同金属导线组成闭合回路时，若在接头处维持一温差，回路就有电流和电动势产生，其中产生的电动势称为温差电动势，上述回路称为热电偶。热电偶法测量温度是根据热电偶的热端和冷端有温差时出现热电动势，且此热电动势随温差的增大而增大的原理来测量热端温度。

温升测试是通过将热电偶连接到数据采集器，该数据采集器有20个通道可连接20路热电偶通过电脑同时监控20个发热点，可以看到各发热点的即时温度、温度走势图及最大温度。

10）4.25.7.1 适用于在正常使用条件下的所有电池驱动玩具，当电玩具供96个月或以下儿童使用时，电池驱动玩具还应进行合理可预见的滥用测试后也应符合本要求。

"正常使用"是指按照玩具附有的说明进行使用的方式、由传统与习惯所决定的使用方式，或看到玩具后即明白的使用方式进行使用。对于一些相对静态的电池动力玩具，例如只是简单的发光、发声音的玩具，很容易就可以模拟其正常使用的情况，然后通过热电偶法测试其电池表面的温度。但是，对于如电动玩具车，在正常使用过程中是动态的玩具，只通过在玩具表面粘贴热电偶的方法，就很难直接对其进行正常使用并监测其最大温升。因为热电偶丝的长度是有限的，在玩具车的正常使用过程中会从玩具表面脱落而导致无法测温。

对于电动玩具而言，工作电流是引起其发热的主要原因，因为温升：$\Delta t = P/kS = I^2R/kS$ 其中 R 为样品电阻；I 为测试电流；S 为样品散热面积；k 为样品散热系数。对此，可以通过模拟玩具车的正常使用，并监测记录其电池的工作电流 $I_{正常}$，然后通过使用辅助测试器具模拟正常使用，并通过调整车轮与辅助测试器具间的摩擦力使其工作电流与之前测得的 $I_{正常}$ 一致，在玩具车电池表面粘贴热电偶，连续监测其发热表面的温度，直到最大值的出现为止。通过这种方法可以准确地测量出这类玩具在"正常使用"时的最大温升。

11）4.25.7.2 本条款适用于带电机的玩具，其目的是模拟玩具电机在使用过程中被堵转的滥用情况下的可触及表面温升，防止儿童被烫伤。

"堵转"就是在对该玩具进行使用时，通过物理的方法强行使电机停转。本测试适用的条件是："玩具带有电机，且连接到电机的运动部件是可触及的"。相对于"正常工作"而言，在"堵转"条件下测得的玩具表面温升要高得多，一些功率较大而又没有保护电路的大型玩具车经常会因电池表面超标而导致不合格。因为在"电机停转"时，玩具的工作电流会变得很大，而温升 $\Delta t = P/kS = I^2R/kS$，所以当工作电流急剧变大时，温升就会非常大。

本测试应当用新玩具进行。每个马达应当使用新碱性电池单独测试。如果制造商明确地推荐了在玩具中使用另一种化学性质的电池，则使用制造商指定的该电池重复一次测试。如果玩具用碱性电池无法驱动，则使用制造商推荐的、指定电压的电池来测试。测试应在环境温度为（20±5）℃的无风的地方进行。

开动玩具，将与马达机械相连的运动部件堵转在固定位置。只堵转能在玩具外部被停住的运动部位。不要使任何机械或电动的保护装置失效,如离合器或保险丝。在玩具完全装配好的情况下监控温度。如果正常使用允许马达在无照管的情况下运转,或如果玩具带有允许它保持在"开"的状态的无间歇开关持续开动玩具并记录最高温度。测试可在每个测试部件录得温度峰值后 60 min 停止。如果玩具自动断电或必须用手或脚维持开动,则监控测试 30 s,按需要重复启动玩具直到完成 30 s 的操作。如果玩具在操作时间超过 30 s 后才自动断电,则继续测试直至玩具自动断电。当测试结束时,马达堵转的状况不应导致温度超过 71℃ 的限量,或导致电池泄漏、爆炸或着火。

12)4.25.8 玩具在正常使用过程中和可预见的合理滥用前后玩具的可触及部位的温度不应超过 71℃,不应出现导致玩具有燃烧的危险情形。

13)4.25.9 电池驱动玩具应该含有电池安全使用说明以指导儿童及其监护人更好地使用玩具。对玩具的安全使用或/和组装的有关资料和说明,无论是印在包装盒还是说明书上,对于供阅读的某年龄组(根据需要,也包括使用的儿童)来说必须是易读易懂,所有说明必须至少用英语表达。如果电池驱动玩具是使用不可更换的电池作为唯一电源,则此类玩具不适用本要求。

对于在一个电路中使用一个以上电池的玩具,使用说明或玩具上的标记必须有下列(或相当)的内容:"Do not mix old and new batteries"(不要将新旧电池混用);"Do not mix alkaline,standard(carbon – zin. c),or rechargeable (nickel – cadmium) batteries"[不要将碱性电池,标准(碳 锌)电池,或可充电(镍 – 镉)电池混用]。

四、电池供电的乘骑玩具的要求

1. 标准技术要求

下述技术要求对应本标准 4.25 的相应子条款:

4.25.10 电池驱动的乘骑玩具——这些要求适用于下述的有轮乘骑玩具:不供在街道或马路上使用的乘骑玩具,其所用的电池能源可向任一可变电阻负载持续至少 1 min 地释放出至少 8 A 电流。

4.25.10.1 当按 8.19.2 测试时,在任何导体的绝缘体上测得的最大温度不应超过材料的温度额定值(第三方实验室测定)。

4.25.10.2 当按 8.19.3 堵转马达试验进行测试时,电池驱动的乘骑玩具不应有着火危险。

4.25.10.3 设计带有配线系统的电池驱动乘骑玩具,若配线系统具有用于保护原电路的用户可更换装置(保险丝型号),或配线系统带有用户可重设的原电路保护(手动重设保险丝),则此玩具当按照 8.19.4 的扰乱往返试验进行测试时,不应开动(打开或往返)。

4.25.10.4 用于电池驱动的乘骑玩具中的开关

(1)电池驱动乘骑玩具中使用的开关的聚合材料,是用来支承电流负载部件的,应至少达到 UL – 94V – O 燃烧等级,或灼热丝点燃等级为 750℃。注意:本要求不适用于低压电路中使用的开关。低压电路的定义是:该乘骑玩具所使用的有效电池电源,不能向可变电阻负载持续至少1 min 地释放出至少8 A 电流。

（2）在按8.19.5 开关耐久性试验和超载试验进行测试时，开关主体不应造成短路状况。

（3）在按8.19.5 开关耐久性试验和超载试验进行测试时，开关不应失效而会造成车辆持续地运行（开关卡在"开"的位置）。

4.25.10.5　电池驱动的乘骑玩具中的用户更换电路保护装置

（1）电池驱动乘骑玩具中的用户更换电路保护装置而被独立实验室列出、认可或证明。

（2）电池驱动乘骑玩具中供用户更换的所有电路保护装置，应只有在使用工具时才能更换，或者它的设计不允许让人轻易摆弄，例如需要很大力才能打开的设计。

4.25.10.6　如4.25.10 中所述的电池和电池充电器

（1）电池连接器必须由具有 V－O 燃烧等级或具有灼热丝点燃等级为750℃的材料制成。

（2）当按8.19.6 测试时，在充电器/电池连接线全长上的任意点短路的条件下，电池充电系统都不应存在着火危险。

（3）当按8.19.6 测试时，在充电期间，电池充电电压不应超过建议的充电电压。

（4）电池充电器必须被证明符合相关的当前国家标准，例如 UL、CSA 或相当的标准机构。

4.25.10.7　连接到主要/马达电池的配线应有短路保护，并在按8.19.7 测试时不应出现着火危险。

4.25.10.8　应当提供应变消除，以防止在日常维护中例如电池充电，接入连接器座的电线上的机械应力，要按8.19.8 来进行测试。

4.25.10.9　电池驱动乘骑玩具应符合5.15.1 的安全标识要求6.6.3 的附加说明的要求，和7.3 的生产商标识要求。

5.15　电池驱动玩具——配有不可更换电池的玩具，其电池如果通过使用硬币、螺丝刀或其他常用家居工具可被触及，则应有标识说明电池是不可更换的。如果制造商认为在产品上标注是不可行的，则此信息应放在包装上或说明书内。

5.15.1　电池驱动的乘骑玩具

5.15.1.1　电池驱动的乘骑玩具应带有5.3 所描述的安全标识，包括信号词"WARN-ING"，还至少包括清楚传递了以下信息的文字：

（a）To reduce the risk of injury, adult supervision is required. Never use in roadways, near motor vehicles, on or near steep inclines or steps, swimming pools or other bodies of water; always wear shoes, and never allow more than _____ rider(s)

为减低受伤的风险，需要成人监护。绝不要在车行道上、靠近机动车的地方、在陡峭的斜坡和台阶上或靠近陡峭的斜坡和台阶、游泳池和其他有水的地方使用；总要穿着鞋子，绝不要超过_____个乘坐者。

（b）RISK OF FIRE. Do not bypass. Replace only with _____ . Note: This warning must be placed at the location of any user replaceable fuse or circuit protection device. Manufacturer should state the part number or equivalent.

起火危险。不要桥接。只用＿＿＿＿＿＿替换。注：这一警告必须放在使用人更换保险丝或电路保护装置的地方。制造商应说明零件编号或相当的信息。

5.15.1.2　电池供电的乘骑玩具包装和销售点印刷品应说明制造商建议的玩具使用年龄或/和体重限制。

5.15.1.3　电池供电的乘骑玩具的包装和销售点印刷品应带有 5.15.1 规定的警告语。

6.6　电池驱动的玩具——对于在一个电路中使用一个以上电池的玩具，使用说明或玩具上的标记必须有下列（或相当）的内容：

6.6.3　提供给电池供电的乘骑玩具的说明书，应包括安全使用和维护玩具的指南。说明书应至少包括以下内容：

6.6.3.1　Maximum weight or age limitations, or both, for safe use of the toy（为了安全使用玩具，最大的重量或年龄限制）。

6.6.3.2　The kinds of surfaces which are appropriate for safe use of the toy（适合玩具安全使用的路面种类）。

6.6.3.3　The warning statements contained in. 5.15.1.1（在 5.15.1.1 中包含的警告语）。

6.6.3.4　Only use the battery(ies) specified by the manufacturer（只使用制造商指定的电池）。

6.6.3.5　Only use the charger(s) specified by the manufacturer（只使用制造商指定的充电器）。

2. 标准分析

对电池供电的乘骑玩具，其使用功能决定了玩具的电池容量和功率都很大，而且玩具是承载儿童并以运动的状态进行玩耍，因此如果这类玩具的结构设计及安全使用说明不规范，则将导致儿童被烫伤烧伤或运动损伤等伤害。因此，本条款要求的目的是通过对电池供电的乘骑玩具中关键元器件的安全要求，以及规范安全使用说明，防止对使用儿童造成伤害。下述标准分析对应 4.25 的相应子条款：

1)4.25.10 本条款的使用范围是使用电池作为驱动的乘骑玩具，其不供在街道或马路上使用，且所使用的电池能源可向任一可变电阻负载持续至少 1min 地释放出至少 8A 电流。也就是说，属于本条款测试范围的乘骑玩具车有两个前提条件，一是玩具车预定不是作为街道或马路上作为交通工具使用，二是电池的能量足够大。具体测试要求如下：

①进行本测试时应将依照下列条款测试的部件安装在玩具中进行，同时应使用完全充电的电池进行测试。

②最大温度测试：

a)对所有用于电池充电或放电的电压连接点进行以下前处理。如果玩具提供有一个电源线束连接器，应在进行最大温度测试前，对该电源线束连接点连接和断开 600 次。如果玩具提供有供使用者替换的保险丝,在进行最大温度测试前,将保险丝拆下和插入 25 次。

b)用制造商指定的完全充电的电池给测试样品供电。以导致最大持续电流的模式运行该车辆。在制造商指定的任何表面上测试该车辆,并调整重量以达到制造商指定的最大值,测定最大持续电流。可能需要通过在不同地面和以不同重量进行若干次试验来测得最大持续电流。

c)以任何需要的方式对车辆进行物理性加载,以获得最大持续电流。持续运行车辆直至电池耗尽或直至达到热力平衡。如果未达到热力平衡,则电池换成完全充电的电池并继续测试。

③电池供电的乘骑玩具的马达堵转测试——机械性堵转可触及的马达驱动部件。对于有不止一个马达的玩具,每个马达应单独测试。对于有不止一个运行模式的玩具,应当用不同的样品测试每一种模式。测试中玩具应当用双层的薄纱棉布完全覆盖。可触及的马达或其他电子部件也应当用薄纱棉布覆盖。

a)在堵转状态下运行玩具,直到电路保护装置使用电路阻断或直至电池耗尽。

b)如果电路保持装置阻断电路,立即将电路保护装置复位;如果是保险丝,立即将其换掉,再重复测试 3 次。如果电路保护装置自动复位,继续马达堵转测试直到电池耗尽。

c)测试不应使棉布着火。

④扰测试——在指定的平面进行测试,以制造商指定的最大重量给车辆加载。

a)开始/停止状态——在 1s 周期内开关玩具 30 次(0.5s 开然后 0.5s 关),采用产生最大电流的运行模式。

b)向前/向后测试——如果玩具可以后退,以 1s 周期向前向后行驶玩具 30 次(0.5s 向前然后 0.5s 向后),采用产生最大电流的运行模式。

⑤开关耐久性及过载测试——将开关在相对湿度 95%,温度 20℃ ~30℃下预处理 48h。在 40℃进行开关耐久性及过载测试。通过手动或机械方式的动作构件操作开关,接通或切断测试电流。如果使用保险丝或保护装置来操作(开或松开)上述装置,则保险丝或保护装置必须被更换或复位若干次,直到完成要求的周期数。如果开关失灵(开关卡在"关"的位置而不产生短路),测试周期次数可少于规定的次数。测试三个样品,所有样品必须通过。

a)开关耐久性测试——如果车辆的开启与停止依赖于开关,耐久性测试要进行 100000个周期。使用在"最高温度测试"中测定的最大持续电流负载,或包含起动功率及电感特性的等效模拟马达负载的电路中的最大持续电流负载,操纵玩具开关(最少开 1s,每分钟最少6 个来回)。其他所有开关要进行 6000 个周期的耐久性测试。

b)开关过载测试——开关过载测试适用于负责开启和停止车辆的开关。堵转玩具马达。以每分钟 6 个来回的速率操纵开关 50 个来回,其中 1s 开和 9s 关。

⑥电池过载测试——每个电池用指定的充电器持续充电 336h。测试不应使电解质释放,或导致爆炸、着火。

a)如果电池可在车辆内充电,将电池放在车辆内并接到充电电路。在短路的情况下,将充电器、电缆、电池用双层薄棉布盖上,进行测试直到电池放空。薄棉布不应着火。

⑦短路保护测试——用双层棉布完全覆盖玩具,将不同极性的部件短路,任何短路状态不应导致棉布着火。

⑧应变消除测试——电线或线束座的电连接点要被断开,向电线施加20lbf(90N)力,使压力从玩具结构允许的任意角度释放。保持指定力度1min,电线不应有显示连接点压力的任何移动。

其说明书应包括安全使用和维护玩具的指南。说明书应至少包括以下内容:

1. Maximum weight or age limitations, or both, for safe use of the toy(为了安全使用玩具,最大的重量或年龄限制)。

2. The kinds of surfaces which are appropriate for safe use of the toy(适合玩具安全使用的路面种类)。

3. To reduce the risk of injury, adult supervision is required. Never use in roadways, near motor vehicles, on or near steep inclines or steps, swimming pools or other bodies of water; always wear shoes, and never allow more than _____ rider(s)(为减低受伤的风险,需要成人监护。绝不要在车行道上、靠近机动车的地方、在陡峭的斜坡和台阶上或靠近陡峭的斜坡和台阶、游泳池和其他有水的地方使用;总要穿着鞋子,绝不要超过_____个乘坐者)。

RISK OF FIRE. Do not bypass. Replace only with _____ . (Note: This warning must be placed at the location of any user replaceable fuse or circuit protection device. Manufacturer should state the part number or equivalent)(起火危险。不要桥接。只用_____替换(注:这一警告必须放在使用人更换保险丝或电路保护装置的地方。制造商应说明零件编号或相当的信息)。

4. Only use the battery(ies) specified by the manufacturer(只使用制造商指定的电池)。

5. Only use the charger(s) specified by the manufacturer(只使用制造商指定的充电器)。

五、电网120V供电的玩具要求简介

1. 适用范围

对电网供电的电玩具应符合本标准的4.4"电/热能"的要求,该条款要求这类玩具应符合美国联邦法规16 CFR 1505部分的安全要求。

电网供电的电玩具,是指由美国电网额定电压120V(110-125V)的交流电供电驱动的电玩具,此类玩具并不多,但由于其连接到电网,如果其设计结构不合理将导致电击、烫伤甚至火灾等安全问题,因此本标准特别要求其符合美国联邦法规16 CFR 1505部分"电动玩具或预定供儿童使用电动商品的要求"。

上述"电动玩具或预定供儿童使用电动商品"是指在设计、标签、广告宣传或其他事项中说明是供儿童使用的玩具、游戏机或其他商品,且由额定电压120V(110-125V)的交流电驱动的商品。如果玩具或商品的包装(包括包装材料)预定与产品一起使用,将被视为是玩具或其他商品的一部分,本定义不包括以有效电压小于或等于30V(峰值电压42.4V)的交流电驱动组件,或原本为成年人设计,儿童可能偶然会用到的商品,电视游戏亦不包括在内。

2. 16 CFR 1505 技术要求简介

1)标志说明:所有的标志均应在显著位置清晰的显示出来,内容应易看、易懂,某些情况下可就标签的位置、字符大小与背景的对比度等进行必要的调整,但必须具有良好的视觉效果。

必须标注的项目有:电流额定值、制造日期、生产者名称和地址、电压、功率和注意事项,如果商品中含有加热元件,应声明"不适合8岁以下儿童"。

每个玩具应附有与使用该玩具相应年龄组儿童易于理解的说明书,说明书应适当地说明安装、装配、使用、清理、维修(包括上润滑油),以及有关的其他功能。

如果玩具只用一个电动机作为其耗电部件,可将电流额定值标注在电动机地标牌上,若电动机安装于玩具中,但其标牌仍可见,则不必另外标注。玩具上应标明只可用交流电、直流电或交直流两用。

玩具中如果有特殊部件需要,交流电的额定应包括频率或频率范围的要求。

2)注意事项:概述电动玩具应标有声明,如"注意——电气玩具。"随同此类玩具的说明书应在其扉页上的序言中标明此类声明。对于此类玩具的包装应在其正面的右上角标明电动玩具的声明和建议:注意——电气玩具;不宜于____岁以下儿童。如果商品中含有加热元件,制造商应无一例外的指明"8岁以下儿童不适宜"。当某些电动产品不属"玩具"类,但又欲提供给儿童使用,可用"电动商品"替代"电气玩具"。

具有热伤害性的玩具,应在可以看到的表面上醒目地标注"热——请勿触及",当标记不在热表面上时,在"热"字之后,附以适当的描述文字,如"易熔物体""底板"或"发热部件",随后陈述"请勿触及"。若玩具的某一表面作为功能的一部分而需手持时,则应以"发热——触摸时小心"来陈述。

此外,还应该注意白炽灯的危害,以及烹调玩具器具(如:爆玉米花锅、长柄平底锅或水糖锅)是可能浸入水中的器具,均应加上适当的声明,标明注意事项。

3)由额定电压120V的分流电路操作的玩具必须符合根据FHSA发表的16 CFR1505的要求。

4)对电气玩具类主要还有制造方面的要求,包括采用安全适合的材料,机械安装、绝缘材料、外壳、间隙、特殊安全灯方面的要求。电气设计和组建方面,包括开关、灯、变压器、自动控制、电源的连接(电缆和插头)、套管、布线方面的要求,试验包括撞击试验、抗压试验、压力试验、挤压试验、提举试验、减压试验、操作压力试验等,针对电流、电压、功率、温度、压力、绝缘性、热力性等方面进行测试和判断。

第三节　各国电玩具安全标准技术要求的异同

一、概述

GB 19865 的相关技术要求修改采用了国际电工委员会的标准 IEC 62115《Electric toys-Safety》。

GB 19865 是有关玩具安全的强制性国家标准,也是中国强制认证(3C)的指定玩具安全标准之一,所有要进口到中国境内销售使用的电玩具必须符合该标准。

二、中国玩具电性能要求简介

所有在中国境内生产销售使用的电玩具都必须符合强制性国家标准 GB 19865《电玩具的安全》的要求。

该标准共有 20 章、5 个附录。针对电玩具安全技术要求主要是从第 7 章开始,有如下项目:标识和说明、输入功率、发热和非正常工作、工作温度下的电气强度、耐潮湿、室温下的电气强度、机械强度、结构、软线和导线的保护、元件、螺钉和连接、电气间隙和爬电距离、耐热和耐燃、辐射、毒性和类似危害。以下是该标准的测试范围和主要技术要求(对应标准条款号):

1 范围

本标准涉及的是至少有一种功能需要使用电的玩具的安全。

6 减免试验的原则

对于某些玩具,如果满足 6.1 或 6.2 的条件,则没有必要进行本标准所规定的全项试验。6.1 适用于所有玩具,但 6.2 只适用于电池玩具。

6.1 不同极性部件之间的绝缘短路试验符合第 9 章要求的玩具,则认为符合第 10 章、第 11 章、第 12 章、第 15 章和第 18 章。短路试验依次施加在所有易击穿和可用软电线进行短路的绝缘上。

6.2 如果电池玩具满足下列条件,则认为符合第 10 章、第 11 章(除 11.1)、第 12 章、第 15 章、第 17 章(对装有纽扣电池的电池室,17.1 除外)、第 18 章和第 19 章的要求。

——不同极性部件(电池室里的除外)之间的可触及绝缘不能被直径 0.5mm、长度超过 25mm 的直金属钢针桥接,并且

——在玩具不工作和限流装置短路状态下,用 1Ω 的电阻连接在电源端子之间 1s 后测得的总电池电压不超过 2.5V。

7 标识和说明

7.1 玩具或它的包装应标识如下信息:

——制造厂或责任承销商的名称、商标或识别标志;

——型号或规格。

玩具的标识应标在玩具主体上。当玩具包装上没有标识以及由于尺寸等原因在玩具上标识不可行时,则 7.1.1~7.1.3 的标识内容可以包含在说明中。

注1:另外,GB 6675.2-2014 的标识要求可能适用。

注2:在不会造成误解的前提下,允许有其他的标识。

通过视检检查其符合性。

7.1.1 带可更换电池的电池玩具应标识:

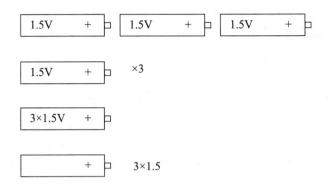

7.1.2 变压器玩具应标识：

——额定电压,单位为伏特(V)；

——交流电或直流电符号,如适用；

——额定输入功率,瓦特(W)或伏安(V·A),若输入功率大于25 W或25 V·A；

——玩具变压器的符号,该符号也应标在包装上。

额定电压和交流电或直流电的符号应标在接线端子的附近。如果不正确的供电不会有损玩具对本标准的符合性,则不要求标识交流电或直流电的符号。

通过视检检查其符合性。

7.1.3 双电源玩具应按电池玩具和变压器玩具的标识要求进行标识。

通过视检检查其符合性。

7.2 可拆卸灯应标识：

——额定电压和型号；或

——最大输入功率；或

——最大电流。

可拆卸灯的输入功率或电流应按如下标识：

灯最大…W 或 灯最大…A

"灯"这个字可由GB/T 5465.2—2008中5012符号代替。

当更换灯时,该标识应清晰可见。

当装上最大输入功率的灯进行第9章的试验时,如果测得的温升值未超过限值,则该标识不要求。

通过视检检查其符合性。

7.3 当使用符号时,应按下述标识：

═══ 〔GB/T 5465.2—2008中5031符号〕 直流电

∿ (GB/T 5465.2—2008中5032符号) 交流电

☼ 〔GB/T 5465.2—2008中5012符号〕 灯

⎍ 〔GB/T 5465.2—2008中5219符号〕 玩具用安全隔离变压器(变压器玩具的符号)

注 1：在不引起误解的前提下，允许有其他的符号。

注 2：可以使用在 GB/T 5465.2—2008 和 GB/T 16273 中规定的符号。

物理量单位和相应的符号应是国际标准体系中的符号。

通过视检检查其符合性。

7.4　玩具应提供说明，说明应包含为安全使用玩具所必需的有关清洁和保养的详细内容，并表明与玩具一起使用的变压器或电池充电器应定期检查其电线、插头、外壳和其他部件是否损坏，发现损坏时应停止使用，直至修复完好。

下列情况下，玩具应提供组装说明：

——玩具预期由儿童组装；

——这些说明对玩具的安全运行是必要的。

若玩具预期由成人组装，则应声明这一点。

变压器玩具以及带有电池盒的玩具的说明应声明玩具不能连接到多于推荐数量的电源上。

双电源玩具的说明应包括电池玩具和变压器玩具的说明要求。

带有无连接方式的电线或可插入电源插座的金属部件的玩具，应提供说明，声明该电线或部件不能插入电源插座。

适用时，带有可更换电池的电池玩具的说明应包含如下内容：

可以使用的电池类型；

——如何取出和放入电池；

——非充电电池不能充电；

——充电电池只能在成人监护下充电（带儿童使用的电池充电器的玩具的说明可替换为"电池只能由成人或至少 8 岁的儿童充电"）；

——充电电池在充电前应从玩具中取出；

——不同类型的电池或新旧电池不能混用；

——电池应以正确的极性放入；

——用尽的电池应从玩具中取出；

——电源端子不得短路。

适用时，变压器玩具的说明应包含如下列内容：

——玩具不得供 3 岁以下儿童使用；

——玩具只能使用推荐的变压器；

——变压器不是玩具；

——可用液体清洁的玩具清洁前应与变压器断开。

说明的内容可以标在玩具宣传单、包装或玩具上。如果说明标在玩具上，从外面看应清晰可见。如果玩具包括多个部件，只需对主体进行标识。

预期在水中使用的电池玩具，应在说明中声明玩具只有按说明的要求完全安装好才能在水中使用。

通过视检检查其符合性。

7.5　当标识或说明标在包装上时，还应声明因该包装含有重要信息应予以保留。

通过视检检查其符合性。

7.6　使用说明和本标准要求的其他内容应使用简体中文。

通过视检检查其符合性。

7.7　玩具上的标识应清晰易读并持久耐用。

通过视检并通过用手持沾水的布擦拭15s，再用沾汽油的布擦拭15s来检查其符合性，试验用汽油是正己烷。当推荐使用其他液体时，也应用沾有这些液体的布进行擦拭试验。

经本标准的全部试验后，标识应该仍应清晰易读，标识牌应不易被揭下并且不应卷边。

注：在考虑标识的耐久性时，应考虑正常磨损（如经常清洗）的影响。

8　输入功率

变压器玩具和双电源玩具的输入功率不应超出额定输入功率的20%。

通过测量检查其符合性。测量应在玩具输入功率已稳定且达到正常工作温度后进行，并且：

——所有能同时工作的电路都处于工作状态；

——玩具按额定电压供电；

——玩具在正常工作状态下工作。

注：应测量输入功率以确定是否需要标识额定输入功率。

9　发热和非正常工作

9.1　玩具在使用中，温度不应过高。玩具的构造应尽可能避免由于误操作或元件失效而引起的着火、影响安全的机械损坏危险或者其他危险。

玩具应在9.2规定的条件下经受9.3～9.8的试验。

所有玩具应经受9.3～9.5的试验。

带有电机的玩具应经受9.6的试验。

变压器玩具、双电源玩具和带有电池盒的玩具经受9.7的试验。

带有电子电路的玩具应经受9.8的试验。

只带有输入功率不超过1W的白炽灯的玩具不需要经受这些试验。

除非另有规定，应按9.9检查本条款的符合性。

9.3和9.4的试验应持续到建立起稳定状态为止。在这些试验过程中，热断路器不应动作。然而，如无线控制车辆等移动玩具在进行9.3和9.4的温升试验时，自恢复热断路器允许动作。

9.5～9.8的试验直到非自动复位热断路器动作或建立起稳定状态为止。如果发热元件或一个有意设置的薄弱部件成为永久性开路，则要在第二个样品上重复有关试验。第二次试验除非以其他方式满意地完成，否则应以同样的方式终止。

注1：有意设置的薄弱部件，是指一个用来防止出现有损本标准符合性的情况而损坏的部件。这类部件可以是可更换的元件，如电阻或电容器；或其他可更换元件的一部分，如装在电机内的不可触及的热熔

断体。

注2：玩具内装的熔断器、热断路器、过流保护装置或类似装置，可以用来提供需要的保护。

注3：如果同一玩具要进行多个试验，则这些试验应在玩具冷却到室温后按顺序进行。

9.2　玩具要置于在玩耍中可能出现的最不利位置。

手持玩具应自由悬挂。

其他玩具放在测试角的地板上，尽可能靠近壁板或远离壁板，取较不利的情况。测试角用两块成直角的壁板和一块地板组成，这些壁板和地板用约 20mm 厚的涂无光黑漆的胶合板制成。玩具应用四层尺寸为 500mm×500mm 、质量为 $40g/m^2 ±8g/m^2$ 的漂白薄棉纱布覆盖，棉纱布应盖在可能会出现高温和烧焦的表面。尺寸不超过 500mm 的玩具应用棉纱布完全覆盖。

电池玩具以额定电压供电。

变压器玩具和双电源玩具以 0.94 倍或 1.06 倍额定电压供电，取较不利的情况。

用对受试部件温度影响最小的细丝热电偶来确定温升。试验中不能够用热电偶测量的地方可以采用热敏纸或其他方法测量最大温升。

注：具有直径不超过 0.3mm 的热电偶被认为是细丝热电偶。

移动玩具应在产生最高温升的使用条件下试验。当非自复位热断路器动作时，最多复位 3 次。带自复位热断路器的玩具应一直试验到稳态为止。

9.3　玩具在正常工作条件下运行，并确定其各部件的温升。可在充电期间运行的可充电电池玩具也应在充电模式下试验。

注：可能需要复位电池充电器上的定时器以建立稳态。

9.4　对取下可拆卸部件（除灯以外）后可触及的不同极性间的绝缘（除电池室里的）进行短路，重复进行9.3试验。但是，只对用直径为 0.5mm、长度大于 25mm 的直钢针，或者用直径为 1.0mm 棒通过外壳上深度不大于 100mm 的孔能够桥接的不同极性间的绝缘体进行短路。仅用适当的力用手将钢针和棒保持在位。

对需用手或脚来保持通电的产品，如果上述的短路导致产品不工作，则开关在 30s 后放开。

9.5　将9.3和9.4试验中限制温度的控制器短路，重复9.3的试验。如果玩具有多个控制器，应依次短路。

如果控制器仅由正温度系数热敏电阻（PTC）、负温度系数热敏电阻（NTC）或压敏电阻（VDRs）组成，且使用在制造商说明的参数范围内，则不需要短路。

对需用手或脚来保持通电的产品，如果上述的短路导致产品不工作，则开关在 30s 后放开。

9.6　堵住可触及运动部件，重复9.3的试验。

注：如果玩具装有多个电机，则依次堵住每个电机驱动的部件进行试验。

如果玩具应用手或脚来保持通电，则运行 30s 后终止试验。

9.7　变压器玩具、双电源玩具和带电池盒的玩具除连接到说明推荐使用的电源外，以串联或并联的方式再接到一个与玩具推荐的同样的电源上，取较不利的情况。然后进行9.3

和9.4试验。

注：该试验只适用于能用两个(套)同样玩具的或组装玩具的部件、不借助工具就能容易地进行连接的情况。

9.8 电子电路除非符合9.8.1规定的条件，否则所有的电路或电路上的部件应通过9.8.2中规定的故障条件评估来检查其符合性。

如果印刷电路板的某个导体变为开路，只要满足下述两个条件，则认为该玩具已经经受住本试验：

——印刷电路板材料经受住附录B的针焰试验；

——玩具在该开路导体桥接的情况下经受住9.8.2的试验。

注：通常，通过检查玩具及其电路图将找出那些需模拟的故障情况，以便把试验限制在预期会出现最不利结果的那些情况。

9.8.1 在满足下述两个条件时，电路或电路中的部件不进行9.8.2规定的a)～f)故障试验：

——此电子电路是下述的一个低功率电路；

——玩具的其他部件对着火危险或危险故障的保护不依赖于该电子电路的正常工作。

低功率电路按下述来确定，图1给出了示例。

玩具以额定电压供电，并且将一个已调到其最大值的可变电阻连接在被检查点和电源的相反极性之间。

然后减少电阻值，直到该电阻消耗的功率达到最大值，在第5s终了时，供给该电阻器的最大功率不超过15W的最靠近电源的那些点，被称之为低功率点。距电源比低功率点远的那一部分电路被认为是一个低功率电路。

注1：只从电源的一极上进行测量，最好是最少低功率点的那个极。

注2：在确定低功率点时，推荐从靠近电源的点开始。

9.8.2 应考虑下列的故障条件，必要时每次施加一个故障条件。考虑随之发生的故障：

a)如果不同极性部件间的电气间隙和爬电距离小于第18章规定的值，应对其短路，除非该部分被合适地封装起来；

b)任一元件接线端开路；

c)电容器短路，除非其符合IEC 60384-14或其是陶瓷电容且使用在制造商规定的参数范围内；

d)非集成电路的电子元件的任两个端子之间短路；

e)三端双向可控硅以二极管方式工作；

f)集成电路的故障。在此情况下要评估玩具可能出现的危险情况，以确保其安全性不依赖于这一元件的正确工作。要考虑集成电路故障条件下所有可能的输出信号。如果能表明不可能产生一个特殊的信号，则不考虑其有关的故障。

注1：可控硅和三端双向可控硅之类的元件，不经受f)故障条件。

注2：微处理器按集成电路试验。

另外,要通过连接低功率点与测量低功率点时的电源极来短路每个低功率电路。

模拟故障条件时,玩具应在9.2规定的条件下以额定电压运行。对需用手或脚来保持通电的产品,如果上述的短路导致产品不工作,则开关在30s后放开。

如果玩具装有一个其运行是为了保证符合9.5~9.7要求的电子电路,则按上述 a)~f) 所述,以模拟单一故障方式对该玩具重复进行有关的试验。

如果电路不能用其他方法评估,则对封装的或类似的元件进行故障条件 f) 试验。

如果 PTC 电阻在制造厂规定的参数内使用,则不用短路。但是 PTC-S 型热敏电阻应进行短路,除非符合 GB/T 7153—2002。

9.9　在试验期间要连续监视可触及部件的温升。

手柄、旋钮及其他易被手触及的部件的表面温升不应超过下列值:

——25K　金属部件;

——30K　玻璃或陶瓷部件;

——35K　塑料或木制部件。

其他的可触及部件温升不应超过下列值:

——45K　金属部件;

——50K　玻璃或陶瓷部件;

——55K　其他材料部件。

注1:电池表面作为金属表面看待。

注2:如果开关按附录C试验,则应测量开关端子温度。

在试验期间:

——密封剂不应流出来;

——玩具不应喷射出火焰或熔融金属;

——不应产生危险的物质,如危险数量的有毒气体或可燃性气体;

——蒸汽不应在玩具内积聚;

——外壳变形不应达到有损本标准符合性的程度;

——电池不应泄漏有害危险物质或爆裂;

——材料(包括棉纱布)不应烧焦。

试验后,玩具损坏不应达到有损本标准符合性的程度。

10　工作温度下的电气强度

在工作温度下玩具的电气绝缘应是足够的。

通过下述试验检查其符合性。

玩具应按9.3和9.4的规定运行,跨接在电源两端的所有元件的一端断开,然后在不同极性部件的绝缘之间施加频率为50Hz或60Hz的250V的正弦波电压1min。

不应发生击穿。

11　耐潮湿

11.1　预期在水中使用的电池玩具和可能用液体清洁的玩具,应有提供适当防护的外壳。

注1:预期用来模仿准备食物的玩具是可能使用液体进行清洁例子。

可能用液体清洁的玩具通过 GB4208—2008 的 14.2.4 试验检查其符合性,试验时应可取下可拆卸部件。

除去外壳上多余的水。玩具应经受住第 12 章的电气强度试验,并检查表明绝缘上没有导致电气间隙和爬电距离减少到小于第 18 章规定的值的水迹。

预期在水中使用的电池玩具通过下述试验检查其符合性,如果取下可拆卸部件更不利,则应取下可拆卸部件。

将玩具浸泡在含有约 1% NaCl 的水中,玩具的所有部件至少低于水面 150mm。玩具在最不利的方向上运行 15min。玩具外壳内不应由于滞留的气体而产生过压。

注2:滞留气体可能来源于电池内或其他电气部件之间的电化学反应。

注3:气压可以通过过压阀或气体吸收物或在电池室留出适当的孔隙来限制。

然后将玩具从水中取出,置于有利排出多余的水的位置,然后擦干外壳。玩具应经受住第 12 章的电气强度试验。

11.2 玩具应耐潮湿。

通过下述试验检查其符合性。

可拆卸部件应该取下,必要时,与主要部件一起经受潮湿试验。

潮湿试验应在相对湿度为 $(93 \pm 3)\%$,温度为 $20℃ \sim 30℃$ 的任一方便 t 值(温度变化在 1K 之内)的潮湿箱内进行 48h。在放入潮湿箱之前,使玩具达到 $t{+4 \atop 0}℃$ 。

然后重新装上取下的部件,玩具应在潮湿箱或规定温度的室内经受住第 12 章的试验。

注1:多数情况下,在潮湿试验前,将玩具置于规定的温度下至少 4h 可达到该温度。

注2:通过在潮湿箱内放一个装有 Na_2SO_4 或 KNO_3 饱和水溶液的容器,并保证溶液与空气有足够大的接触面,可获得 $(93 \pm 3)\%$ 的相对湿度。

注3:通过确保隔热箱内空气稳定地循环可达到规定的条件。

12 室温下的电气强度

在室温下玩具的电气绝缘应是足够的。

通过下述试验检查其符合性。

跨接到电源两端的所有元件的一端断开,然后在不同极性部件的绝缘之间施加频率为 50Hz 或 60Hz 的 250V 的正弦波形电压 1min。

不应发生击穿。

13 机械强度

外壳应具有足够的机械强度。

通过 GB/T 2423.55—2006 的锤击试验 Ehb 检查其符合性。

玩具应被刚性支承,然后在外壳的每一可能薄弱部位施加六次冲击能量为 $0.7J \pm 0.05J$ 的冲击。

玩具不应损坏到有损本标准符合性的程度。

如果不能确定缺陷是否因先前的冲击产生,则可忽略这些缺陷,另选一个新样品在相同的部位施加六次冲击,玩具应经受住该试验。

注1:应经受本试验的外壳举例:

——内含液体的非密封电池的间室外壳;

——覆盖不同极性部件之间绝缘的外壳,除非玩具符合9.4的试验(即使外壳是不可拆卸的)。

——覆盖可能引起危险的运动部件的外壳。

注2:灯不需要经受本试验。

注3:可忽略不会使电气间隙和爬电距离减少到小于第18章规定值或不影响防潮的轻微损害。

注4:可忽略裸眼不能发现的裂纹。

14 结构

14.1 玩具应为电池玩具、变压器玩具、双电源玩具或者太阳能玩具,其供电电压不应超过24V。

当玩具以额定电压供电时,其任何两个可触及部件之间的工作电压不应超过24V。

注:这个工作电压要考虑白炽灯的故障。

通过视检和测量检查其符合性。

14.2 电池充电器和变压器玩具使用的变压器不应是玩具整体的一个部分。

玩具的控制器不应与变压器组成一体,但该要求不适用于非组装型的轨道组件。

通过视检检查其符合性。

14.3 变压器玩具和双电源玩具不应预期在水中使用。

通过视检检查其符合性。

14.4 变压器玩具和双电源玩具不应预期给3岁以下的儿童使用。

通过视检检查其符合性。

14.5 为符合本标准所需的非自复位热断路器应只有借助工具才可复位。

通过视检和手动试验检查其符合性。

14.6 不借助工具时,能完全容入 GB 6675.2—2014 小零件试验器的电池应是不可触及的,除非电池室的盖只有在同时施加至少两个独立的动作时才能打开。

通过视检和手动试验检查其符合性。

注:GB/T 8897.2—2008 对电池有规定。

14.7 预期给三岁以下儿童使用的玩具的电池,不借助工具应不可取下,除非电池室的盖的防护是足够的。

通过视检和以下试验检查其符合性。

试着用手动方法进入电池室,除非至少同时施加两个独立的动作,否则应不可能打开盖子。

将玩具放在一个水平的钢材表面上,然后使一个质量1kg,直径80mm的圆柱形金属块从100mm高处落下,并保证其平面落在玩具上,电池室不应被打开。

经过5.15预处理后,电池室不应被打开。

14.8 无论玩具处于何种位置,玩具中的可充电电池都不应泄漏,即使应使用工具取下盖子或类似部件,电解液也应不可触及。

通过视检来检查其符合性。

14.9　玩具不应用并联连接的电池来供电,除非新旧电池混用或电池极性装反都不会有损本标准的符合性。

通过视检或审核电路图检查其符合性。

14.10　玩具的插头和插座不能与 GB 1002、GB 1003 所列的插头和插座互换。这个要求不适用于因太大无法插入电源插座的插头,或因太小能轻松插入而不能稳固地保留在与电源连接的插座插孔里的插头。

预期给三岁以下的儿童使用的玩具,不应使用没有连接器的软线、电线,且不应有可插入电源插座并易造成触电危险的金属部件。

通过视检和手动试验检查其符合性。

14.11　用于防止触及运动部件或热表面的不可拆卸部件,或用于防止进入可能发生爆炸或着火的部位的不可拆卸部件,应可靠固定,并能承受正常玩耍时产生的机械应力。

通过下述拉力检查其符合性:

——50N,如果部件可触及的最长尺寸不超过6mm;

——90N,其他部件。

该作用力应在 5s 期间逐渐施加,并再保持 10s。

部件不应分离。

14.12　当可充电电池置于玩具内时,应不可能对其充电。

除非

——对质量不超过5kg的玩具

·必须破坏玩具才能用原电池替代可充电电池;

·不可能通过玩具对其他单独的电池或其它玩具充电;

·给电池充电时不可能接错极性;

·充电时不可能运行,符合双电源玩具要求的除外。

——对其他玩具

·电池固定在玩具内;

·所提供的连接方式可防止接入标准的原电池,并确保在可充电电池插入和充电时极性正确;

·在充电期间,玩具不可能运行。

通过视检检查其符合性。

14.13　玩具中不应装有输入功率大于20W的串激电机。

使玩具在额定电压下正常运行,通过测量检查其符合性。

14.14　玩具不应含有石棉。

通过视检来检查其符合性。

14.15　玩具内部部件超过24V电压的不应导致电击危害。

通过视检和测量来检查其符合性。取下保护件或防止接触带电部件的部件,甚至得破坏玩具。

通过一个 100 Ω 无感电阻来测量放电量和能量。用 GB/T 12113—2003 中图 4 的电路测量电流。在试验的所有状况下,都应满足下列全部限值要求:

——额定电压供电下,玩具任何两个部件之间的工作电压不得超过 5 kV;

——产生超过 24 V 电压的电路的最大电流应小于 0.5 mA;

——产生超过 24 V 电压的电路的最大能量应小于 2 mJ;

——放电电量不应超过 45 μC。

14.16 儿童用电池玩具的电池室预期安装位置高于儿童时,则其应有能防止电解液从玩具中泄漏的电池室。

注:婴儿床上挂着的玩具是电池室固定位置高于儿童的例子。

用以下试验检查其符合性。

移除所有电池。玩具按正常方位放置,在电池室内注入表 1-3 规定量的 21℃±1℃水。

可以破坏玩具以便给封闭的电池室加水,但任何破坏都不应影响试验结果。

加水之后,根据制造商说明,关闭电池室,注意在试验之前避免水从玩具中漏出。玩具保持正常方位状态 5min。试验中水不应从玩具中漏出。

表 1-3 每个电池的水量

电池类型	水量(mL)
LR03/R03(AAA)	0.25
LR6/R6(AA)	0.5
LR14/R14(C)	1.0
LR20/R20(D)	2.0
6LR61/6R61(9V)	0.75
纽扣电池	0.1

15 软线和电线的保护

15.1 电线槽应是光滑的和无锐利边缘的。

软线和电线应受到保护,以免它们触及毛刺、散热片或类似可能损害其绝缘的边缘。

软线和电线穿过的金属孔应具有光滑导圆的表面或提供衬套。

应有效防止软线和电线触及运动部件。

通过视检来检查符合性。

15.2 裸露的电线和发热元件应是刚性的,且被固定。以保证在正常使用时电气间隙和爬电距离不会减少到低于第 18 章规定的值。

通过视检和测量检查其符合性。

16 元件

16.1 只要合理适用,元件应符合相关的国家标准的安全要求。

通过视检和 16.1.1 及 16.1.2 中的试验检查其符合性。

注:符合相关元件的国家标准,未必能保证符合本标准的要求。

16.1.1 在进行 9.3 和 9.4 试验时,载流超过 3A 的开关和自动控制器应符合附录 C 的要求。但是,如果它们按照玩具的使用条件和附录 C 中规定的周期次数单独试验,分别符合 GB 15092.1—2008 或 GB 14536.1—2008 的要求,则无需要进一步的试验。

注:载流不超过 3A 的开关和自动控制部件没有特别要求。

16.1.2 除非另有规定,如果元件标有运行特性,则元件在玩具中使用的条件应符合这些标识。

应符合其它标准的元件,通常要按相关标准单独进行。

如果元件在标识的限值内使用,应按玩具中出现的条件进行试验,样品的数量由相关的标准确定。

当元件没有相应的国家标准,或当元件没有标识或没有按标识使用时,应按玩具中出现的条件进行试验,样品的数量通常由类似的技术规范确定。

16.2 玩具不应装有下列元件:

——可通过锡焊操作而复位的热断路器;

——水银开关。

通过视检来检查其符合性。

16.3 玩具变压器应符合 GB 19212.8。

通过视检来检查其符合性。

注:变压器要与玩具分开试验。

16.4 玩具提供的电池充电器应符合 GB 4706.18—2014,如果是供儿童使用的电池充电器,应符合该标准的附录 AA。

通过依据 GB 4706.18—2014 的要求和试验检查其符合性。

注:电池充电器要与玩具分开试验。

17 螺钉和连接

17.1 其失效可能有损本标准符合性的固定和电气连接,应能承受住玩具在使用过程所产生的机械应力。

用于这些目的的螺钉不应是软的或易于变形的金属,例如锌和铝,如果螺钉由绝缘材料制成,则标称直径至少为 3mm,并且不能用于任何电气连接。

用于电气连接的螺钉应旋进金属内。

通过视检和下述试验检查其符合性。

用于电气连接或者可能被使用者拧紧的螺钉和螺母要进行试验。

不要用猛力拧紧或拧松螺钉和螺母:

——与绝缘材料螺纹相啮合的螺钉,10 次;

——螺母和其它的螺钉,5 次。

与绝缘材料螺纹相啮合的螺钉每次应该完全拧出,然后重新拧入。

试验时要使用合适的螺丝刀、扳手或钥匙,并按表1-4的数值施加扭矩。

第Ⅰ列适用于拧紧时螺钉头不从螺孔中凸出的无头金属螺钉。

第Ⅱ列适用于其他金属螺钉以及绝缘材料的螺钉和螺母。

表1-4　测试螺钉和螺母的扭矩

标称螺钉直径 (螺纹外径φ) mm	扭矩/N·m	
	Ⅰ	Ⅱ
φ≤2.8	0.2	0.4
2.8<φ≤3.0	0.25	0.5
3.0<φ≤3.2	0.3	0.6
3.2<φ≤3.6	0.4	0.8
3.6<φ≤4.1	0.7	1.2
4.1<φ≤4.7	0.8	1.8
4.7<φ≤5.3	0.8	2.0
φ>5.3	—	2.5

不应出现有损该固定或电气连接继续使用的危害。

注:试验用螺丝刀的刀头形状应适合螺钉头。

17.2　载流超过0.5A的电气连接的结构,应保证不会通过易收缩或变形的绝缘材料传递接触压力,除非金属部件有足够的回弹力补偿非金属材料任何可能的收缩和变形。

通过视检检查其符合性。

注:陶瓷材料是不易收缩或变形的。

18　电气间隙和爬电距离

功能绝缘的电气间隙和爬电距离应不小于0.5 mm,除非用这个距离短路试验时玩具仍满足第9章要求。

然而,印刷电路板的功能绝缘,除电路板的边缘外,这个距离可减少至0.2 mm,只要玩具在正常使用过程中,该绝缘所处位置的微环境污染不太可能超过2级污染程度。

满足14.15、电压超过24 V的玩具内部部件,其功能绝缘的电气间隙和爬电距离应等于或大于GB 4706.1—2005的表18中污染等级2的限值,除非该距离短路玩具仍满足第9章要求。

作为指导,GB 4706.1—2005中污染等级定义如下:

微环境污染的等级:

为了评定爬电距离,确立了以下4个微环境的污染等级:

——1级污染:没有污染或仅发生干燥、非导电性的污染。污染不会产生影响;

——2级污染:除了可预见的冷凝偶然引起的短时导电性污染外,仅发生非导电性的污染;

—— 3级污染:发生导电性的污染或干燥的非导电性的污染,且该污染由可预见的冷凝使其具有导电性;

—— 4级污染:由于导电粉尘或雨水或雪花引起的产生持久导电性的污染。

注:4级污染不适用于器具。

通过测量检查其符合性。

19 耐热和耐燃

19.1 如果玩具的工作电压超过12V且电流超过3A,用于封闭电气部件的非金属材料的外部部件和支撑电气部件的绝缘材料部件,应足够耐热。

注1:上述电压和电流在9.3试验中测得。

注2:具有较低的工作电压或电流的玩具,不会产生足以造成危害的热量。

通过对相关部件进行GB/T 5169.21—2006的球压试验检查其符合性。

该试验在40℃±2℃加上第9章试验期间确定的最高温升下进行,但该温度至少应为75℃±2℃。

注3:试验只施加在其恶化会有损本标准符合性的部件上。

注4:对线圈骨架,只有那些用来支撑或保持接线端子在位的零件才经受本试验。

注5:陶瓷材料部件不需要进行本试验。

注6:耐热试验顺序的说明见附录D。

19.2 用于封闭电气部件的非金属材料的外部部件和支撑电气部件的绝缘材料部件应能阻燃和阻止火焰的蔓延。

该要求不适用于装饰件、旋钮和其他不易被玩具内部产生的火焰点燃或传递来自玩具内部火焰的部件。

通过19.2.1和19.2.2的试验检查符合性。

应从玩具取下非金属部件进行本试验。灼热丝试验时,被试部件应按正常使用时放置。

软线和电线的绝缘不需要进行本试验。

注·耐燃试验顺序的说明见附录D。

19.2.1 非金属材料部件应经受GB/T 5169.11—2006的灼热丝试验,试验温度为550℃。

假如相关非金属材料部件不薄于分级试验用样条的厚度,根据GB/T 5169.16—2008分级为HB40及以上的材料部件不需进行灼热丝试验。

不能进行灼热丝试验的部件,例如由软材料或泡沫材料构成的部件应符合GB/T 8332—2008分级为HBF的材料的要求,且相关部件的厚度不应薄于分级试验用的样条的厚度。

19.2.2 支撑载流超过3A且工作电压超过12V的连接的绝缘材料部件以及与该连接间距在3mm以内的绝缘材料部件,应经受GB/T 5169.11—2006中650℃的灼热丝试验。但是,假如相关部件的厚度不薄于分级试验用的样条的厚度,根据GB/T 5169.13—2006分类,灼热丝起燃温度为675℃及以上的材料的部件不必进行灼热丝试验。

注1:元件中的触点,例如开关触点也是连接。

注2:灼热丝的顶端应施加在连接附近的部件上。

经受住 GB/T 5169.11—2006 灼热丝试验的部件,如果试验过程中出现了一个持续时间超过 2s 的火焰,则还需要进行如下试验。在连接的上方,直径 20mm、高度为 50mm 的垂直圆柱形包络范围内的部件要经受附录 B 的针焰试验。但是,由符合附录 B 针焰试验的隔板遮蔽的部件不进行该试验。

假如相关部件的厚度不薄于分级试验用的样条的厚度,根据 GB/T 5169.16—2008 分级为 V-0 或 V-1 的材料的部件不进行针焰试验。

20　辐射、毒性和类似危害

玩具不应存在毒性和类似危害。

按 GB 6675.4—2014 检查其符合性。

注:GB 6675.4—2014 不适用于电池。

三、中国与欧美的电玩具安全要求比较

1. 中国与欧盟的标准差异

中国与欧盟的电玩具安全标准的技术条款和安全测试项目基本一致,我国电玩具标准 GB 19865 标准修改采用国际电工委员会的标准 IEC 62115,欧洲电玩具安全标准 EN 62115 修改采用 IEC 62115,表 1-5 是两标准的主要差异:

表 1-5　中国与欧盟电玩具安全标准的差异

条款	名称	GB 19865	EN 62115
3.5.5	电子元件	无右栏内容	注:电子元件不包括电阻、电容和电感器
5.15	预处理	①右栏内容改为:"4.5 kg";②无右栏内容	①跌落试验,含电池在内的重量不超过"5 kg"的玩具;②拉力试验,"该拉力是与尺寸和适用的年龄组无关的70N的力"
6.1	减免测试原则 1	右栏内容改为:"11"	…认为也符合第10章、"11.2"…
6.2	减免测试原则 2	①无右栏引号中内容;②无右栏内容	①…认为符合第"9(9.3 和 9.6 除外)"、10…②对含扣式电池的电池腔,17.1 总是适用
7.4	电池说明	可以使用电池的类型	无左栏内容
9.4	短路温升	无右栏引号中内容	只用适当的力将钢针保持在位,"而且只插入从外部可见的孔"
14.2	变压器玩具结构	在变压器内不应包含玩具用控制器,"但该要求不适用于非组装型的轨道组件"	无左栏引号中内容
17.1	螺钉和连接	无右栏引号中内容	表1试验螺钉和螺丝用的扭矩中增加"直径小于2.8 mm 的螺钉不进行试验"

2. 中国与美国的标准的差异

中国标准 GB 19865 修改采用国际标准 IEC 62115,其结构严谨,涉及所有电气安全检验项目;美国标准 ASTM F963 中涉及玩具电性能安全的条款只有 4.4"电热能"和 4.25"电池供电玩具",虽然其测试项目不多但注重实际针对性强。表 1-6 是两标准的主要差异。

表 1-6 中国与美国电玩具安全标准的差异

测试项目	GB 19865	ASTM F963
测试范围	24V 或以下的所有电玩具	24V 以下电池供电玩具及 120V 电网供电玩具
试验条件	对测试顺序、环境、样品状态、使用电源、样品预处理等都有详细要求	只对测试电池和样品预处理有要求
测试选择	只要求结构安全且电源能量较小样品符合部分测试项目	无测试选择
标志说明	对所有电玩具都要求有详细的安全使用说明和标志	对普通电池供电玩具只有简单的电池安全使用说明和标志;对电池供电乘骑玩具和 120V 电网供电玩具有详细的安全使用说明
输入功率	对功率超过 25W 的变压器玩具有功率要求	无要求
表面温度/升	测量所有可触及热表面的温升,有直条钢丝短路、器件模拟失效、电源误接等非正常工作情况下测试玩具可触及表面温升	只测量电池表面温度,无左栏中的非正常工作要求
电气强度	所有电玩具的有足够的电气强度	无要求
耐潮湿	所有电玩具应耐潮,预定在水中使用的电玩具还要耐湿	无要求
机械强度		无要求
电线防护	电线应有保护	无要求
元件	所有电玩具的开关等元件应符合标准要求	对电池供电乘骑玩具适用
电气间隙	所有电玩具适用	无要求
耐热耐燃	所有电玩具适用	对电池供电乘骑玩具适用
电池供电乘骑玩具特殊测试要求	无	有针对大功率的电池供电乘骑玩具特殊要求
120V 电网供电玩具特殊要求	不在标准测试范围内	有针对 120V 电网供电玩具的特殊要求

3. 中国标准与 IEC 标准的差异

中国标准 GB 19865 修改采用国际标准 IEC 62115,主要差异如下:

1)第 1 章范围明确符合本标准的电玩具应符合"GB 6675 标准第 1 至第 4 部分"的要求;

2)第 2 章规范性引用文件中,根据我国国情,用"GB 1002"和"GB 1003"代替英文中的"IEC 60083"标准;

3)第 3 章定义中,增加"3.1.15 太阳能玩具"和"3.1.16 移动玩具"的定义;

4)5.15 开始试验之前,应按 GB 6675.2—2014 的 5.24.2 跌落试验对样品进行预处理,增加"跌落高度为 93cm,次数为 4 次";

5)第 7 章标识和说明中,7.4 增加"可插入电源插座的金属部件的玩具"应提供说明,声明该电线或部件不能插入电源插座;

6)第 14 章结构中,14.1 增加"太阳能玩具"的类别;

7)14.6 把"钮扣电池和 R1 电池"改为"能完全容入 GB 6675.2—2014 小零件试验器的电池";

8)14.10 增加不应使用"可插入插座并易造成触电危险的金属部件";

9)全文按照表格的先后顺序把原"表 2"改为"表 1",原"表 1"改为"表 2"。

第四节　电玩具安全测试方法

一、标志和说明

1. 要求及适用范围

所有玩具的标志和说明应按标准规范标示在玩具或其包装、说明书上。

2. 适用标准

EN 62115:2005 的 7 标志和说明。

3. 定义

1)电池玩具:包含或使用一个或多个电池,并将其作为电能唯一来源的玩具。

2)变压器玩具:通过一个玩具变压器和供电电网相连接,并将其作为电能唯一来源的玩具。

3)双电源玩具:能同时或交替当作电池玩具和变压器玩具使用的玩具

4. 试验器具及试剂

秒表、正己烷。

5. 测试程序

1)检查玩具主体或其包装、说明书上有无以下标识:

a)制造厂或责任承销商的名称、商标或识别标记;

b)型号或类型说明。

检查玩具的供电属性,对不同属性的玩具分别进行以下检查:

①对含可替换电池的电池玩具检查有无以下标识:

a）在电池腔内或其外表面上标明额定电池电压；

b）如果玩具有电池盒，应用 d.c. 符号。

如果使用一个以上电池，电池腔应标记按成比例尺寸的电池形状及其标称电压和极性。

②对变压器玩具检查有无以下标识：

a）额定电压：用伏特（Volts）表示（外接变压器电源连接端附近）；

b）适用的交、直流电符号（外接变压器电源连接端附近）；

c）检查玩具的额定输入功率，如果小于 25W 或 25V·A，不作进一步检查；如果超出该值，检查有无用瓦特（Watts）或伏安（V·A）标识额定功率；

d）标在包装上的玩具变压器符号。

检查额定电压及供电电源性质的符号有无标示在电源连接线的附近，如果没有，则给予错误供电，检查是否影响本标准要求。

③对双电源玩具按上述①及②进行检查。

2）对包含有可拆卸灯的玩具，如果其额定功率值超过 1W，检查灯泡接合处附近有无以下要求之一标识：灯的额定电压和型号/最大输入功率/最大电流。

可拆卸灯的输入功率或电流正确表示方法：

"Lamp max……W" 或 "Lamp max……A"

如果没有，则换上通常可得到的任何灯泡（选取最大功率）按 EN 62115 第 9 章要求检查是否符合要求。

3）当符号使用时，检查是否与下列标识相符：

〓〓〓〓 〔IEC 60417-1 的符号 5031〕 直流电

〜 〔IEC 60417-1 的符号 5032〕 交流电

☼ 〔IEC 60417-1 的符号 5012〕 灯

⊡ 〔IEC 60417-1 的符号 5219〕 玩具变压器符号

如果不相符，检查是否是 IEC 60417-1 和 ISO 7000 标准中规定的符号。

4）检查有无详细说明玩具安全操作所必需的清洁和保养方法。

①检查有无以下声明："应定期检查玩具用的变压器和电池充电器的电线、插头、外壳和其他部件的损坏；如果出现此类损坏，应对该变压器和电池充电器进行修理，直至损坏消除，方可与玩具一起使用"。

②对由成人组装的玩具检查有无声明。

对以下组装玩具检查有无提供装配说明：

a）打算由儿童自己装配的；

b）若该说明对玩具的安全操作是必须的。

③变压器玩具以及电池盒供电的玩具，检查有无声明："玩具不能连接多于推荐数量的电源"。

④对带有无连接装置的电源线的玩具，检查有无声明："该线不是插到插座的"。

⑤对含可替换电池的电池玩具,在适用时检查有无以下声明:

a)如何取出和装入电池;

b)非可充电电池不能充电;

c)可充电电池仅能在成人的监督下进行充电;

d)可充电电池在充电前应从玩具中取出;

e)不同型号的电池或新旧电池不能混用;

f)电池应以正确的极性装入;

g)用完的电池应从玩具中取出;

h)电源连接端子不得短路。

⑥对变压器玩具,在适用时检查有无以下声明:

a)玩具不得供3岁以下的儿童使用;

b)玩具必须且仅能使用推荐的变压器;

c)变压器不是玩具;

d)可用液体清洗的玩具,清洗前应从变压器断开。

⑦对打算在水中使用的电池玩具,检查其说明书有无声明:"仅当根据说明书将其完全装配好以后,玩具才能在水中工作"。

5)检查包装上有无说明书和标识,如果没有,不作进一步检查;如果有,则应声明该包装含有重要信息应予以保留。

6)检查本标准要求的说明书和其他文件是否用该玩具销售国的官方语言书写。

7)检查标准要求的玩具上的标识,在通过以下试验后是否仍清晰且持久:

先用水浸泡的布擦15s,然后用正己烷浸泡的布擦15s;或用其他推荐的液体浸泡的布擦拭15s,同时用秒表计时。

6. 结果判定(与步骤5相对应)

1)如果有相应标识则判合格(有多于一个部件组成的玩具,仅对主要部件作标识要求)。

①如果有相应标识则判合格。

②如果有相应标识,或虽然电源连接线的附近没有额定电压及供电电源性质的符号应标示,但是如果错误的供电并不影响玩具对本标准的符合性,则判合格。

③如果有相应标识则判合格。

2)如果玩具仅含有额定功率不超过1W的白炽灯,或在更换灯泡时可清楚看见相应标识,或虽然没有标识但在换上任何可固定于该灯座上的灯泡后仍符合方法EN 62115中9的要求,则判合格。

3)如果玩具上使用的符号与相应标识相符,或使用IEC 60417-1和ISO 7000标准中所规定的符号,则判合格(只要不引起误解,增加标示是允许的)。

4)如果有相应标识则判合格。

5)如果包装或宣传单上有说明书及标识且有相应声明,则判合格。

6)如果是用销售国语言书写,则判合格。

7）如果标识在擦拭试验后仍清晰可见,判合格。

二、输入功率

1. 要求及适用范围

如果变压器玩具的额定输入功率超出 25W 或 25V·A,则在正常工作条件下,其输入功率的不应超出额定输入功率的 20%。

2. 适用标准

EN 62115:2005 的 8 输入功率。

3. 定义

1）额定电压:由生产商为玩具指定的电压。

2）变压器玩具:通过一个玩具变压器和供电电网相连接,并将其作为电能唯一来源的玩具。

4. 测试程序

1）检查变压器玩具及其包装、说明书上有无标明额定输入功率,如果有,而且超过 25W 或 25V·A,则给玩具供以额定电压,将所有能同时工作的电路调整到工作状态,在正常使用的条件下操作玩具,同时用功率测量仪检查其输入功率值,并按公式"[（实际测量功率值 − 额定功率值)/额定功率值] ×100%"计算是否大于 20%。

2）如果标明的额定输入功率小于 25W 或 25V·A 或没有标明额定输入功率,则给变压器玩具供以额定电压,将所有能同时工作的电路调整到工作状态,在正常使用的条件下操作玩具,同时用功率测量仪检查其输入功率值（独立进行 3 次测量并作记录）,检查是否大于 25W 或 25V·A。如果小于该值,不作进一步检查;如果大于该值,按 EN 62115 第 7 章相应条款作检查。

5. 不确定度的评估

1）测量模型

$y = x$,属于直接测量型;

2）最佳估计值为测量所得的平均值 $\bar{x}$, $\bar{x} = \dfrac{x_1 + x_2 + x_3}{3}$;

3）不确定度的来源

不确定度的来源见表 1−7。

表 1−7　不确定度来源

不确定度来源	类型	半宽	分布情况	可靠性	标准不确定度	自由度
随机效应	A	/	正态	100%	u_A（见备注）	2
功率测量仪	B	a	均匀	100%	$u_{B1} = a/\sqrt{3}$	∞
仪器分辨率	B	0.05W	均匀	100%	$u_{B1} = 0.03W$	∞

注:$u_A = \sqrt{\dfrac{(x_1 - \bar{x})^2 + (x_2 - \bar{x})^2 + (x_3 - \bar{x})^2}{2}} / \sqrt{3}$。$a$ 为仪器校准不确定度。

4）合成不确定度

$$u_y = \sqrt{u_A^2 + u_{B1}^2 + u_{B2}^2};$$

5）自由度按照 Welch-Satterwaite 公式计算

$$v_{eff} = \frac{u_y^4}{\dfrac{u_A^4}{2} + \dfrac{u_{B1}^4}{\infty} + \dfrac{u_{B2}^4}{\infty}};$$

6）扩展不确定度

已知自由度为 v_{eff}，设置信水平为 95%，根据 t 分布（学生分布）表可查得 k（包含因子），

$$U = u_y \times k;$$

7）结果报告

$(\bar{x} \pm U)\text{W}$，（U 最多取两位数字）

6. 结果判定

1）如果标明额定输入功率超过 25 W，实际输入功率 $(x - U)$ 偏差超过额定功率的 20%，则判不合格；如果实际输入功率 $(\bar{x} + U)$ 偏差小于或等于额定功率的 20%，判合格；否则，只出检验结果和不确定度，不作判定。

2）如果标明的额定输入功率小于 25W 或 25V·A 或没有标明额定输入功率，且实际输入功率 $(x - U)$ 大于 25 W，判不合格；如果实际输入功率 $(\bar{x} + U)$ 小于或等于 25 W，则判合格；否则，只出检验结果和不确定度，不作判定。

三、发热和非正常工作

1. 要求和适用范围

所有玩具在正常和非正常使用时不应达到过高的温度，以避免造成火险、危及安全的机械损伤或其他危害。

2. 适用标准

EN 62115 第 9 章 发热和非正常工作，ASTM F963 的 4.25.7 电池表面温度。

3. 定义

1）非自复位热断路器：要求手动复位或更换部件来恢复电流的热断路器。

2）可拆卸部件：不借助于工具就可移取或打开的部件，用玩具附带的工具能移取或打开的部件，或按使用说明（书）给定的方法即使需要工具才能移取或打开的部件。

3）电子线路：至少装有一个电子元件的电路。

4）电子元件：主要通过电子在真空、气体或半导体中运动来完成传导的部件。电子元件不包括电阻、电容和电感器。

5）爬电距离：两个带电部件之间或一个带电部件与玩具可触及表面之间沿绝缘材料表面测得的最短距离。

6）电器间隙：两个带电部件之间或一个带电部件和玩具可触及表面之间的空间最短距离。

4. 仪器设备及器具

温升测试角、数据采集器、程控直流电源、数字万用表、功率测量仪、直钢丝、漂白棉纱、小钢棒（$\phi 1.0\,mm$）。

5. 测试程序

1）检查玩具的操作方式。

①对于手持式玩具将之悬空挂在架子上。

②对其他玩具按以下条件测试：

a）放在测试角的地板上，尽可能靠墙或远离墙壁，二者取最不利的情况。

b）玩具尺寸不超过500mm时，用4层漂白棉纱完全覆盖。

c）玩具尺寸超过500mm时，用4层500mm×500mm的棉纱放置于预期有可能产生高温并炭化棉纱的部件表面。

2）对电池玩具用额定电压供电；对变压器玩具，用程控直流电源给玩具供以额定电压的0.94倍或者1.06倍电压，二者取对检验结果产生最不利情况的一种；对于双源玩具，按上述方法分别测试，二者取对检验结果产生最不利情况的一种供电方式。对含有白炽灯的玩具，用功率测量仪检查其额定输入功率是否小于1W，如果是，不作进一步检查；如果不是，则选择上述适当的供电方式给予供电，然后按本方法进行检查。

①对玩具的结构进行检查，找出在正常或非正常操作时容易发热的可触及部件（如电池腔、灯、马达、三极管等元件的外表面），将热电偶粘贴于上述部件外表面使它们充分接触。当有多于一个的测试要施加在同一玩具上时，则每个测试应在玩具冷却到室温后再逐一进行余下测试。

3）把数据采集器置于监控状态，对玩具进行正常操作（通过各种夹具模拟玩具正常操作时的阻力）并监控温升情况，直到稳定状态建立，记下此时待测点温度 t_1 以及环境温度 t_0，计算出最大温升 $\Delta k = t_1 - t_0$。打算承受儿童重量的玩具，应参照 EN 71 的静态强度试验，承载相应重量。

如果在稳定状态建立之前，玩具中断操作，检查是否因为玩具热断路器动作而引起。

4）检查玩具有无可拆卸部件，如果没有则不作进一步检查；如果有，把它拆下来，再检查经拆卸后玩具的不同极性部件间能否用 $\phi 0.5\,mm$，$L > 25\,mm$ 的直钢丝桥接。或能否用直径为 1.0 mm 的细棒通过外壳上深度不超过 100mm 的孔桥接，只用适当的力将钢针保持在位，而且只插入从外部可见的孔。如果不能，则不作进一步检查；如可以，将上述不同极性的部件短路，再重复步骤7.3对玩具进行检查。在试验过程中灯泡不移开。

5）检查玩具有无限温装置，如果没有，则不作进一步检查；如果有，将其依次短路，然后依次重复步骤3）的操作［正温度系数电阻（PTC）、负温度系数电阻（NTC）和压敏电阻（VDR），如果在生产商给出的规范内使用，则不需短路］。

6）检查玩具有无电动机,如果没有,不作进一步检查;如果有,检查可触及部分有无由电动机带动的可动部件。如果没有,不作进一步检查;如果有,依次锁定该可动部件,然后依次重复步骤3)的操作(如果该玩具是用手或脚进行持续开关的,则在开关维持30s后终止该次测试)。

7）对变压器供电玩具和带有电池盒的玩具,在不使用工具的情况下,检查玩具是否具有以下功能:利用两个相同的玩具或组装玩具中的零部件,能轻易地将两个与说明书推荐相一致的相同的电源串联或并联在玩具上。如果没有,则本项测试不适用;如果有,按上述串联或并联的方式对玩具依次重复步骤3)和4)的操作。

8）检查玩具内部有无电子线路,如果没有,不作进一步检查。

①如果有电子线路,参考图1-37,按以下程序检查该电子线路是否低功率电路:

a）分析电路图找出可能产生低功率点较少的一极,测量从这一极开始。

b）在待测点与相反极间并接一可调电阻,将其阻值调至最大值。

c）用功率测量仪监测可调电阻上所消耗的功率值。

d）启动玩具,然后逐步减小可调电阻阻值,直至功率测量仪上显示最大值为止,同时

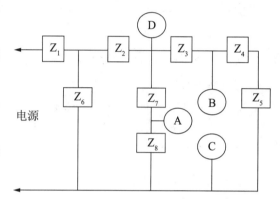

图1-37　带低功率点的电子电路的示例

启动节拍机,观察5s后功率计上显示读数,如果小于15W,不作进一步检查,如果大于15W,则把待测点移到离电源远一点的位置,重复上述检测程序,直至找到离上述电极最近的小于15W的点,这就是低功率点,然后把低功率点与另一电极短路。

②如果电子线路为低功率电路,而且对玩具的防火或危险故障的保护不依赖于该电子线路的正常功能,则本条测试不适用。对其他电路,通过分析玩具和它的电路图,定出可能产生最不利结果所需模拟的失效条件。适用时依次进行以下失效操作,每次只适用一种情况:

a）除非相关部件有足够的密封,否则当不同极性部件之间的爬电距离和电气间隙低于EN 62115第18章所要求的数值时,则使之短路。

b）使任何元件的接线端开路。

c）除非符合IEC 60384-14,否则电容器短路。

d）电子元件的任意两个接线端短路,集成电路除外。

e）三端双向可控硅元件以二极管模式失效。

f）集成电路失效。在这种情况下,玩具可能出现的危害应该进行评估,以确保其安全性不依赖于这些元件的正确功能(适用于密封或类似不能用其他方法评估的元器件。在集成电路失效的情况下,所有可能的输出信号都应考虑,如果一个特殊的输出信号表明不可能产生,则相关失效不予考虑。可控硅和三端双向可控硅开关之类的元件不适用于f)条件失效。

微处理器按集成电路测试)。

g)如果 PTC 电阻在生产商给出的规格内使用,则不需短路。然而,除非 PTC-S 型热敏电阻符合 IEC 60738-1,否则对其进行短路。

③如果在操作时电路板上导体呈开路状态,印刷线路板的基础材料要按 EN 62115 第 19 章进行针焰测试,并将开路导体桥接,重复步骤②操作。

9)在上述测试期间检查有无以下情况:

①测试期间,可触及部件的温升超出下述值:

把手、手柄和类似的能用手触摸到的部件温升如下:

a)金属部件: 25K(电池的表面被认为是金属部件);

b)陶瓷或玻璃部件: 30K;

c)塑料或木制部件: 35K。

玩具其他可触及部件的温升如下:

a)金属部件: 45K(电池的表面被认为是金属部件);

b)陶瓷或玻璃部件: 50 K;

c)其他材料部件: 55K。

②在试验期间:

a)密封剂不应流出;

b)玩具不应产生火焰或熔融金属;

c)不应产生危险物质,例如达到危险量的有毒或可燃气体;

d)蒸汽不应在玩具中积聚;

e)外壳的形变不应损害对本标准的符合性;

f)电池不应泄漏有害物质或爆裂;

g)包括棉纱在内的材料不应烧焦。

图 1-37 中,D 是对外部负载提供最大功率超过 15W、距电源最远的点。

A 和 B 是对外部负载提供最大功率小于 15W、距电源最近的点。它们是低功率点。

A 和 B 点分别与 C 短路。

步骤②中规定的故障情况 a)至 f)分别施加在 Z_1、Z_2、Z_3、Z_6 和 Z_7 的适用之处。

6. 不确定度/修正值的评估

1)测量模型

$y = x$,属于直接测量型;

2)最佳估计值为各种材料表面及测试部位的不同的最大测量温升值:$x = x_{max}$;

3)不确定度的来源

不确定度来源分析:仪器校准结果的不确定度、测量的重复性、不同的样品、不同时间、不同测试人员、不同的测量位置、仪器分辨率。见表 1-8。

表 1-8 不确定度来源

不确定度来源	类型	半宽	分布情况	可靠性	标准不确定度	自由度
随机效应	A		正态	100%	u_{A1}	∞
数据采集器连热电偶校准不确定度	B	a	均匀	100%	$u_{B1} = a/\sqrt{3}$	∞
仪器分辨率	B	0.05℃	均匀	100%	$u_{B2} = 0.03$℃	∞

其中随机效应(即个人测试的重复性)除了考虑个人的测试重复性外,也要考虑不同测试人员对不同样品的测试重复性,还要考虑不同时期的重复性数据。对实验室不同人员在不同时期对不同样品的重复性试验测试数据进行比较,给出最能代表本实验室的个人测试的重复性数据。测试数据如下:

①2014 年以前一个操作人员测试的数据

表 1-9 同一辆电动玩具车的 5 次独立温升测试。测试用电池为全新"金霸王",每次使用电池数量为 4 节 AA 电池。在电池外盖表面布 3 个测试点,马达外壳表面布 3 个测试点。测试在温升稳定状态建立为止。

表 1-9 一个操作人员测试数据 单位:K

测试部位	电池 1	电池 2	电池 3	马达 1	马达 2	马达 3
第 1 次温升	16.1	15.2	17.1	11.2	10.8	12.5
第 2 次温升	18.0	16.5	17.1	11.3	10.2	12.0
第 3 次温升	15.2	16.4	15.7	10.5	9.8	11.5
第 4 次温升	17.5	18.2	16.9	12.0	11.8	10.4
第 5 次温升	15.8	17.1	16.6	12.0	11.5	10.1
标准偏差	1.1819	1.0940	0.584808	0.62849	0.8438	1.0271

②2014 年四个操作人员测试的数据

表 1-10 ~ 表 1-13 使用了一辆与前面不同的电动玩具车进行温升测试。由本实验室的 4 个操作人员进行温升测试,每个位置测试 5 次。测试用电池为全新"劲量",每次使用电池数量为 2 节 AA 电池(车)和 2 节 AA 电池(遥控)。在车身电池表面布 3 个测试点,马达外壳表面布 3 个测试点,测试在温升稳定状态建立为止。

测试人员一：

表 1-10　测试人员一　　　　　　　　　　　　　　　　单位:K

测试部位	电池 1	电池 2	电池 3	马达 1	马达 2	马达 3
第 1 次	47.1	46.6	47.2	33.8	31.5	31.0
第 2 次	45.5	44.7	45.1	33.1	32.6	32.1
第 3 次	44.8	45.4	44.8	32.0	32.8	33.0
第 4 次	43.5	44.8	43.7	32.8	32.5	31.1
第 5 次	45.7	44.3	44.0	32.4	31.4	30.7
标准偏差	1.3170	0.8966	1.3751	0.6864	0.6574	0.9525

测试人员二：

表 1-11　测试人员二　　　　　　　　　　　　　　　　单位:K

测试部位	电池 1	电池 2	电池 3	马达 1	马达 2	马达 3
第 1 次	44.9	45.2	44.2	34.6	36.2	34.1
第 2 次	44.3	44.0	45.7	35.4	37.4	35.7
第 3 次	45.8	46.0	45.1	35.1	35.7	34.2
第 4 次	46.3	44.5	48.5	35.5	36.5	34.4
第 5 次	42.9	42.9	45.4	35.5	36.0	33.9
标准偏差	1.3334	1.1777	1.6208	0.3834	0.6503	0.7162

测试人员三：

表 1-12　测试人员三　　　　　　　　　　　　　　　　单位:K

测试部位	电池 1	电池 2	电池 3	马达 1	马达 2	马达 3
第 1 次	46.6	44.9	46.9	34.2	33.7	33.7
第 2 次	45.0	43.5	43.7	34.6	32.7	33.6
第 3 次	43.4	45.5	46.7	31.2	30.2	31.3
第 4 次	47.8	45.1	46.3	33.6	31.8	35.1
第 5 次	44.3	43.2	45.0	31.3	33.8	31.4
标准偏差	1.7725	1.0237	1.3498	1.6192	1.4943	1.6361

测试人员四:

表 1 - 13 测试人员四 单位:K

测试部位	电池 1	电池 2	电池 3	马达 1	马达 2	马达 3
第 1 次	46.7	49.2	47.2	32.6	31.7	31.2
第 2 次	45.2	45.7	46.1	31.6	30.9	30.8
第 3 次	47.0	48.5	48.1	33.1	32.9	32.6
第 4 次	47.8	45.1	45.3	32.2	32.6	32.6
第 5 次	45.3	44.7	44.1	32.6	33.8	31.9
标准偏差	1.1247	2.0634	1.5678	0.5585	1.1166	0.8136

比较上述数据发现,不同样品间的测试数据以及各个不同位置的重复性数据间没有规律可循,重复性数据均介于 0.3071 ~ 2.0634 之间,保守起见取最大值即 2.0634 作为重复性测试的数据。设标准偏差为 S,则 $S = 2.0634$。

随机效应引起的不确定度 u_{A1}:$u_{A1} = S/\sqrt{n} = 2.0634/\sqrt{5} = 0.922822$。

仪器的校准引起的不确定度 u_{B1}:查最新校准证书,得到校准结果的测量不确定度 $a = 0.4℃(0.4℃:2007 年)$。

按均匀分布,则 $u_{B1} = a/\sqrt{3} = 0.23094$。

仪器分辨率带来的不确定度 u_{B2}:仪器可读到小数点后一位,即 0.1℃,则不确定度为 0.05℃,按均匀分布,则 $u_{B2} = 0.05℃/\sqrt{3} = 0.028868$。

4)合成不确定度

$$u_y = \sqrt{u_{A1}^2 + u_{B1}^2 + u_{B2}^2};$$

$$u_y = \sqrt{(0.922822)^2 + (0.23094)^2 + (0.028868)^2} = 0.951718$$

5)自由度按照 Welch-Satterwaite 公式计算

$$v_{eff} = \frac{u_y^4}{\dfrac{u_{A1}^4}{\infty} + \dfrac{u_{B1}^4}{\infty} + \dfrac{u_{B2}^4}{\infty}} = \infty$$

6)扩展不确定度

已知自由度为 v_{eff},设置信水平为 95%,根据 t 分布表可查得:

k(包含因子) = 1.96。

$U = u_y \times k = 1.96u_y = 1.865367 = 1.9$

7)校准证书中各测试通道最大正修正值:$C1$;

最大负修正值:$C2$

8)结果报告

$(X_{max} + U + C1)$K,(U 最多取两位数字)

$(X_{max} - U + C2)$K，（U 最多取两位数字）

7. 结果判定

1）对只带有白炽灯的玩具，如果白炽灯输入功率小于 1W 的，判合格。

2）当线路板呈开路状态且针焰测试时能通过测试，将开路导体桥接，重复 5. 测试程序中 8）的②操作后，没有步骤 9）所述情况发生，则判合格。

3）在 5 中 3）至 8）测试中，先使用测试通道最大正修正值 $C1$ 和最大负修正值 $C2$ 进行判断，如果期间 $(X_{max} - U + C2)$K 大于要求温升值，判不合格，如果 $(X_{max} + U + C1)$K 小于或等于要求温升值，则判合格。否则查校准证书中测试过程所使用通道的温度修正值，如果测试温度介于两个校准点之间则利用线性插值方法计算出温度修正值，用相应通道的温度修正值替代测试通道最大正修正值 $C1$ 和最大负修正值 $C2$，对测试进行评估后，出具检验结果。

四、电气强度

1. 要求及适用范围

所有电动玩具在操作温度下应有足够的电气绝缘强度。

2 适用标准

EN 62115:2005 第 10 章 工作温度下的电气强度。

3. 仪器设备

耐压测试仪。

4. 测试程序

按 EN 62115 第 9.3 和 9.4 对玩具进行操作，在玩具温升的稳定状态建立以后，将连接到电源两端的所有元件的其中一个接线端断开，然后立刻用耐压测试仪在不同极性部件间绝缘施加 50Hz、250V 呈正弦波形的交流电压，在 60s 后检查有无击穿发生。

5. 结果判定

如果没有击穿发生，则判合格。

五、耐潮湿

1. 要求及适用范围

1）对所有玩具应有足够的耐潮湿。

2）对打算使用在水中的玩具及可能用液体清洗的变压器玩具，其外壳应能提供适当的保护。

2. 适用标准

EN 62115 第 11 章 耐潮湿。

3. 定义

1）变压器玩具：通过一个玩具变压器和供电电网相连接，并将其作为电能唯一来源的玩具。

2）可拆卸部件：不借助于工具就可移取或打开的部件，用玩具附带的工具能移取或打开的部件，或按使用说明（书）给定的方法即使需要工具才能移取或打开的部件。

3）爬电距离：两个带电部件之间或一个带电部件与玩具可触及表面之间沿绝缘材料表面测得的最短距离。

4）电气间隙：二个带电部件之间或一个带电部件和玩具可触及表面之间的空间最短距离。

4．仪器设备及器具

贮水箱、恒温恒湿柜、手持式喷水和溅水试验设备、温度计。

5．测试程序

1）检查被测样品是否打算在水中使用的玩具或可用液体清洗的玩具，如果不是，按步骤2）进行检查。

①对可用液体清洗的玩具：

用温度计检查测试水温和样品表面的温度，如果温差大于5K，则将测试用水预存在贮水箱中，并通过加热水或放置冷却的方法使水和样品表面的温差在5K内，再进行下述试验。

根据 IEC 60529 中 14.2.4 外壳防水保护等级，用图 1－38 所示的手持式喷水和溅水试验设备对玩具进行试验。从喷头上除去活动挡板，将水压调节为 50kPa～150kPa，该压力在试验期间保持恒定。检查喷头上的孔有无堵塞，用针规清理堵塞，然后按图 1－40 要求放置试验样品，使样品外壳在任何实际可能的方向都受到喷水（主要考核其可能薄弱的部位），计算样品外壳的表面积（不包括安装面积），试验的持续时间为 $1min/m^2$，但至少为 5min。

然后，把玩具外表剩余的水分擦除，按 EN 62115 第 12 章检测其电气强度，并用工具打开玩具外壳，检查线路在绝缘上有无导致爬电距离和电气间隙小于 EN 62115 第 18 章中要求的水迹。

②对打算在水中使用的玩具：

检查有无因玩具电池内部或其他电气部位之间的电化学反应能导致气体的产生，使外壳的内部压力过高，并检查该玩具有无通过一个过压阀、一个气体吸收装置或在电池腔内设置一个合适的孔都能限制气压。

将该玩具浸没在约1％的氯化钠水溶液中，其所有部件位于水面下至少 150mm，处于在最不利的方位并工作 15min，如果可拆卸部件被移取后将产生更不利情况，则按这种条件进行试验。然后，从水中取出玩具，放置，让多余的水排出，并擦干其外壳。按 EN 62115 第 12 章的电气强度试验对玩具进行检查。

2）对所有玩具，把可拆卸部件拆除，如果这些部件与玩具主体没有必要的电气连接，对该部件不作进一步检查；如果有必要的电气连接，则把该部件与玩具主体一起进行以下潮态试验。

①把样品放置于 $t+(0,4)$℃的环境中进行予处理，其中 t 为温度21℃。然后把样品放置在相对湿度为 93％±3％、温度为 t 的 1K 以内的恒温恒湿柜内48h（在样品放入前，恒温

恒湿柜要预热3h)。

②取出样品,立刻把可拆卸部件重新组装好,然后按 EN 62115 第 12 章检查其电气强度。

6. 结果判定

1)对可用液体清洗的玩具经喷水试验后,如果玩具的线路在绝缘上没有导致爬电距离和电气间隙小于 EN 62115 第 18 章中要求的水迹,且在按 EN 62115 第 12 章电气强度进行测试时没有击穿现象发生,则判合格。

2)打算在水中使用的玩具经试验后,如果玩具外壳的内部压力不会过高,且在按 EN 62115 第 12 章电气强度进行测试时没有击穿现象发生,则判合格。

3)对所有玩具,如果在潮态试验后按 EN 62115 第 12 章电气强度进行测试时没有击穿现象发生,则判合格。

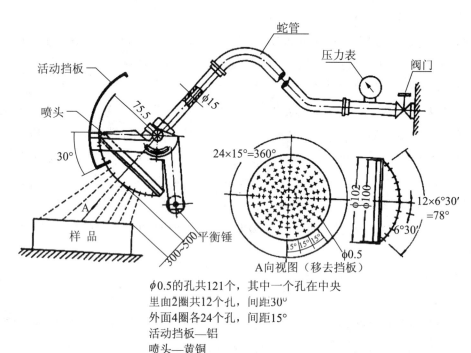

图 1-38 手持式喷水和溅水试验设备

六、机械强度

1. 要求及适用范围

所有玩具的外壳应有足够的机械强度。

2. 适用标准

EN 62115 第 13 章 机械强度。

3. 仪器设备

弹簧冲击锤。

4. 测试程序

1)对灯不按本标准测试,EN 71－1 的锐利边缘要求不适用于灯破裂的玻璃片。玩具其余部分按以下步骤进行测试。

检查玩具的结构,在覆盖玩具以下部位的外壳(脆弱部位)上面,连续施加 6 次 0.7J ±0.05J 的冲击能量,在施加冲击时要保持冲击锤水平,否则要考虑锤体本身重量所产生的能量的影响。而且,在施加冲击时玩具应被刚性支撑,将其紧贴着一堵墙放置,该墙上覆盖着一块与墙体紧密固定在一起的聚酰胺板(厚度约 8mm,洛氏硬度为 85≤HRR≤100):

a)内含液体的非密封电池盒的外壳。

b)如果在不同极性的部件之间的绝缘层被桥接,按 EN 62115 的 9.4 测试很可能不能承受时,则需在覆盖绝缘层的外壳进行测试。

c)覆盖可能存在危害的可动部件的外壳等部位。

2)检查经冲击试验后的玩具是否产生影响符合本标准要求的损坏(如爬电距离和电气间隙小于 EN 62115 第 18 章所要求的距离,或温升过高,或电气强度不够等),如果不确定是否产生缺陷,则可忽略这些缺陷,另外在一个新玩具相同的地方施加 6 次相同的冲击,再检查玩具是否能承受该测试。

5. 结果判定

在按步骤 4 操作后,玩具没有产生影响本标准的损坏,则判合格。

七、镙钉和连接

1. 要求及适用范围

1)对失效可能导致危害本标准符合性和电气连接的固定方式,应承受玩具在使用过程中所产生的机械应力。

2)对电流超过 0.5A 的电气连接,其结构上不应使用有收缩或变形的绝缘材料传递接触压力,除非金属部件有足够的弹力补偿非金属材料可能的收缩和形变。

2. 适用标准

EN 62115 第 17 章 镙钉和连接。

3. 仪器设备及器具

游标卡尺、数字万用表、扭力起子/板手。

4. 测试程序

1)对失效可能导致危害本标准符合性和电气连接的镙钉,检查其是否由软的材料,或可能蠕变的金属(如锌或铝)构成。如果是,不作进一步检查;如果不是,按以下步骤检查。

①对由绝缘材料制成的螺钉,用游标卡尺测量其螺纹外径,并检查该螺钉是否用于电气连接。

②对用于传递电气接触压力的螺钉,检查其有无旋进金属。

③对传递接触压力或可能由使用者固定的螺钉和螺母,检查其失效是否有违本标准的符合性。如果不是,不作进一步检查;如果是,按以下步骤操作。

选用合适扭力起子或扳手用适合的力度对螺钉或螺母进行拧紧或拧松,其中,对旋进绝缘材料的螺钉进行 10 次操作,每次完全拧出,然后重新拧紧;对螺母和其他螺钉则进行 5 次的拧松和拧紧。操作所需施加的扭矩如表 1-14。

表 1-14　螺钉螺丝的测试扭矩

公称螺钉直径(mm) (螺纹外侧直径)	扭矩(N·m)	
	I	II
2.8ª	0.2	0.4
>2.8,≤3.0	0.25	0.5
>3.0,≤3.2	0.3	0.6
>3.2,≤3.6	0.4	0.8
>3.6,≤4.1	0.7	1.2
>4.1,≤4.7	0.8	1.8
>4.7,≤5.3	0.8	2.0
>5.3	—	2.5
ª　直径小于 2.8mm 的螺钉不进行试验。		

其中第 I 列适用于螺钉在固定时不从洞孔中伸出的无头金属螺钉。第 II 列适用于其他金属螺钉和螺母以及由绝缘材料制成的螺钉和螺母。

测试后,检查螺钉和螺母的紧固程度是否有危及以后固定使用和电气连接的危害发生。

2)检查电气连接在结构有无使用容易收缩或变形的绝缘材料传递接触压力,如果没有,不作进一步检查;如果有,检查金属部件有无足够的弹力补偿非金属材料可能产生的收缩和形变。如果有,不作进一步检查;如果没有,用数字万用表检查电气连接的电流,并记录。

5. 结果判定(与步骤 4 相对应)

1)如果镙钉由软的或易于变形的金属构成,判不合格。

①如果螺钉由绝缘材料制成,螺纹外径小于 3mm 或用于电气连接,则判不合格。

②如果螺钉没有旋进金属,判不合格。

③如果测试后有危及以后固定使用和电气连接的危害发生,判不合格。

2)如果使用容易收缩或变形的绝缘材料传递电气连接的接触压力,且金属部件没有足够的回弹力作为补偿,同时通过该电气连接的电流大于 0.5A,则判不合格。

八、爬电距离和电气间隙

1. 要求及适用范围
所有电玩具,功能性绝缘的爬电距离和电气间隙的值不应小于 0.5 mm。

2. 适用标准
EN 62115 第 18 章 爬电距离和电气间隙。

3. 定义

1)爬电距离:两个带电部件之间或一个带电部件与玩具可触及表面之间沿绝缘材料表面测得的最短距离。

2)电气间隙:二个带电部件之间或一个带电部件和玩具可触及表面之间的空间最短距离。

3)功能性绝缘:是正确的使用玩具样品前提下的绝缘,该绝缘用于不同电压/极性的带电部件间,而非用于防护电击危险。

4. 仪器设备及器具

数字万用表、游标卡尺、塞尺、刻度放大镜。

5. 测试程序

检查玩具内部结构,通过观察,找出两导体间爬电距离或电气间隙可能小于 2mm 的位置,然后用数字万用表检查该不同两导体间有无电压差,如果没有,不作进一步检查;如果有,从游标卡尺、塞尺和刻度放大镜中选取较合适的一种工具,检查上述导体间的爬电距离或电气间隙是否小于 0.5 mm。

6. 不确定度的评估

1)测量模型

$y = x$,属于直接测量型;

2)最佳估计值为测量所得的平均值 $\bar{x}$,$\bar{x} = \dfrac{x_1 + x_2 + x_3}{3}$

3)不确定度的来源

表 1-15 为不确定度的来源见表 1-15。

表 1-15 不确定度来源

不确定度来源	类型	半宽	分布情况	可靠性	标准不确定度	自由度
随机效应	A	/	正态	100%	u_A(见备注)	2
刻度放大镜校准不确定度	B	a1	均匀	100%	$u_{B1} = a1/\sqrt{3}$	∞(估计)
游标卡尺校准不确定度	B	a2	均匀	100%	$u_{B2} = a2/\sqrt{3}$	∞(估计)
刻度放大镜读数分辨率	B	0.05mm	均匀	100%	$u_{B3} = 0.029mm$	∞
游标卡尺读数分辨率	B	0.005 mm	均匀	100%	$u_{B4} = 0.003mm$	∞

注1:其中 a1 和 a2 分别为相应仪器的校准不确定度,详见最新校准证书。

注2:$u_A = \sqrt{\dfrac{(x_1 - \bar{x})^2 + (x_2 - \bar{x})^2 + (x_3 - \bar{x})^2}{2}} / \sqrt{3}$。

4)合成不确定度

$u_{y1} = \sqrt{u_A^2 + u_{B1}^2 + u_{B3}^2}$(当使用刻度放大镜时),或

$u_{y2} = \sqrt{u_A^2 + u_{B2}^2 + u_{B4}^2}$(当使用游标卡尺时);

5)自由度按照 Welch-Satterwaite 公式计算

$v_{eff1} = \dfrac{u_y^4}{\dfrac{u_A^4}{2} + \dfrac{u_{B1}^4}{\infty} + \dfrac{u_{B3}^4}{\infty}}$(当使用刻度放大镜时),或

$$v_{\text{eff2}} = \dfrac{u_y^4}{\dfrac{u_A^4}{2} + \dfrac{u_{B2}^4}{\infty} + \dfrac{u_{B4}^4}{\infty}}（当使用游标卡尺时）；$$

6）扩展不确定度

已知自由度为 v_{eff}，设置信水平为 95%，根据 t 分布表可查得 k（包含因子），

$U = u_y \times k$；

7）结果报告

$(\bar{x} \pm U)$mm，（U 最多取两位数字）

7 结果判定

当测量值 $(\bar{x} + U)$ 小于 0.5 mm，判不合格；当测量值 $(\bar{x} - U)$ 大于或等于 0.5mm，则判合格。否则，只出具检验结果和不确定度，则不作判定。

九、耐热和耐燃

1. 要求及适用范围

1）含有一个超过 12V 的工作电压和 3A 的电流的玩具，其封闭电气部件的非金属材料外部部件和支撑电气部件的绝缘材料，应有足够的耐热能力。

2）对所有电动玩具，其支撑或直接封闭电气部件的非金属材料应对点燃和火焰蔓延具有抵抗力。

2. 适用标准

EN 62115 第 19 章 耐热和耐燃。

3. 定义

工作电压：玩具在额定电压下正常工作时，有关部件所承受的最高电压。

4. 仪器设备及器具

游标卡尺、刻度放大镜、直钢尺、秒表、12mm 火焰卡尺、数字万用表、烘箱、针焰测试仪、5mm 测试棒、7mm 测试棒、8mm 测试棒、球压测试仪。

5. 测试程序

1）球压试验：

通过对电动玩具内部结构的分析，找出可能产生较高电压或较大电流的部位，用数字万用表检查该部位电压和电流为在 EN 62115 中 9.3 试验期间测得的工作电压和电流值。

①如果玩具的最大工作电压超过 12V 且其电流值超过 3A，则选择用于支撑或直接封闭电气部件且表面平直的绝缘材料，用铁剪切下一块最小边长为 10mm 的方形材料，用游标卡尺测量其厚度，如果小于 2.5mm，则用两块或更多的上述材料重叠，使其厚度大于 2.5mm。

②在按以下方法测试前，把样品放置在温度为 15℃～35℃，相对湿度为 45%～75% 之间的环境中 24h，进行预处理。

③把烘箱的温度调至 [40 +（EN 62115 第 9 章中测试的最大温升值）]℃ 或 75℃，取其中温度较高的一种方式。待烘箱温度达到要求温度后，迅速把样品和球压测试仪按图 1-39 所示的形式，放在烘箱内测试座上，1h 后，把样品取出，立即放入冷水中，使样品在 10s 内冷却到室温，用游标卡尺或刻度放大镜检查样品上被球压测试仪所压出坑的直径（做 3 次独立

测试并记录数据)。

2)耐燃试验(灼热丝/针焰试验):

在进行以下测试前把样品、白松木板和单层薄皱包装纸放置在温度为15℃～35℃,相对湿度为45%～75%之间的环境中24h进行预处理。

①550℃灼热丝试验:

当进行灼热丝试验时,测试部件按其在正常使用时的同样朝向放置。

对最大工作电压小于或等于12V或最大电流小于或等于3A的玩具,选择当玩具在故障或过载条件下可能造成着火危险的用于支撑或直接封闭电气部件的绝缘材料,用铁剪把它切下,制成约50mm×50mm的小片(如果客观条件限制,可选择玩具整体)进行以下测试。

a)把制成的样品或玩具整体夹在样品定位块上,使灼热丝顶部施加到样品的中心,并选择其中最薄截面或其他最易着火的部位(平的表面且与灼热丝相垂直),灼热丝离样品上部边缘15mm或以上。调节定位器,使灼热丝压进样品的深度限制为7mm。在灼热丝与样品接触点下方200mm处,放置一块厚约10mm表面包有单层薄皱包装纸的白松木板。

b)把灼热丝温度调到550℃±5℃,并稳定60s。以10mm/s至25mm/s的速度,使灼热丝的顶部与测试样品接触,在接触瞬间其移动速度接近0。30s后,以10mm/s至25mm/s的速度移开灼热丝。

c)在此期间,如果起燃,做3次独立测试,观察、测量并记录:从施加灼热丝开始到试验样品或它下面的铺底层起燃的持续时间(t_i);从施加灼热丝开始到火焰熄灭的持续时间(t_e);火焰的最高高度;如果由于大部分起燃材料从灼热丝抽回时导致样品通过该试验;规定的垫层被点燃。

d)如果试验样品符合以下两种情况之一,可认为能经受住灼热丝试验:

——无火焰或不灼热。

——如果试验样品周围的零件或下面的铺底层产生燃烧或灼热,但在灼热丝移去后30s内熄灭,即$t_e \leqslant 30 + 30s$,而周围零件又未完全烧着,或铺底层的单层薄皱包装纸不起燃。

②650℃灼热丝试验:

对最大工作电压大于12V且最大工作电流大于3A的玩具,在选择测试材料时,除选择步骤5.2所述材料外,测试也在与上述被测部件相接触的非金属部件或与其距离不超过3mm的邻近连接的非金属部件上进行。

a)按步骤5.2.1的方式进行灼热丝(温度调至650℃)测试,如果样品起燃,用直钢尺测量火焰高度并记录数据。

③针焰试验:

对通过了650℃灼热丝测试但在测试时起燃持续时间超过2s的样品,选择在其连接件的上方,直径为20mm、高度为50mm的垂直圆柱体包络范围内的部件进行针焰试验。由符合针焰试验的隔离挡板进行防护的部件不进行该试验。

a)把样品固定在样品夹上,按图1-40中b)或c)的试验方式,选择其中可能产生最不利结果的一种试验位置,使火焰能接触到样品的边缘。如果可能,火焰距样品边角至少 10mm。

b)选择样品中可能产生最不利情况的部位为测试点,在测试点下方 200mm 处放置表面覆有单层薄皱包装纸的厚约 10mm 的白松木板。

c)按图 1 - 40 中 b 或 c 项的方式调整针焰燃烧管口至样品表面的距离,不移动针焰管的基座,按图 1 - 40 中 a 项的方式,点燃针焰,将火焰高度调整为 12mm。

d)用针焰测试仪按图 1 - 40 中 b 或 c 项的方式进行针焰测试,对样品的施焰时间为 30s,然后移开;在此期间,如果样品或铺底层起燃,用秒表记录试验针焰移开瞬间到火焰熄灭的燃烧持续时间 t_b。

e)如果试验样品符合下列情况之一,可认为经受住针焰试验:

——试验样品不产生火焰和灼热现象,并且当使用单层薄皱包装纸覆盖的白松木板时,包装纸不起燃或白松木板不碳化。

——在移去针焰后,样品、周围零件和铺底层的火焰或灼热持续时间应不超过 30s/15s(印刷线路板),而且当使用单层薄皱包装纸的白松木板时,包装纸不起火,松木板也不碳化。

6. 不确定度的评估

1)测量模型: $y = x$,属于直接测量型;

2)最佳估计值:测量所得的平均值 $\bar{x}$, $\bar{x} = \dfrac{x_1 + x_2 + x_3}{3}$

3)不确定度的来源(见表 1 - 16 ~ 表 1 - 18)

①球压测试

表 1 - 16 不确定度来源

不确定度来源	类型	半宽	分布情况	可靠性	标准不确定度	自由度
随机效应	A	/	正态	100%	u_A(见备注)	2
刻度放大镜校准不确定度	B	a1	均匀	100%	$u_{B1} = a1/\sqrt{3}$	∞(估计)
游标卡尺校准不确定度	B	a2	均匀	100%	$u_{B2} = a2/\sqrt{3}m$	∞(估计)
刻度放大镜读数分辨率	B	0.05mm	均匀	100%	$u_{B3} = 0.029mm$	∞
卡尺读数分辨率	B	0.005 mm	均匀	100%	$u_{B4} = 0.003mm$	∞
注:其中 a1 和 a2 分别为相应仪器的校准不确定度,详见最新校准证书。						

②灼热丝测试

表 1 - 17 不确定度来源

不确定度来源	类型	半宽	分布情况	可靠性	标准不确定度	自由度
随机误差	A	/	正态	100%	u_A(见备注)	2
秒表校准不确定度	B	a	均匀	100%	$u_{B1} = a/\sqrt{3}$	∞(估计)
秒表读数分辨率	B	0.005	均匀	100%	$u_{B2} = 0.003$	∞
注:其中 a1 和 a2 分别为相应仪器的校准不确定度,详见最新校准证书。						

③针焰测试

表 1-18 不确定度来源

不确定度来源	类型	半宽	分布情况	可靠性	标准不确定度	自由度
随机误差	A	/	正态	100%	u_A（见备注）	2
秒表校准不确定度	B	a	均匀	100%	$u_{B1}=a/\sqrt{3}$	∞（估计）
秒表读数分辨率	B	0.005	均匀	100%	$u_{B2}=0.003$	∞

注:其中 a1 和 a2 分别为相应仪器的校准不确定度,详见最新校准证书。

$$u_A = \sqrt{\frac{(x_1-\bar{x})^2+(x_2-\bar{x})^2+(x_3-\bar{x})^2}{2}}/\sqrt{3}。$$

4)合成不确定度

①球压测试

$$u_{y1} = \sqrt{u_A^2+u_{B1}^2+u_{B3}^2}（当使用刻度放大镜时），或$$

$$u_{y2} = \sqrt{u_A^2+u_{B2}^2+u_{B4}^2}（当使用游标卡尺时）。$$

②针焰/灼热丝测试

$$u_y = \sqrt{u_A^2+u_{B1}^2+u_{B2}^2}（u_{B1}、u_{B2}详见3)的②及3)的③）。$$

5)自由度按照 Welch-Satterwaite 公式计算

①球压测试

$$v_{eff1} = \frac{u_y^4}{\frac{u_A^4}{2}+\frac{u_{B1}^4}{50}+\frac{u_{B3}^4}{50}}（当使用刻度放大镜时），或$$

$$v_{eff2} = \frac{u_y^4}{\frac{u_A^4}{2}+\frac{u_{B2}^4}{50}+\frac{u_{B4}^4}{50}}（当使用游标卡尺时）。$$

②针焰/灼热丝测试

$$v_{eff} = \frac{u_y^4}{\frac{u_A^4}{2}+\frac{u_{B1}^4}{50}+\frac{u_{B2}^4}{\infty}}$$

6)扩展不确定度

已知自由度为 v_{eff},设置信水平为95%,根据 t 分布表可查得 k(包含因子);

①球压测试:$U=(u_y\times k)$mm;

②针焰/灼热丝测试:$U=(u_y\times k)$s;

7)结果报告(U 最多取两位数字)

①球压测试:$(\bar{x}\pm U)$mm,

②针焰/灼热丝测试:$(\bar{x}\pm U)$s。

7. 结果判定

1)如果玩具工作电压和电流值超过12V 或 3A,且经球压测试后样品上被压出的坑的直径$(\bar{x}-U)$大于2mm,判不合格;$(\bar{x}+U)$小于或等于2mm,判合格。否则,不作判定。

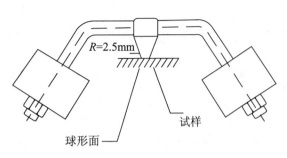

图1-39 球压试验示意图

2)如果玩具最大工作电压或电流值不超过12V或3A,且在550℃灼热丝测试时使铺底层白皱纸起燃,判不合格;如果白皱纸不起燃,且$(\bar{x}-U)$大于或等于30s,判不合格;如果$(\bar{x}+U)$小于30s,判合格;否则,只出具检验结果和不确定度,不作判定。

3)如果玩具的最大工作电压或电流值超过12V和3A,能通过650℃灼热丝测试,且无起燃现象,判合格。

4)在进行针焰测试时,如果铺底层白皱纸起燃,判不合格;如果白皱纸不起燃,且持燃时间$(\bar{x}-U)$大于30s/15s(印刷线路板),判不合格;如果$(\bar{x}+U)$小于或等于30s/15s(印刷线路板),判合格。否则,只出具检验结果和不确定度,不作判定。

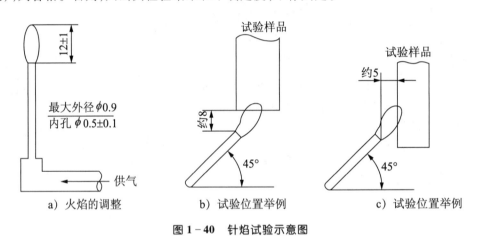

图1-40 针焰试验示意图

十、光辐射测试方法

1. 要求及适用范围

玩具正常使用过程中的操作不应发出有害辐射,玩具内的激光器和发光二极管应符合IEC 60825-1中1类激光器的要求。

2. 适用标准

EN 62115:2005/A11:2012的20辐射、毒性和类似危害。

3. 参考资料

IEC 60825-1:1993+A1:1997+A2:2001(含勘误) 激光产品的安全 第1部分:设备的分类、要求及用户指引。

4. 定义

1)激光器:通过受控受激发射的过程,产生或放大波长范围为180 nm至1 mm的电磁辐射的器件。

2)发光二极管:通过半导体内的辐射再激活产生波长为180 nm至1 mm的电磁辐射的

半导体 P－N 结器件。

3）对向角:对向角是表观光源(包括漫反射)在观察者眼睛或测量点所张的视角。

4）一类激光产品:在相应的波长和发射持续时间内,人员接近激光辐射不允许超过 1 类可达发射极限的激光产品。

5）可达发射极限(AEL):所定类别内允许的最大发射水平。

6）孔径光阑:用来确定待测辐射通过面积的开孔。

7）表观光源:在视网膜上可能形成最小影像的实际发光体或虚发光体。

8）脉冲激光器:以单脉冲或者脉冲串形式释放能量的激光器,一个脉冲的宽度要小于 0.25s。

9）脉宽:在脉冲的前、后沿的半峰值功率点间测得的时间差。

10）连续波:激光输出时连续的而不是脉冲的波形,把连续输出时间等于或大于 0.25s 的激光视为连续激光。

5. 仪器设备及器具

波长测量仪、光功率能量测试仪、光斑测试仪、凸透镜、数显游标卡尺、示波器

6. 测试程序

1）测量辐射时应取下可能影响激光器或发光二极管聚焦的部件,如透镜、反射镜或滤光镜。即使取下这些部件会破坏玩具,即使封装的相关部件、透镜、反射镜或滤光镜在 EN 62115 的 5.15 的预处理期间脱落也应测量辐射,当进行低功率电路实验时 EN 62115 的 9.8.2 所列的故障条件要予以考虑。

2）激光器或发光二极管的波长 λ

玩具正常工作状态下,测量激光器或发光二极管两端的电压值 u,再用稳压直流电源以电压 u 对激光器或发光二极管供电,用波长测量仪测量激光器或发光二极管波长值 λ。

3）激光器或发光二极管对向角 α

①激光器或发光二极管的对向角计算公式为 $\alpha = R/d$,其中 R 为表观光源的尺寸,d 为人眼观测点距离表观光源的距离。

②人眼观测点距离表观光源距离最小为 $d = 100mm$,当人眼观测点受玩具相关部件结构限制,导致人眼观测点距离表观光源大于 100mm 时,d 以人眼观测点到表观光源的最小距离计算。

③测量光源尺寸 R

将发光二极管固定在测试架上,稳压直流电源以电压 u 对激光器或发光二极管供电,调整激光器或发光二极管、凸透镜和光斑测试仪在同一光轴上,用照光斑测试仪测量激光器或发光二极管成像光斑尺寸 L。

④用游标卡尺测量像距 V 和物距 U,根据公式 $R = UL/V$,计算出表观光源尺寸,按照对向角公式 $\alpha = R/d$ 计算出对向角 α,单位为 rad。

4）时间基准

①除了条件②列出情况外,波长大于 400nm 的激光或发光二极管的时间基准为 100s。

②波长小于等于 400nm 或者波长大于 400nm 的设计用于长时间观察的激光器或发光二极管,其时间基准为 30000s。

5）1 类激光或发光二极管的可达发射极限 AEL

按照表 1-19 和表 1-20 计算出 1 类激光器的可达发射极限。

表 1-19　I 类激光器的可达发射极限

曝照时间 t(s)　波长(nm)	0.001~0.35	0.35~10	10~100	100~1000	1000~10000	10000~30000
302.5~315	$(t \le T_1)7.9 \times 10^{-7}C_1$ J	$(t > T_1)7.9 \times 10^{-7}C_2$ J	$7.9 \times 10^{-7}C_2$ J			
315~400	$7.9 \times 10^{-7}C_1$ J		7.9×10^{-3} J		7.9×10^{-6} W	
400~600 [a]	$7 \times 10^{-4}t^{0.75}C_6$ J			$3.9 \times 10^{-3}C_3$ J $\gamma_p = 11$ mrad	视光学伤害 $3.9 \times 10^{-5}C_3$ W $\gamma_p = 1.1 \times t^{0.5}$ mrad	$3.9 \times 10^{-5}C_3$ W $\gamma_p = 110$ mrad
400~700	$(t \le T_2)\ 7 \times 10^{-4}t^{0.75}C_6$ (J) $7 \times 10^{-4}t^{0.75}C_6$ J				视热伤害 $(t > T_2)\alpha > 1.5$ mrad: $7 \times 10^{-4}C_6 T_2^{-0.25}$ (W); $\alpha \le 1.5$ mrad: $3.9 \times 10^{-4}C_3$ (W)	
700~1050	$(t \le T_2)\ 7 \times 10^{-4}t^{0.75}C_4C_6C_7$ (J) $7 \times 10^{-4}t^{0.75}C_4C_6$ J				$(t > T_2)\alpha > 1.5$ mrad: $7 \times 10^{-4}C_4C_6C_7 T_2^{-0.25}$ (W); $\alpha \le 1.5$ mrad: $3.9 \times 10^{-4}C_4C_7$ (W)	
1050~1400	$(t \le T_2)7 \times 10^{-4}t^{0.75}C_4C_6C_7$ J $3.5 \times 10^{-3}t^{0.75}C_6C_7$ J					

[a] 如果测试时间在 1s 到 10s 之间,波长在 400nm~484nm 之间,对向角在 1.5mrad 和 82mrad 之间,光化学伤害 $3.9 \times 10^{-3}C_3$ J 延伸到 1s。

表 1 - 20　参数计算

参数	波长范围(nm)
$T_1 = 10^{0.8(\lambda-295)} \times 10^{-15}$ (s)	
$T_2 = 10 \times 10^{[(\alpha-\alpha_{min})/98.5]}$ (s)	400 ~ 1400
$C_1 = 5.6 \times 10^3 t^{0.25}$	302.5 ~ 400
$C_2 = 10^{0.2(\lambda-295)}$	302.5 ~ 315
$C_3 = 1$	400 ~ 450
$C_3 = 10^{0.02(\lambda-450)}$	450 ~ 600
$C_4 = 10^{0.002(\lambda-700)}$	700 ~ 1050
$C_4 = 5$	1050 ~ 1400
$C_6 = 1 \quad \alpha < \alpha_{min}$	400 ~ 1400
$C_6 = \alpha/\alpha_{min} \quad \alpha_{min} < \alpha \leqslant \alpha_{max}$	400 ~ 1400
$C_6 = \alpha max/\alpha_{min} = 66.7 \quad \alpha > \alpha_{max}$	400 ~ 1400
$C_7 = 1$	700 ~ 1150
$C_7 = 10^{0.018(\lambda-1150)}$	1150 ~ 1200
$C_7 = 8$	1200 ~ 1400
注：$T_2 = 10$(s)$\alpha < 1.5$ mrad。 $T_2 = 100$ (s)$\alpha > 100$ mrad。	

6)测试方法

光源辐射能量的相应测试过程在暗室中进行。表 1 - 21 列出的条件 1 适用于准直(平行)激光,条件 2 适用于高度发散的光源。如果光源条件 1 和条件 2 的适用性不明显,两种条件都应评估。

表 1 - 21　孔径光阑和距离

波长	条件 1		条件 2	
	孔径光阑(mm)	距离(mm)	孔径光阑(mm)	距离(mm)
≥302.5nm 到 400nm	25	2000	7	14
≥400nm 到 1400nm	50	2000	7[a]	r[a]
a　见 b)。				

①测试几何光路原理

图 1 - 41 是测试几何光路原理图,其中 r 为表观光源到孔径光阑的距离,γ 为接收角。

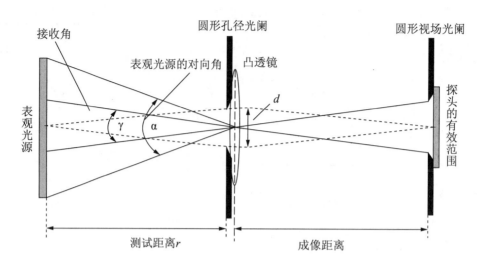

图 1－41　测试几何光路原理图

②连续发光光源的辐射能量测试

a)光源是准直(平行)光源,光源和圆形孔径光阑的测试距离 $r = 2000mm$。根据波长测试结果选择圆形孔径光阑直径的大小,波长范围 302nm～400nm,圆形孔径光阑直径为 25mm;波长范围 400nm～1400nm,圆形孔径光阑直径为 50mm 。

b)光源是发散光源

$302nm \leq \lambda \leq 400nm$,测试距离为 14mm,圆形孔径光阑直径为 7mm。

$400nm \leq \lambda \leq 1400nm$,测试距离 r 是根据以下条件给定的:

光化学伤害:

(1)曝光时间 $t \leq 100s$

当 $\alpha \leq 1.5mrad$, $\qquad\qquad\qquad r = 14mm$;

当 $1.5mrad < \alpha \leq 11mrad$, $\qquad\qquad r = 100mm(\alpha/11mrad)$;

当 $11mrad < \alpha$, $\qquad\qquad\qquad\qquad r = 100mm$。

(2)曝光时间 $t > 100s$

当 $\alpha \leq 1.5mrad$, $\qquad\qquad\qquad r = 14mm$;

当 $1.5mrad < \alpha \leq \gamma_p$, $\qquad\qquad r = (14 + 86\dfrac{\alpha - 1.5mrad}{\gamma_p - 1.5mrad})mm$;

当 $\gamma_p < \alpha$, $\qquad\qquad\qquad\qquad r = 100mm$。

确定测试距离 r,计算出接收角 γ,如果大于接收角 γ_p,则需调节视场光阑,使接收角等于 γ_p,调节视场光阑的光路原理图如图 1－42 所示。

接收角 γ_p 根据曝光时间 t 计算:

$10s < t \leq 100s$ $\qquad\qquad\qquad \gamma_p = 11mrad$

$100s < t \leq 10^4 s$ $\qquad\qquad\qquad \gamma_p = 1.1t^{0.5}mrad$

$10^4 s < t \leq 3 \times 10^4 s$ $\qquad\qquad \gamma_p = 110mrad$

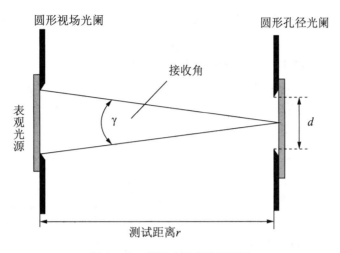

图 1-42　视场光阑光路原理图

视场光阑直径 $d_{视场}$ 计算：

$$d_{视场} = r \cdot \gamma_P$$

光热伤害：

当 $\alpha \leqslant \alpha_{min}$，$r = 14\,mm$；

$\alpha_{min} \leqslant \alpha < \alpha_{max}$，$r = (100\,mm)\sqrt{\dfrac{\alpha + 0.46\,mrad}{\alpha_{max}}}$；

当 $\alpha_{max} < \alpha$，$r = 100$。其中：$\alpha_{max} = 100\,mrad$，$\alpha_{min} = 1.5\,mrad$。

③脉冲光源

a）波长在 $400\,nm \sim 10^6\,nm$ 范围按照下述 ⅰ）、ⅱ）、ⅲ）中最严格的要求确定。

b）其他波长范围 $315\,nm \sim 400\,nm$ 按照下述 ⅰ）、ⅱ）来确定。

c）ⅲ）用于光热伤害。

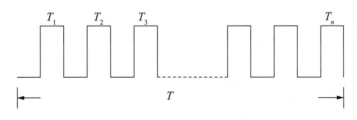

图 1-43　脉冲示意图

ⅰ）脉冲串中任一单脉冲的辐照量不能超过该单脉冲 AEL。

如图 1-43 所示，测量脉冲串中任意单脉冲 T_i 的辐照量，根据表 1-19 计算脉冲串内相应单脉冲 T_i 的 AEL，单脉冲 T_i 的辐照量不能超过单脉冲 T_i 的 AEL 值。

ⅱ）持续时间为 T 的一脉冲串的平均功率不超过表 1-19 中脉冲宽度为 T 的单脉 AEL 所对应的功率。查表，求出 T 时间测出 AEL，与表 1-19 在 T 时间的结果比较。

ⅲ）脉冲串中单个脉冲的平均能量不能超过单脉冲的 AEL 值与修正因子 C_5 的乘积。幅值不同的脉冲,评估每个幅值的脉冲和脉冲串。

$$AEL_{串} = AEL_{单} \times C_5$$

式中:$AEL_{串}$——脉冲串中任一单脉冲的 AEL;

$AEL_{单}$——单脉冲的 AEL 值;

C_5 ——$N^{-0.25}$;

N ——给定的时间内,脉冲串中单脉冲的数量。

波长	决定 N 的持续时间
400nm ~ 1400nm	T_2 或者合适的时间基准,取最短的时间

④脉冲光源的辐射能量测试

用示波器测量激光器或发光二极管工作电压的波形,根据波形找出脉冲串中的每个单脉冲的电压、脉冲持续时间等参数。按测试程序对激光器和发光二极管进行相关测试。③脉冲串中任意单脉冲 Ti 辐照量测量中,根据单脉冲 Ti 的电压参数,使用可编程稳压电源对激光器或发光二极管供电。

7)故障条件下,工作电压供电,根据 GB 19865—2005 的 9.8.2(EN 62115 的 9.8.2)条款的故障条件下,实施故障,按照6)方法测量辐射能量或辐射功率。

7. 不确定度的评估

1)测量建模

$y = x$,属于直接测量型。

2)最佳估计值为光功率能量测试仪测量值的平均值(测量三次所得数据计算平均值):

$$x = \bar{x} = \frac{x_1 + x_2 + x_3}{3};$$

3)不确定度的来源

不确定度来源分析:仪器校准结果的不确定度、测试的重复性、不同时间、不同测试人员、不同的测量位置、仪器分辨率。见表1-22:

表1-22 不确定来源

不确定度来源	类型	半宽	分布	可靠性	标准不确定度	自由度
随机效应	A		正态	100%	U_{A1}	∞
光功率能量测试仪不确定度	B	a	均匀	100%	$U_{B1} = a/\sqrt{3}$	∞
仪器分辨率	B	$5 \times 10^{-10}\text{W}$	均匀	100%	U_{B2}	∞

其中随即效应要考虑不同测试人员对样品的测试重复性,还要考虑不同时期的重复性数据。对实验室不同人员在不同时期对样品的试验测试数据进行比较,给出最能代表实验室的个人测试的数据。

表1-23与表1-24是同一个发光玩具经两测试员测试的实验数据,每个测试人员独立

测试 8 次。发光玩具正常工作时 LED 两端工作电压为 2.0V,辐射测试时用直流电源模拟玩具正常工作时的电压。测试数据如下:

测试员一:

表 1-23 测试员一

测试次数	测试结果(μW)
1	31.9
2	31.4
3	34.1
4	31.8
5	31.6
6	32.1
7	30.8
8	30.8
标准偏差	1.04

测试员二:

表 1-24 测试员二

测试次数	测试结果(μW)
1	29.8
2	30.1
3	30.4
4	30.0
5	30.4
6	30.3
7	30.3
8	30.2
标准偏差	0.21

计算得测量的标准偏差:$s = \sqrt{\dfrac{\sum\limits_{i=1}^{n}(x_i - \bar{x})^2}{n-1}}$ (结果如上面最后一行)

比较上述数据发现,样品的测试数据没有规律可循,两位测试人员各 8 次测量数据的标准偏差分别为:0.21×10^{-6} W 和 1.04×10^{-6} W,保守起见取最大值即 1.04×10^{-6} W。设标准偏差为 s,则 $s = 1.04 \times 10^{-6}$ W

随即效应引起的不确定度 $u_{A1} = s/\sqrt{n} = 0.368 \times 10^{-6}$ W。

仪器的校准引起的不确定度 u_{B1}:

查最新校准证书,得到典型测试值的测量不确定度 $a = 10^{-5}$ W。

按均匀分布,则 $u_{B1} = a/\sqrt{3} = 5.77 \times 10^{-6}$ W。仪器可读到小数点后一位,即 1×10^{-9} W,则不确定度为 5×10^{-10} W,按均匀分布,仪器分辨率 5×10^{-10} W 带来的不确定度 $u_{B2} = 5 \times 10^{-10}$ W $/\sqrt{3} = 2.89 \times 10^{-10}$ W。

4)合成不确定度

$u_y = \sqrt{u_{A1}^2 + u_{B1}^2 + u_{B2}^2}$;

$u_y = 5.78 \times 10^{-6}$ W。

5)自由度按照 Welch-Satterwaite 公式计算

$$v_{eff} = \frac{u_y^4}{\dfrac{u_{A1}^4}{7} + \dfrac{u_{B1}^4}{\infty} + \dfrac{u_{B2}^4}{\infty}} = 4.3 \times 10^5$$

6)扩展不确定度

已知自由度为 v_{eff},设置信水平为 95%,根据 t 分布表表可查得 k(包含因子)。

$U = u_y \times k = 1.96u_y = 11.33 \times 10^{-6}$ W

7)结果报告

$\bar{x} \pm U$ (U 最多取两位数字)

8. 结果判断

测试结果数据与可达发射极限三次 AEL 的平均值 $\overline{AEL}$ 相比较,如果 $\bar{x} - U$ 大于 $\overline{AEL}$ 值判不合格,不符合 1 类激光安全;$\bar{x} + U$ 小于 $\overline{AEL}$ 判合格,符合 1 类激光安全;否则只出检验结果和不确定度,不做判定。

第五节　典型玩具电性能不合格/回收案例

一、欧盟标准不合格案例分析

下述内容是欧美等国的不合格/回收案例分析。

1. 电池安全使用说明(见图 1-44)

BATTERY USAGE:
1.Do not recharge non-rechargeable batteries.
2.Do not dispose of batteries in fire;they may leak or explode.
3.Do not mix alkaline,standard(carbon-zinc)or rechargeable(nickel-cadmium)batteries.
4.Do not mix old and new batteries.
5.Use only batteries of the same or equivalent type as recommended by the manufacturer.
6.Be sure to insert batteries with correct polarities and always follow manufacturers instructions.
7.Remove exhausted batteries from product.
8.Do not short-circuit supply terminals.
9.Keep these instructions for the future because they contain important information.

图 1-44　电池安全使用说明

［不符合条款］：EN 62115 第 7.4。

［标准要求］：7.4 要求：适用时，带有可更换电池的电池玩具的说明书应包含如下内容：可使用的电池类型；如何取出和放入电池；非充点电池不能充电；充点电池只能在成人监护下充电；充电电池在充电前应从玩具中取出；不同类型的电池或新旧电池不能混用；电池应以正确的极性放入；用尽的电池应从玩具中取出；电源端子不得短路。

［不合格情况］：电玩具使用可更换的电池，根据 7.4，玩具缺少说明：充电电池只能在成人监护下充电；充电电池在充电前应从玩具中取出。

［造成危害］：玩具使用可充电的电池，儿童可能对充电电池充电，由于错误使用充电电池，造成漏液、烧伤等危险。

图 1-45　可被短路的结构

2. 短路温升（见图 1-45）

［不符合条款］：EN 62115 第 9.4 和 9.9。

［标准要求］：9.4 要求：玩具取下可拆卸部件（除灯以后）后可触及的不同极性间的绝缘进行短路，进行 9.3 实验。9.9 要求：可触及金属部件温升不应超过 45K。

［不合格情况］：玩具电池腔的正负极接线处突出电池表面，正负极接线处能用直钢针短接，造成电池短路，在按照 9.3 测试时电池表温度为 87℃，温升达到 65K，超过 9.9 限制的 45K。

［造成危害］：玩具在使用过程中，由于儿童的误使用将电池正负极短接，短接造成电池表面温度过高，会灼伤儿童皮肤，电池也可能出现漏液和爆炸的危险．

3. 电气强度（见图 1-46）

［不符合条款］：EN 62115 第 12。

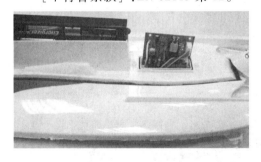

图 1-46　电气强度不足的结构

［标准要求］：室温下玩具的电气绝缘应是足够的。将跨接到电源两端的所有元件的一端短开，在不同极性部件的绝缘之间施加频率为 50Hz 或 60Hz 的 250V 的正弦波形电压 1min。

［不合格情况］：玩具船进行 11.1 耐潮湿试验后，船的电路板进水，影响电路板电气绝缘性能，在进行 12 室温下的电气强度测试时，电源正负极间的电气绝缘发生击穿。

［造成危害］：玩具电路的电气绝缘不足够，儿童使用玩具过程中，正负极之间发生击穿造成电池短路，电池表面温过高并灼伤儿童皮肤，电池还可能发生漏液、爆炸危险。

4. 导线的防护（见图 1-47）

［不符合条款］：EN 62115 第 15.1。

［标准要求］：防止软线和电线触及运动部件。

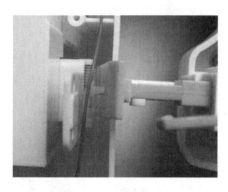

图 1-47　导线防护不足的结构

[不合格情况]：玩具中的电线触及到可动部件。

[造成危害]：玩具正常使用中，电线和可动部件接触，造成电线包裹绝缘层破损，破损部位和不同极性接触造成短路情况发生，儿童有灼伤危险。

5. 螺钉和连接（见图 1-48）

[不符合条款]：EN 62115 第 17。

[标准要求]：用于电气连接或者可能被使用者拧紧的螺钉和螺母要进行扭矩试验。

[不合格情况]：该玩具在欧洲市场销售时，由于不符合 EN 62115 电玩具安全标准，被强制召回。对该玩具进行 0.7N·m 扭力扳手测试后螺钉失效，灯罩分离。灯的可触及，在发热测试中达到 271℃；遮光物也可触及，在发热测试中达到 96℃，超过温度限值。

[造成危害]：玩具螺钉失效后，灯的可触及，使儿童在使用过程中造成灼热烧伤。

图 1-48　螺钉和连接

6. 电气间隙（见图 1-49）

[不符合条款]：EN 62115 第 18。

[标准要求]：功能绝缘的电气间隙和爬电距离应不小于 0.5mm。

[不合格情况]：印刷电路板的功能绝缘电气间隙距离小于 0.5mm。电源正负极引线焊脚的焊点之间的间隙小于 0.5mm，小于 18 要求限值。

[造成危害]：电路功能绝缘电气间隙小于限值，不符合安全要求。在使用过程中存在击穿危险，导致电池温度过高和电池爆炸危险。

7. 激光辐射（见图 1-50）

图 1-49　电气间隙不足

图 1-50　激光辐射超标

[不符合条款]：IEC62115 第 20。

[标准要求]：玩具不应发出有害辐射,并应符合 IEC 60825 - 1 中 I 类激光器的要求。

[不合格情况]：玩具汽车灯是发光二极管,发出的光超过 IEC 60825 - 1 中 I 类激光器的要求,是有害辐射光线。

[造成危害]：发光二极管发出的有害辐射,对儿童眼睛造成伤害,使儿童视力受到永久性伤害。

8. 输入功率(变压器玩具)(见图 1 - 51)

[不符合条款]：EN 62115 第 8。

[标准要求]：变压器玩具的输入功率不应超出额定输入功率的 20% 。

[不合格情况]：变压器玩具的额定输入功率是 20W,实测输入功率是 32W,输入功率超出额定输入功率 60% ,超过限定值。

[造成危害]：变压器玩具的输入功率超过额定输入功率的 20% ,导致工作电流变大,造成玩具温升过高和起燃等危险。

9. 机械强度(见图 1 - 52)

[不符合条款]·EN 62115 第 13。

[标准要求]：玩具外壳应具有足够的机械强度。

图 1 - 51　输入功率超标

[不合格情况]：对玩具覆盖电路部位的外壳施加标准规定的六次冲击能量为 0.7J 的冲击,外壳出现破损,电路中不同极性部件可触及。

[造成危害]：玩具外壳的薄弱部位施加冲击后,玩具内部电路可以触及,电路不同极性部件被短接造成电路短路,有温升过高和电池爆炸危险。

10. 螺钉和连接(见图 1 - 53)

图 1 - 52　机械强度不足

图 1 - 53　螺钉和连接失效

[不符合条款]：EN 62115 第 17。

[标准要求]：用于电气连接的螺钉应旋进金属内。

[不合格情况]:该玩具电源的引出导线与电路的引出导线是通过螺钉连接在一起,这就是上述标准技术内容中所谓的"电气连接"。但是,该电气连接固定在塑料螺母中,根据17.1规定"传递电接触压力的螺钉应旋进金属",因此该玩具车不符合17.1的要求,判定为不合格。

[造成危害]:电气连接失效造成内部电路可触及和电气连接松动造成火花短路等危害情况的发生。

二、美国标准不合格案例分析

1. 电池腔标志(见图1-54)

图1-54 标志不合格

[不符合条款]:ASTM F963 第4.25.1。

[标准要求]:在电池腔或其临近位置应标记正确的电池极性符号"+"和"−"及正确的电池尺寸和电压值。左上图是符合标准要求的电池腔。

[不合格情况]:右上图的电池腔或其临近位置没有标记电池极性符号"+"和"−"及电池尺寸和电压值。

[造成危害]:玩具使用多个可更换电池,电池室缺少标识电池的电压和极性,如错误装入电池,电池电压和极性不正确,会导致非充电电池间的充电,电池有温度过高和爆炸危险。

2. 小零件电池(见图1-55)

[不符合条款]:ASTM F963 第4.25.5。

[标准要求]:对所有玩具中的电池,如果能完全容纳到小零件圆筒,在按滥用测试的前或后,不使用硬币、螺丝刀或其他家用工具的条件下,应不可触及。

[不合格情况]:在不借助工具的情况下,玩具中的扣式电池(小零件)可以触及。

图1-55 小零件可触及

[造成危害]：儿童在使用过程中，容易接触到玩具的扣式电池，扣式电池为小零件，可造成儿童的窒息危险。

3. 电池表面温度超标（电机堵转情况，见图1－56）

图1－56　温升超标

[不符合条款]：ASTM F963 第4.25.7.2。

[标准要求]：堵住可触及运动部件后，即锁定电机，再正常使用玩具并测量电池表面温度。

[不合格情况]：堵住玩具车的轮胎，玩具电动机停止转动，流过电池的电流倍增，电池表面温度超过了标准要求温度。

[造成危害]：玩具车电路中缺少保护电路，堵住玩具车车轮后，引起电路中电流过大。因玩具车电路中没有限流限温功能的电路，造成电池表面温度很高，有灼伤儿童和电池爆炸的危险。

第二章　电玩具安全关键检测技术

电玩具标准中有几个关键的检测项目,包括低功率电路的温升测试、爬电距离和电气间隙测试、LED光辐射测试等,这些检测项目既是测试的难点,也是电玩具常见的不合格项目,本章将重点分析讨论。另外,本章还重点分析何为标准要求的"最不利情况",以统一测试条件,保证测试结果的一致性。最后对电玩具EMC测试进行简介。

第一节　低功率电路和温升测试方法及其不确定度分析

随着科技的发展,很多智能化的电驱动玩具成为当今儿童新宠。这些玩具的控制部分大都包含电子线路,如果电路设计和制造过程中存在失误,可能造成对儿童的伤害。为此,国家标准GB 19865和欧盟标准EN 62115"电玩具的安全要求"中9.8规定:除非电子线路是低功率电路,且对防火或对玩具其他部位危险故障的保护不依赖于电子线路的正常功能。否则,该玩具的电子线路及其元件要依此模拟失效,同时检测玩具的可触表面温升。

低功率电路的确定、温升测试方法及其不确定的分析,是实际检测中的难点,下来我们对这三方面作深入的探讨。

一、低功率电路的确定

实际检验中非低功率电路的模拟失效测温升技术难度较大且耗费时间很长,因此如何正确判定低功率电路对提高工作效率和出具正确检验结果都很重要。

1. 低功率电路的定义及测量方法

如图2-1所示,玩具在额定电压条件下供电,将一可调电阻器调至其最大值,并连至电源的待测点和电源的相反极性之间。然后逐渐减少电阻值,至该电阻上的功率消耗达最大,如果在第5s终了时,输送给可调电阻器的最大功率不超过15W,则这些点被称为低功率点。离电源的距离比低功率点远的线路部分被认为是低功率线路。图2-1中D是对外部负载提供最大功率超过15W、距电源最远的点;A和B是对外部负载提供最大功率小于15W、距电源最近的点,它们是低功率点;A和B点分别与C短路。标准中规定的故障情况分别施加在Z_1、Z_2、Z_3、Z_6和Z_7的适用之处。

在低功率电路测试过程中,可调电阻器的选择和功率表接线方法的选择对检测结果至关重要。

2. 可调电阻器的选择

(1)可调电阻器获得最大功率的条件

根据戴维南定理,任一个有源二端网络都可以用一个电动势 E_0 和一个电阻 r_0 的串联电路来代替,代替之后有源二端网络的对外特性不变,如图 2-2 所示。

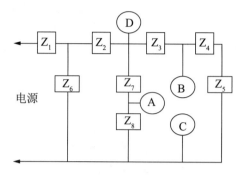

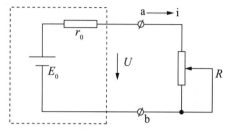

图 2-1　带低功率点的电子电路的示例　　　图 2-2　有源二端网络

可以看出当可调电阻器 R 阻值非常大,接近于开路状态,输出电流非常小;当 R 阻值非常小,接近于短路,R 两端电压极低。也就是说 R 太大或太小都得不到最大功率。

为了找出负载获得最大功率的条件,我们写出图 2-2 中 R 功率的表达式:

$$P = I^2R = \left(\frac{E_0}{r_0+R}\right)^2 R = \frac{E_0{}^2 R}{(r_0+R)^2} = \frac{E_0{}^2 R}{r_0{}^2 + 2r_0R + R^2}$$

在分母中加上 $2r_0R$,又减去 $2r_0R$,得:

$$P = \frac{E_0{}^2 R}{4r_0R + r_0{}^2 - 2r_0R + R^2} = \frac{E_0{}^?}{4r_0 + \dfrac{(r_0-R)^2}{R}}$$

从上式可以看出,当 $R = r_0$ 时,P 的值最大。也就是说,在有源二端网络开路电压和输出电阻给定后,负载 R 获得最大功率的条件是负载电阻等于二端网络输出电阻。

（2）可调电阻器规格的选择

为了精确的找出 R 的最大功率,可调电阻器 R 要选择与 r_0 相近的阻值范围(R 略大于 r_0),这样才能有效的避免测量误差。

我们知道电子线路大都是通过低压直流电源供电的,而且欧洲标准 EN 50088 中规定玩具的最高工作电压不得高于 24V。根据 $P = \dfrac{U^2}{R}$,其中 U 为低电压,所以当 R 为大电阻时,P 必然小于 15W,也就是说大电阻后面的测试点必然是低功率点。因此我们应选用阻值较小、能承受较大电流的 R(如:30Ω、6A)。

通常电池的内阻在几欧姆以内,所以我们在以电源端点作为测试点时,应选用一个阻值小、能承受大电流的可调电阻器 R(如:8Ω、10A)。

由此可见,为准确的找出消耗在 R 上的最大功率值,我们在选择测试用可调电阻时分两种情况:a:以电源端点作为测试点时,可选阻值小、电流大的可调电阻器(如规格为 8Ω、10A);b:其他测试点,可选阻值相对大、电流较大的可调电阻器(如规格为 30Ω、6A)。

3. 功率表接线方法的选择

如图 2-3 所示,测量负载功率所用的直流功率表通常是由电压表和电流表测出负载的电压和电流值,然后通过功率表内部转换($P = UI$)显示出功率值。

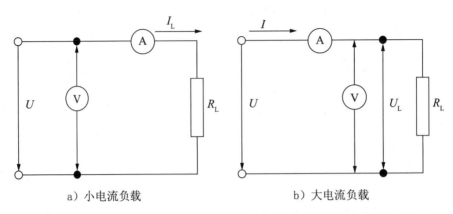

a)小电流负载   b)大电流负载

图 2 - 3　直流负载测量功率的电路

电表在电路中的连接方法有两种,这两种接线方法的测试结果都有一定的误差,这是不可避免的。下面我们讨论一下两种情况对测量结果的影响:

如图 2 - 3a)所示,由于电流表有分压作用,因此电压表的测量值包含有电流表的压降($V_{测量} = V_{电流表} + V_{负载}$),测量的负载电压值偏大,所以这种接线方法适用于流经负载电流较小的情况($R_L \gg R_A$)。如图 2 - 3b)所示,由于电压表有分流作用,因此电流表的测量值包含电压表的所取的电流($I_{测量} = I_{电压表} + I_{负载}$),测量的负载电流值偏大,所以这种接线方法适用于流经负载电流较大的情况($R_L \ll R_V$)。

由此可见,正确选择功率表的接线方法能有效地减少测量误差。

二、温升测试要点

所谓"温升"是指测量所得的温度与外部环境空气温度的差值,即 $\Delta t = t_1 - t_0$,其中,Δt 为温升;t_1 为测量所得的温度;t_0 为外部环境空气温度。标准要求测试玩具可触及表面的温升,其目的是为防止儿童接触到玩具的发热表面导致烫伤以及玩具因设计、结构或材料的缺陷导致温度过高而起燃,造成火灾等危害。

1. 温升测试的要点

在讨论温升测试之前,我们要明确以下几个概念。玩具的温升测试只适用于玩具的可触及表面/部件,对其他不可触及部件不作要求,因此在开始讨论温升测试前,我们首先要明确两个基本概念:可触及部件(accessible part)和可拆卸部件(detachable part)。所谓可触及部件是指能被可触及性探头(标准规定的模拟不同年龄段儿童胳膊和手的一种测试器具)肩轴之前的任何部分接触到的玩具部件或零件。可拆卸部件是指不借助于工具就可移取或打开的部件,用玩具附带的工具能移取或打开的部件,或按使用说明给定的方法即使需要工具才能移取或打开的部件。"正常使用"是指按玩具的操作说明,或按传统或习惯的、明显的玩具玩耍方式进行使用。

如何在玩具正常使用的过程中确定该玩具发热部位的温度是否达到稳定状态,或者说在电池寿命使用期间该发热部位的温度是否达到最大值呢？对于一些相对静态的电池动力玩具，例如只是简单的发光、发声音的玩具，我们很容易就可以模拟其正常使用的情况，然后通过热电偶法测试其发热表面的温度。但是，对于如电动玩具车这样，在正常使用过程中是动态的玩具，只通过在玩具表面粘贴热电偶的方法，我们很难直接对其进行正常使用并监测其最大温升，因为热电偶丝的长度是有限的，在玩具车的正常使用过程中会从玩具表面脱落而导致无法测温。

对于电动玩具而言，工作电流是引起其发热的主要原因，因为温升：

$$\Delta t = P/kS = I^2 R/kS$$

其中，R 为样品电阻；I 为测试电流；S 为样品散热面积；k 为样品散热系数。对此，我们可以通过模拟玩具车的正常使用，并监测记录其工作电流 I 正常，然后通过使用辅助测试器具模拟正常使用，并通过调整车轮与辅助测试器具间的摩擦力使其工作电流与之前测得的 I 正常一致，在玩具车发热表面粘贴热电偶，连续监测其发热表面的温度，直到最大值的出现为止。通过这种方法我们可以准确的测量出这类玩具在"正常使用"时的最大温升。

2. 温升测量方法的选择

测量温度的方法有很多，通常电气标准仅推荐三种：温度计法、电阻法、热电偶法。温度计法指用水银或酒精温度计直接测量，此法主要用于测量环境温度（样品周围的温度）。电阻法主要用于电磁线圈温升的测量。热电偶法可用于测量环境温度，也可用于测量样品各部位的温升。

温度计法较简单直观，只要注意选用精度符合规定（误差小于正负 0.5℃）的温度计和细心读数就可。

电阻法是根据被测电磁线圈的电阻值是随线圈温度的升高而增加的原理提出来的：$\tau = \theta_2 - \theta_1 = (R_2 - R_1)(1/\alpha_0 + \theta_1)/R_1$，其中，$R_1$ 为被测线圈的冷态电阻；R_2 为线圈的热态电阻（温升稳定后的电阻）；θ_1 为被测线圈的冷态温度；θ_2 为被测线圈的热态温度；α_0 为被测线圈电阻的温度系数。

热电偶法是测量玩具表面温升的主要方法。所谓热电偶，就是当两种不同金属导线组成闭合回路时，若在接头处维持一温差，回路就有电流和电动势产生，其中产生的电动势称为温差电动势，上述回路称为热电偶。热电偶法测量温度是根据热电偶的热端和冷端有温差时出现热电动势，且此热电动势随温差的增大而增大的原理来测量热端温度的。

常用热电偶可分为标准热电偶和非标准热电偶两大类。标准热电偶是指国家标准规定了其热电势与温度的关系、允许误差、并有统一的标准分度表的热电偶，它有与其配套的显示仪表可供选用。非标准化热电偶在使用范围或数量级上均不及标准化热电偶，一般也没有统一的分度表，主要用于某些特殊场合的测量。标准化热电偶按 IEC 国际标准生产，并指定 S、B、E、K、R、J、T 七种标准化热电偶为我国统一设计型热电偶。

在实际工作中，通过将热电偶连接到安捷伦的 34970A 数据采集器，该数据采集器有 20 个通道可连接 20 路热电偶通过电脑同时监控 20 个发热点。

第二节　爬电距离和电气间隙的检测方法及其不确定度

一、概述

大量的检验数据表明,20%以上的电玩具存在不同程度的安全隐患,其中,因玩具设计不良或安装不当导致的"爬电距离和电气间隙"不足,轻则可引起玩具表面温度过高,烫伤儿童使用者,严重的甚至会产生电击危险和导致玩具内部电路短路起燃引起火灾,危及使用者的生命健康和财产安全。我国出口玩具因安全质量问题而导致返修和退货的情况时有发生。

国内外电玩具安全标准对玩具中的"爬电距离和电气间隙"都提出了安全要求,但都没有给出具体的检验方法。而该项目的检测涉及多方面的技术内容,难点很多,往往同样的样品也有不同的检测结果,导致判断失误。

国内外现有的电玩具安全标准中,对玩具中"爬电距离和电气间隙"的要求为0.5mm,其精度要求很高,测试难度也很大。目前,对该检测项目没有统一的检测方法标准。根据国内外多次的对比试验和我们平时的实际检测经验,由于没有统一的检验方法,对同一个电玩具,如果由不同的检验人员进行测试,他们所选择的检测部位、测试路径可能都有很大差异,这将导致检测结果大相径庭。针对这些问题,我们将研究以下主要技术内容:研究确定不同污染等级下的沟槽宽度最小值,研究确定各种情况下"爬电距离和电气间隙"的计算规则与测试条件并图示定义计算规则,研究确定不同极性部件间的"爬电距离和电气间隙"的测试路径,确定测试结果。

二、术语和定义

1. 电气间隙

两个导电部件之间或一个导电部件和玩具可触及表面之间的空间最短距离。

2. 爬电距离

两个导电部件之间或一个导电部件与玩具可触及表面之间沿绝缘材料表面的最短距离。

3. 功能绝缘

不出于防触电保护目的,仅为器具的固有功能所需要,而在不同电位的导电部件之间设置的绝缘。

4. 污染

使绝缘的电气强度和表面电阻率下降的外来物质(固体、液体或气体)的任何组合。

5. 污染等级

用数字表征微观环境受预期污染程度。

三、仪器和设备

数字万用表、数显游标卡尺、塞规、刻度放大镜。

四、测量条件与规则

1. 微观环境的污染等级

为了计算爬电距离和电气间隙,微观环境的污染等级规定有以下 3 级:

1)污染等级 1:无污染或仅有干燥的、非导电性的污染,该污染没有任何影响;

2)污染等级 2:一般仅有非导电性污染,然而必须预期到凝露会偶然发生短暂的导电性污染;

3)污染等级 3:有导电性污染或由于预期的凝露使干燥的非导电性污染变为导电性污染。

2. 污染等级规定的最小值 X

3 中示例的沟槽尺寸 X 是根据相应的污染等级规定的最小值,见表 2 - 1。

表 2 - 1 最小沟槽尺寸

污染等级	尺寸 X 的最小值/mm
1	0.25
2	1.0
3	1.5

如果有关的电气间隙小于 3 mm,则尺寸 X 的最小值可减小至该电气间隙的 1/3。

3. 爬电距离和电气间隙的测量条件与规则

测量爬电距离和电气间隙的方法示于以下例 1 ~ 例 11 中,这些距离对气隙和槽之间或在各种绝缘型式之间没有区别。

可作以下假定:

1)任意凹槽被长度等于规定宽度为 X 的绝缘接线在最不利的位置下桥接(见例 3);

2)当横跨槽的顶部的距离为 X 或更大时,沿着槽的轮廓测量爬电距离(见例 2);

3)相对运动的部件处于最不利的位置时,测定它们之间的爬电距离和电气间隙。

例 1

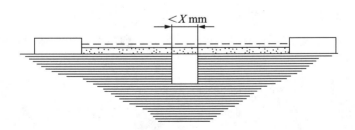

条件:所考虑的路径包括宽度小于 X mm 而深度为任意的平行边或收敛形边的槽。

规则:爬电距离和电气间隙如图所示,直接跨过槽测量。

例2

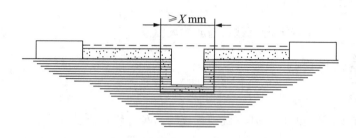

条件:所考虑的路径包括任意深度而宽度等于或大于 X mm 的平行边的槽。

规则:电气间隙是"虚线"距离,爬电路径沿着槽的轮廓。

例3

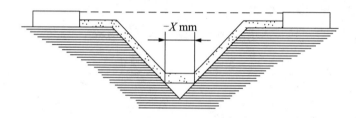

条件:所考虑的路径包括一个宽度大于 X mm 的 V 形槽。

规则:电气间隙是"虚线"的距离,爬电路径沿着槽的轮廓但被 X mm 接线把槽底"短路"。

例4

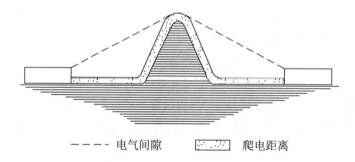

———— 电气间隙   爬电距离

条件:所考虑的路径包括一条筋。

规则:电气间隙是通过筋顶的最短直接空气途径,爬电路径沿着筋的轮廓。

例 5

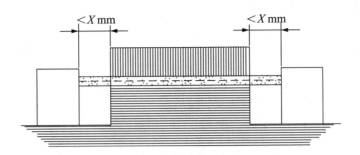

条件:所考虑的路径包括一未黏合的接缝以及每边的宽度小于 X mm 的槽。

规则:爬电距离和电气间隙的路径相同。

例 6

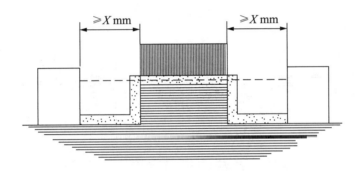

条件:所考虑的路径包括一未黏合的接缝以及每边的宽度等于或大于 X mm 的槽。

规则:电气间隙为"虚线"距离,爬电路径沿着槽的轮廓。

例 7

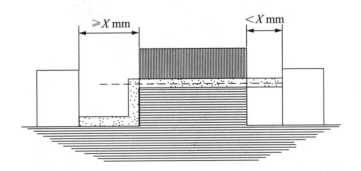

条件:所考虑的路径包括一未黏合的接缝以及一边的宽度小于 X mm,另一边的宽度等于或大于 X mm 的槽。

规则:电气间隙和爬电路径如图所示。

例 8

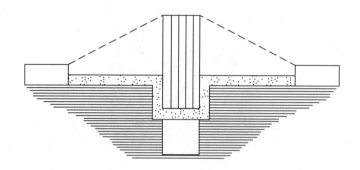

条件:穿过未黏合的接缝的爬电距离小于跨过隔栏的爬电距离。

规则:电气间隙是通过隔栏顶的最短直接空气路径。

例 9

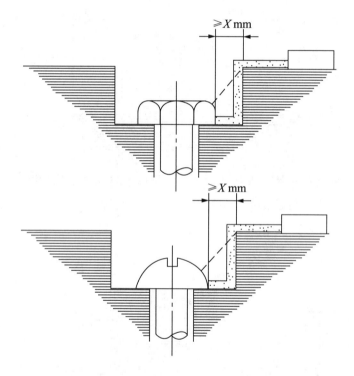

条件:螺钉头与凹壁之间的间隙 ≥ X mm

规则:爬电距离的路径是沿着凹壁进行测量,电气间隙如图"虚线"所示。

例 10

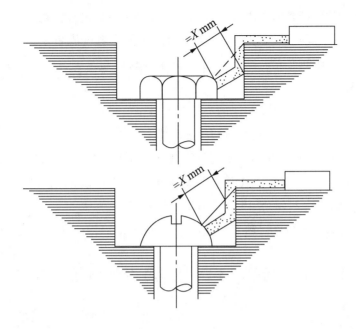

条件:螺钉头和凹壁之间的间隙 < X mm 。

规则:在螺钉头和凹壁之间的距离等于 X mm 的位置,测量从螺钉到凹壁的爬电距离;电气间隙路径如图"虚线"所示。

例 11

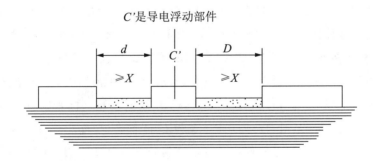

条件:中间是导电浮动部件。

规则:其电气间隙是距离 $d + D$;爬电距离也是 $d + D$。

五、测试程序

1. 测试前的准备

1)阅读电玩具的产品说明书,了解产品的使用方法和安装说明,确定电玩具的工作条件。

2)分析电玩具的电子线路图,确定各部件工作电压及要测量的电器部件。

2. 选择测试点

1）测试点选择的原则是沿着电源输入端向内部电路结构进行检查。

2）通过分析，用塞规找出两导体间爬电距离或电气间隙可能小于1mm的位置，然后用数字万用表检查两导体间有无电压差，确定并记录待测量点。

3. 实施测量

1）确定待测点的污染等级及相应的沟槽宽度最小值 X。

2）参照上述的相关示例，确定测量路径和规则。

3）在数显游标卡尺、塞规和刻度放大镜等测量设备中选取较合适的一种工具，根据上述确定的测量路径和规则，检查测量上述待测点间的爬电距离或电气间隙是否小于标准 GB 19865、IEC 62115 和 EN 62115 第 18 章中所规定的限值。

4）对同一个待测点进行 3 次独立的测试，并记录测量数据。

第三节　玩具 LED 辐射测试的分析与探讨

一、概述

发光二极管（以下简称 LED）是一种固态的半导体器件，它是利用固体半导体芯片作为发光材料，直接把电能转化为光能。LED 的心脏是一个半导体的晶片，晶片的一端在一个支架上是负极，另一端连接电源的正极，整个晶片被环氧树脂封装起来。半导体晶片由两部分组成，一部分是 P 型半导体，在它里面空穴占主导地位，另一端是 N 型半导体，在这边主要是电子。但这两种半导体连接起来的时候，它们之间就形成一个"P-N结"。当电极两端施加正向偏压之后，电子便流入 P 区与空穴复合，当非平衡少数载流子与多数载流子复合时，就会以辐射光子的形式将多余的能量转化为光能。光的波长是由形成 P-N 结材料决定。

随着科学技术的发展，自 1968 年第一只 GaAsP 红色发光二极管问世至今发展了几十年，LED 也得了长足的发展。由于 LED 具有寿命长、体积小、亮度高、节能等特点，使得 LED 备受人们的青睐。如今，LED 已经应用到日常产品的方面，也因为 LED 的这些优点，玩具制造商在玩具中大量使用，如电源指示灯、闪光灯、装饰灯等。但是玩具生产制造商在大量的使用 LED 的同时，很多生产制造商由于对 LED 危害认识不足，在选用 LED 时未严格要求，加之国际上尚未有一个关于玩具 LED 安全性方面的统一标准，而且在 LED 归类时，LED 属于激光器类还是属于非相干光源类这一问题上也存在争议。因此我们必须及时关注 LED 的光辐射安全问题。

1. LED 安全标准的国内外发展现状

（1）国际 LED 光辐射安全标准发展

目前涉及 LED 辐射安全测试标准研究工作的国际机构主要以下几个。

国际防非电离辐射委员会（ICNIRP，即 International Commission on Non-Ionizing Radiation

Protection)声明建议对 LED 的安全评估和测试应该遵循非相干光源的指导方针,尽管该声明不具有法律效力,但是它为开始建立专门的科学适用的 LED 光安全性问题方面的标准提供了一个很好的起点。

国际照明委员会(CIE ,Commission Internationale de L'Eclairage)在 CIE S009/E:2002 (Photobiological sarety of lamps and lamp systems)标准中对 LED 的安全性做出了规定。对 LED 造成皮肤和眼睛的光化学危害、眼睛的近紫外危害、视网膜的蓝光光化学危害、视网膜的无晶状体光化学危害、视网膜的热危害和皮肤热危害等危害的曝光幅度限值做出了规定,这些曝光限值是根据 ICNIRP 的相应指导方针得到的。同时此标准还提供了参考测试条件,并为评估和控制来自非相干的宽波段光源的光辐射所产生的光生物危害提供了一个安全等级分类依据。

国际电工委员会(IEC,InternationalElectro technical Commission)提供制造业标准,出版了专门处理激光产品安全性的 IEC 60825(safety of laser products – Part l: Equipment classifi-cation,requirements and user's guide)系列标准,从 1993 年的版本开始将 LED 产品的光辐射安全要求纳入 IEC 60825 标准中,按激光产品进行评价。但根据 LED 的一般应用场合,可知用于评估激光束的测试条件并不适合于 LED 的评估,所以在 2007 年发布的 IEC 60825 – 1 第二版中,决定 LED 产品不再按激光产品来考虑。在 2008 年 10 月召开的 IEC/TC 76 会议上,正式决定将所有 LED 产品及应用系统的光辐射安全全部纳入非激光类产品标准 IEC 62471 系列范围。欧洲同步执行了 IEC 国际标准。在欧盟 2006 年的决议中,对工作场所的照明提出了强制性的光辐射安全要求。国此,目前欧盟国家对 LED 产品必须进行光辐射安全等级评估。而且对于儿童用产品,必须达到"免除"类要求。

(2)我国 LED 光辐射安全标准发展

我国于 2003 年底制定了"半导体发光二极管测试方法"新标准(Sj2353.3 – 83),内容包括超高亮度及白光 LED 的各种光电参数的定义和测试方法,涉及电学、光学、光度学、色度学、热学等各领域的参数内容,还提出功率 LED 热阻的定义和测试问题。2004 年还根据 CIE 相关标准制定了"灯和灯系统的光生物安全性"标准(GB/T 20145—2006),其中包含了对 LED 的规定。

(3)玩具 LED 光辐射安全标准

尽管 LED 光辐射安全标准在国内外起了很大的变化,但是玩具最新标准 IEC 62115: 2011 中,第 20 章的辐射依然要求 LED 的光辐射应满足 IEC 60825 – 1 的 1 类激光要求。

2. LED 测试研究的重要性

(1)LED 在玩具上使用频繁

LED 具有体积小、寿命长、高亮度、低热量等优点而用在众多玩具设计上。据统计,在市场上 70% 的电玩具使用了 LED。

(2)LED 辐射易对人眼造成永久性伤害

LED 光束能在视网膜上聚焦成一个非常小的光斑,因光能高度集中而导致灼伤,受伤后会出现视力模糊或眼前出现固定黑影,甚至视力丧失。儿童好奇心强,认知能力不足,更易受到光辐射的伤害。因此,国外将激光辐射测试作为监视中国出口玩具质量的主要项目之一。

(3)LED 玩具产品召回情况

因 LED 辐射或激光器超标,我国出口玩具制品被国外频繁召回,处于被动地位,见表2-2。

表2-2　LED 玩具产品召回情况

时间	召回次数	被召回产品	产地
2010 年	44 次	激光笔、激光玩具、激光饰品等	广东、浙江等
2009 年	15 次	激光笔、激光玩具、激光饰品等	广东、浙江等
2008 年	5 次	激光笔、激光玩具、激光饰品等	广东、江苏等

(4)LED 测试关键参数对测试结果影响研究的重要性

激光产品测试复杂性高,如波长测量、光源能量分布、尺寸测量和空间距离测量等都会使激光产品测试的结果数据相差很大。据统计,同一产品在不同检测机构出具的报告中,辐射能量测量值相差平均达到30%以上。笔者曾组织 10 家国内外知名检测机构进行 IEC 60825-1 和 GB 7247.1(《激光产品的安全 第1部分:设备分类、要求》,以下简称标准)的辐射能量比对试验,发现对于同一款玩具产品,数据差异很大,其中波长测量值最大相差4%,辐射能量测量值最大相差170%,而且还有两家检测机构将样品判为"不合格"。经过进一步调研,了解到由于标准对检测的几个关键环节并没有明确统一的规定,各检测机构的检测设备或装置以及检测方法存在很大的差异,因此导致检测结果大相径庭。由此推想,我国的出口 LED 玩具召回事件频发,在很大程度上与此有关。

通过理论分析和实验数据验证,深入研究了影响检测结果的几个关键参数及目前存在的问题,并提出了相应的解决方案,旨在完善玩具 LED 辐射能量的测试方法,推动玩具 LED 光辐射测试方法和系统的统一,以突破国外技术封锁,扭转我国检测机构在玩具光辐射召回问题上的被动地位。

二、光辐射的危害

1. 光与电磁辐射

光是能量的一种形态,这种能量从一个物体传播到另一个物体,在传播过程中无需任何物质作为媒介。这种能量的传递方式被称为辐射,辐射的含义是指能量从能源出发沿着直线向四面八方传播,尽管实际上它并不总是沿直线方向传播的,特别在通过物质时方向会有所改变。现已知道,有些形式的辐射是由粒子组成的,例如由放射性物质引起的辐射。光一度也被认为是电子束,但后来经实践证明,用波动来描述光的特性更为恰当,光线的方向也就是波传播的方向。约 100 年前,人们已证实了光的本质是电磁波。

2. 光化学机制

光化学过程是在光作用下的化学过程,但是它不同于一般的化学反应,因为分子吸收光能后有它自己的特殊的化学和物理性质,并且因为是激发分子的化学反应,所以与光物理过程也很难区分。光化反应实际上包括两个步骤:第一步是光量子的吸收,此过程是在光作用下直接产生的反应,叫作光反应。第二步是化学反应,由于它是光反应的继发反应,所以叫暗反应。

(1)温度与光化反应

研究表明,对于初级光化学反应,不同温度下的反应速率几乎不变。但是对于次级暗反应,温度越高,其反应速率越快。这一特性为人们研究整个光化反应过程提供了便利。我们可以先在低温下积聚初级反应生成物,对初级反应进行研究,之后逐渐提高温度,使次级反应一个接一个的进行。

(2)光化学作用剂量

光化学作用的剂量由曝光时间和有效辐照度决定,与曝光时间和有效辐照度成正比。例如,强光短曝光时间或弱光长曝光时间都能达到同样的光化学危害效果。

3. 光热作用机制

与光化学作用不同,热作用引起的危害由被照射区域的热传递决定,热作用的极限值和曝光时间与有效辐照度没有明显关系。由于周围环境的热传递作用,只有达到一定强度的光辐射才能在短时间内造成热危害。一般情况下,只有当温度达到45℃时才会发生热危害,要在更短的时间内造成热危害就要有更高的温度。热作用的极限值和曝光区域大小和曝光区域周围的环境温度有关,曝光区域越小,热传递引起的冷却效应越明显,需要更强的有效光辐射。

4. 光对人体危害的主要分类

(1)对眼睛的危害

依据光波长的不同,短时间曝光会造成角膜或视网膜(或两者同时)被灼伤。经常遭受超过一定限度能量的曝光,会引起角膜炎或者晶状体混浊(白内障)及视网膜损伤。

(2)对皮肤的危害

高能量光辐射的强曝光可能会造成皮肤灼烧。某些特定波长的紫外光会对皮肤产生致癌作用。

(3)化学危害

用于激光器(如准分子、燃料和化学激光器)的一些材料可能是有害的,或者含有毒性物质。此外,激光诱导的反应也可能释放出有害的固体或气体。

(4)电危害

在所有激光器,尤其是大功率激光系统中,都可能存在致命的触电危害。

(5)其他的次要危害

1)低温冷却剂的危害;

2)高能激光器的噪音;

3)高压(>15kV)电源故障产生的 X 射线;

4)光泵和照明器的爆炸；

5)失火。

5. 光辐射对生物组织的影响

（1）光辐射对生物体造成的损伤

高强度的光辐射，使得过多的能量传导到生物组织中。各种高强度光辐射对生物器官的损伤主要是由于该器官对辐照的吸收所致。吸收发生在原子与分子水平上，是一种波长特有的过程。因此，波长决定了光辐射引起哪种组织的损伤。

图2－4为眼的外部结构图。眼睛分为两部分，前部以角膜、虹膜、晶状体为界的前房；后部以视网膜为界和含有凝胶状玻璃体的眼杯。黄斑是视网膜表面的一个区域，用于分辨物体的细节，中央凹是黄斑的中心，是视网膜最重要的部分。中央凹的色素对400nm～500nm的光吸收力最强。

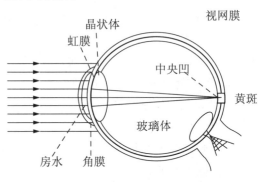

图2－4 眼睛的结构

光辐照引起的损伤机理主要包括热反应、热声瞬变和光化学相互作用的过程和非线性效应。

多数光损伤是由于部位的组织受热而致。这种热损伤通常是组织细胞的损伤，主要是由于烧伤导致蛋白质变性。

生物组织受热和冷却两个时段都会发生热化学反应，引起热损伤。

光化学效应：中等剂量的紫外辐射和短波长光长时间照射，可引起某些生物组织，如皮肤、眼的晶状体，尤其是视网膜的不可逆改变，导致器官的损伤。

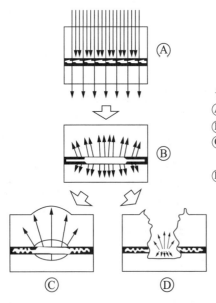

说明：
Ⓐ生物组织吸收激光能量。
Ⓑ吸收能量传导到周围的组织上使其受热。
Ⓒ长脉冲或连续激光所导致的热界面的扩大使损伤区域逐渐扩大。
Ⓓ短脉冲高峰值功率激光导致细胞崩解、组织爆裂对生物组织造成损伤。

图2－5 激光辐射对生物组织损伤的示意图

非线性效应:光的能量若在极短的时间内释放到生物靶标上,受照射部位将产生很高的辐照度导致温度升高,致使组织细胞由液态变为汽态。由此产生的压力瞬变,多数情况下可使细胞组织爆裂甚至细胞崩解。

(2)激光对眼的伤害

图2-4中人眼的构成表明,人眼特别适合于接收和传导光辐射。因过量照射引起的有关病理学改变概括于表2-3中,热相互作用机理显示于图2-5中。紫外和远红外光辐射致使角膜损伤,可见光与近红外辐射将被透射到视网膜上引起损伤。

表2-3 过量光照的病理效应一览表

CIE 光谱范围	眼 睛	皮 肤
紫外辐射 C(180nm~280nm)	光致角膜炎	红斑(阳光灼伤) 加速皮肤的老化过程 色素沉着
紫外辐射 B(280nm~315nm)		
紫外辐射 A(315nm~400nm)	光化学白内障	色素加深 光敏感作用 皮肤灼伤
可见光(400nm~780nm)	光化学和热效应所致的 视网膜损伤	
红外辐射 A(780nm~1400nm)	白内障、视网膜灼伤	皮肤灼伤
红外辐射 B(1.4μm~3.0μm)	白内障、水分蒸发、角膜灼伤	
红外辐射 C(3.0μm~1mm)	仅为角膜灼伤	

(3)光辐射对皮肤的危害

1)皮肤晒黑

一般分为即时晒黑和耐久性晒黑两种。即时晒黑,是最初在太阳或其他人工光源下晒几分钟完成的。停晒之后颜色就开始减褪,几小时之后就褪清了。即时晒黑是由于在表皮中存在着一种少量的物质的光化学氧化所致,这种氧化作用的生产物是黑色素。即时晒黑对于具有深色皮肤的人来说,要比浅色皮肤的人更为显著。紫外和可见辐射对此都有效。起作用的光谱波段在320nm~600nm范围内。即时晒黑是一种可逆的反应,因此它不会导致长期的晒黑。耐久晒黑,它是光辐射引起的光化学反应,它们并不即刻产生可以觉察得出的结果。这些反应主要发生在活的表皮细胞里,但部分地在角质层中也有所发生,由此而生成的化合物扩散到基细胞和真皮中去,接下来(几小时之后)引发了各种变化:

①真皮里血管的扩张,表现为皮肤发红。

②大剂量照射时,神经也会受到影响。

③大约与血管恢复它本来粗细的同时,在表皮中也发生新的变化,它们是:已经在表皮的最底层浓集成为颗粒状的称为黑色素体的黑色素开始向皮肤表面迁移。同时,有更多的黑色素开始以很快的速率生成。这两个过程的结果导致皮肤的耐久不退的晒黑,如在夏天经常去游泳的人的晒黑。

可见,耐久性的皮肤晒黑往往代表着皮肤中细胞的受损,所以皮肤晒黑本身并不一定是健康的。人们把晒黑误认为健康往往是由于与晒黑有关的生活方式(如户外运动)被认为是健康的。导致皮肤发红和发痛的最有效的波段是320nm以下的紫外辐射。

2)灼伤

紫外辐射会引发皮肤红斑现象,红斑在几天后逐渐褪去,代之而来的是皮肤变深。剧烈的皮肤灼伤非常疼痛并能引发水肿、水疱、脱皮,伴随有发烧、寒颤、恶心等症状。

3)皮肤老化

研究表明,长期的光辐射能加速皮肤老化,呈现干燥、粗糙、皮革状和皱纹累累的外观。

4)皮肤癌

长期接受紫外辐射导致的最严重结果是引发皮肤癌。皮肤是一个非常重要的免疫器官,强紫外线照射能抑制某些免疫反应的产生,造成免疫功能系统的失衡。长期大量的紫外辐射对皮肤有直接的破坏作用,会诱发基底细胞癌、鳞状细胞癌及黑色素瘤。

三、LED 的原理与结构

1. LED 基本原理

LED 是一种直接注入电流的发光器件,是半导体晶体内部受激电子从高能级回到低能级时,发射出光子的结果,即自发发射跃迁。当 LED 的 PN 结加上正向偏压,注入的少数载流子和多数载流子(电子和空穴)复合而发光,如图 2-6 所示。在某些半导体材料的 PN 结中,注入的少数载流子与多数载流子

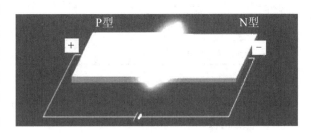

图 2-6 LED 发光原理

复合时会把多余的能量以光的形式释放出来,从而把电能直接转换为光能。PN 结加反向电压,少数载流子难以注入,故不发光。这种利用注入式电致发光原理制作的二级管叫发光二级管,简称 LED。LED 的发光颜色和发光效率与制作 LED 的材料和工艺有关,目前广泛使用的有红、绿、蓝三种。LED 工作电压低(仅 1.5V~3V),能主动发光且有一定亮度,亮度能用电压(或电流)调节。

2. LED 结构

玩具中使用 LED 结构如图 2-7 所示,主要由支架、银胶、晶片、金线、环氧树脂 5 种物料所组成。支架由支架素材经过电镀而形成,由里到外是素材、铜、镍、铜、银这 5 层所组成,用于导电和支撑,其分类有聚光型带杯的支架,大角度散光型的平头支架。

1)2002 杯/平头:此种支架一般做对角度、亮度要求不是很高的材料,其 Pin 长比其他支架要短 10mm 左右。Pin 间距为 2.28mm。

2)2003 杯/平头:一般用来做 φ5 以上的 Lamp,外露 Pin 长为 +29mm、-27mm。Pin 间距为 2.54mm。

3) 2004 杯/平头:用来做 φ3 左右的 Lamp,Pin 长及间距同 2003 支架。

4) 2004LD/DD:用来做蓝、白、纯绿、紫色的 Lamp,可焊双线,杯较深。

5) 2006:两极均为平头型,用来做闪烁 Lamp,固 IC,焊多条线。

6) 2009:用来做双色的 Lamp,杯内可固两颗晶片,三支 Pin 脚控制极性。

7) 2009 - 8/3009:用来做三色的 Lamp,杯内可固三颗晶片,四支 Pin 脚。

银胶的主要成份是银粉占 75% ~ 80%、EPOXY(环氧树脂)占 10% ~ 15%、添加剂占 5% ~ 10%,有固定晶片和导电的作用。

晶片是采用磷化镓(GaP)、镓铝砷(GaAlAs)或砷化镓(GaAs)、氮化镓(GaN)等材料组成,是 LED 的主要组成物料,是发光的半导体材料。

晶片的发光颜色取决于波长,常见可见光的分类大致为:暗红色(700nm)、深红色(640 ~ 660nm)、红色(615 ~ 635nm)、琥珀色

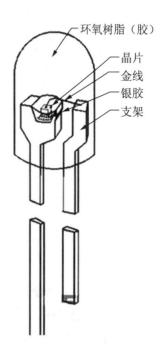

图 2 - 7 LED 结构图

(600 ~ 610nm)、黄色(580 ~ 595nm)、黄绿色(565 ~ 575nm)、纯绿色(500 ~ 540nm)、蓝色(450 ~ 480nm)、紫色(380 ~ 430nm)。

金线的纯度为 99.99%;延伸率为 2% ~ 6%,金线的尺寸有:0.9mil、1.0mil、1.1mil,用于连接晶片 PAD(焊垫)与支架,并使支架和晶片能够导通。

环氧树脂是用于保护 LED 的内部结构,可稍微改变 LED 的发光颜色、亮度及角度,使 LED 成形。

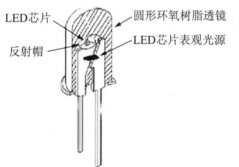

图 2 - 8 LED 结构虚像图

由于有环氧树脂和杯的存在,使到芯片发射的光束经杯的反射和环氧树脂的折射形成发散光束光源,人眼看到的发光二极管的表观光源是虚发光体。如图 2 - 8 所示。

四、LED 光辐射测试原理

1. LED 光辐射测试方法

标准规定,发光二极管辐射测试的主要步骤为:1)用成像装置测量发光二极管表观光源的尺寸;2)计算表观光源的对向角 α;3)根据对向角调节表观光源和 7mm 孔径光阑之间的距离 r;4)用光功率计测量通过 7mm 孔径光阑的辐射。测试系统示意图如图 2 - 9 所示。

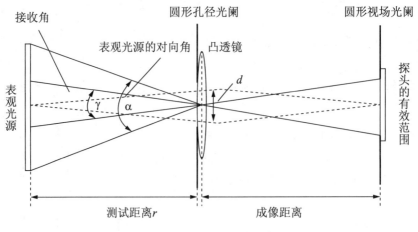

图 2-9　LED 测试系统示意图

2. LED 光辐射测试主要参数

（1）表观光源尺寸

当光源发射平行光束时，直接测量光束照射在探测器上的光斑尺寸，即得到表观光源尺寸。当光源发射高度发散光束时，通过光学系统成像测量表观光源在探测器上的光斑尺寸，再根据光学系统的放大倍率，计算得出表观光源尺寸。

（2）对向角

表观光源对向角是一个计算值，对向角 α 大小由表观光源的大小决定。对向角的大小在整个测试的环节中，仅充当过渡值。

（3）测量距离 r

在测试方法中，测量距离也是一个计算值，但是测量距离不同于对向角，它在计算得出后，需要测试人员准确调节。

（4）波长 λ

在测试过程中，波长大小也是一个测量值。在标准中要求玩具中使用的 LED 为 1 类，因此在判定所使用的 LED 是否适合时，必须把 LED 的辐射能量与 1 类激光的可达发射极限（AEL）作对比。在标准中，AEL 的大小与光的波长大小有关，同时光功率计对波长敏感。

（5）光功率大小

整个测试过程测试的最后需求值是光功率，直接使用光功率计测量。

从上述测试方法可以看出，发光二极管表观光源尺寸、波长和光功率对检测结果至关重要。

五、测试中的关键参数对检测结果的影响

1. 表观光源尺寸

表观光源尺寸决定了对向角和测试距离的大小，在测试中是至关重要的参数之一，主要是通过测量成像后的光斑尺寸得到。目前比较常见的测量方法有以下 3 种：

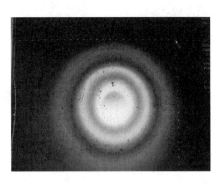

图 2－10 能量为高斯分布的光斑

1）对于能量是高斯分布的光斑,测试时,测试光斑能量的 63% 处作为光斑的直径,测试光源大小;

2）光斑呈现清晰管芯形状,以光斑中的管芯大小作为光斑直径;

3）光斑呈现清晰管芯形状,以光斑外径作为光斑直径。

（1）光斑能量高斯分布

能量按高斯分布的光斑如图 2－10 所示,其光斑直径是测量光斑能量的 63% 处确定的。

表 2－4 是一组白光 LED 玩具的光斑大小的测试数据。

表 2－4 白光 LED 的光斑测试数据

测试次数 i	1	2	3	4	5
光斑直径 x（mm）	2.474	2.483	2.491	2.50	2.510

光斑直径的算术平均值为:

$$\bar{x} = \frac{1}{5}\sum_{i=1}^{5} x_i = (2.474 + 2.483 + 2.491 + 2.50 + 2.51)/5 = 2.492 \text{ mm}$$

实验标准偏差为:

$$s = \sqrt{\frac{\sum_{i=1}^{5} v_i^2}{5-1}} = \sqrt{\frac{0.000794}{4}} = 0.014 \text{ mm} \cdots\cdots\cdots\cdots (2-1)$$

由式（2－1）看出,这种方法的测试数据的一致性和重现性较好。

（2）光斑呈现清晰管芯形状

光斑呈现清晰管芯形状,如图 2－11 所示。图中,圆形光斑中间正方形的为该 LED 的管芯。不同检测机构在测试时,有的选择测量该正方形管芯的直径,而有的则选择光斑外径作为表观光源尺寸。

使用上述两种测试方法,测试两个不同样品的表观光源尺寸,进而测量其光辐射功率,得出一组管芯内径和外径光斑大小的测试数据比较,见表 2－5。

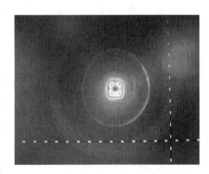

图 2－11 管芯清晰可见的光斑

表 2-5　玩具飞机 LED 大(红)光斑大小内径测试数据

测试次数 i	1	2	3	4	5
管芯尺寸 X(mm)	1.147	1.253	1.222	1.173	1.106
功率 W_x(μW)	222.5	222.7	222.7	224.8	224.5
光斑外径 Y(mm)	3.290	3.138	3.048	2.983	3.039
功率 W_y(μW)	54.92	56.18	57.60	60.08	59.10

光斑直径的算术平均值如下：

$$\bar{x} = \frac{1}{5}\sum_{i=1}^{5} x_i = (1.147 + 1.253 + 1.222 + 1.173 + 1.106)/5 = 1.18 \quad\cdots\cdots\cdots (2-2)$$

$$\bar{y} = \frac{1}{5}\sum_{i=1}^{5} y_i = (3.290 + 3.138 + 3.048 + 2.983 + 3.039)/5 = 3.1 \quad\cdots\cdots\cdots (2-3)$$

实验标准偏差分别为：

$$s_x = \sqrt{\frac{\sum_{i=1}^{5} x_i^2}{5-1}} = \sqrt{\frac{0.013707}{4}} = 0.058\text{mm} \quad\cdots\cdots\cdots\cdots (2-4)$$

$$s_y = \sqrt{\frac{\sum_{i=1}^{5} y_i^2}{5-1}} = \sqrt{\frac{0.021919}{4}} = 0.074\text{mm} \quad\quad\quad (2-5)$$

从式(2-2)及式(2-3)看出,当 LED 光源的光斑为明显管芯状时,不同测试方法得到的光斑尺寸相差很大;而式(2-4)及式(2-5)表明,即使是相同的测试方法,同一组数据间的测量值偏差也比较大。

进而对比光源内径和光源外径测试的功率进行分析,可以看到内径测试对应的功率远远大于外径测试对应的功率,相差有四倍之多:由数据得出内径测试方法测出的光源大小平均值为 0.584mm,对应的功率平均为 223.44μW;外径测试方法测出的光源大小平均值为 3.889,对应的平均功率为 57.56μW。可见,LED 光源尺寸测试方法不同,以光斑中的管芯内径和外径大小来计算出光源大小,两者得出的数据相差很大。

根据标准中对"最不利情况"的规定,结合 LED 玩具的实际使用情况和它可能产生的危害,笔者认为对于光斑呈现清晰管芯形状的 LED,应选取光斑中的管芯内径作为光斑直径来确定表观光源尺寸。而对于能量呈高斯分布的光斑,则不存在测试方法方面的歧义。

2. 测试距离对 LED 辐射功率能量的影响

表 2-6~表 2-9 显示了 4 组样品在不同测试距离下,LED 辐射功率的测试结果。

测试中,用稳压电源对玩具 LED 进行最大工作电压的持续稳定供电,测试距离按一定的步长逐渐减少,记录读取的光功率数据。

表 2-6　蓝光 LED 测试距离/辐射功率能量测试数据

功率	序号									
	1	2	3	4	5	6	7	8	9	10
测试距离/mm	60.6	59.6	58.6	57.6	56.6	55.6	54.6	53.6	52.6	51.6
功率能量/mW	1.37	1.41	1.48	1.54	1.60	1.63	1.71	1.73	1.80	1.86

表 2-7　红光 LED 测试距离/辐射功率能量测试数据

功率	序号								
	1	2	3	4	5	6	7	8	9
测试距离/mm	64	59	54	49	44	39	34	29	24
功率能量/μW	53.7	62.1	70.1	83.0	97.8	120.2	150.8	183.1	228.3

表 2-8　绿光 LED 测试距离/辐射功率能量测试数据

功率	序号						
	1	2	3	4	5	6	7
测试距离/mm	52	48	44	40	36	32	28
功率能量/μW	0.504	0.545	0.637	0.712	0.770	0.900	1.050

表 2-9　白光 LED 测试距离/辐射功率能量测试数据

功率	序号									
	1	2	3	4	5	6	7	8	9	10
测试距离/mm	65	62	59	56	53	50	47	44	41	38
功率能量/mW	0.123	0.137	0.150	0.163	0.182	0.203	0.225	0.262	0.289	0.360

实验数据表明,随着 LED 测试距离的逐渐减小,LED 辐射功率能量呈现上升趋势,LED 测试距离对激光产品测试结果数据影响也较大。所以对激光产品测试中,准确的确定测试距离才能得到相对真实的测量结果。

而在前文介绍过,测试距离也是根据表观光源尺寸推算出来的,由此更进一步看出,光源尺寸测试方法不同,对 LED 激光辐射能量大小结果的影响很大。所以在做 LED 相关测试时,必须选用统一的测试方法才能保证检测数据的一致性和复现性。

3. 样品的供电电源电压变化对 LED 波长和辐射能量的影响

众所周知,依靠电池供电的玩具产品,其工作电压会随着电池的使用而出现下降。以下将通过几组实验数据表明工作电压对 LED 的波长和辐射能量的影响。

在实验中,我们使用直流稳压电源对玩具进行供电,调整供电电压,记录 LED 工作电压、LED 波长以及辐射能量功率的变化。该测试样品带有一枚绿光 LED。

按照玩具说明书,装入 3 节 LR6 新电池,让玩具正常运行,测得玩具电源两端工作电压在 4.75V 左右。测试中,用稳压电源对玩具进行供电,从 4.8V 开始,步长为 0.2V,逐渐减少电源输入电压,直至减少到 3V,记录测试数据,测试数据如表 2－10 所示。通过分析数据,研究电源输入电压不同对 LED 工作电压、波长和光功率的影响。

表 2－10　绿光 LED 玩具测试数据

电压	序号									
	1	2	3	4	5	6	7	8	9	10
电源输入电压/V	4.80	4.60	4.40	4.20	4.00	3.80	3.60	3.40	3.20	3.00
LED 工作电压/V	3.46	3.32	3.21	3.11	2.94	2.86	2.67	2.58	2.72	2.53
波长/nm	517.1	517.1	517.1	517.1	518.2	520.0	521.7	522.3	524.6	525.7
功率/mW	0.54	0.53	0.52	0.52	0.51	0.50	0.49	0.49	0.48	0.47

用同样的测试方法,对其余两组样品进行试验,该两组样品分别带有红光和蓝光 LED。测试数据如表 2－11 和表 2－12 所示。

表 2－11　红光 LED 玩具测试数据

波长	序号									
	1	2	3	4	5	6	7	8	9	10
电源输入电压/V	4.80	4.60	4.40	4.20	4.00	3.80	3.60	3.40	3.20	3.00
电压/V	2.300	2.188	1.981	1.875	1.769	1.692	1.562	1.425	1.352	1.244
波长/nm	631.4	631.4	631.4	631.4	632.0	632.0	633.6	635.2	638.5	639.5
功率/μW	216.2	205.6	192.8	175.8	153.2	126.0	100.8	76.6	55.2	37.1

表 2　12　蓝光 LED 玩具测试数据

波长	序号									
	1	2	3	4	5	6	7	8	9	10
电源输入电压/V	4.80	4.60	4.40	4.20	4.00	3.80	3.60	3.40	3.20	3.00
电压/V	3.394	3.225	3.156	3.035	2.925	2.806	2.688	2.475	2.266	2.253
波长/nm	463.1	463.1	463.2	463.6	463.6	464.2	464.8	464.9	466.7	467.2
功率/mW	1.63	1.62	1.60	1.59	1.58	1.56	1.55	1.53	1.52	1.51

上述 3 组数据表明,随着 LED 两端输入电压的逐渐增加,会对 LED 辐射波长产生微弱影响,不同颜色的 LED 产生的影响结果可能不同,偏离工作电压范围较小时波长变化趋于稳定态,所以不同的 LED 电压输入可能会对激光产品测试结果数据产生一定影响。就 LED 辐射功率而言,随着 LED 输入电压的逐渐降低,LED 辐射功率也呈现下降趋势。可见 LED

输入电压不同,同一款激光产品测试结果数据也会大相径庭。从理论分析来看,根据公式 $E = hv = hc/\lambda$,其中,E 为能量;h 为普朗克常数;v 为频率;c 为光速;λ 为波长,激光能量与波长成反比。上述几组试验数据与这一公式是基本吻合的。

由此可见,激光玩具的供电电压对其辐射能量的测试数据有着至关重要的影响。要想实现测试数据的良好复现性,必须对检测中激光玩具的工作电压进行明确的规定,以保证各检测机构之间测试方法的一致性。

标准规定样品应在"可达发射水平达到最大的情况下和过程中"进行试验。根据这一测试宗旨,笔者认为,在测试中不应直接使用电池作为激光玩具的供电电源,而是应按玩具实际应用情况,通过性能良好的全新电池确定 LED 的供电电压,再用稳压电源为玩具供电进行激光能量的测试,以保证在整个测试过程中,激光的辐射能量保持在最大发射水平。

4. 玩具 LED 光辐射测试关键参数对测试结果的影响

通过大量的实验数据表明,玩具 LED 光辐射测量中,表观光源尺寸和 LED 供电电压对测试数据的影响至关重要。而由于标准中对测试方法的规定并不明确,如光斑尺寸如何确定、LED 供电电压如何选择等,造成各检测机构在执行标准的过程中存在差异,不但影响的检测结果的准确性,也为 LED 玩具的生产企业带来了困扰和损失。在仔细研读标准的基础上,提出了应从"可达发射水平达到最大"的角度出发,在确定和选择测量参数时,尽可能考虑最不利情况,即在计算表观光源尺寸时,以光斑中管芯直径作为计算依据;在确定 LED 供电电压时,以其最大工作电压作为其持续供电,直至整个检测过程结束。

六、发光二极管辐射快速测试装置的研制

1. 概述

IEC 62115 等安全标准规定机电产品中发光二极管应符合 IEC 60825 - 1 的 1 类激光器的要求,即需要测量发光二极管的辐射并判断辐射值是否超过 1 类激光器的辐射限值。根据多年的检测经验,影响辐射值准确性的一个重要因素就是表观光源尺寸的测量误差。

发光二极管结构如图 2 - 8 所示,芯片发射的光束经反射帽反射和封装材料折射形成发散光束光源,人眼看到的发光二极管的表观光源是发光芯片的一个虚发光体。

测量发光二极管的辐射需先测量发光二极管表观光源的尺寸。由于 IEC 62115 及相关安全标准都没有测试装置的规范,目前国内外测量发光二极管表观光源尺寸普遍采用单透镜成像的方式。受单透镜成像的色差局限性的影响,该方式会引起较大的测量误差,详见表 2 - 13。另外,现有辐射测量装置普遍采用单导轨的结构,存在测试步骤复杂,测试效率低下的问题。针对辐射测试中现有的问题,本装置是一种准确、快速测量机电产品中发光二极管辐射的装置,该装置具有消色差成像和转盘结构的特点。

表 2 – 13　单透镜成像装置计量参数

光源波长/nm	放大倍率
909.1	1.08
810.4	1.07
689.3	1.05
551.3	1.03

2. 发光二极管辐射测试步骤

机电产品中发光二极管辐射测试的主要步骤:1)用成像装置测量发光二极管表观光源的尺寸;2)计算表观光源的对向角;3)根据对向角调节表观光源和7mm孔径光阑之间的距离;4)用光功率计测量通过7mm孔径光阑的辐射。

3. 测试装置的设计

(1)总体结构

辐射测试装置主要由样品平台、移动定位装置、转盘结构、成像装置和光功率计组成。

测试装置的使用方法:调节转盘使成像装置处于顶部位置,样品固定在样品平台上,通过成像装置测量表观光源成像的尺寸并计算表观光源对向角。调节转盘使光功率计探头处于顶部位置,根据表观光源对向角等参数调节表观光源和7mm孔径光阑之间的距离,测量发光二极管的辐射。

(2)移动定位装置

移动定位装置由底座、X轴丝杆、Y轴滑轨、Y轴锁定螺拴、Z轴丝杆、游标卡尺组成。Y轴滑轨为燕尾式滑轨;X轴丝杆穿过Y轴滑轨的连接块并和Y轴滑轨垂直;Y轴滑轨的滑块上装有支架结构,样品平台通过Z轴丝杆和定位滑轨和支架结构连接;游标卡尺固定在Y轴滑轨的连接块上。摇动底座端部的手柄可改变样品平沿X轴的位置,转动Z轴旋钮可改变样品平台沿Z轴的位置,移动Y轴滑轨的滑块可改变样品平台沿Y轴的位置,游标卡尺测量样品平台和转盘结构X轴方向的相对距离。定位装置能够控制样品平台X、Y和Z轴三自由度移动定位,具有定位快速和准确的优点。

(3)转盘结构

转盘结构由转盘、光功率计探头、7mm孔径光阑、成像装置和锁定结构组成,如图2－12所示。转盘和底座支架连接,转盘可沿中心轴转动。成像装置和光功率计探头固定在转盘上,转动锁定转盘可切换成像装置和光功率计探头的位置,分别测量表观光源尺寸和光源辐射。转盘结构采用成像装置和功率探头一体化的设计,通过转盘位置的改变实现表观光源尺寸测量和辐射功率测量功能的切换,具有结构紧凑和测量快速准确的特点。

(4)成像装置

成像装置由光学镜头、光束衰减器、激光光束分析仪和测试电脑组成,如图2－13所示,用于测量表观光源的成像尺寸。

光学镜头由多片透镜组合而成,透镜组采用了消除色差的设计,极大的降低了色差对表观光源成像尺寸测量的影响。锁定光学镜头的调焦环,镜头的透镜组和激光光束分析仪的相对位置固定,使成像装置对特定波长的光源的放大倍率固定。成像装置的放大倍率随波长的变化以及与单透镜成像装置的数据对比,如表 2 – 14 所示。

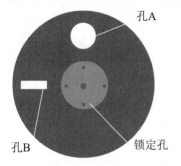

图 2 – 12 圆形转盘

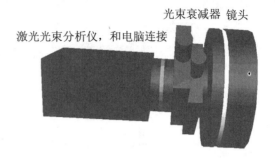

图 2 – 13 成像装置

表 2 – 14 成像装置计量参数

光源波长/nm	放大倍率	
	单透镜	装置
909.1	1.08	1.24
810.4	1.07	1.24
689.3	1.05	1.23
551.3	1.03	1.22

4. 表观光源成像测量

(1)传统的成像装置——单透镜成像

发光二极管样品架、单透镜和激光光束分析仪依次分别安放在导轨上,样品架固定在单透镜距离两倍焦距处,调节激光光束分析使光源清晰成像,测量发光二极管成像尺寸,认为所测量的成像尺寸等于表观光源的尺寸。

(2)研制的成像装置——透镜组成像

发光二极管固定在样品架上,调节发光二极管和成像装置之间的距离使光源清晰成像,测量发光二极管成像尺寸,根据成像装置的放大倍率计算得到表观光源的尺寸。

(3)测量结果的比较

制作标准光源:在金属薄片上开一个直径 3mm 的圆孔,圆孔覆盖半透膜,用不同波长的发光二极管照射上述圆孔,该直径 3mm 的圆孔作为测试用光源。

使用(1)和(2)的两种装置测量光源的尺寸,表观光源尺寸的测量结果如表 2 – 15 所示。采用单透镜的方式,色差因素引起的测量结果误差约为 6%。采用成像装置,该误差小于4‰,有效地消除了色差引起的测量误差。

表 2 - 15　表观光源的成像尺寸

波长/nm	表观光源成像尺寸/mm	
	单透镜	装置
430	3.087	3.008
563	3.094	3.012
521	3.153	3.010
555	3.181	3.013
595	3.242	3.011
636	3.275	3.009
887	3.298	3.008

　　发光二极管辐射测试的成像装置采用消色差设计,在表观光源尺寸测量中,有效消除了色差引起的测量误差。测试装置采用转盘结构设计,将表观光源尺寸测量步骤和辐射功率测量步骤结合到一起,具有测试快速、准确的优点。本测试装置已经在实际工作中得到应用,应用情况良好。

七、测试及应用

1. 测试系统应用范围

　　测试系统适用于电玩具中波长范围为波长范围400nm～1400nm激光器和发光二极管辐射测试。

2. 样品测试

(1)测试系统Ⅰ的使用

　　测试样品为 φ3mm 发光二极管,玩具以额定电压供电时,发光二极管连续发光,两端工作电压 1.9V,波长 637nm。

图 2 - 14　系统光斑测试部分

按图 2-14 配置好光斑测试部分,开启计算机软件,调节 LED 透镜光学照相机,使三者的光轴重合,调节三者间相互的距离,使 LED 在光学照相机上成像。使用计算机软件测量表观光源成像尺寸,图 2-15 为 LED 在光学照相机上的像,该像为矩形。测量矩形的边长分别为 0.19mm 和 0.18mm 根据透镜成像原理,结合测量表观光源到透镜的距离 63.48mm 和透镜到光学照相机的距离 31.09mm 得表观光源的边长分别为 0.38mm 和 0.37mm。

表观光源的对向角 α 按下式计算:

$$\alpha = 1000\arctan\left(\frac{0.39}{200}\right) + 1000\arctan\left(\frac{0.37}{200}\right) = 3.8\,\text{mrad}$$

表观光源和 7mm 孔径光阑之间的测试距离 R 根据对向角 α 计算:

$$R = 100\sqrt{\frac{3.8 + 0.46}{100}} = 20.64\,\text{mm}$$

表观光源成像尺寸测量完成后,把成像装置支架从导轨上取出并换上光功率计探头支架,在透镜支架上插入 7mm 孔径光阑(如图 2-16 所示),调节表观光源到孔径光阑的距离,使其距离为 20.64mm。

用光功率计测量通过 7mm 孔径光阑的辐射 $P = 35.6\mu\text{W}$。

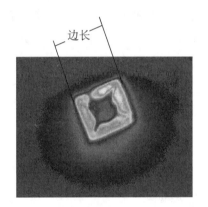

图 2-15 发光二极管光斑

图 2-16 系统光功率测试部分

(2)测试系统 II 的使用

测试样品为 ϕ3mm 发光二极管,玩具以额定电压供电时,发光二极管连续发光,两端工作电压 1.9V,波长 637nm。

成像装置测量表观光源成像尺寸,见图 2-17,表观光源的成像为矩形,矩形的边长分别为 0.32mm 和 0.30mm,成像装置的放大倍数为 0.81,计算得到表观光源的边长为 0.39mm 和 0.37mm。

表观光源的对向角 α 按下式计算:

$$\alpha = 1000\arctan\left(\frac{0.39}{200}\right) + 1000\arctan\left(\frac{0.37}{200}\right) = 3.8\,\text{mrad}$$

表观光源和 7mm 孔径光阑之间的测试距离 R 根据对向角 α 计算:

$$R = 100\sqrt{\frac{3.8 + 0.46}{100}} = 20.64\,\text{mm}$$

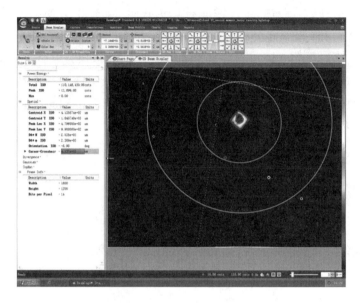

图 2－17　表观光源的像

表观光源成像尺寸测量完成后，转动转盘使光功率计探头和 7mm 孔径光阑处于顶部工作位置，转动 X 轴丝杆移动样品平台 25.36mm，此时表观光源和 7mm 孔径光阑之间的距离为 20.64mm。

用光功率计测量通过 7mm 孔径光阑的辐射 $P = 36.1\mu W$。

（3）测试结果比对

为了验证测试系统的有效性，项目工作组组织了一次小型的比对试验，组织国内几家检测机构对同一批样品进行测试。

1）测试数据汇总

表 2－16 是国内 5 家测试机构对同一个样品测试的数据。

表 2－16　比对测试数据

实验室	1		2	3	4	5
波长（nm）	637	637	633	639	644	634
对象角（mrad）	3.8	3.8	—	4.3	4.0	3.7
测试距离（mm）	20.6	20.6	23.6	21.8	21.1	20.4
辐射功率（μW）	35.6	36.1	37.6	38.8	36.8	35.6
满足 I 类要求	是	是	是	是	是	是

2）结果分析

结果采用 CNAS－GL 02：2006《能力验证结果的统计处理和能力评价指南》分析，分析结果如表 2－17。

表 2-17　比对测试结果分析

结果数	中位值	标准 IQR	稳健 CV	最大值	最小值	极差
6	36.45	1.241678	0.034065	38.8	35.6	3.2

计算项目工作组两套测试系统的 $|Z|$ 值，$|Z|$ 值分别为 0.7、0.3。表明两套玩具 LED 辐射测试系统所测结果均为满意结果。

3. 小结

使用两套系统对同一批样品进行测试，并把结果与同内的几家检测机构的结果进行了比对，结果表明，采用了本系统测试的数据效果达到要求。

第四节　对测试标准中"最不利情况"的探讨

一、概述

电玩具的安全标准是我们判定该产品能否安全使用或者说是否合格的一项主要依据。一种产品，例如玩具，可以有很多不同的类型，如：含电机的电驱动玩具、毛绒玩具、塑胶玩具等，它们从外形到功能都可能有很大的差异，而判定其是否合格的安全标准可能都是同一个。产品安全标准一般只对产品的安全程度提出要求而不对产品的具体形状、特性或生产工艺做详细要求，这既能保证它的普遍适用性，也可以避免阻碍生产技术的发展。

二、最不利情况的概念

在实际检验过程中我们很可能都遇到过这样的情况，同一款产品按同一个安全标准进行试验，而不同的检验机构或不同的检验人员就可能得到截然相反的测试结果。如前述，安全标准为了具有普遍适用性，就不可能很详细地对产品的结构和工艺做出规定，因此留给标准的执行者，包括检验人员和设计者，很大的自由发挥的空间，同时也要求他们要有更高的专业水平。

在很多产品安全标准（如 IEC、ISO、EN 等）中，如果对产品的要求没有很明确规定时，都会附上一句"WHICH IS MOST UNFAVOURABLE"（选其最不利的情况）。何为"最不利情况"，这时，不同的检验人员可能对标准的条款产生不同的理解，甚至在经过一番分析讨论后依然各持己见，这也是时常发生的事情。但是，同一个产品在不同检验人员手中会得到相反的结论，这种情况显然是不合理的，是应该尽可能地避免的。如何才能使我们的检验尺度做到尽量统一呢？在此，希望通过两个例子和大家探讨一下这个问题。

三、最不利情况的应用

1. 拉力试验中的最不利情况

图 2-18 所示的是一辆玩具消防车的模型及其受力图。这是一款出口到欧洲的电驱动

玩具,按欧盟电玩具安全标准 EN 62115 进行型式试验。根据 EN 62115 的要求,对所有年龄段的玩具,在进行正式试验前要对那些经儿童撕拉后可能会产生危险的可触及部位,按 EN 71 的 8.4.2.1 进行拉力试验。

如图 2 - 18 所示,玩具消防车上有一个可升降的消防臂,其支撑点 O 处有一连接电机的齿轮装置,经评估,如果该装置经拉力试验后变得可触及,则该可触及的电动机械齿轮对儿童有夹伤的危险。欧洲玩具安全标准 EN 71 - 1 的 8.4.2.1 规定"如果玩具上元部件能被夹住,对被测部件施加拉力,当该部件可触及最大尺寸大于 6mm 时拉力的大小为 90 N"。根据该条款,我们在消防臂末段 B 点按 T_B 方向以 90N 进行拉力试验,结果 O 点开裂处的机械齿轮可触及,如果儿童在玩耍过程中用手触摸该部位时,连接电机的机械齿轮就会夹伤儿童的手指,故判为不合格。

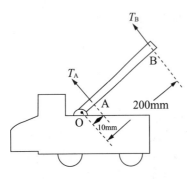

图 2 - 18 拉力试验示意图

如果该款产品以前在某检验机构做同样试验时的受力点在消防臂根部 A 点,按 T_A 方向以 90N 进行拉力试验,结果 O 点处机械装置不可触及。对此,我们作出了分析,在不违反标准要求的情况下,选取按实际操作使用过程中可能出现的"最不利"方式进行试验。而拉力试验是模拟儿童在使用玩具过程中可能发生的撕拉行为,该拉力可作用于 A 点也可作用于 B 点,根据杠杆的原理我们可知道,同样是 90N 的力作用于 B 点所产生的力矩为 $M_B = T_B \times OB = 90N \times 200mm = 18N \cdot m$,而在 A 点所产生的力矩为 $M_A = T_A \times OA = 90N \times 10mm = 0.9N \cdot m$,可见 B 方式产生的力矩比 A 方式大 20 倍,其产生的破坏能量也远大于 A 方式,所以就出现了上述不同的检验结果。因此,根据"最不利"的操作方式,我们选取儿童在使用玩具时可能进行撕拉的 B 点进行拉力试验是符合标准原意的。

2. 跌落试验中的最不利情况

图 2 - 19 所示为一款出口到欧洲供 3 岁以下儿童使用的坑具的示意图,它是由两个实体通过一跟软绳索相连而构成的一个整体玩具。两个检验机构同时对其进行型式试验,在进行跌落试验时上述两机构选取了不同的跌落方式,如图 2 - 19 中 A 和 C,其中以 C 方式进行跌落试验的玩具产生了锐利尖点被判不合格,而以方式 A 进行跌落试验的玩具却没有不合格情况出现。

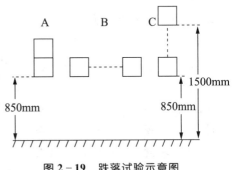

图 2 - 19 跌落试验示意图

欧洲玩具安全标准 EN 71 规定"玩具进行跌落试验的释放高度为 850mm",根据这一规定,A 和 C 两种跌落方式都没有违反标准要求,但为什么会有不同的结果呢?由图 2 - 19 我们可以知道,以 C 方式跌落的玩具,其中一部分实际是从 1500mm 的高度跌落,其产生的冲击能量远高于标准规定高度 850mm 跌落时所产生的能量,所以产生不同的结果。也许有人会认为,在不违反标准要求的情况下应选用更严格的跌落方式,这观点没错,但是我们首先应理解该试验的目的。跌落试验的目的是为了模拟 3 岁以下儿童可能抓起玩具往下摔的情况，而该年龄段的儿童抓起玩具可能达到的高度一般是 850mm 左右，由于该玩具是由软线相连，所以当以 C 方式进行跌落试验时，玩具两实体中的其中一个相当于玩具在 1500mm 的高度进行跌落，这显然远大于标准要求而且有违标准目的，因此以方式 A 进行跌落试验所产生的结果才是合理的。也许有人会说以方式 B 进行跌落试验时该玩具的两实体都是以 850mm 的高度跌落应该更合理。图 2 - 19 中 A 和 B 两种方式都是以 850mm 的高度进行跌落试验，而且都是模拟儿童在使用玩具过程中可能出现的滥用情形，应该说以这两中方式进行跌落试验都没有违反标准的目的，但是，因为方式 A 叠加了玩具两实体的重量，相当于一个质量更大的整体玩具，其跌落时可能产生更大的冲击能量，将导致"最不利情况"的出现，所以说以方式 A 进行跌落试验才是真正严谨且符合标准要求的。在实际检验过程中，做同一个试验可能可以有多种完成方式，如果因为主观或客观因素不能肯定其"最不利情况"时，我们可以通过各种方式来进行相关试验，然后将各种结果进行分析比对，就不难找出其中的"最不利情况"。

四、综述

综上所述，在对产品的检验过程中，如果标准对某些测试细节没有详细的规定，我们不妨注意两点：第一，对可能出现的危险，取其中最不利的情况进行试验；第二，理解标准要求，模拟使用者正常或非正常使用(滥用)产品过程中可能出现的危险情况进行试验。

第五节　电玩具 EMC 技术要求简介

一、概述

随着科学技术的发展，带电的玩具产品已经是玩具的主流，这些产品都会发出或吸收电磁波，在共存的环境空间中相互影响。如何保证这些产品不受外界电磁波影响而正常工作，以及防止这些产品发出的电磁波对外界造成不良影响，就是电磁兼容(EMC，Electromagnetic Compatibility)要研究的事情。目前，我国及欧美等国家地区都对电子电动玩具制定了相关的 EMC 技术要求，严格控制电磁环境。

在现代化的生活中，电磁兼容现象在我们身边无所不在。在家里看电视时，如果同时使用计算机或者电吹风，电视屏幕上会出现斜纹或雪花斑；飞机在起降和飞行期间，禁止使用手机，也是为了避免手机在接收和发射信号时，产生的电磁波干扰正常导航信号；甚至看上去毫不起眼的儿童玩具也可能引起严重的电磁兼容问题。例如，当小孩到医院看病时，如果他们在敏感医疗设备附近玩电动遥控车，而遥控器辐射出去的电磁波又很大，这很可能对正在运作中的医疗设备造成电磁干扰，使其不能正常工作或错误工作，造成医疗事故甚至危及病人生命；又如，当儿童正在使用载人电动玩具车时，如果玩具车内含电磁敏感组件且抗电磁干扰能力低，外界又有电磁干扰，这很可能使玩具车非正常工作造成失控加速、急停或倾翻等事故的发生,伤及儿童。在美国,就有一款最热销的电子玩具因被怀疑会在医院干扰敏感医疗设备的工作并使之中断使用,而被很多医院禁止在其范围内使用。

下来以雷电现象为例说明电磁干扰是如何产生的。雷电的产生是由于雷云之间或雷云和大地之间有巨大的电压差,当高压雷云向相对低压部分放电时就产生雷电,并伴随着急剧的电压瞬时变化,雷电产生的瞬时电压差可能高达十万伏以上,正是这种瞬时发生的电压的急剧变化向外辐射出干扰电磁波。当雷电发生的时候,正在使用中的电视机和收音机往往会受到这些电磁波的干扰而出现噪声,而且,在雷区附近的设备也可能遭到破坏。据不完全统计,全球每年因雷电引起的经济损失就达数十亿美元。除了雷电以外,工作电压很低的计算机也会发射干扰电磁波。例如,一台计算机的 CPU 工作频率为 2GHz,即 $f = 2 \times 10^9$ Hz,其时间周期为 $T = \frac{1}{f} = 0.5 \times 10^{-9}$ s,如果输出方波的电压值为5V,设方波的上升沿(电压由0~5V 的时间)约为 $\frac{T}{20}$,即 $\Delta t = \frac{T}{20} = 2.5 \times 10^{-11}$ s,则 $\frac{dV}{dt} = \frac{5}{2.5 \times 10^{-11}} = 2 \times 10^{11}$ V/s。由此可见,虽然只是一个5V 的方波,但在工作频率非常高的情况下,其电压瞬间变化也是非常巨大的,这种变化足以象雷电一样发出强烈的电磁辐射。工作频率很高的产品,如果其电路设计没有考虑电磁兼容问题,即使是线路里面的一根普通导线也可能成为一个能向外辐射噪声的骚扰源以及能接收辐射骚扰的敏感部件。

二、电磁兼容简介

在了解电磁兼容的测试技术之前,首先要了解几个基本概念:

电磁骚扰(EMD,Electromagnetic Disturbance):任何能降低产品、设备或系统的性能或对物质产生损害的电磁现象。电磁骚扰可以是电磁噪音、无用信号或有用信号,电磁骚扰的表现形式有两种,一是通过导体传播骚扰电压和电流,称传导骚扰;另一种是通过空间传播骚扰电磁场,称辐射骚扰。

电磁干扰(EMI,Electromagnetic Interference):电磁骚扰引起的设备传输通道或系统性能的下降。需要注意的是,电磁骚扰是一种电磁现象,而电磁干扰是电磁骚扰产生的结果;并非所有的骚扰都能构成干扰。

抗扰度(Immunity to a Disturbance):产品、设备或系统面对电磁骚扰不降低运行性能的能力。

电磁敏感度(EMS,Electromagnetic Susceptibility):在有电磁骚扰的情况下,产品、设备或系统不能避免性能降低的能力。它与抗扰度是相对立的,敏感度高意味着抗扰度低。

并非所有的骚扰都能构成干扰,因为电磁干扰的产生有三个基本要素,即电磁骚扰源、传输途径及敏感设备,这三者缺一不可。其中,传输途径有两种,一种是骚扰通过设备的线路传输,称传导干扰;另一种是骚扰以电磁波的方式向远处传输,称远场辐射干扰。也就是说,只要产品的设计能抑制这三要素中的任何一个,就可以达到电磁兼容的目的。针对这些构成干扰的因素,电磁兼容控制技术中最常用的有屏蔽、滤波和接地。屏蔽主要用于抑制电磁噪声沿空间传播,切断空间的辐射发射途径——为骚扰源罩一个尽量密封的金属外壳,就是利用屏蔽手段解决电磁兼容问题的例子。滤波主要用于抑制不需要的频率,切断传导干扰的途径——在骚扰源的两端并联一个滤波电容,可以滤除高频杂波,有效地降低电磁干扰。接地的目的有两个,一是保护人身和设备的安全,例如,设备的金属外壳接在故障时外壳电位可能很高,这时人手接触外壳就会产生触电危险,在外壳上接地线可以防止这一危险的发生;二是保证设备的正常工作,例如,直流电源常需要有一极接地作为参考零电位,其他极与之比较。工作在高频的电子设备如果没有正确的接地,反而可能产生各种电磁干扰。

三、电磁兼容的测试

电磁兼容测试主要包括两部分:电磁骚扰发射测试和抗扰度测试。其中,电磁骚扰发射测试包括辐射发射测试和传导发射测试;辐射发射测试是测量受试设备通过空间传播的骚扰辐射场强;传导发射测试是测量受试设备通过电源线或信号线向外发射的骚扰。抗扰度测试又称敏感度测试,目的是测试设备承受各种电磁骚扰的能力。

电磁兼容检测的主要项目有:电源/其他端子骚扰电压、辐射骚扰场强及骚扰功率、静电放电抗扰度、射频磁场扰抗扰度、电快速瞬变脉冲群抗扰度、雷击浪涌抗扰度、由射频场感应的传导干扰抗扰度、磁场抗扰度、电源电压跌落变化抗扰度、谐波电流、电压闪烁和波动等。

由于电磁兼容测试的对象是电磁骚扰,它有别于一般有用信号,因此它对测量方法、仪器设备及测量场地都有特殊要求。其中,主要的测试设备有:电磁骚扰测量接收机、功率吸收钳、人工电源网络、测试天线和频谱仪等。主要的测量场地为:传导测量在屏蔽室,辐射测量在开阔的测试场地或电波暗室里进行。

四、各国电磁兼容的要求

涉及电磁兼容的电气产品和设备非常多,小到儿童玩具大到国防设备,如果不考虑它们的 EMC 问题,很可能会造成巨大的经济损失或人身伤害。因此,世界上很多国家和地区都相继建立了电磁兼容安全标准,并要求投放该市场的电子电气产品有符合电磁兼容方面的要求。

国际 IEC/CISPR 标准,分别是国际电工委员会与无线电干扰特别委员会的简称,IEC 下属的 TC77 组织主要负责制订和维护电磁环境标准、电磁兼容基础标准、较低频率范围和电磁脉冲的电磁兼容标准,CISPR 主要负责制订和维护有关电磁兼容的产品标准及较高频率范围的电磁兼容标准。欧洲 EN 标准,相关电磁兼容标准由欧洲电工标准化委员会(CENELEC)制订。CENELEC 与 IEC/CISPR 关系密切,其标准通常是引用 IEC/CISPR 标准。美国 FCC 法规及 ANSI 标准,美国联邦通信委员会(FCC)制订的法规 FCC 47CFR 涉及电磁兼容,主要是电磁发射方面的限制要求。美国电气和电子工程师协会(IEEE)也制订了一系列电磁兼容标准,且在国际上有很大的影响力。ANSI C63.4 是 FCC 电磁发射测量的技术依据。中国 GB 标准及工信部标准,近年来我国制订或修订的电磁兼容标准一般都等同或等效于 IEC/CISPR 标准。

欧盟涉及电玩具 EMC 要求有两个指令,"89/336/EEC 电磁兼容(EMC)指令"和"1999/

5/EC 无线通讯终端(R&TTE)指令"。对于普通电玩具,包括电池玩具及变压器玩具需符合电磁兼容指令(88/378/EEC)的规定,也就是说除了需要进行玩具通用标准 EN 71 及EN 62115测试以外,还需符合电磁兼容相关协调标准,主要包括:EN 55014 - 1、EN 55014 - 2、EN 61000 - 3 - 2、EN 61000 - 3 - 3 等。对于无线电遥控发射玩具,还需要符合无线通讯终端指令 R&TTE(1999/5/EC)指令,相关的协调标准主要包括:EN 300 220 - 2 和 EN 301 489 - 3等。

欧盟 89/336/EEC EMC 指令要求从 1996 年开始,凡欲进入欧盟市场的电子、电气和相关产品一定要符合有关电磁兼容标准的要求,并在产品上加贴符合性标记"CE"。图 2 - 20是该指令下的 CE 认证流程图。

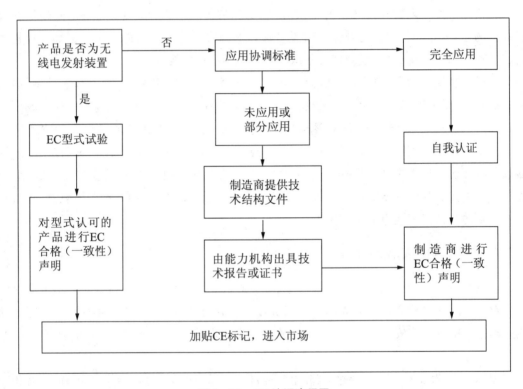

图 2 - 20 CE 认证流程图

美国涉及电玩具 EMC 要求主要有 2 个:FCC 47 CFR part 15/15c 和 FCC part 95。其中,无线电遥控玩具需符合 FCC 47 CFR part 15/15c,使用频率为 27MHz 和 49MHz;航模类玩具需符合 FCC part 95,使用频率为 72MHz。FCC 是美国的联邦通信委员会的简称,它主要对无线电、通信等进行管理与控制,它与政府、企业合作制订 FCC 标准、法规,内容涉及无线电、通信等各方面,特别是无线通信设备和系统的无线电干扰问题,包括无线电干扰限值、测量方法、认证体系与组织管理制度等。FCC 对相关产品执行强制认证,而且由其认可试验室直接进行测试。

我国涉及电玩具 EMC 要求有以下标准:普通电玩具符合 GB 4343、GB 4343.2、GB 17625.1、GB 17625.2 等,无线电遥控发射玩具符合工信部《微功率(短距离)无线电设备的技术要

求》。其中,《微功率(短距离)无线电设备的技术要求》要求无线电遥控模型玩具应符合以下要求:

用于无线电波遥控的航空模型飞机、水面模型船只、地面模型汽车等非载人的模型、玩具,不得用于其他类型无线电设备。

1)使用频率:

26MHz ~ 27MHz 频段海模/车模使用频率:26.975MHz,26.995MHz,27.025MHz,27.045MHz,27.075MHz,27.095MHz,27.125MHz,27.145MHz,27.175MHz,27.195MHz,27.225MHz,27.255MHz;

40MHz 频段海模/车模使用频率:40.61MHz,40.63MHz,40.65MHz,40.67MHz,40.69MHz,40.71MHz,40.73MHz,40.75MHz;

40MHz 频段空模使用频率:40.77MHz,40.79MHz,40.81MHz,40.83MHz,40.85MHz;

72MHz 频段空模使用频率:72.13MHz,72.15MHz,72.17MHz,72.19MHz,72.21MHz,72.79MHz,72.81MHz,72.83MHz,72.85MHz,72.87MHz。

2)发射功率限值:750mW(e.r.p)。

3)占用带宽:在 26MHz ~ 27MHz 频段,不大于 8kHz;在 40MHz 频段和 72MHz 频段,不大于 20kHz。

4)频率容限:在 26MHz ~ 27MHz 频段,不大于 100×10^{-6};在 40MHz 频段和 72MHz 频段,不大于 30×10^{-6}。

5)模型遥控器必须为单向控制器,禁止在模型上设置无线电发射设备。

6)为保证航空无线电台(站)电磁环境的要求,禁止在机场跑道为中心点为圆心、半径 5000m 的区域内,使用各类模型遥控器。

7)模型遥控器不得发射语音通信信号。

8)在国家有关部门发布无线电管制命令的期间和区域,应按要求停止使用模型遥控器。

第二部分

电玩具的EMC检测

第三章 电玩具的电磁兼容

第一节 电磁兼容的概念

一、认识电磁兼容

随着信息技术的迅猛发展,电子电气设备的使用越来越广泛,结构越来越复杂,工作频率也有越来越高的趋势。在地铁里、图书馆、麦当劳、超市、便利店和写字楼等地方,到处都可以看到使用智能手机和平板电脑上无线局域网的人们,到处都可以看到使用近场通信设备刷卡消费的场景。然而,由于芯片的处理速度越来越快,信号的收发频率越来越高,线缆的传输速度越来越快,设备内部与设备之间的电磁兼容问题也逐渐凸显出来。

EMC(Electromagnetic Compatibility,电磁兼容),并非指电与磁之间的兼容。在国家标准GB/T 4365—2003 中,电磁兼容的定义是指电子、电气设备或系统在其电磁环境中能正常工作,且不对该环境中任何事物构成不能承受的电磁骚扰的能力。

EMC 包括 EMI(Electromagnetic Interference,电磁干扰)和 EMS(Electromagnetic Susceptibility,电磁敏感度)两方面的内容,如图3-1 所示。

简而言之,EMC 就是在某一电磁环境中,任何设备、分系统和系统都应该不受干扰且不干扰其他设备。EMC 包括两个方面的要求:一方面是指设备在正常运行过程中对所在环境产生的电磁干扰不能超过一定的限

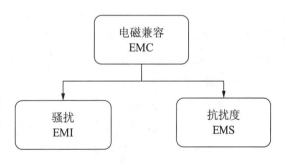

图 3-1 EMC 与 EMI 和 EMS 的关系

值;另一方面是指设备对所在环境中存在的电磁干扰具有一定程度的抗扰度。

二、电磁兼容的危害

人类生活在电磁辐射的环境中,自然界中一直存在着光辐射、宇宙射线、地球磁场辐射和地球热辐射。然而,随着科学技术的发展,电玩具越来越多地进入人们的生产、生活,这些设备产生的电磁辐射所引起的各种问题对人们的生产、生活甚至是身体健康开始造成不可忽视的影响。

1. 电磁干扰对通信的影响

电磁干扰可能引起语音系统、图像系统和仪表控制系统的性能下降甚至发生故障。1998年1月20日,由于大功率寻呼发射机干扰,我国广州白云机场与飞机间的无线电通信联络指挥调度受到影响,不得不关闭一个繁忙扇面,使得90多个航班不能正常运行,大批旅客滞留机场,严重危害了飞行安全,同时给繁忙的春运造成巨大的损失。

无线电通信的通信环境需要满足一定的信号噪声比。在50年代,一部50W的短波电台通信距离可达1000km;到了80年代,一部250W的短波电台通信距离小于500km。其根本原因是80年代电磁干扰比50年代增强了许多倍,降低了信号噪声比,从而劣化了通信质量。为此,人们想到了增加发射机数量和提高发射功率的做法,这样做确实可以增大通信距离,提高通信质量。但是如果大家都采用这种方法的话,就会陷入再次降低信号噪声比,从而降低通信质量的恶性循环,不仅加重本以严重的电磁污染,还会影响人体的健康。

2. 电磁干扰对生产生活的影响

在机场,飞机起降时产生的大功率电磁干扰对机场附近人们的生活产生极大的影响。不仅电视图像发生抖动,小区汽车的电子防盗系统也经常无故报警。在家里,无绳电话和电磁炉之间相互影响,通话中出现明显杂音,电磁炉的工作出现异常。手机对电视发生干扰时,电视上出现雪花、闪烁和抖动,并发出沙沙的声音。在医院,病房内使用手机可能导致病人心脏起搏器的停搏。孕妇床上的电热毯产生的电磁干扰容易造成流产。

电磁干扰还容易引起控制设备的误动作,如误燃、误爆和误启动等。这是因为,电磁干扰使金属之间因电磁感应电压而产生电火花或飞弧,引燃该处易燃气体导致易燃物燃烧。据报道,2012年11月1日,深圳地铁蛇口线多次暂停运行。调查表明,因受手持WiFi设备信号干扰,列车启动自动防护功能,导致列车无法正常高速行驶。此后几天,因为同样的原因,深圳地铁蛇口线又多次发生停运事件。由此可见,电磁干扰给人们的生产、生活带来了极大的危害。

3. 电磁干扰对人体的影响

电磁波作用到人体和动植物上,可以被反射、吸收和穿透。据报道,长时间使用电脑之后,人会感到身体疲劳、眼睛疲倦、肩痛、头痛、不安,这些都是受了电磁干扰的影响。电磁波还会使人的免疫机能下降、人体中的钙质减少,并引致异常生产、流产、视觉障碍等。

电磁辐射危险,强场比弱场严重,高频比低频严重,长时间比短时间严重。人类应远离大功率设备,但也不应忽视小功率设备的危险。例如,贴近大脑的手机电磁辐射,不合格家电的电磁辐射,某些低频设备非致热效应等,都不应该忽视。

以下是电磁干扰可能造成的危害:

1)降低电视机和广播收音机的接收信号质量;

2)数据传输过程中数据的错误和丢失;

3)医疗电子设备(如医疗监护仪、心脏起搏器)的工作失常;

4)自动化微处理器控制系统(如汽车制动系统)的工作失控;

5)民航导航系统的工作失常;

6）起爆装置的意外引爆；

7）工业控制系统的失效；

8）安全信息的泄密。

可见，电磁干扰给我们的生产、生活和身体健康带来了极大的危害，造成了巨大的损失。如何有效地降低和避免电磁干扰，已成为我们工作中急需解决的问题。

三、电磁兼容的研究领域

电磁兼容学科兴起于 20 世纪 80 年代，主要研究干扰的产生、传播、接收、抑制机理及其相应的测量和计量技术，并在此基础上根据技术经济最合理的原则，对产生的干扰水平、抗干扰水平和抑制措施做出明确的规定，使处于同一电磁环境的设备都是兼容的，同时又不向该环境中的其他设备引入不能允许的电磁扰动。因此，EMC 包括两个方面的要求：一方面是指设备在正常运行过程中对所在环境产生的电磁干扰不能超过一定的限值；另一方面是指设备对所在环境中存在的电磁干扰具有一定程度的抗扰度。

从图 3-2 中可以看到，电磁兼容包括三大要素，分别是干扰源、耦合路径和敏感设备。作为一门科学，电磁兼容的问题可以归结为以下五个部分。

1. 骚扰源的研究

骚扰源特性包括电磁骚扰的产生机理、频域与时域的特性，表征其特性的参数，抑制其发射强度的方法等。电磁骚扰源包括自然骚扰源和人为骚扰源。

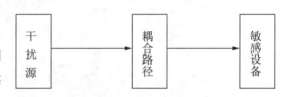

图 3-2 EMC 三大要素关系图

自然骚扰源（如图 3-3）包括来自大气层的噪声（如雷击）、来自太阳系的噪声和银河系的噪声（背景噪声和宇宙射线）和热噪声。雷击浪涌会产生强烈的电磁骚扰，并能传播很远，常常造成人员的伤害和设备的损毁。地球外层空间的骚扰源频段范围很宽，能覆盖整个无线电通信频段，不仅会引起航天器异常，还可能造成无线电通信和遥测中断。热噪声则主要来自电子设备内部的元器件，其成因是元器件内部微粒的热运动。温度越高，微粒运动越剧烈，产生的热噪声越大。

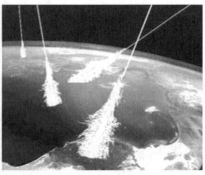

图 3-3 自然骚扰源中的雷击和宇宙射线

人为骚扰源按照骚扰信号的形式,主要分为连续波骚扰源和瞬态骚扰源。连续波骚扰源产生的电磁骚扰主要是窄带信号调制的正弦波,以及高重复频率的周期性信号。连续波骚扰信号主要来自固定和移动通信、计算机及其附属设备、广播站、电机噪声和整流器等。

(1)来自发射机的连续波骚扰信号

所产生的电磁骚扰包括有意发射、谐波发射(如图3-4)以及乱真发射。有意发射信号的带宽由有用信号特性和所用调制方法决定。乱真发射信号指有意发射信号带宽之外的发射信号,包括发射机基频的谐波、主控振荡器产生的乱真信号、乱真寄生振荡以及上述各种信号的互调产物等。它们能以天线主瓣、旁瓣进行发射,或以发射组件的壳体、天线馈线和电源线作为辐射源进行发射,壳体的接缝、孔洞、输入输出连接器等的泄漏也不能忽视。

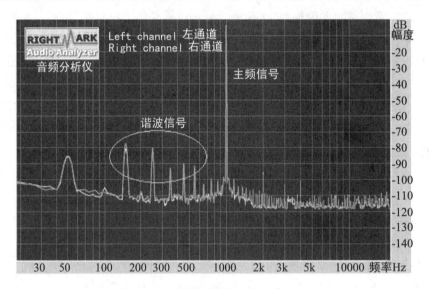

图3-4 来自发射机的谐波信号

(2)来自本地振荡器的连续波骚扰信号

信号经接收机本振接收后,所产生的基波信号和谐波信号可经过电源线传导,然后从机壳或天线直接辐射。

(3)交流声

交流声是由进入系统的周期性低频信号所引起的连续波骚扰。其频率可能是输入电源频率、电源谐波、同步频率、扫描和搜索频率、时标频率等。通常这些信号以低电平进入,然后被逐级放大。

瞬态骚扰源主要来自工业、科学和医疗设备,高压电力系统,电力牵引系统,内燃机点火系统,家用电器,电动工具和类似电器,荧光灯和照明装置,声音和广播电视接收机,以及电玩具设备。产生原因是,手动开关和继电器的开关转换动作,以及旋转设备、气体放电、自动点火和半导体开关等的重复性转换工作方式引起的电压或电流的突然改变,并在触点间形成电弧(如图3-5)。

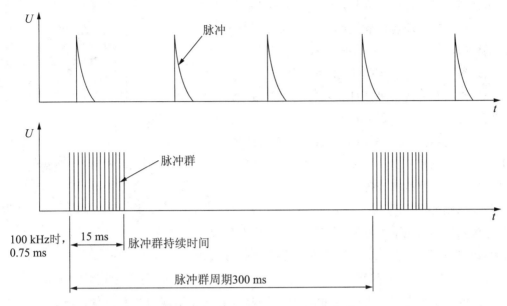

图3-5 开关动作引起的脉冲群信号

2. 敏感设备的抗干扰性能

所有的小信号设备都是对电磁骚扰敏感的设备。设备上的端口,如交流电源端口、直流电源端口、控制端口、信号端口、外壳端口和接地端口,成为电磁骚扰影响设备的入口(如图3-6)。

电磁骚扰可以以传导的形式从电源端口、信号端口和接地端口等有线端口进入电磁骚扰敏感设备,也可以以辐射的形式,从设备的机箱端口直接进入设备内部。各种电磁发射不但可能在设备内部形成相互干扰,而且也会形成设备间的相互干扰,从而使干扰现象变得复杂。

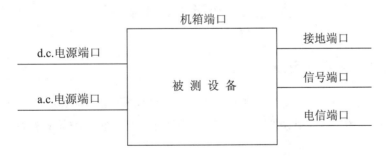

图3-6 敏感设备的端口

3. 电磁骚扰的传播特性

同一个设备,在不同的情况下,可能是骚扰源,也有可能是敏感设备。设备要满足电磁兼容性,必须从减小电磁骚扰耦合上去想办法,切断电磁骚扰的传播路径,因此弄清楚电磁骚扰的传播机理是非常有必要的。

电磁骚扰的传播路径有传导和辐射两种(如图3-7)。

传导耦合要求骚扰源和敏感设备之间有完整的电路连接,骚扰信号沿着电路连接传递到敏感设备。传输电路包括电源线、信号线、控制线、地线、接地平面等。

辐射耦合是骚扰信号通过介质以辐射电磁波形式传播,骚扰能量按照电磁波的规律向空间发射。常见的辐射耦合包括:骚扰源天线与敏感设备天线之间的耦合、空间电磁场经敏感设备的导线感应而耦合、平行导线之间信号感应产生的线线耦合等。

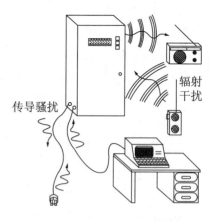

图3-7 电磁干扰的传播路径

4. 电磁兼容的测量

电磁兼容测量包括测量设备、测量方法、数据处理方法、测量结果的评价等。由于电磁骚扰源复杂的时域和频域特性,理论结果与实际情况往往相距较远,使得电磁兼容测量尤为重要。因此,为了不同实验室测量结果之间的可比性和实验的重现性,必须详细规定被测设备、测试布置,以及测量仪器的各类指标。

5. 系统内与系统间的电磁兼容性

电磁兼容问题的解决,依赖于对骚扰源、传播路径和敏感设备的控制。但是这还不够,因为在一个系统内或多个系统之间,骚扰源可能同时是敏感设备,传播的途径往往是多通道的,且骚扰源与敏感设备可能不止一个。这就需要对系统内的或系统间的电磁兼容问题进行综合地分析和预测。为此,人们开始利用仿真软件来模拟计算电磁兼容问题。由于电磁场的复杂性,这类软件目前还达不到理想的精度,但这种方法为我们解决电磁兼容问题提供了一种新的思路。

第二节 EMC 标准介绍

一、电磁兼容的标准组织

各个国家和地区都有自己的标准化组织,大部分国家的标准都是在国际电工委员会(IEC)所制定标准的基础上建立起来。下面将国际国内主要的电磁兼容标准组织作一下简单的介绍。

1. IEC 和 CISPR

国际电工委员会(IEC)成立于1906年,至今已有100多年的历史。它是世界上成立最早的国际性电工标准化机构,负责有关电气工程和电子工程领域中的国际标准化工作。IEC的宗旨是,促进电气、电子工程领域中标准化及有关问题的国际合作,增进国际间的相互了解。IEC标准的权威性是世界公认的。IEC每年要在世界各地召开一百多次国际标准会议,世界各国近10万名专家在参与IEC的标准制定、修订工作。IEC现在有技术委员会(TC)95

个,分技术委员会(SC)80 个。IEC 与通信有关的技术委员会主要有:TC1 名词术语;TC3 文件编制和图形号;TC12 无线电通信;TC46 通信和信号传输用电缆、电线、波导、RF 连接器和附件;CISPR 无线电干扰特别委员会;TC77 电器设备(包括网络)之间的电磁兼容性;TC92 音频、视频和类似电子设备的安全;TC100 音频、视频和多媒体系统与设备;TC102 用于移动业务和卫星通信系统设备;TC103 无线电通信的发射设备;JTC1/SC25 信息技术设备的互连;JTC1/SC6 系统之间的信息交换与通信。

IEC 对于电磁兼容方面的国际标准化发挥着举足轻重的作用。IEC 中承担研究工作的主要是电磁兼容咨询委员会(ACEC)、无线电干扰特别委员会(CISPR)和技术委员会(TC77)。随着信息技术的飞速发展,IEC 拟在电磁兼容方面开展认证工作。

IEC 有两个平行的组织负责制定 EMC 标准,分别是 CISPR 和 TC77。CISPR 负责骚扰部分标准的制定,制定的标准编号为:CISPR××,如 CISPR 22;TC77 负责抗扰度部分标准的制定,其标准编号为 IEC×××××,如 IEC 61000 - 4 - 2。

CISPR 目前有七个分会:A 分会(无线电干扰测量方法与统计方法)、B 分会(工、科、医射频设备的无线电干扰)、C 分会(电力线、高压设备和电牵引系统的无线电干扰)、D 分会(机动车和内燃机的无线电干扰)、E 分会(无线接收设备干扰特性)、F 分会(家电、电动工具、照明设备及类似电器的无线电干扰)、G 分会(信息设备的无线电干扰)。CISPR 制定的标准包括 CISPR11/12/13/14/15/16/18/20/22/24/25 等。

TC77 丁 1981 年成立,目前有 3 个分会:SC77A(低频现象)、SC77B(高频现象)、SC77C(对高空核电磁脉冲的抗扰性)。TC77 制定的标准包括 IEC 61000 系列。

2. CENELEC/CEN 与 ETSI

CENELEC 和 CEN 以及它们的联合机构 CEN/CENELEC 是欧洲最主要的标准制定机构。CENELEC 于 1976 年成立于比利时的布鲁塞尔,它的宗旨是协调欧洲有关国家的标准机构所颁布的电工标准和消除贸易上的技术障碍。CENELEC 的成员是欧洲共同体 12 个成员国和欧洲自由贸易区 7 个成员国的国家委员会。除冰岛和卢森堡外,其余 17 国均为国际电工委员会(IEC)的成员国。CEN 于 1961 年成立于法国巴黎,1971 年起 CEN 迁至布鲁塞尔,后来与 CENELEC 共同办公。在业务范围上,CENELEC 主管电工技术的全部领域,而CEN 则管理其他领域,其成员国与 CENELEC 的相同。

欧洲电信标准化协会(ETSI)是由欧共体委员会 1988 年批准建立的一个非赢利性的电信标准化组织,总部设在法国南部的尼斯。ETSI 的标准化领域主要是电信业,并涉及与其他组织合作的信息及广播技术领域。ETSI 作为一个被欧洲标准化协会(CEN)和欧洲邮电主管部门会议(CEPT)认可的电信标准协会,其制定的推荐性标准常被欧盟作为欧洲法规的技术基础而采用并被要求执行。ETSI 的标准制定工作是开放式的。标准的立题是由 ETSI的成员通过技术委员会提出的,经技术大会批准后列入 ETSI 的工作计划,由各技术委员会承担标准的研究工作。技术委员会提出的标准草案,经秘书处汇总发往成员国的标准化组织征询意见,返回意见后,再修改汇总,在成员国单位进行投票。赞成票超过 70% 以上的可以成为正式 ETSI 标准,否则可成为临时标准或其他技术文件。ETSI 目前下设 13 个技术委员会,其中,TC ERM(EMC and Radio)无线及电磁兼容技术委员会直接负责 ETSI 关于无线频谱和电磁兼容方面的技术工作,包括研究 EMC 参数及测试方法,协调无线频谱的利用和分配,为相关无线及电磁设备的标准提供关于 EMC 和无线频率方面的专家意见。

1988 年 3 月,根据欧洲共同体委员会的建议,成立了欧洲邮政及电信管理部门的欧洲联盟(CEPT)及其欧洲远距离通信标准局(ETSI)。ETSI 与 CENELEC 工作上有交叉,为此两机构做了分工。CENELEC 主管下列方面的标准:①安全;②环境条件;③电磁兼容;④设备工程;⑤无线电保护;⑥电子元器件;⑦无线电广播接收系统及接收机。ETSI 则主管下列方面的标准:①无线电领域的电磁兼容;②私人用远距离通信系统;③整体宽频带网络。

3. ANSI 和 FCC

美国国家标准学会(ANSI)是由公司、政府和其他成员组成的自愿组织。它们协商与标准有关的活动,审议美国国家标准,并努力提高美国在国际标准化组织中的地位。此外,ANSI 使有关通信和网络方面的国际标准和美国标准得到发展。ANSI 是 IEC 和 ISO 的成员之一。

ANSI 是非赢利性质的民间标准化组织,是美国国家标准化活动的中心,许多美国标准协会的标准制修订都同它进行联合,ANSI 批准标准成为美国国家标准,但它本身不制定标准,标准是由相应的标准化团体和技术团体及行业协会和自愿将标准送交给 ANSI 批准的组织来制定,同时 ANSI 起到了联邦政府和民间的标准系统之间的协调作用,指导全国标准化活动,ANSI 遵循自愿性、公开性、透明性、协商一致性的原则,采用 3 种方式制定和审批 ANSI 标准。ANSI 的标准是自愿采用的。美国认为,强制性标准可能限制生产率的提高,但实际上被法律引用和政府部门制订的标准,一般属强制性标准。

美国联邦通讯委员会(FCC)建立于 1934 年,是美国政府的一个独立机构。FCC 通过控制无线电广播、电视、电信、卫星和电缆来协调国内和国际的通信。FCC 负责授权和管理除联邦政府使用之外的射频传输装置和设备。许多无线电应用产品、通讯产品和数字产品要讲入美国市场,都要求 FCC 认证。FCC 委员会调查和研究产品安全性的各个阶段以找出解决问题的最好方法,同时 FCC 也包括无线电装置、航空器的检测等。

4. IEEE

美国电气和电子工程师协会(IEEE)于 1963 年 1 月 1 日由美国无线电工程师协会(IRE,创立于 1912 年)和美国电气工程师协会(AIEE,创建于 1884 年)合并而成,总部在美国纽约市。IEEE 协会成立的目的在于为电气电子方面的科学家、工程师、制造商提供国际联络交流的场合和信息交流平台,并提供专业教育和提高专业能力的服务。其主要活动是召开会议、出版期刊杂志、制定标准、继续教育、颁发奖项、认证(Accreditation)等。IEEE 制定了全世界电子和电气还有计算机科学领域 30% 的文献,每年它还发起或者合作举办超过 300 次国际技术会议。IEEE 的许多学术会议在世界上很有影响,规模大的甚至达到 4 ~ 5 万人。

IEEE 也是一个广泛的工业标准开发者,是主要的国际标准机构,主要领域包括电能、能源、生物技术和保健、信息技术、信息安全、通讯、消费电子、运输、航天技术和纳米技术。现已制定了超过 900 个现行工业标准,还有 700 个标准在研发中。IEEE 已在 150 多个国家中拥有 300 多个地方分会。透过多元化的会员,该组织在太空、计算机、电信、生物医学、电力及消费性电子产品等领域中都是主要的权威。

5. 国标委/无干委

中国国家标准化管理委员会(国标委)是国务院授权的履行行政管理职能,统一管理全国标准化工作的主管机构。国务院有关行政主管部门和有关行业协会也设有标准化管理机构,分工管理本部门本行业的标准化工作。各省、自治区、直辖市及市、县质量技术监督局统一管理本行政区域的标准化工作。各省、自治区、直辖市和市、县政府部门也设有标准化管理机构。

国家标准化管理委员会对省、自治区、直辖市质量技术监督局的标准化工作实行业务领导,其职责主要是:参与起草、修订国家标准化法律、法规的工作;拟定和贯彻执行国家标准化工作的方针、政策;拟定全国标准化管理规章,制定相关制度;组织实施标准化法律、法规和规章、制度;负责组织国家标准的制定、修订工作;负责国家标准的统一审查、批准、编号和发布;代表国家参加国际标准化组织(ISO)、国际电工委员会(IEC)和其他国际或区域性标准化组织;负责组织 ISO、IEC 中国国家委员会的工作;负责管理国内各部门、各地区参与国际或区域性标准化组织活动的工作;负责签定并执行标准化国际合作协议,审批和组织实施标准化国际合作与交流项目;负责参与与标准化业务相关的国际活动的审核工作。

全国无线电干扰标准化技术委员会(无干委)由国家标准化管理委员会直接领导。无干委是全国性跨行业的无线电干扰标准化技术组织,负责有关电磁兼容标准化技术工作和国际电工委员会所属无线电干扰特别委员会(CISPR)及其各分会的国内对口工作,具体来说就是:

1)根据本专业的国外标准化发展动态及国内工作成果,审议我国拟向 CISPR 提出的标准草案及工作建议;

2)负责各分会提交的国际标准中译本的审查和出版工作;

3)必要时组织对国际标准和国外先进标准的验证工作;

4)参加有关国际电工委员会和其他国际组织的外事活动;

5)提出与国外有关标准化组织进行技术交流和参加国际标准化活动的建议,并协助国标委做好组织接待工作;

6)积极组织专家参与 CISPR 的新项目建立、草案提出及各过程文件的投票工作。

6. CQC

中国质量认证中心(CQC),是经国家有关部门批准设立的专业认证机构,CQC 及其设在国内外的分支机构是中国开展质量认证工作最早、最大和最权威的认证机构。CQC 是 IEC-EE-CB 体系中国唯一的国家认证机构(NCB)和国际认证联盟 IQNet 的正式成员。

CQC 业务范围包括:

1)授权承担国家强制性产品认证(CCC)工作;

2)CQC 标志认证:认证类型涉及产品安全、性能、环保、有机产品等,认证范围包括百余

种产品;

3)管理体系认证:主要从事 ISO 9001 质量管理体系、ISO 14001 环境管理体系、OHSMS18001 职业健康安全管理体系、QS9000 质量体系、TL9000 和 HACCP 认证等业务;

4)作为国际电工委员会电工产品合格与测试组织(IECEE)的中国国家认证机构(NCB),从事颁发和认可国际多边认可 CB 测试证书工作,其证书被 43 个国家和地区的 59 个国家认证机构所认可;

5)作为国际认证联盟(IQNet)的成员,CQC 颁发的 ISO 9001 证书和 ISO 14001 证书将能获得联盟内其他 33 个国家和地区的 36 个成员机构的认可;

6)认证培训业务:作为经中国认证人员与培训机构国家认可委员会(CNAT)认可的中国最早的认证培训机构,承担国内外各类认证培训业务。

二、电玩具的 EMC 标准

在电磁兼容方面,普通电玩具应符合 GB 4343.1《家用电器、电动工具和类似器具的电磁兼容要求　第 1 部分:发射》,GB 4343.2《家用电器、电动工具和类似器具的电磁兼容要求　第 2 部分:抗扰度》,以及 GB 17626 系列标准的要求。无线电遥控玩具除了满足电磁兼容的标准要求外,还应符合工业和信息化部《微功率(短距离)无线电设备的技术要求》,该部分内容属于无线电射频方面,不属于本书研究范围。

我国和欧美发达地区的主要电磁兼容标准如表 3-1~表 3-5 所示。由于标准存在更新的问题,本表没有列出标准的年号和版本号。以下表格中列出了主要国家和地区的电磁兼容技术标准,国家标准和国际标准的对应关系,以及测试项目与标准的对应关系。

注:加粗部分为电玩具相关的电磁兼容测试标准。

表 3-1　中国的主要电磁兼容标准

标准号	标准名称
GB 17625.1	**电磁兼容 限值 谐波电流发射限值(设备每相输入电流≤16A)**
GB 17625.2	电磁兼容 限值 对每相额定电流≤16A 且无条件接入的设备在公用低压供电系统中产生的电压变化、电压波动和闪烁的限制
GB/T 17626.2	**电磁兼容试验和测量技术 静电放电抗扰度试验**
GB/T 17626.3	**电磁兼容试验和测量技术 射频电磁场辐射抗扰度试验**
GB/T 17626.4	**电磁兼容试验和测量技术 电快速瞬变脉冲群抗扰度试验**
GB/T 17626.5	**电磁兼容试验和测量技术 浪涌(冲击)抗扰度试验**
GB/T 17626.6	**电磁兼容试验和测量技术 射频场感应的传导骚扰抗扰度试验**
GB/T 17626.8	电磁兼容试验和测量技术 工频磁场抗扰度试验
GB/T 17626.11	**电磁兼容试验和测量技术 电压暂降、短时中断和电压变化的抗扰度试验**
GB/T 6113.101	无线电骚扰和抗扰度测量设备和测量方法规范 第 1-1 部分:无线电骚扰和抗扰度测量设备 测量设备

续表 3－1

标准号	标准名称
GB/T 6113.102	无线电骚扰和抗扰度测量设备和测量方法规范 第1－2部分:无线电骚扰和抗扰度测量设备 辅助设备 传导骚扰
GB/T 6113.103	无线电骚扰和抗扰度测量设备和测量方法规范 第1－3部分:无线电骚扰和抗扰度测量设备 辅助设备 骚扰功率
GB/T 6113.104	无线电骚扰和抗扰度测量设备和测量方法规范 第1－4部分:无线电骚扰和抗扰度测量设备 辅助设备 辐射骚扰
GB/T 6113.105	无线电骚扰和抗扰度测量设备和测量方法规范 第1－5部分:无线电骚扰和抗扰度测量设备 30MHz～1000MHz 天线校准用试验场地
GB/T 6113.201	无线电骚扰和抗扰度测量设备和测量方法规范 第2－1部分:无线电骚扰和抗扰度测量方法 传导骚扰测量
GB/T 6113.202	无线电骚扰和抗扰度测量设备和测量方法规范 第2－2部分:无线电骚扰和抗扰度测量方法 骚扰功率测量
GB/T 6113.203	无线电骚扰和抗扰度测量设备和测量方法规范 第2－3部分:无线电骚扰和抗扰度测量方法 辐射骚扰测量
GB/T 6113.204	无线电骚扰和抗扰度测量设备和测量方法规范 第2－4部分:无线电骚扰和抗扰度测量方法 抗扰度测量
GB/Z 6113.3	无线电骚扰和抗扰度测量设备和测量方法规范 第3部分:无线电骚扰和抗扰度测量技术报告
GB 4343.1	**家用电器、电动工具和类似器具的电磁兼容要求 第1部分:发射**
GB 4343.2	**家用电器、电动工具和类似器具的电磁兼容要求 第2部分:抗扰度**
GB 9254	信息技术设备的无线电骚扰限值和测量方法
GB/T 17618	信息技术设备抗扰度 限值和测量方法
GB17743	电气照明和类似设备的无线电骚扰特性的限值和测量方法
GB/T 18595	一般照明用设备电磁兼容抗扰度要求
GB 13837	声音和电视广播接收机及有关设备 无线电骚扰特性 限值和测量方法
GB/T 9383	声音和电视广播接收机及有关设备抗扰度 限值和测量方法

表 3－2　欧洲的主要电磁兼容标准

标准号	标准名称
EN 61000－3－2	**电磁兼容 限值 谐波电流发射限值(设备每相输入电流≤16A)**
EN 61000－3－3	**电磁兼容 限值 对额定电流不大于16A的设备在低压供电系统中产生的电压波动和闪烁的限制**

续表 3-2

标准号	标准名称
EN 61000-4-2	电磁兼容试验和测量技术 静电放电抗扰性试验
EN 61000-4-3	电磁兼容试验和测量技术 辐射射频电磁场抗扰性试验
EN 61000-4-4	电磁兼容试验和测量技术 电快速瞬时/脉冲群抗扰度试验
EN 61000-4-5	电磁兼容试验和测量技术 浪涌抗扰度试验
EN 61000-4-6	电磁兼容试验和测量技术 射频磁场感应的传导干扰的抗扰性
EN 61000-4-8	电磁兼容试验和测量技术 工频磁场抗扰度试验
EN 61000-4-11	电磁兼容试验和测量技术 电压暂降、短时中断和电压变化的抗扰度试验
EN 55014-1	电磁兼容性 家用电器、电动工具和类似器具的电磁兼容要求 第1部分：发射
EN 55014-2	电磁兼容性 家用电器、电动工具和类似器具的电磁兼容要求 第2部分：抗扰度
EN 55022	信息技术设备 无线电干扰特性 限值和测量方法
EN 55024	信息技术设备 抗干扰特性的测量方法和极限值
EN 55015	电气照明和类似设备无线电干扰特性的测量限制和方法
EN 61547	普通照明设备 EMC 抗干扰要求
EN 55013	声音和电视广播接收机及其相关设备 无线电干扰特性 限值和测量方法
EN 55020	声音和电视广播接收机及相关设备 抗扰特性 测量极限和方法

表 3-3 美国的电磁兼容标准

标准号	标准名称
47 CFR PART2	频率分配及无线电协议内容 通用规则和法规 无线电设备
47 CFR PART15	射频装置
ANSI C63.4	9kHz~40GHz 范围内低压电气设备和电子设备所发射的无线电噪声的测量方法

表 3-4 国际上主要电磁兼容标准

标准号	标准名称
IEC 61000-3-2	电磁兼容 限值 谐波电流发射限值(设备每相输入电流≤16A)
IEC 61000-3-3	电磁兼容 限值 对额定电流不大于 16A 的设备在低压供电系统中产生的电压波动
IEC 61000-4-2	电磁兼容试验和测量技术 静电放电抗扰试验
IEC 61000-4-3	电磁兼容试验和测量技术 射频电磁场辐射抗干扰试验
IEC 61000-4-4	电磁兼容试验和测量技术 电快速瞬时/脉冲群抗扰度试验
IEC 61000-4-5	电磁兼容试验和测量技术 浪涌(冲击)抗扰试验

续表 3－4

标准号	标准名称
IEC 61000－4－6	**电磁兼容试验和测量技术 射频场感应的传导骚扰抗扰度试验**
IEC 61000－4－8	电磁兼容试验和测量技术 工频磁场抗扰度试验
IEC 61000－4－11	**电磁兼容试验和测量技术 电压暂降、短时中断和电压变化抗扰度试验**
CISPR 16－1－1	无线电骚扰和抗扰度测量设备和测量方法规范 第1－1部分:无线电骚扰和抗扰度测量设备 测量设备
CISPR 16－1－2	无线电骚扰和抗扰度测量设备和测量方法规范 第1－2部分:无线电骚扰和抗扰度测量设备 辅助设备 传导骚扰
CISPR 16－1－3	无线电骚扰和抗扰度测量设备和测量方法规范 第1－3部分:无线电骚扰和抗扰度测量设备 辅助设备 骚扰功率
CISPR 16－1－4	无线电骚扰和抗扰度测量设备 辅助设备 辐射骚扰
CISPR 16－1－5	无线电骚扰和抗扰度测量设备和测量方法规范 第1－5部分:无线电骚扰和抗扰度测量设备 30MHz－1000MHz 天线校准用试验场地
CISPR 16－2－1	无线电骚扰和抗扰度测量设备和测量方法规范 第2－1部分:无线电骚扰和抗扰度测量方法 传导骚扰测量
CISPR 16－2－2	无线电骚扰和抗扰度测量设备和测量方法规范 第2－2部分:无线电骚扰和抗扰度测量方法 骚扰功率测量
CISPR 16－2－3	无线电骚扰和抗扰度测量设备和测量方法规范 第2－3部分:无线电骚扰和抗扰度测量方法 辐射骚扰测量
CISPR 16－2－4	无线电骚扰和抗扰度测量设备和测量方法规范 第2－4部分:无线电骚扰和抗扰度测量方法 抗扰度测量
CISPR 16－3	无线电骚扰和抗扰度测量设备和测量方法规范 第3部分 无线电骚扰和抗扰度测量技术报告
CISPR 14－1	**家用电器、电动工具和类似器具的电磁兼容要求 第1部分:发射**
CISPR 14－2	**家用电器、电动工具和类似器具的电磁兼容要求 第2部分:抗扰度**
CISPR 22	信息技术设备 无线电干扰特性 限值和测量方法
CISPR 24	信息技术设备 抗干扰特性的测量方法和极限值
CISPR 15	电气照明和类似设备的无线电干扰性能的限值和测试方法
IEC 61547	通用照明设备/电磁兼容抗扰性要求
CISPR 13	声音和电视广播接收机及其相关设备 无线电干扰特性 限值和测量方法
CISPR 20	声音和电视广播接收机及相关设备 抗扰特性 测量极限和方法

表 3 - 5　电玩具的国家标准与国际标准的对应关系

国家标准	国际标准（IEC/CISPR）	欧洲标准
GB 17625.1	IEC 61000 - 3 - 2	EN 61000 - 3 - 2
GB 17625.2	IEC 61000 - 3 - 3	EN 61000 - 3 - 3
GB/T 17626.2	IEC 61000 - 4 - 2	EN 61000 - 4 - 2
GB/T 17626.3	IEC 61000 - 4 - 3	EN 61000 - 4 - 3
GB/T 17626.4	IEC 61000 - 4 - 4	EN 61000 - 4 - 4
GB/T 17626.5	IEC 61000 - 4 - 5	EN 61000 - 4 - 5
GB/T 17626.6	IEC 61000 - 4 - 6	EN 61000 - 4 - 6
GB/T 17626.11	IEC 61000 - 4 - 11	EN 61000 - 4 - 11
GB 4343.1	CISPR 14 - 1	EN 55014 - 1
GB 4343.2	CISPR 14 - 2	EN 55014 - 2

　　我国的电玩具暂时与家电设备共同使用一个 EMC 标准,即采用 GB 4343.1,GB 4343.2,GB 17625.1 和 GB 17625.2,等同采用对应的欧洲标准分别为 EN 55014 - 1,EN 55014 - 2,EN 61000 - 3 - 2,EN 61000 - 3 - 3。由于欧洲标准与国际标准的特殊关系,对应的国际标准分别为 CISPR 14 - 1,CISPR 14 - 2,IEC 61000 - 3 - 2,IEC 61000 - 3 - 3。由于现在有的电玩具越来越复杂和高端,引入了诸如无线遥控技术、LED 照明技术、音视频技术等,所以当电玩具采用了这些先进技术时,该电玩具除了需满足家电设备的 EMC 标准要求外,还需要满足对应的信息技术设备、灯具类设备和音视频类设备的 EMC 标准要求。信息技术类设备,灯具设备和音视频设备的 EMC 标准如上表所示。

第三节　电玩具 EMC 标准的技术要求

一、主要 EMC 测试项目

　　与其他的电子电气设备一样,电玩具的 EMC 测试分为 EMI 和 EMS 两部分。EMI 即骚扰部分,按照标准 GB 4365 的定义是指电磁骚扰引起的设备、传输通道或系统性能的下降。不同的电玩具依据供电方式的不同可划分为不同的类别,对应有不同的测试项目,但一般情况来说,基本的 EMI 测试项目有以下四种:

　　1)谐波电流;

　　2)电压波动和闪烁;

　　3)连续骚扰(包括传导骚扰、辐射骚扰和骚扰功率);

4）断续骚扰（包括喀呖声）。

EMS即抗扰度部分，是指在存在电磁骚扰的情况下，装置、设备或系统不能避免性能降低的能力。对于电玩具来讲，基本的EMS测试项目有以下六个：

1）静电放电抗扰度；

2）射频电磁场辐射抗扰度；

3）电快速瞬变脉冲群抗扰度；

4）浪涌（冲击）抗扰度；

5）射频场感应的传导骚扰抗扰度；

6）电压暂降、短时中断和电压变化抗扰度。

二、端子骚扰电压限值要求

端子是适用于与外部电路进行可重复使用的电气连接的导电部件。依据国家标准GB 4343.1中的要求，端子骚扰电压的限值由表3-6给出。电源的相线和中线端子都应符合表3-6中的限值。

表3-6 频率范围为148.5kHz～30MHz的端子骚扰电压限值

频率范围	电源端子		负载端子和附加端子	
1	2	3	4	5
MHz	准峰值/dBμV	平均值/dBμV	准峰值/dBμV	平均值/dBμV
0.15～0.50	66～56 随频率的对数线性减小	59～46	80	70
0.50～5	56	46	74	64
5～30	60	50	74	64
注：在0.15MHz～0.50MHz内，限值随频率呈对数线性减小。				

对于能够连接到市电的电池驱动的电玩具（内置或外置电池），电源端子适用表3-6中第2栏和第3栏的限值。

不能连接到市电的内置电池电玩具不规定骚扰电压限值。

外接电池的电玩具，如果电玩具与电池间的连线短于2m，则不规定限值；如果电玩具与电池间的连线长于2m，或该连线可由使用者不用专用工具就可延长，则这些导线适用表3-6中第4栏和第5栏的限值。

三、骚扰功率限值要求

依据标准定义，骚扰功率是指设备在某种条件下发射的电磁功率。骚扰功率的限值由表3-7给出。

表3-7 频率范围为30MHz～300MHz的骚扰功率限值

频率范围	电源端子	
1	2	3
MHz	准峰值/dBpW	平均值/dBpW
30～300	45～55	35～45

对于能够连接到市电的电池驱动的电玩具(内置或外接电池),适用表3-7的第2栏和第3栏的限值。

不能连接到市电的内置电池的电玩具不规定骚扰功率限值。

装有半导体装置的调节控制器、整流器、电池充电器和变换器等,如果不包含工作频率高于9kHz的内部频率或时钟发生器,则在30MHz～300MHz频段内不规定骚扰功率限值。

四、频率范围为30MHz～1000MHz的连续骚扰(辐射骚扰)限值要求

辐射骚扰是被测设备的机壳产生的骚扰场强。辐射骚扰的限值由表3-8给出。

表3-8 频率范围为30MHz～1000MHz的辐射骚扰限值(测试距离为10m)

频率范围/MHz	限值 准峰值/(dBμV/m)
30～230	30
230～1000	37
注:在转换频率处采用较低限值。	

本项目也可以在较近的距离测量,但测试距离至少为3m。同时,应使用20dB/oct的反比因子,将测量数据归一化到规定距离以确定符合性。在有争议时,以测试报告中描述的测量距离进行验证。

五、断续骚扰限值要求

恒温控制的器具、程序自动控制的机器和其他电气控制或操作的器具的开关操作会产生断续骚扰。断续骚扰的影响随着在音像中出现的重复率和幅度而变化。断续骚扰的限值主要依赖于骚扰特性和喀呖声率。

1. 频率范围为148.5kHz～30MHz

对于产生下列断续骚扰的电玩具,端子骚扰电压中的限值适用。

1)除喀呖声以外的骚扰;

2)喀呖声率 $N \geqslant 30$ 的喀呖声。

对于以下两种断续骚扰,喀呖声限值是在连续骚扰限值 L(表 3 - 6)的基础上增加:

$\Delta L = 44\,\mathrm{dB}$ $\qquad\qquad\qquad$ $N < 0.2$,或

$\Delta L = 20\lg(30/N)\,\mathrm{dB}$ $\qquad\qquad$ $0.2 \leqslant N < 30$

2. 其他类型的喀呖声

在一定条件下,断续骚扰的以下几种例外情况不包括在喀呖声定义内。

(1)单个开关操作

由装在电玩具内或者为下述目的使用的开关或控制器上直接或间接的,手动或类似动作引起的单个开关操作产生的骚扰,可以忽略或者认为符合骚扰限值。

1)只有接通或断开电源的作用;

2)只有程序选择的作用;

3)通过在有限的固定位置间的开关切换进行能量或速度控制;

4)用于连续调节控制中手动改变设置的开关,如脱水的变速装置或电子温控器。

符合本条开关例子是电玩具的开关,例如玩具电动车的开关,电动打字机的开关,热风机和吹风机的加热和气流控制的人工开关以及碗橱、衣柜或冰箱的间接操作开关和感应操作开关。经常重复操作的开关不包括在内,如缝纫机、计算机、焊接设备的开关等。

同时,通过操作装在玩具内,只是为了安全切断电源用的任何开关装置或控制器而引起的骚扰,也是可以忽略或者认为符合骚扰限值的。

(2)时帧小于 600ms 的喀呖声组合

对于程序控制的电玩具,在每一个选择的程序周期允许有一个时帧小于 600ms 的喀呖声组合。

对于其他电玩具,在最小观察时间内允许有这样一个喀呖声组合,这也适用于恒温控制的三相开关在三相中的每相及中线相继引起的三个骚扰,这些喀呖声组合此时被认为是一个喀呖声。

(3)瞬时开关

符合下列条件的设备:

1)喀呖声率不大于 5;

2)没有持续时间长于 20ms 的喀呖声;

3)90% 的喀呖声持续时间小于 10ms。

不管其幅度大小如何,被认为满足限值要求。如果有一个条件不符合,则应用上文中规定的限值。

(4)间隔时间小于 200ms 的喀呖声

对于喀呖声率小于 5 的电玩具,任何两个持续时间不超过 200ms 的骚扰,即使它们之间的间隔小于 200ms,也应评定为两个喀呖声,而不是连续骚扰。

六、静电放电抗扰度试验等级(见表3-9)

表3-9 静电放电抗扰度试验等级

环境现象	试验规定	试验配置
静电放电	8kV 空气放电 4kV 接触放电	按 GB/T 17626.2—2006

注:4kV 的接触放电应施加于易触及到的导电部件,但诸如电池盒或插座孔里的金属触片除外。

七、射频电磁场辐射抗扰度试验等级(见表3-10)

表3-10 射频电磁场抗扰度试验等级

环境现象	试验规定	试验配置
射频电磁场 1kHz,80%调幅	80MHz～1000MHz 3V(r.m.s.)(未调制)	按 GB/T 17626.3—2006

八、电快速瞬变脉冲群抗扰度试验等级(见表3-11~表3-13)

表3-11 信号线和控制线端口

环境现象	试验规定	试验配置
共模快速瞬变	0.5kV(峰值) 5/50ns Tr/Td 5kHz 重复频率	按 GB/T 17626.4—2008

注:仅适用于按制造商功能规范规定的总长度可超过3m的电缆连接的端口。

表3-12 直流电源输入和输出端口

环境现象	试验规定	试验配置
共模快速瞬变	0.5kV(峰值) 5/50ns Tr/Td 5kHz 重复频率	按 GB/T 17626.4—2008

注:不适用于电池供电,使用时不能接到市电的器具。

表3-13 交流电源输入和输出端口

环境现象	试验规定	试验配置
共模快速瞬变	1kV(峰值) 5/50ns Tr/Td 5kHz 重复频率	按 GB/T 17626.4—2008

注:对于特低电压的交流端口,该测试仅适用于与制造商功能规范规定的总长度可超过3m的电缆连接的端口。

试验在正负两个极性上各进行 2min。测试交流和直流电源端口时均应使用耦合/去耦网络。

九、浪涌(冲击)抗扰度试验等级(见表 3-14)

表 3-14 交流电源输入端口

环境现象	试验规定	试验配置
浪涌	1.2/50(8/20)Tr/Tdμs 2kV 线到地 12Ω 1kV 线到线 2Ω	按 GB/T 17626.5—2008

只要可行,依次对端口施加 5 次正脉冲和 5 次负脉冲:

相线之间:1kV;

相线与中线之间:1kV;

相线与保护地线之间:2kV;

中线与保护地线之间:2kV。

在受试设备交流电源 90° 相位施加正脉冲,270° 相位施加负脉冲,不需要对表 3-13 以外(更低)的电压进行试验。

十、射频场感应的传导骚扰抗扰度试验等级(见表 3-15 ~ 表 3-17)

表 3-15 信号线和控制线端口

环境现象	试验规定	试验配置
射频电流 共模 1kHz,80% 调幅	0.15MHz ~ 230MHz 1V(r.m.s)(未调制) 150Ω 源阻抗	按 GB/T 17626.6—2008

注:仅适用于按制造商功能规范规定的总长度可超过 3m 的电缆连接的端口。

表 3-16 直流电源输入和输出端口

环境现象	试验规定	试验配置
射频电流 共模 1kHz,80% 调幅	0.15MHz ~ 230MHz 1V(r.m.s)(未调制) 150Ω 源阻抗	按 GB/T 17626.6—2008

注:不适用于由电池供电、使用时不能连接到市电的器具。

表 3 – 17　交流电源输入和输出端口

环境现象	试验规定	试验配置
射频电流 共模 1kHz,80% 调幅	0.15MHz ～ 230MHz 3V(r.m.s)(未调制) 150Ω 源阻抗	按 GB/T 17626.6—2008

注:对于特低电压的交流端口,该测试仅适用于与制造商功能规范规定的总长度可超过 3m 的电缆连接的端口。

对于带有电子控制电路的变压器玩具和双电源玩具等内部电子线路时钟频率/振荡频率不超过 15MHz 的受试设备,射频场感应的传导骚扰抗扰度试验测试频率范围为 0.15MHz ～230MHz。其他受试设备的测试频率为 0.15MHz ～ 80MHz。

十一、电压暂降、短时中断抗扰度试验等级(见表 3 – 18)

表 3 – 18　交流电源输入端口

环境现象		试验电平 % U_T	电压暂降的持续时间 (额定频率周期)		试验配置
			50Hz	60Hz	
电压暂降	100	0	0.5	0.5	按 GB/T 17626.11—2008,电压突变在过零处产生
	60	40	10	12	
	30	70	25	30	

注: U_T 是受试设备的额定电压。

第四节　电玩具 EMC 测试设备

一、端子骚扰电压的测试设备

端子骚扰电压的测试设备是接收机,辅助设备主要是人工电源网络、电压探头和电流探头等。测试设备和辅助设备应当分别满足国家标准 GB/T 6113.101 和 GB/T 6113.102 的要求。所有测试设备和辅助设备的主要参数均需在计量有效期内,且试验前应对测试设备进行特性校验,只有满足特性要求的测试设备才能用来进行 EMC 测试。

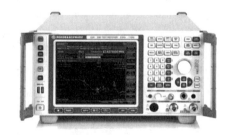

图 3 – 8　EMI 接收机

1. 测量接收机

EMI 测量接收机又叫做电磁干扰测量仪(如图 3 – 8),是电磁兼容测试中应用最广泛的机器。它实质上是一个选频测量仪,将传感器收到的干扰信号中预先设定的频率分量在一定的频率通带内选择出来并记录显示,连续改变设定频率便可以得到所测干扰信号的频谱。

对于 EMI 测量接收机,按照检波方式可以分为准峰值、峰值、平均值和均方根值四类,测试的时候我们应当根据标准 GB 6113.101 的要求选取合理的检波方式、中频带宽和充放电时间常数,EMI 接收机原理如图 3 - 9。

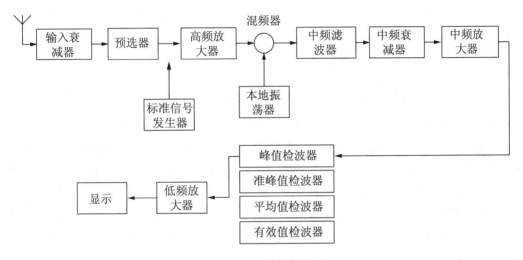

图 3 - 9　EMI 接收机原理图

输入衰减器的作用是将外部进来的过大的信号或干扰电平衰减,调节衰减量大小,保证输入电平在测量可测范围之内,同时也可避免过电压或过电流造成测量接收机的损坏。电磁干扰测量仪无自动增益控制功能,用宽带衰减器改变量程,它的目的是客观地测定和反映其输入端信号的大小。

预选器的实质为带通滤波器组,用来抑制镜像干扰和互调干扰,改善接收机的信噪比,提高总机灵敏度。

标准信号发生器提供一种具有特殊形状的窄脉冲,能保证在干扰仪工作频段内有均匀的频谱密度。它可随时对接收机的增益进行自校,以保证测量值的准确。普通接收机不具有标准信号发生器。

高频放大器利用选频放大原理,仅选择所需的测量信号进入下级电路,而将各种杂散信号(包括镜像频率信号、中频信号、交调谐波信号等)排除下级电路之外。

混频器将来自高频放大器的高频信号和来自本地振荡器的信号合成,产生一个差频信号。输入中频放大器之后,由于差频信号的频率远低于高频信号频率,使中频放大器增益得以提高。

本地振荡器提供一个频率稳定的高频振荡信号,即扫频源。

中频部分的调谐电路可提供严格的频带宽度,又能获得较高的增益,因此可保证接收机的总选择性和总机灵敏度。

EMI 接收机的检波方式与普通接收机有很大差异。EMI 接收机除可接收正弦波信号外,更常用于接收脉冲干扰信号,因此接收机除具有平均值检波功能外,还增加了峰值检波和准峰值检波功能。按照检波方式,接收机类型可分为:准峰值测量接收机、峰值测量接收机、平均值测量接收机和均方根值测量接收机。重要参数包括 6dB 带宽、检波器充放电时间常数、过载系数、脉冲响应和选择性等。

例如,按照 GB 4343.1 进行电玩具的端子骚扰电压和骚扰功率测试时,EMI 接收机应当选用峰值和平均值两种检波方式,中频带宽选择 9kHz,充放电时间常数分别选 1ms 和 160ms。准峰值检波器接收机和平均值检波器接收机应分别符合 GB/T 6113.101—2008 中第 4 章和第 6 章的相关规定。准峰值检波器和平均值检波器可由同一个接收机提供,测试的时候依据要求分别进行测量。

平均值检波:其最大特点是检波器的充放电时间常数相同,一般不用于脉冲骚扰测量,用于测量窄带信号测量。

峰值检波:它的充电时间常数很小,即使是很窄的脉冲也能很快充电到稳定值,当中频信号消失后,由于电路的放电时间常数很大,检波的输出电压可在很长一段时间内保持在峰值上,多用于脉冲或者脉冲调制骚扰测量。

准峰值检波:这种检波器的充放电时间常数介于平均值于峰值之间,在测量周期内的检波器输出既与脉冲幅度有关,又与脉冲重复频率有关,其输出与干扰对听觉造成的效果相一致。

均方根值 RMS(Root Mean Square)也称作有效值,它的计算方法是对测试电压先平方、再平均、然后开方。均方根检波器就是输出电压为所施加信号均方根值的检波器。

2. 人工电源网络

人工电源网络(如图 3-10)通常放置在被测设备与公共电网之间,既可以为被测设备提供提供稳定的阻抗,又可以对被测设备和公共电网进行隔离。人工电源网络分为三种:V型网络用来测量不对称电压(Unsymmetrical Voltage),也就是导线或端子与规定的接地基准之间的电压。△型网络加上一个平衡/不平衡转换器,就可用来测量对称(差模)电压和非对称(共模)电压。T 型网络中,没有包含规定的差模负载阻抗,这个阻抗必须由连接到网络的电源端子的外部电路来提供。因此,这种网络只能测量共模骚扰电压。

图 3-10　人工电源网络(交流和直流)

对于电玩具的端子骚扰电压测试,应在变压器的电源端使用 GB/T 6113.102—2008 中第 4 章规定的 $50\Omega/50\mu H$(或 $50\Omega/50\mu H+5\Omega$)的 V 型人工电源网络进行测试。

3. 电压探头

电压探头(如图3-11)是连接被测电路与示波器输入端的电子部件,通常由阻容电路组成。电压探头分为高阻无源探头、低阻无源探头、无源高压探头、有源FET探头、有源差分探头等多种。当端子的骚扰电压不方便用人工网络来测量时,可用电压探头来进行测量。

对于负载端子或控制端子,应使用电压探头进行测量。当不能使用人工电源网络而且对受试设备或试验设备没有不良影响时,也可在电源端子上使用电压探头进行测量。电压探头应符合GB/T 6113.102—2008中第5章的相关规定。

图3-11　电压探头

二、骚扰功率测试设备

1. 测量接收机

一般来说,骚扰功率测试接收机与端子骚扰电压的接收机可共用。准峰值检波器接收机和平均值检波器接收机应分别符合GB/T 6113.101—2008中第4章和第6章的相关规定。检波方式亦可采用准峰值和平均值结合的方式进行。

2. 吸收钳

吸收钳应符合GB/T 6113.103—2008中第4章的规定。

吸收钳的结构组成包括宽带射频电流变换器、宽带射频功率吸收体和受试线的阻抗稳定器、吸收套筒和衰减值为6dB,输入阻抗为50Ω的衰减器。吸收钳通常结合EMI测试接收机,完成骚扰功率的测量,也可结合双端口测量设备使用。

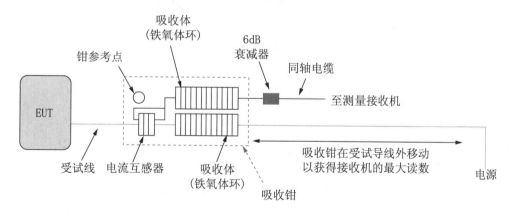

图3-12　吸收钳的组成结构

三、辐射骚扰测试设备

辐射骚扰测试是对电玩具的机壳产生的骚扰场强进行测量。对有些电玩具,可能需要测量电场和磁场两个分量,有的时候可能还需要测试功率辐射。30MHz以上的场强测量一般在电波暗室中进行,9kHz~30MHz频段的辐射也可以在屏蔽室中用三环天线进行测量。

1. 测量接收机

辐射骚扰的主要测量设备有接收机和天线,它们应当满足 GB/T 6113.101 的技术参数要求。与传导骚扰类似,辐射骚扰的接收机主要要求有准峰值、峰值、平均值和均方根值四类,测试的时候我们应当根据标准要求选取检波方式和中频带宽。出于测试效率方面的考虑,我们可以用峰值方式进行预扫以节省时间,然后对峰值点再采用准峰值进行扫描。例如,在 30MHz～1GHz 范围内,按照 GB 4343.1 进行辐射骚扰测试时,接收机应当先选用峰值检波进行预扫,再用准峰值检波进行终扫,中频带宽选择 120kHz,充放电时间常数分别选 1ms 和 550ms。

准峰值检波器接收机应符合 GB/T 6113.101—2008 中第 4 章的相关规定。为了节省时间,可以采用峰值检波器代替准峰值检波器进行预扫。峰值检波器接收机应符合 GB/T 6113.101—2008 中第 5 章的相关规定。

2. 天线

(1)天线的分类

天线是用来接收或发射电磁波的部件,把传输线上传播的导行波,变换成在无界媒介(通常是自由空间)中传播的电磁波,或者进行相反的变换。天线是辐射骚扰测试的主要辅助设备,在测量过程中,利用天线将电磁能力转换为电压进行测量,因此天线的性能参数对测试结果具有举足轻重的影响。用于辐射骚扰测试的 EMI 测试天线主要有图 3-13 所示几种:

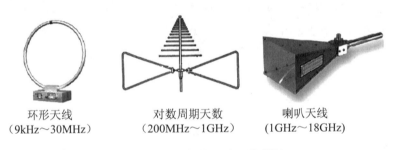

环形天线　　　　对数周期天数　　　　喇叭天线
(9kHz～30MHz)　(200MHz～1GHz)　(1GHz～18GHz)

图3　13　辐射骚扰测试天线举例

30MHz 以下的辐射测试,需要测试骚扰的电流分量,通常采用三环天线测试。30MHz 以上的辐射测试,需要测试骚扰的电场分量。其中,30MHz～1GHz 的测试通常使用对数周期天线,1GHz～18GHz 的测试则需要使用方向性更强的喇叭天线,如图3-13所示。在电玩具的辐射骚扰测试中,接收天线应采用平衡偶极子天线,参数应符合GB/T 6113.104—2008 中第 4 章的相关规定。

对数周期天线由尺寸不同而形状相似的多个单元构成,其阻抗和辐射特性按工作频率的对数成周期性的重复。这种天线有一个特点:凡在 f 频率上具有的特性,在由 T_{nf} 给出的一切频率上将重复出现,其中 n 为整数。这些频率在对数坐标上都是等间隔的,而周期等于 T 的对数。对数周期天线只是周期地重复辐射图和阻抗特性。但是这样结构的天线,若 T 不是远小于1,则它的特性在一个周期内的变化是十分小的,因而基本上是与频率无关的,这也是其名称的由来。对数周期天线的工作频段很宽,主要用在超短波波段,也可作为短波通信天线和中波、短波的广播发射天线。此外,对数周期天线还可用作微波反射面天线的馈源。

喇叭天线是一种波导管终端渐变张开的圆形或矩形截面的微波天线,是线极化天线中最基本的形式,主要用于 1GHz 以上的高频段辐射骚扰测试。其辐射特性由口面的尺寸与场分布决定,而阻抗由喇叭的颈部(始端不连续处)和口面的反射决定。喇叭口可以是方形、长方形或者圆形,喇叭的轴长和半径决定了天线的最大发射频率。可以将喇叭天线简单的看成是一个话筒,进出话筒的声波就是微波信号。由于喇叭天线结构简单,方向图易于控制,通常用作中等方向性天线。喇叭天线除了大量用作反射面天线的馈源以外,也是相控阵天线的常用单元天线,还可以用作对其他高增益天线进行校准和增益测试的通用标准。它的优点是具有结构简单、馈电方便、频带较宽、功率容量大和高增益的整体性能。

（2）天线电参数

描述天线工作特性的参数成为天线的电参数。天线的电参数是衡量天线性能的尺度,决定了天线将高频电流能量转换为空间电磁波能量的能力和定向辐射的能力。因此,对辐射测试原理的研究及其模型的探索,有必要先研究天线的各种电参数。

1）方向图函数、方向图和方向系数。近年来,天线方向图在电磁兼容和无线通信领域逐渐得到重视,其主要原因有二个,首先,随着 EMC 标准要求的日趋严格,测试频率向更高频率方向扩展,被测设备发出的高频骚扰信号波瓣变窄,接收天线的方向图也收

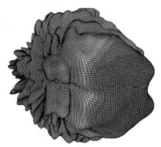

图 3 - 14　喇叭天线和给定频率点的天线方向图

窄,于是如何保证接收天线能接收到来自于被测设备（EUT）的全部骚扰信号就成为电磁兼容测试领域的重要问题。其次,之前仅用于 EMC 领域的宽带天线正在寻找应用到其他领域的方式。第三,许多微波工程师现在必须要处理 EMC 方面的问题,这些工程师需要得到更多的天线信息（如图 3 - 14）。

方向函数。由电基本振子的特性可知,天线辐射的电磁波虽然是一个球面波,但并不是均匀的,该辐射场具有方向性。方向性指的是在相同距离的条件下,天线辐射场的相对值与空间方向的关系,如图 3 - 15 所示。

方向函数的定义为:

$$f(\theta,\varphi) = \frac{\left| E(r,\theta,\varphi) \right|}{60I/r}$$

将电基本振子的辐射场表达式代入后进行归一化,可以得到归一化方向函数:

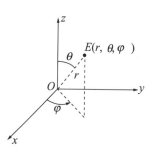

图 3 - 15　天线辐射
电场的球坐标关系

$$F(\theta,\varphi) = \frac{f(\theta,\varphi)}{f_{max}(\theta,\varphi)} = \frac{|E(\theta,\varphi)|}{|E_{max}(\theta,\varphi)|}$$

其中,$E(r,\theta,\varphi)$ 为天线辐射的电场强度;I 为归算电流;r 为电场强度的大小;θ 为子午角;φ 为方向角;$f_{max}(\theta,\varphi)$ 为方向函数的最大值;$E_{max}(\theta,\varphi)$ 为最大辐射方向上的电场强度;$E(\theta,\varphi)$ 为同一距离 (θ,φ) 方向上的电场强度。归一化方向函数的最大值为1,因此,电基本振子的归一化方向函数可写为 $F(\theta,\varphi) = |\sin\theta|$,理想点源是无方向性天线,因此,其归一化方向函数可写为 $F(\theta,\varphi) = 1$。

方向图。将方向函数用曲线描绘出来就是方向图,它是指在离天线一定距离处,辐射场的相对场强(归一化模值)随方向变化的图形,通常采用通过天线最大辐射方向上的两个相互正交的 E 平面和 H 平面方向图来表示。E 面是电场强度矢量所在并包含最大辐射方向的平面,H 面是磁场强度矢量所在并包含最大辐射方向的平面。电基本振子的 E 平面和 H 平面方向图,如图 3-16 所示。

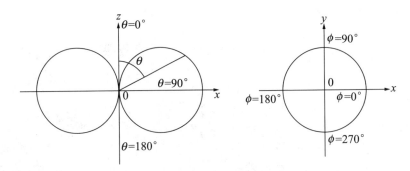

图 3-16 电基本振子 E 平面方向图和 H 平面方向图

方向系数。为了能精确比较不同方向之间的方向性,需要引入一个能定量表示天线辐射能力的电参数,这就是方向系数。其定义是:在同一距离及相同辐射功率的条件下,某天线在最大辐射功率方向上的辐射功率密度和无方向性天线(点源)的辐射功率密度之比,表示为:

$$D = \frac{S_{max}}{S_0}\Big|_{P_r=P_{r0}} = \frac{|E_{max}|^2}{|E_0|^2}\Big|_{P_r=P_{r0}}$$

式中,P_r 和 P_{r0} 分别为实际天线和无方向性天线的辐射功率。因为无方向性天线在 r 处产生的辐射功率密度为:

$$S_0 = \frac{P_{r0}}{4\pi r^2} = \frac{|E_0|^2}{240\pi}$$

将 S_0 代入 D 的表达式中,得到:

$$D = \frac{r^2|E_{max}|^2}{240\pi}$$

上式表明,对于不同的天线,若辐射功率相等,则在同是最大辐射方向且同一距离 r 处的辐射场之比为:

$$\frac{D_1}{D_2} = \frac{E_{\max 1}^2}{E_{\max 2}^2}$$

经推算,方向系数的最终计算式为:

$$D = \frac{4\pi}{\int_0^{2\pi} \int_0^{\pi} F^2(\theta,\varphi)\sin\theta \mathrm{d}\theta \mathrm{d}\varphi}$$

显然,方向系数与辐射功率在全空间的分布状态有关。要使天线的方向系数大,不仅要求主瓣窄,而且要求副瓣电平小。

2)主瓣宽度。实际天线的方向图比电基本振子复杂的多,通常有多个波瓣。大多数情况下,主瓣宽度和天线方向图已经给出了天线对电磁信号的发射和接收覆盖范围。在天线方向图的波瓣(如图3-17)中,最重要的就是主瓣,主瓣包含了信号的绝大部分能量。后瓣必须足够小,尤其是在做1GHz以上抗扰度实验时,为了减小线缆损耗而将放大器置于暗室中天线后面时,为了保护功放,天线的后瓣一定要足够小。副瓣也非常重要,当暗室中的吸波材料不能对旁瓣的电磁波进行有效处理的时候,就会影响测试场地的均匀性。

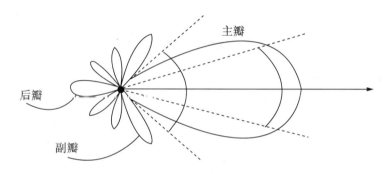

图3-17　天线的波瓣

主瓣宽度(half power beam width/3dB beam width)又叫半功率带宽或3dB带宽,用来表征天线信号功率的集中程度。主瓣中辐射功率最大的两个矢量间的夹角称为主瓣宽度,也就是半功率点之间矢量的夹角。如果将天线在各方向辐射的强度用从原点出发的矢量长短来表示,则连接全部矢量端点所形成的包络就是天线的方向图。主瓣宽度越小,方向图越尖锐,表示天线辐射越集中。矢量的方向代表辐射的方向,矢量的长短代表辐射的强度,如图3-17。

3)天线系数。天线系数是EMC领域中使用最广泛的参数之一,但它不属于标准的天线概念。天线系数反映的是天线作为场强测量器件或探头时的性能。电场天线的系数定义为:

$$AF = \frac{E_{\text{incident}}(\mathrm{V/m})}{V_{\text{reveived}}(\mathrm{V})}$$

磁场天线的系数定义为:

$$AF = \frac{H_{\text{incident}}(\mathrm{A/m})}{V_{\text{reveived}}(\mathrm{V})}$$

当天线被视为两端口换能器时,天线系数类似于一个传输函数或衰减系数。复数形式的天线系数可以提供入射场的幅度和相位信息,但使用最多的还是该复数的实部,天线系数的易混淆之处在于天线的输出电压往往取决于天线终端连接的负载。

天线系数的定义也分为开路和阻性负载两种情况。在图3-18中的天线等效电路中,天线的复数阻抗为 Z_A,接收机的复数阻抗为 Z_{load},当这二者阻抗匹配时,即天线阻抗与接收机阻抗匹配时,天线实现最大功率传输,由于大多数射频接收机,包括频谱仪和网络分析仪的 50Ω 的阻性输入阻抗,因此大多数天线的天线系数都是假设天线连接的是 50Ω 负载。

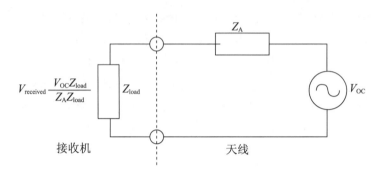

图 3-18　天线的戴维宁等效电路模型

与其他系数不同,天线系数是有量纲的,对于电场天线,其单位是 1/m,对数形式是 dB(1/m),有时也写成 dB/m。对于磁场天线,其单位是 S/m。天线系数包含了天线与辅助设备之间的损耗和失配。然而,它不能解释天线和接收机之间的传输线特性。大多数时候,传输线的特性阻抗与接收机的输入阻抗是匹配的,因此传输线的损耗可以用一个倍增因子 CA 来表示:

$$E_{incident} = V_{incident} AF_{electric} C_A$$

对数形式为:

$$E_{incident}(dB\mu V/m) = V_{incident}(dB\mu V) + AF_{electric}(dB/m) + C_A(dB)$$

以典型的双脊喇叭天线为例,该喇叭天线的天线系数见图3-19。

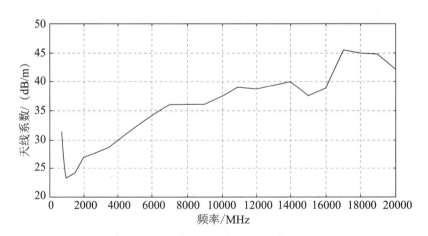

图 3-19　喇叭天线的天线系数

4)增益系数。天线增益是用来衡量天线朝一个特定方向收发信号的能力。天线增益定义为在输入功率相等的条件下,实际天线与理想的辐射单元在空间同一点处所产生的信号的功率密度之比。它定量地描述一个天线把输入功率集中辐射的程度,也是衡量天线能量转换效率和方向特性的参数。

$$G = \frac{S_{max}}{S_0} = \frac{|E_{max}|^2}{|E_0|^2} = \eta_A D$$

其中,S_{max}是某天线在最大辐射方向上的辐射功率密度;S_0是理想无方向性天线的辐射功率密度;η_A是天线效率;D是方向系数。

增益大小与天线方向图有密切的关系,方向图主瓣越窄,副瓣越小,则收发信号的功率越集中,天线的增益就越高。反之,主瓣越宽,则收发信号的功率越分散,天线的增益就越低(如图3-21)。无方向天线的增益为1(如图3-20)。

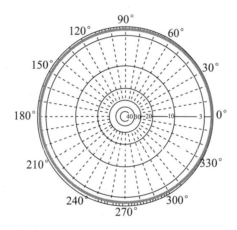

图3-20 增益为1的无方向性天线

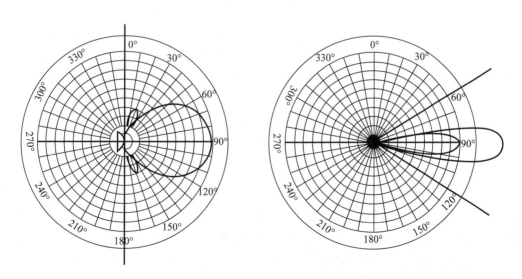

图3-21 低增益天线(左)与高增益天线(右)

与无方向的点源天线相比,天线增益的单位是 dBi,与半波对称振子天线相比,则天线增益的单位是 dBd。dBi 和 dBd 的数值相差 2.15dB。以典型喇叭天线为例,该喇叭天线的各项同性增益如图 3 - 22 所示。

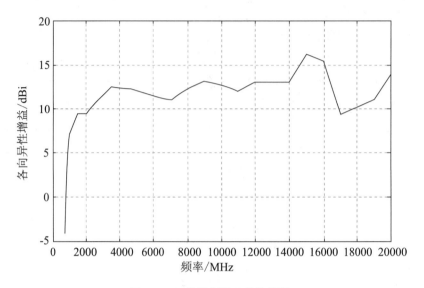

图 3 - 22 典型喇叭天线的增益

天线增益的测量方法:

测试设备有信号源、频谱仪和点源辐射器。

①先用理想(当然是近似理想)点源辐射天线,输入信号功率;然后在距离天线一定的位置上,用频谱仪或接收设备测试接收功率,测得的接收功率为 P_1。

②换用被测天线,加入相同的功率,在同样的位置上重复上述测试,测得接收功率为 P_2。

③得到天线增益: $G = 10\lg(P_2/P_1)$。

由于发射机的输出功率是有限的,因此在通信设计中,往往需要尽量提高天线的增益。使用高增益的天线可以在维持输入功率不变的条件下,增大有效辐射功率。由于频率越高的天线方向性都是很集中的,因此越容易得到较高的增益。

5)极化。天线的极化,就是指天线辐射时在远场形成的电场强度方向,即在空间某固定位置上电场矢量端点随时间运动的轨迹。一般而言,指该天线在最大辐射方向上的电场的空间取向。天线的极化随着偏离最大辐射方向而改变,天线不同的辐射方向上可以有不同的极化。

按照在空间某一固定位置上电场矢量端点随时间运动的轨迹,可分为线极化、圆极化和椭圆极化(如图 3 - 23 ~ 图 3 - 25),线极化分为垂直极化和水平极化。当电场强度方向垂直于地面时,此电波就称为垂直极化波。当电场强度方向平行于地面时,此电波就称为水平极化波。由于电波的特性,决定了水平极化传播的信号在贴近地面时会在大地表面产生极化电流,极化电流因受大地阻抗影响产生热能而使电场信号迅速衰减,而垂直极化方式则不易产生极化电流,从而避免了能量的大幅衰减,保证了信号的有效传播。

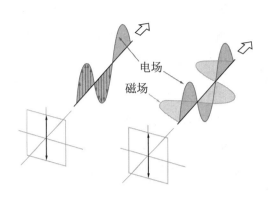

图 3 - 23 线极化波

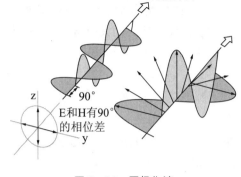

图 3 - 24 圆极化波

电波的极化特性取决于发射天馈系统的极化特性。接收天线必须与发射天线具有相同的极化和旋向特性,以实现极化匹配,从而接收全部能量。线极化天线不能接收与其极化方向垂直的线极化波。圆极化天线不能接收与其旋转方向相反的圆极化分量。椭圆极化天线不能接收与其旋转方向相反的圆极化分量。若部分匹配,则只能接收部分能量,意味着功率的损失。

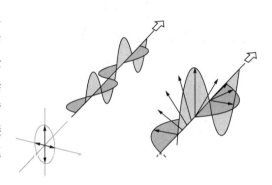

图 3 - 25 椭圆极化波

6)天线效率。天线效率是指天线辐射出去的功率(即有效地转换电磁波部分的功率)和输入到天线的有功功率之比,是恒小于 1 的数值。一般来说,载有高频电流的天线导体及其绝缘介质都会产生损耗,因此输入天线的功率并不能全部转换成电磁波能量,可以用天线效率来表示这种能量转换的有效程度。天线效率定义为天线辐射功率 P_r 与输入功率 P_{in} 之比,即 $\eta_A = \dfrac{P_r}{P_{in}}$。考虑功率与电阻之间的关系,可得

$$\eta_A = \frac{P_r}{P_{in}} = \frac{P_r}{P_r + P_l} = \frac{R_r}{R_r + R_l}$$

其中,P_l 为损耗功率;R_l 为损耗电阻;R_r 为辐射电阻。一般来讲,损耗电阻的计算式比较困难的,但可由试验确定。从上式可以看出,若要提高天线效率,必须尽可能减小损耗电阻和提高辐射电阻。通常情况下,超短波和微波天线的效率都很高,接近 1。这里定义的天线效率并未包含天线与传输线失配引起的反射损失,考虑到天线输入端的电压反射系数为 Γ,则天线的总效率应为:

$$\eta_\Sigma = (1 - |\Gamma|^2)\eta_A$$

7)输入阻抗。天线的输入阻抗是天线的重要参数之一,知道了天线的输入阻抗就可以选定合适的馈电传输线与之匹配。线形天线的输入阻抗与天线的长短、形状、馈电点的位

置、采用的波长及周围环境等因素相关。

天线通过传输线与发射机或接收机相连,作为传输线的负载,天线与传输线之间存在阻抗匹配的问题。天线与传输线的连接处称为天线的输入端,输入端呈现的阻抗定义为天线的输入阻抗,即天线的输入阻抗 Z_{in} 与天线的输入端电压与电流之比。

$$Z_{in} = \frac{U_{in}}{I_{in}} = R_{in} + jX_{in}$$

其中,R_{in} 与 X_{in} 分别为输入阻抗和输入电抗,它们分别对应有功功率和无功功率。有功功率以损耗和辐射两种方式耗散,无功功率则贮存在近区中。天线的输入阻抗计算式比较困难的,因为它需要准备知道天线上的激励电流。除了少数天线外,大多数天线的计算采用近似计算或实验测定。

8)有效长度。一般而言,天线上的电流分布是不均匀的,即天线上各部位的辐射能力并不一样。为了衡量天线的实际辐射能力,常采用有效长度。其定义是在保持实际天线最大辐射方向上的场强值不变的条件下,假设天线上电流为均匀分布时天线的等效长度(如图 3 − 26)。

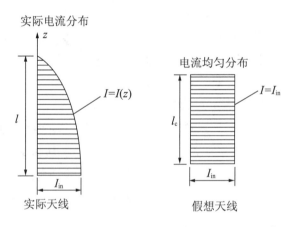

图 3 − 26 天线有效长度

按照 GB/T 1417,天线的有效长度有如下定义:

①辐射线性极化波的天线:假定在与最大辐射方向相垂直的一根导线上有均匀分布的电流,此电流等于实际天线的输入端电流,且所产生的辐射场强与实际天线的辐射场强相同。此导线的长度即实际天线的有效长度。

②接收线性极化波的天线:设电磁波从最大接收方向入射,天线输出端的开路电压与天线极化方向的场强分量之比。

经计算得出方向系数与有效长度的关系有:

$$D = \frac{30k^2 l_e^2}{R_r}$$

在天线的设计过程中,通常采用专门的措施加大天线的等效长度,以提高天线的辐射和接收能力。

9）频带宽度。频带宽度即天线的工作频率范围,是天线的重要电参数之一。任何天线都工作在一定的频率范围内,当工作频率偏离中心频率时,天线的电性能将变差,其容许程度取决于系统的工作特性要求。当工作频率变化时,天线的电参数变化的程度在所允许的范围内,此时对应的频率范围称为天线的频段宽度。根据频带宽度的不同,天线可以分为窄带天线、宽带天线和超宽带天线。

常见的窄带天线有引向天线,又称为八木天线(如图3-27),广泛用于米波雷达、电视、通信等无线电设备中。缺点是频带窄,优点是结构简单、成本低、方向性较强、增益高。

宽带天线指的是有带宽较宽的天线,如圆锥天线、V锥天线、TEM喇叭天线、螺旋天线(如图3-28)、波纹喇叭天线、微带天线以及电小天线。

超宽带天线是指绝对带宽可以达到几个倍频程的天线,如对数周期天线(如图3-29)和喇叭天线。超宽带天线与引向天线的区别在于振子长度和频带宽度。

图3-27 八木天线(窄带天线) 图3-28 螺旋天线(宽带天线)

图3-29 对数周期天线(超宽带天线示例)

10）驻波比。驻波比全称为电压驻波比,又名VSWR(Voltage Standing Wave Ratio)或SWR(如图3-30)。在入射波和反射波相位相同的地方,电压振幅同相叠加为最大电压振幅,形成波腹。在入射波和反射波相位相反的地方,电压振幅相消为最小电压振幅,形成波节。其他各点的振幅值则介于波腹与波节之间,这种合成波称为行驻波。

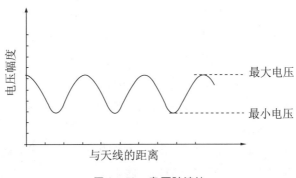

图3-30 电压驻波比

驻波比是驻波波腹处的电压幅值与波节处的电压幅值之比。在无线电通信中,天线与馈线的阻抗不匹配或天线与发射机的阻抗不匹配,高频电磁能量就会产生反射折回,并与前进的部分干扰汇合形成驻波。为了表征和测量天线系统中的驻波特性,也就是天线中正向波与反射波的情况,人们建立了"驻波比"这一概念,

$$SWR = \frac{R}{r} = \frac{1+\rho}{1-\rho} = \frac{1+|\Gamma|}{1-|\Gamma|}$$

$$\Gamma = \frac{V_r}{V_f}$$

式中,R 和 r 分别是输出阻抗和输入阻抗;V_r 为前向波的幅度;V_f 为反向波的幅度;Γ 为反射系数;ρ 为反射系数 Γ 的实部。

当输出阻抗和输入阻抗数值一样时,达到完全匹配,反射系数 Γ 等于 0,驻波比 SWR 为 1。这是一种理想的状况,实际上阻抗不可能完全匹配,总存在电磁波反射的情况,所以驻波比总是大于 1 的。

当反射系数 Γ 等于 - 1 的时候,传输线中出现最大的负反射,此时线路处于短路状态。

当反射系数 Γ 等于 + 1 的时候,传输线中出现最大的正反射,此时线路处于开路状态。

天线的 VSWR 需要在天线的馈电端测量。但天线馈电点常常高悬在空中,我们只能在天线电缆的下端测量 VSWR,这样测量的是包括电缆的整个天线系统的 VSWR。当天线本身的阻抗确实为 50Ω 纯电阻、电缆的特性阻抗也确实是 50Ω 时,测出的结果是正确的。当天线阻抗不是 50Ω 时而电缆为 50Ω 时,测出的 VSWR 值会严重受到天线长度的影响,只有当电缆的电器长度正好为波长的整倍数时,而且电缆损耗可以忽略不计时,电缆下端呈现的阻抗正好和天线的阻抗完全一样。但即便电缆长度是整倍波长,若电缆有损耗,例如电缆较细、电缆的电气长度达到波长的几十倍以上,那么电缆下端测出的 VSWR 还是会比天线的实际 VSWR 低。

11)互易定理和接收天线的电参数。互易定理。接收天线工作的物理过程是,天线导体在空间电场的作用下产生感应电动势,并在导体表面激励器感应电流,在天线的输入端产生电压,从而在接收机回路中产生电流。所以接收机天线是把空间电磁波能量转换成高频电流能量的转换装置,其工作过程与发射天线的过程相反,接收天线原理如图 3 - 31。

一般情况下,接收天线与发射天线相距很远,作用在接收天线上的电磁波可认为是均匀平面波。设来波方向与天线轴 Z 夹角为 θ,来波电场 E 可分解为垂直分量和水平分量,其中垂直于天线轴的分量不起作用,只有与天线轴平行的电场分量才能在振子上产生感应电流。如果将 dz 段看成是处于接收状态的电基本振子,则可以看出,无论该振子是用于发射还是接收,其方向性都是一样的。这意味着,任意类型的天线用作接收天线时,它的极化、方向性、有效长度和阻抗特性等均与它用作发生天线时相同。这种同一天线收发参数相同的性质被称为天线的收发互易性。

接收天线的等效电路如图 3 - 32 所示,图中 Z_{in} 为接收天线的等效阻抗,Z_L 为负载阻抗,在接收天线的等效电路中,Z_{in} 就是感应电动势的内阻。

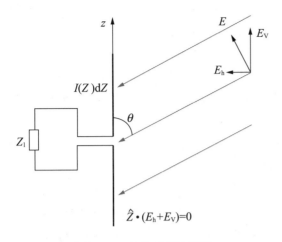

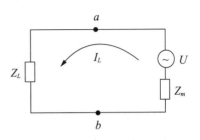

图 3-31　接收天线原理图　　　　图 3-32　接收天线等效电路

在接收状态下的天线与接收机负载共轭匹配的最佳情况下,传送至接收机的功率是天线感应或截获到的总功率的一半,另一半则被天线散射和热损耗消耗掉了。如果不计天线热损耗,这预示了要使截获到的功率的一半传送给接收机,则天线必定要将另一半散射掉。

12) 有效接收面积。有效接收面积是衡量天线接收无线电波能力的重要指标,其定义为:当天线以最大接收方向对准来波方向进行接收,并且天线的极化与来波极化完全匹配时,以及负载与天线阻抗共轭匹配的最佳状态下,天线在该方向上所接收的平均功率与入射电磁波功率密度之比。

$$A_e = \frac{P_{L\max}}{S_{av}}$$

因此,接收天线在最佳状态下接收到的功率可以看成是被具有面积为 A_e 的口面所截获的垂直入射波功率密度之和。

在极化匹配的情况下,$E_\perp = 0$,如果来波的场强振幅为 E_i,则有:

$$S_{av} = \frac{|E_i|^2}{2\eta}$$

在接收天线的等效电路中,当 Z_{in} 与 Z_L 共轭匹配时,接收机处于最佳工作状态,此时传送到匹配负载的平均功率为:

$$P_{L\max} = \frac{\tilde{E}^2}{8R_{in}}$$

当天线以最大接收方向对准来波时,设 l_e 为天线的有效长度,则此时接收天线的总感应电动势为:

$$\tilde{E} = E_i l_e$$

将上述各式代入等效面积的定义,并引入天线效率,则有:

$$A_e = \frac{30\pi l_e^2}{R_{in}} = \eta_A \times \frac{30\pi l_e^2}{R_r}$$

则接收天线的有效接收面积为：

$$A_e = \frac{\lambda^2}{4\pi} G$$

13）等效噪声温度。对于发射功率有限的电玩具，接收信号将很弱，需要灵敏度很高的天线接收机系统，但这时各种噪声将很明显。因为，天线除了能接收无线电波信号之外，还能接收来自空间的噪声信号，空间噪声信号通过天线进入接收机。

外部噪声包括雷电引起的大气噪声；电气设备产生的工业噪声；其他无线电设备引起的干涉噪声；来自宇宙天体如太阳、银河系的宇宙噪声，地球及大气气体的热辐射产生的噪声等。

内部噪声是由于自由电子在电玩具的元器件中以及天线和馈线中的热运动所引起。在长波和中波波段，外部噪声的功率远大于接收设备的内部噪声。因此在求信躁比时可忽略内部噪声。在这个波段内主要是工业噪声和大气噪声。在短波和超短波波段，以及微波毫米波波段，内部噪声不能忽视。

无线电设备接收信号的质量是由接收机的功率信噪比 P_S/P_N 决定的。P_S 为接收机输入端的信号功率；P_N 为各种干扰源产生的噪声功率。

3. 电波暗室

电波暗室是辐射测试中最重要的设备或环境。电波暗室按照结构分为半电波暗室（如图 3 - 33）和全电波暗室（如图 3 - 34）两种形式。

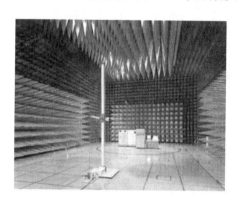

图 3 - 33　半电波暗室示例

图 3 - 34　全电波暗室示例

半电波暗室侧面和顶部为辐射射频吸波材料，地面为电波反射面，用来模拟开阔试验场。普通电玩具的工作频率一般在 1GHz 以下，1GHz 以下的辐射骚扰测试通常在半电波暗室中进行。半电波暗室一般都采用介质损耗型吸收材料制成浸碳泡沫尖劈、铁氧体瓦等。吸波材料的性能与所吸收的电磁波的频率有关，所以吸波器的长度要选择适当。

全电波暗室的六个内表面全部为辐射射频吸波材料，用来模拟自由空间。对于某些含有高频电子元件或信息处理单元的电玩具，其 1GHz 以上的辐射骚扰测试应当在全电波暗室中进行。

电波暗室的主要参数有内部有效尺寸、内部屏蔽尺寸、频率范围、场衰减、电压驻波比、屏蔽效能等。电波暗室的主要性能指标用归一化场地衰减、场地电压驻波比和场均匀性来衡量。

依据标准 CISPR 16 - 1 - 4，辐射骚扰的场地验证主要是 NSA（归一化场地衰减）和 SVSWR（电压驻波比）两个参数要求。NSA 参数用于 1GHz 以下的辐射骚扰测试中场地的验证，要求 NSA 测量值与开阔场上的测量值误差不超过 ±4dB。SVSWR 参数则用于 1GHz 以上的辐射骚扰场地验证，只有 SVSWR≤2∶1 或 SVSWR（dB）≤6dB 时，测试场地才满足要求。

在 1GHz 以上的情况下测试 SVSWR 时，在六个离散的频点上进行测量，而不是对发射截面进行连续扫描。同时使用网络分析仪或信号源和频谱仪组合，以 50MHz 的步进进行测量，从而通过频域的过取样弥补空间的取样不足。图 3 - 35 是标准要求的测试配置。测试距离 d 为测试区域边界与天线参考点之间的距离。在测试区域内，规定了 5 个测试位置：相对于高度 h_1 的前部（F）、中部（C）、左部（L）和右部（R），以及相对于高度 h_2 的前部（H）。高度 h_1 位于测试区域的中心，最高为 1m。高度 h_2 等于测试区域的高度（如图 3 - 36）。接收天线的高度总是与发射天线的高度相同，并始终指向测试区域的中心位置。

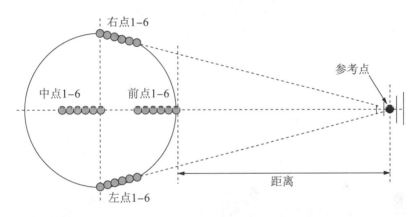

图 3 - 35 SVSWR 的测试位置要求

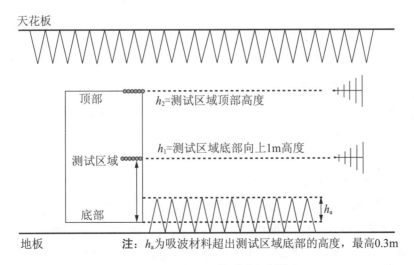

注：h_a 为吸波材料超出测试区域底部的高度，最高 0.3m

图 3 - 36 SVSWR 的测试高度要求

每一个测试位置都包含六个测试点,这六个点在40cm的直线长度上并非均匀分布。第一个点是距接收天线最近的点,从这点开始,其他的点分别距离该点2cm、10cm、18cm、30cm和40cm。在每个点上进行射频(RF)电压和功率的测量。根据公式可计算出该测试位置的场地电压驻波比。

$$S_{\mathrm{VSWR_{dB}}} = 20\log \frac{V_{\max}}{V_{\min}}$$

每个特定测试位置的电压驻波比结果,就由这个位置上的六个点的结果得出(如图3-37)。根据测试位置与接收天线间距离的不同,不同的测试位置所对应的场地电压驻波比之间可以有最高6dB的容差。

根据测试区域的尺寸,有时可以省略一些测试点。如果测试区域的直径小于1.5m,中心点测试就可以省略。如果测试区域小于1m,高度h_2上的测试也可以省略。为了在暗室内得到均匀辐射的电磁波,需要使用全向天线作为发射天线,只有这样才能在辐射骚扰测试的结果中得到最大的反射效果。接收天线则与辐射骚扰测试所用的天线相同,以在暗室性能验证和辐射骚扰测试过程中评估反射效果。如果使用方向性较强的天线,辐射到暗室四周的墙壁更少,从而使高度扫描所需的步进更小,或致使尺寸较小的EUT也要进行高度扫描。

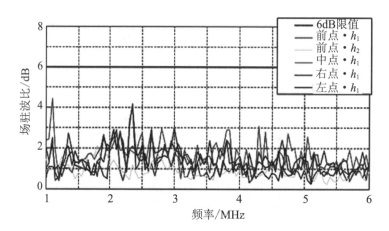

图3-37　场地电压驻波比测试结果示例

四、断续骚扰测试设备

1. 测量接收机

断续骚扰测试接收机与端子骚扰电压的接收机要求类似,只是检波器要求采用准峰值检波器。采用符合 GB/T 6113.101—2008 中第4章规定的准峰值检波器测量喀呖声的幅度。测量接收机的中频输出用于评定喀呖声的持续时间和间隔。

2. 人工电源网络

人工电源网络是传导骚扰中最重要的辅助设备,其作用主要在于提供稳定的低阻抗网络、隔离电网有害信号,以及提取骚扰信号。在电玩具的断续骚扰测试中,应在变压器的电源端使用 GB/T 6113.102—2008 中第 4 章规定的 $50\Omega/50\mu H$(或 $50\Omega/50\mu H + 5\Omega$)的 V 型人工电源网络。

3. 骚扰分析仪

应当使用 GB/T 6113.101—2008 中第 10 章规定的特殊的骚扰分析仪进行测量。只要准确度足够,可以采用示波器的替代方法。通常准峰值测量接收机已经安装在骚扰分析仪内部。

不是在本部分中所有的例外情况都包括在 GB/T 6113.101—2008 中,因此骚扰分析仪不可能监控所有的例外情况。此时,如果能观察到不符合喀呖声定义的断续骚扰的情况存在,应另外使用一个存储示波器。

4. 示波器

由于被测设备产生的喀呖声是瞬态时间,应当使用存储型示波器来测量其持续时间。示波器的截止频率应不低于测量接收机的中频频率。

五、谐波电流与电压波动和闪烁的测试设备

对于由交流市电供电的电玩具,谐波电流与电压波动和闪烁是两个很重要的的电磁兼容测试项目。在低压市电网络中使用的电玩具,其供电电压是正弦波,但其电流波形未必是正弦波,可能有或多或少的畸变,此类电玩具的使用会造成电网电压的波形畸变,使得电网电能质量下降。可以将设备的畸变电流波形分解为基波和高次谐波,通过特定的仪器设备测量高次谐波含量,就可以分析出设备电流波形畸变的程度,这些高次谐波电流分量称为谐波电流。

电网中存在过量的谐波电流,不仅会降低发电机的工作效率,还会影响电网用户设备的正常工作,如计算机运行出错,显示器画面抖动等。此外,电网中如果有大量自动接通和切断控制的负荷,如含有定时器的电玩具,那么当自动控制循环通断时,将引起电源负荷的频繁变化,使电网电压产生波动,进而对接在同一网络中的照明设备的亮度产生影响,这种灯光闪烁对人体健康会产生危害。

谐波电流与电压波动和闪烁测量设备通常集成到一起,该设备(如图 3 - 38)一般由两部分组成,包括精密可编程电源单元和测量仪表单元。要求电源部分能向被测设备提供良好波形的电压源、负载能力和平坦的阻抗特性。按照标准规定,测量仪表单元必须是离散傅里叶变换(FFT)的时域测量仪器,能够同时持续、准确地测量全部各次谐波所涉及的幅值和相位角。目前实验室多采用以 FFT 为频谱分析原理的谐波测量仪,该测量仪的前级为采样电路、模数转换器,候机是 FFT 分析仪。

图 3 - 38 谐波闪烁分析仪示例

六、静电放电抗扰度测试设备

静电放电发生器(ESD Generator)或叫静电放电模拟器(ESD Simulator),俗称静电放电枪,是电磁兼容试验中静电放电抗扰度试验中的重要测试设备(如图 3 - 39)。静电放电试验的目的是为了检验电玩具受到外来静电放电时能否正常工作,是国际电工委员会标准 IEC 61000 - 4 - 2 要求的唯一试验设备。

图 3 - 39　静电放电
发生器示例

静电放电发生器主要包括静电发生器和静电放电枪。静电放电发生器中的静电发生器的输出既有正也有负,有的是正负可以转换,它们的电压双极性高精度输出连续可调,同时适用于更多的应用领域以及未来新标准的要求,所以静电放电发生器可用于绝大多数电玩具的静电放电试验。

静电放电发生器完全符合 IEC 61000 - 4 - 2 和 GB/T 17626. 2 最新标准的要求,在为评定电玩具设备经受静电放电时的性能制定一个共同的准则,具有性能稳定、使用方便等优点,根据试验要求灵活设定电压等级,方便客户选择。

静电放电发生器产生的放电电流应使用放电靶和法拉第笼进行波形参数的验证。放电回路电缆应有足够的绝缘,以防止在试验期间放电电流不通过其端口而流向人员或导电表面。静电放电发生器特性的校验方法参照 GB/T 17626. 2—2006 中 6. 2。

静电放电发生器的基本参数要求有:

储能电容(C_s + C_d):150pF(1 ±10%);

放电电阻(R_d):330Ω(1 ±10%);

充电电阻(R_c):50MΩ 与 100MΩ 之间;

输出电压:接触放电 8kV,空气放电 15kV;

输出电压示值的容许偏差:±5% ;

输出电压极性:正和负极性(可切换);

保持时间:至少 5s;

放电操作方式:单次放电(连续放电之间的时间至少 1s),为了探测的目的,发生器能至少 20 次/秒的重复频率产生放电。

七、射频电磁场抗扰度测试设备

1. 电波暗室

电波暗室是主要用于模拟开阔场,同时用于辐射无线电骚扰(EMI)和辐射敏感度(EMS)测量的密闭屏蔽室。该项目对电波暗室的主要要求具有合适的尺寸,能维持相对于 EUT 来说具有足够空间的均匀场域。替代方法有横电磁波室、带状线、屏蔽室和开阔场等。

电波暗室(anechoic chamber)通常对于辐射试验来说,测试场地分为三种,分别是全电波暗室、半电波暗室和开阔场。

开阔场是平坦、空旷、电导率均匀良好、无任何反射物的椭圆形或圆形试验场地,理想的开阔场地面具有良好的导电性,面积无限大,在30MHz～1000MHz之间接收天线接收到的信号将是直射路径和反射路径信号的总和。但在实际应用中,虽然可以获得良好的地面传导率,但是开阔场的面积却是有限的,因此可能造成发射天线与接收天线之间的相位差。在发射测试中,开阔场的使用和半电波暗室相同。

全电波暗室减小了外界电磁波信号对测试信号的干扰,同时电磁波吸波材料可以减小由于墙壁和天花板的反射对测试结果造成的多径效应影响,适用于发射、灵敏度和抗扰度试验。实际使用中,如果屏蔽体的屏蔽效能能够达到80dB～140dB,那么对于外界环境的干扰就可以忽略不计,在全电波暗室中可以模拟自由空间的情况。同其他两种测试场地相比,全电波暗室的地面、天花板和墙壁反射最小、受外界环境干扰最小,并且不受外界天气的影响。它的缺点在于受成本制约,测试空间有限。

半电波暗室与全电波暗室类似,也是一个经过屏蔽设计的六面盒体,在其内部覆盖有电磁波吸波材料,不同之处在于半电波暗室使用导电地板,不覆盖吸波材料。半电波暗室模拟理想的开阔场情况,即场地具有一个无限大的良好的导电地平面。在半电波暗室中,由于地面没有覆盖吸波材料,因此将产生反射路径,这样接收天线接收到的信号将是直射路径和反射路径信号的总和。

微波暗室的电性能指标主要由静区的特征来表征。静区的特性又以静区的大小、静区内的最大反射电平、交叉极化度、场均匀性、路径损耗、固有雷达截面、工作频率范围等指标来描述。

影响暗室性能指标的因素是多元化的,也是很复杂的,在利用光线发射法和能量物理法则对暗室性能进行仿真计算时,需要考虑电波的传输去耦,极化去耦,标准天线的方向图因素,吸收材料本身的垂直入射性能和斜入射性能,多次反射等影响。但在实际的工程设计过程中,往往以吸收材料的性能作为暗室性能的关键决定因素。

1)交叉极化度。由于暗室结构的不严格对称、吸收材料对各种极化波吸收的不一致性以及暗室测试系统等因素使电波在暗室传播过程中产生极化不纯的现象。如果待测试天线与发射天线的极化面正交和平行时,所测试场强之比小于 －25dB,就认为交叉极化度满足要求。

2)多路径损耗。路径损耗不均匀会使电磁波的极化面旋转,如果以来波方向旋转待测试天线,接收信号的起伏不超过 ±0.25dB,就可忽略多路径损耗。

3)场均匀性。在暗室静区,沿轴移动待测试天线,要求起伏不超 ±2dB;在静区的截面上,横向和上下移动待测天线,要求接收信号起伏不超过 ±0.25dB。

2. 电磁干扰(EMI)滤波器

应注意确保 EMI 滤波器在连接线路上不引起谐振效应。

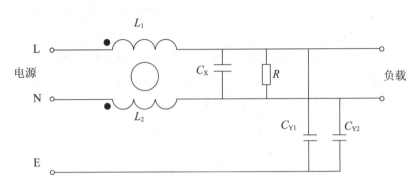

图 3 - 40　EMI 滤波器结构

电磁干扰滤波器(如图 3 - 40)是一种用于抑制电磁干扰,特别是电源线路或控制信号线路中噪音的电子线路设备。因为有害的电磁干扰的频率要比正常信号频率高得多,所以电磁干扰滤波器是通过选择性地阻拦或分流有害的高频来发挥作用的。基本上,电磁干扰滤波器的感应部分被设计作为一个低通器件使交流线路频率通过,同时它还是一个高频截止器件,电磁干扰滤波器的其他部分使用电容来分路或分流有害的高频噪声,使这些有害的高频噪声不能到达敏感电路。这样,电磁干扰滤波器显著降低或衰减了所有要进入或离开受保护电子器件的有害噪声信号。电磁干扰滤波器通常置于开关电源和电网相连的前端,是由串联电抗器和并联电容器组成的低通滤波器。

3. 射频信号发生器

射频信号发生器应能覆盖要求的所有测试频段,并能被 1kHz 的正弦波进行调幅,调幅深度为 80% 。同时,标准要求信号发生器应具有慢于 $1.5 \times 10 - 3$ 十倍频程/s 的自动扫描功能。为避免谐波对监视设备产生干扰,必要时应采用低通或带通滤波器进行隔离。

4. 功率放大器

射频功率放大器是无线发射机的重要组成部分。功率放大器用于放大信号和提供天线输出所需的场强电平。在发射机的前级电路中,调制振荡电路所产生的射频信号功率很小,需要经过一系列的放大—缓冲级、中间放大级、末级功率放大级,获得足够的射频功率以后,才能馈送到天线上辐射出去。为了获得足够大的射频输出功率,必须采用射频功率放大器。

射频功率放大器的主要技术指标是输出功率与效率。除此之外,输出中的谐波分量还应该尽可能地小,以避免对其他频道产生干扰。放大器产生的谐波和失真电平应比载波电平至少低 15dB。

射频功率发生器的主要技术指标:

(1)传输增益

射频功率放大器的传输增益是指放大器输出功率和输入功率的比值,单位常用"dB(分贝)"来表示。功率放大器的输出增益随输入信号频率的变化而提升或衰减。这项指标是考核功率放大器品质优劣的最为重要的一项依据。该分贝值越小,说明功率放大器的频率响应曲线越平坦,失真越小,信号的还原度和再现能力越强。

（2）输出功率

功率放大器的功率指标有标称输出功率和最大瞬间输出功率之分。前者就是额定输出功率,它可以解释为谐波失真在标准范围内变化、能长时间安全工作时输出功率的最大值;后者是指功率放大器的"峰值"输出功率,它解释为功率放大器接受电信号输入时,在保证信号不受损坏的前提下瞬间所能承受的输出功率最大值。

在发射系统中,射频末级功率放大器输出功率的范围可小到毫瓦级（便携式移动通信设备）、大至数千瓦级（发射广播电台）。为了要实现大功率输出,末级功率放大器的前级放大器单路必须要有足够高的激励功率电平。

（3）效率

效率是射频功率放大器极为重要的指标,特别是对于移动通信设备。定义功率放大器的效率,通常采用集电极效率 η_c 和功率增加效率 PAE 两种方法。

（4）线性

衡量射频功率放大器线性度的指标有三阶互调截点（IP3）、1dB 压缩点、谐波、邻道功率比等。邻道功率比衡量由放大器的非线性引起的频谱再生对邻道的干扰程度。由于非线性放大器的效率高于现行放大器的效率,射频功率放大器通常采用非线性放大器,但是非线性放大器在放大输入信号的放大的同时会产生一系列的有害影响。

从频谱的角度看,由于非线性的作用,输出信号中会产生新的频率分量,如三阶互调分量、五阶互调分量等,它干扰了有用信号并使被放大的信号频谱发生变化,即频带展宽了。

从时域的角度,对于波形为非恒定包络的已调信号,由于非线性放大器的增益与信号幅度有关,因此使输出信号的包络发生了变化,引起了波形失真,同时频谱也发生了变化并引起了频谱再生现象。对于包含非线性电抗元件（如晶体管的极间电容）的非线性放大器,还存在使幅度变化转变为相位变化的影响,干扰了已调波的相位。

非线性放大器对发射信号的影响,与调制方式密切相关。不同的调制方式,所得到的时域波形是不同的,如用于欧洲移动通信的 GSM 制式,该制式采用了高斯滤波的最小偏移键控（GMSK）,是一种相位平滑变化的恒定包络的调制方式,因此可以用非线性放大器来放大,不存在包络失真问题,也不会因为频谱再生而干扰邻近信道。但对于北美的数字蜂窝（NADC）标准,采用的是偏移差分正交移相键控调制方式,已调波为非恒定包络,它就必须用线性放大器放大,以防止频谱再生。

（5）杂散输出与噪声

对于通过天线双工器公用一副天线的接收机和发射机,如果接收机和发射机采用不同的工作频带,发射机功率放大器产生频带外的杂散输出或噪声若位于接收机频带内,就会由于天线双工器的隔离性能不好而被耦合到接收机前端的低噪声放大器输入端,形成干扰,或者也会对其他相邻信道形成干扰。

因此必须限制功率放大器的带外寄生输出,而且要求发射机的热噪声的功率谱密度在相应的接收频带出要小于 -130dBm/Hz,这样对接收机的影响基本上可以忽略。

5. 发射天线

射频电磁场抗扰度试验中主要用到的有双锥形天线、对数周期天线或其他线极化天线。

双锥天线(如图3−41)是一种垂直极化全向天线,它与盘锥天线有相似的特性,虽然体积比盘锥天线约大1倍,但其方向图的稳定性更好。

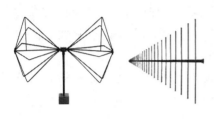

图3−41 双锥天线与对数周期天线

对数周期天线(如图3−41)常用于室内分布和电梯信号覆盖是一种宽频带天线,或者说是一种与频率无关的天线。偶极子由一均匀双线传输线来馈电,传输线在相邻偶极子之间要调换位置。这种天线有一个特点:凡在 f 频率上具有的特性,在由 $\tau^n f$ 给出的一切频率上将重复出现,其中 n 为整数。这些频率画在对数尺上都是等间隔的,而周期等于 τ 的对数。对数周期天线之称即由此而来。对数周期天线只是周期地重复辐射图和阻抗特性。但是这样结构的天线,若 τ 不是远小于1,则它的特性在一个周期内的变化是十分小的,因而基本上是与频率无关的。

对数周期天线种类很多,有对数周期偶极天线和单极天线、对数周期谐振 V 形天线、对数周期螺旋天线等形式,其中最普遍的是对数周期偶极天线。这些天线广泛地用于短波及短波以上的波段。

八、电快速瞬变脉冲群抗扰度测试设备

1. 脉冲群发生器

应采用 GB/T 17626.4—2008 中6.1 的方法对脉冲群发生器的性能特性进行校验。该标准对脉冲群发生器在 50Ω 和 1000Ω 时的输出电压大小、极性、输出波形的上升时间、持续时间和峰值电压等性能特性参数作出了明确的规定。

2. 耦合/去耦网络(如图3−42)

耦合/去耦网络用于交流/直流电源端口的脉冲群抗扰度试验。

耦合/去耦网络的特性参数和校验方法按照 GB/T 17626.4—2008 中6.2 进行。

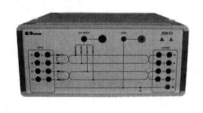

图3−42 耦合/去耦网络

耦合/去耦网络是针对综合波在电源线上做抗干扰能力试验的配套设备。当单相电源线在遭受雷击后会受到干扰,并且在遭受开关的切换时也有可能会遭受干扰,针对其抗干扰能力我们就可以通过耦合/去耦网络配合信号发生器来进行试验测量,从而准确地判断出设备抗干扰能力的可靠性。

作为耦合通道,耦合/去耦网络将综合波发生器输出端与供电电源隔离开来的作用;除此之外,它也能够有效地防止脉冲群信号窜入电网导致影响其他非测试设备现象的发生。耦合网络的用途就是在试验中将综合波发生器的脉冲群信号传送到 EUT 上,从而对从电源线上流入的电流对发生器造成破坏这一情况进行控制,减小对脉冲群波形的影响。此外,在试验中,和被测设备连接同一电源的其他设备可能装有防雷器件,如果不使用这种耦合网络,势必会直接影响试验效果。

脉冲群试验对耦合/去耦网络的性能要求非常严格的,它的元件参数、电感电容的耐压、电

容值大小的选择以及耦合方式的选择等等都会对其性能造成影响。耦合/去耦网络的耦合方式有共模和差模两种方式,如果选择共模方式,这样可以兼顾输出效率和残余电压问题,因为在选用大的耦合电容值时,耦合效率是会很高,但是其参残余电压也会很高,相反为了使其残余电压降低,选用小的耦合电容值这样也会导致其耦合效率降低,所以耦合/去耦网络的这种共模方式就可以帮助解决这个问题,从而大大提高试验的准确性、安全性和可靠性。

3. **容性耦合夹**(如图 3 - 43)

容性耦合夹能在与受试设备端口的端子、电缆屏蔽层或受试设备的其他部分无任何电连接的情况下,将快速脉冲群耦合到受试线路,因此,耦合夹用于输入/输出和通讯端口上的连接线测试。当耦合/去耦网络不适用时,耦合夹也可用于交流/直流电源端口的脉冲群抗扰度试验。耦合夹的结构和特性参数应符合GB/T 17626.4—2008 中 6.3 的要求。

图 3 - 43 容性耦合夹

九、浪涌抗扰度试验测试设备

1. 1.2/50μs 组合波发生器

对于连接到电源线的电玩具设备端口,应使用1.2/50μs 组合波发生器进行浪涌抗扰度试验。

组合波发生器的波形由开路电压波形和短路电流波形来定义。1.2/50μs 组合波发生器输出的浪涌波形为:开路电压波前时间为 $1.2\mu s$,开路电压半峰值时间为 $50\mu s$;短路电流波前时间为 $8\mu s$,短路电流半峰值时间为 $20\mu s$。

应在试验前,按照 GB/T 17625.5—2008 中 6.1.2 的方法进行组合波发生器的校验,发生器的特性应满足 GB/T 17625.5—2008 中 6.1.1 的要求。

2. 耦合/去耦网络

耦合/去耦网络包括去耦网络和耦合元件。按照受试线缆的种类和特性,应选用不同的耦合/去耦网络。选用原则参照 GB/T 17625.5—2008 中 6.3 的要求。

在电源线上,去耦网络提供较高的反向阻抗以阻止浪涌波通过,但允许电源电流进入 EUT。

电压和电流的波前时间和半峰值时间应分别在开路和短路情况下,在耦合/去耦网络EUT 端口验证,该端口的电压波形和电流波形应满足 GB/T 17625.5—2008 中 6.3.1 的要求。

依据标准 GB 17626.5 的要求,对于线—线耦合,浪涌应通过 18μF 电容耦合。

对于线—地耦合,浪涌应通过 9μF 电容串联 10Ω 电阻耦合。

十、射频场感应的传导骚扰抗扰度试验测试设备

1. 试验信号发生器

试验信号发生器包括在所要求点上,以规定信号电平将骚扰信号施加给每个耦合装置

输入端口的全部设备和部件,具体包括射频信号发生器、衰减器、射频开关、宽带功率放大器、低通滤波器、高通滤波器等部件。

射频信号发生器应能覆盖所规定的频段,用 1kHz 正弦波调幅,调制度为 80%。它应有手动控制能力,或在射频合成器的情况下,频率—步长和驻留时间编程。

试验信号发生器的特性应满足 GB/T 17626.6—2008 中表 2 的要求。

2. 耦合/去耦装置

耦合/去耦装置用于将骚扰信号耦合到与受试设备相连的各种电缆上(覆盖全部频率,在受试设备端口上具有规定的共模阻抗),并防止测试信号影响非被测装置、设备和系统。

耦合/去耦装置在受试设备端口看进去的共模阻抗应按照 GB/T 17626.6—2008 中 6.3 的方法进行验证,并满足 GB/T 17626.6—2008 中表 3 的要求。

(1)耦合/去耦网络(CDNs)

CDNs 是首选的耦合/去耦装置,如果不适用或无法利用 CDNs,可以选择其他注入法。选择的原则参照 GB/T 17626.6—2008 中的 7.1 部分。

用于电源线的 CDN。全部电源连接推荐使用 CDN 进行注入。可用 CDN - M1(单线)、CDN - M2(双线)、CDN - M3(三线)或等效网络使将骚扰信号耦合到电源线。

对于平衡线的非屏蔽电缆可由 CDN - T2(2 线)、CDN - T4(4 线)、CDN - T8(8 线)作为 CDN。

对于不平衡线的非屏蔽电缆,可由 CDN - AF2(两线)作为 CDN。

(2)钳注入装置

电流钳对连接到设备的电缆建立感性耦合。为了减小电流钳注入产生的电容耦合,必须使电缆通过钳的中心位置。

电磁钳对连接到设备的电缆建立感性和容性耦合。

(3)直接注入装置

骚扰信号通过 100Ω 电阻直接注入到同轴电缆的屏蔽层上。在辅助设备和注入点之间,应尽可能靠近注入点插入一个去耦电路。

(4)去耦网络

去耦网络应用在不被测量但连接到受试设备和辅助设备的全部电缆上。

去耦网络用于在整个频率范围内产生高阻抗。

十一、电压暂降和短时中断抗扰度测试设备

1. 试验发生器

电压暂将试验发生器产生与标准中描述特性相等的或更严酷的电压暂降和短时中断。试验前应对试验发生器进行性能验证,其性能应符合 GB/T 17626.11—2008 中 6.1.1 中的要求。

试验发生器有两种试验原理,一种是采用调压器和开关,另一种是采用功率放大器。这两种试验原理图可参考 GB/T 17626.11—2008 中附录 C。

2. 电源

电源的试验电压频率应在额定频率的 ±2% 以内。

第五节　电玩具 EMC 测试方法

一、电玩具的分类

电玩具按照其供电电源分为不同的种类。骚扰测试和抗扰度测试中对电玩具的分类略有不同,测试时应当按照不同的种类选择合适的测试项目。

1. 骚扰测试中电玩具的分类

A 类:没有电子线路或电动机的电池式玩具,如儿童用手电筒。此类玩具无需测试,即认为是符合要求的。

B 类:有电子线路或电动机的,内置电池的电池式玩具,无外部电气连接的可能,如带音乐的软体玩具、教育性的计算机、电机玩具等。此类玩具只需满足辐射骚扰限值。

C 类:有或者能够通过一根电线连接的电池式玩具,如线控玩具、电话装置、电池盒、控制单元和耳机。此类玩具应进行骚扰功率或辐射骚扰测试,可由制造商选择。

D 类:不包含电子线路的变压器式玩具和双电源式玩具,如没有电子控制的电动陶瓷轮和轨道装置。这类玩具应进行端子骚扰电压、骚扰功率和断续骚扰测试。

E 类:带有电子线路的变压器式玩具和双电源式玩具,如教育用计算机、带有电子控制部件的电动机构、象棋装置和轨道装置。这类玩具应进行端子电压、辐射骚扰和断续骚扰测试。

2. 抗扰度测试中电玩具的分类

Ⅰ类:无电子控制电路的玩具,例如电机驱动的玩具、发光玩具、无电子控制单元的轨道装置等。由无源元件(如抑制无线电干扰的电容和电感、电源变压器和工频整流器)组成的电路不应被认为是电子控制电路。Ⅰ类器具被认为能满足抗扰度要求,无需测试。

Ⅱ类:带有电子控制电路的变压器玩具和双电源玩具,其电子控制线路的内部时钟频率或振荡频率不超过 15MHz,如教育用电脑,有电子控制单元的轨道装置。Ⅱ类设备应满足静电放电(性能判据 B)、电快速瞬变脉冲群(性能判据 B)、传导抗扰度(最高 230MHz,性能判据 A)、浪涌(性能判据 B)、电压暂降和短时中断(性能判据 C)的要求。

Ⅲ类:带有电子控制电路并且由电池(内装式电池或外接式电池)供电的玩具。在正常使用条件下,该类型玩具不与市电连接,其电子控制线路的内部时钟频率或振荡频率不超过 15MHz。该类包括装有可充电电池的玩具,但是当该玩具接入市电时,应按Ⅱ类玩具进行试验,如音乐软体玩具,有线控制的玩具和电动电子玩具。Ⅲ类设备应满足静电放电(性能判据 B,不用使用者输入分数和数据的玩具诸如音乐软体玩具和发声玩具,性能判据 C 适用),射频电磁场抗扰度(性能判据 A,该测试仅适用于用电子装置操作的乘骑玩具)。

Ⅳ类:其他所有电玩具。Ⅳ类设备应满足静电放电(性能判据 B),电快速瞬变脉冲群(性能判据 B),传导抗扰度(最高 80MHz,性能判据 A),射频电磁场抗扰度(性能判据 A),浪涌(性能判据 B),电压暂降和短时中断(性能判据 C)的要求。

二、测试运行条件

1. 骚扰测试时的运行条件

在测试过程中,玩具应在正常操作条件下运行。

变压器玩具的测试应在变压器配备在玩具上的情况下进行。如果没有配备变压器,则应使用合适的变压器进行测试。

对于时钟频率高于 1MHz 的双电源式玩具,当由变压器供电时,测试时应带内置电池。

假如辅助装置(如玩具的卡式视频录像带)分开地销售用于不同的器具上,为了检查辅助装置预期在所有受试设备上运行的一致性,这种辅助装置至少在一个合适的、具有代表性的主器具上进行测试,由这种组合设备的制造商选择,这种主器具应该是该系列产品的典型代表。

轨道上运行的电玩具系统包括包装中一起出售的运动部件、控制装置和轨道。测试时,玩具必须按说明书进行组装,轨道应按最大面积布置。每一个运动部件都应在轨道上运行时单独测试。出售包装中所有运动部件都应测试,且玩具应在所有运动部件同时运行时测试。玩具中包含的所有自身推进式小车应同时在轨道上运行,但其他小车不应在轨道上运行。玩具应在最不利的配置下进行测试。

如果在轨道上运行的玩具具有同样的运动部件、控制装置、和轨道,只是运动部件的数量不同,则测试应只在包含提供最多数量运动部件的玩具上进行。如果这个玩具满足要求,则其他玩具被认为也满足此要求,无需再进行测试。玩具的独立组件在作为玩具的部件已经满足要求时,即使单独出售也不必再进行测试。若玩具的独立组建没有在作为玩具的部件通过测试时,则应在 2m×1m 的椭圆形轨道上进行测试。该轨道、电缆和控制装置应由此独立运动部件的制造商提供,如果没有提供这些附件,则测试应在测试机构认为合适的附件上进行。

对于试验型玩具,由制造商规定的用于正常预期使用的试验组件应进行测试。由制造商选择具有潜在最大骚扰的试验组件进行测试。

2. 抗扰度测试时的运行条件

试验应当按照制造商规定,与正常使用一致,以最敏感的方式运行。

试验应在设备所规定或典型环境中,以其额定电压和额定功率运行条件下进行。如果设备有不同的设定值(如速度、温度等),则设定值应低于最大值,优先使用约为最大值50%的设定值。

测试过程中,玩具应当在正常操作下运行,变压器玩具由其变压器供电进行测试。如果没有配备变压器,则应使用合适的变压器进行测试。

假如辅助装置(如玩具的卡式视频录像带)单独销售用于不同的玩具上,为了检查辅助装置预期在所有器具上运行的一致性,这种辅助装置至少在一个合适的、具有代表性的主器具上进行测试。由这种辅助装置的制造商选择,这种主器具应该是该系列产品的典型代表。

但应优先考虑制造商规定的试验配置、试验条件和性能指标。

必要时,应改变受试设备的配置以获得最大敏感度。如果受试设备与辅助设备连接,则受试设备应在与激活所有端口所必须的最小配置的辅助设备连接的情况下进行试验。

静电放电、电快速瞬变脉冲群、浪涌及电压短时中断试验是在受试设备按所选择的每一运行模式(或每一种运行模式的某一时段)下进行。

射频电磁场和传导抗扰度试验是在扫描期间受试设备按所选择的运行方式随机地投入运行的条件下进行。

对于手动选择的运行方式,试验可中断,否则应注意操作者的操作不应影响试验结果。

如果受试设备有自动循环程序,扫描时间应在随机位置上开始,如果单个周期比扫描时间长,扫描试验应重复进行,直至周期结束。

三、测试方法

1. 端子骚扰电压测试方法

端子骚扰电压是对来自被测设备的电源端口或信号端口的骚扰电压或电流进行测量。当对传导骚扰进行测试时,无论是型式试验还是现场试验,应全面考虑以下情况:

骚扰的类型:传导骚扰信号有差模(对称)、共模(不对称)和非对称信号三种。差模信号主要在电源网络上以电压的方式测量,主要测量电源线;共模信号以电压或电流的方式存在,主要测量信号线和控制线。

(1)受试设备引线的布置

骚扰电压通常在引线的插头末端进行测量。

如果受试设备的电源引线超过连接到人工电源网络所需的长度,则应将超出0.8m的部分平行于电源引线来回折叠成长0.3m~0.4m的线束。

如果引线长度短于受试设备与人工电源网络之间要求的距离,则引线应延长到必要长度。

如果受试设备的电源引线中有接地线,则接地线的插头末端应与测量装置的参考地连接。

当需要接地导线,但接地导线不包含在电源引线内时,应用导线将受试设备的接地端与

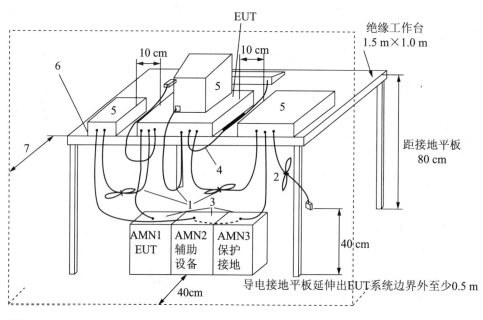

测量装置的参考地连接,导线应与电源引线平行,且长度不超过受试设备与人工电源网络之间连线所需的长度,两线相距不超过 0.1m。

（2）受试设备的布置及其与人工电源网络的连接

台式设备和落地式设备的试验布置分别如图 3 - 44 和图 3 - 45 所示。

受试设备可分为不接地的非手持式设备、不接地的手持式设备和要求接地的设备,其设备布置及其与人工电源网络的连接按照 GB 4343.1—2009 的 5.2.2 进行。

在非电源引线的引线端连接有辅助设备的受试设备,其设备布置与测量程序按照 GB 4343.1—2009 的 5.2.3 进行。

装有半导体装置的调节控制器,其设备布置与测量程序按照 GB 4343.1—2009 的 5.2.4 进行。

说明:

1——距离接地平面不足 40cm 的互联线缆应来回折叠成 0.3m ~ 0.4m 的线束,悬垂在接地平面与工作台之间;

2——连接到外围设备的 I/O 电缆应在其中心处捆扎起来,电缆末端应端接合适的阻抗,其总长度不应超过 1m;

3——EUT 连接到 AMN1。AMN 的测量端必须用 50Ω 端接。AMN 直接放置在水平接地平板上,距离垂直接地平面 0.4m。所有关键设备连接到 AMN2。辅助设备的保护接地线连接到 AMN3;

4——用手操作的装置,如键盘、鼠标等,其电缆应尽可能接近主机放置;

5——EUT 以外的受试组件;

6——EUT 及其外围设备的后部应排列成一排,并与工作台面的后部平齐;

7——工作台面的后部应该与搭接到地面上的垂直接地平板相距 40cm。

图 3 - 44 端子骚扰电压的测量布置图（台式设备）

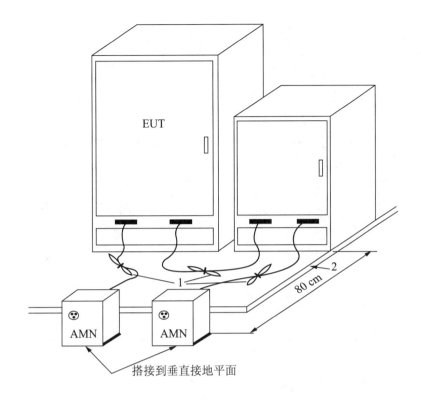

说明：

1——超长电缆应在其中心粗捆扎或缩短到适当长度；

2——EUT 和电缆应与接地平面隔离 12mm；

3——EUT 被连接到一个 AMN 上，该 AMN 可以放在接地平面上或直接放在接地平面下方，所有其他设备应由第二个 AMN 供电。

图 3－45 端子骚扰电压的测量布置图（落地式设备）

2. 骚扰功率测试方法

骚扰功率测试一般采用吸收钳测量法，该方法适用于仅连接一根电源引线（或其他类型引线）的小型受试设备。吸收钳测量法的原理是可以从小型电子设备识别出主要由共模电流引起的辐射发射。有的玩具由一根外部引线作为电源线，这根电源线可看作是一个辐射天线，因此这种设备存在潜在的辐射骚扰。此时的骚扰功率近似等于吸收钳处于共模电流为最大值时测得的 EUT 提供给引线的功率。

（1）在电源引线上的测量程序

测试布置图如图 3－46 和图 3－47 所示。

受试设备应放置在距离其他导电体至少 0.4m 的试验台上。对于台式设备，试验台高度应为 0.8m±0.05m。对于落地式设备，试验台高度应为 0.1m±0.01m。

EUT 应放置在受试线缆（LUT）正对着吸收钳滑轨的位置。

EUT 到滑轨参考点（SRP）的距离应尽可能短。

179

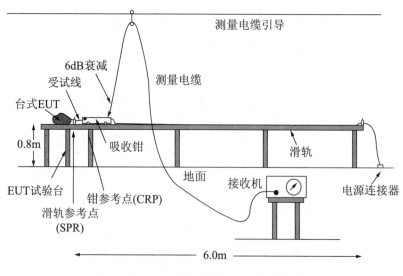

图 3-46　台式设备的骚扰功率测量示意图

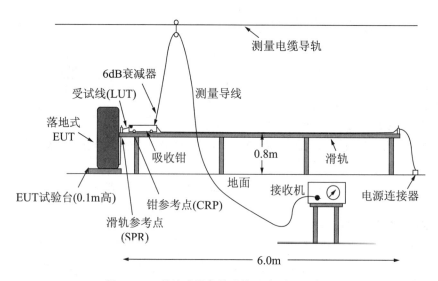

图 3-47　落地式设备的骚扰功率测量示意图

LUT 应拉直并水平放置在吸收钳滑轨上方的中心位置,吸收钳沿引线滑动变化位置寻找最大读数。

如果受试设备自带的引线短于所需的长度,应延长或用类似质量的电源引线代替,同时拆去任何由于尺寸原因不能通过吸收钳的插头或插座。

吸收钳外的 LUT 距离地面的高度应尽可能接近 0.8m。为了保持吸收钳在滑动过程中与 LUT 的良好接触,应在吸收钳滑轨近端固定 LUT,远端使用快速解锁装置。

吸收钳与任何物体之间的距离至少 0.8m。

吸收钳应环绕引线放置以便测量出与引线上骚扰功率成比例的数值。

吸收钳应沿引线移动,直到在靠近受试设备的位置和与受试设备相距半个波长的距离之间找到最大值。

如果电源与吸收钳之间的射频隔离不足,应在距离受试设备6m处沿引线增加放置一个固定的铁氧体吸收钳,以提高负载阻抗稳定性和减少来自电源的外部噪声。

吸收钳通过6dB衰减器和测量导线连接到接收机或频谱仪。

测量导线通过滑轮导引,使测量导线到吸收钳的角度接近直角且不接触地面。

(2)在非电源引线端连接有辅助装置的受试设备的测量程序

测量布置应符合GB 4343.1—2009中6.3.1的规定。

首先,在电源引线上按上述标准中7.2的要求用吸收钳进行骚扰功率的测量。如果不影响器具的运行,连接受试设备主体到辅助装置上的任何引线都应断开,或者用靠近受试设备的铁氧体环或吸收钳进行隔离。

其次,无论受试设备运行时是否需要该引线,在连接或可能连接到辅助设备的每一根引线上进行类似测量。吸收钳的电流互感器始终指向受试设备主体。对于短的、永久连接的引线,吸收钳的移动受引线长度的限制。

此外,测量仍按上述方法进行,但吸收钳的电流互感器始终指向任一辅助装置,除非辅助装置是受试设备主体运行所不需要的而且另外规定有单独的试验程序(此情况下,其他引线不必断开或射频隔离)。

3. 辐射骚扰测试方法

辐射骚扰测试是对被测设备的机壳产生的骚扰场强进行测量。对有些设备,可能需要测量电场和磁场两个分量。有些时候可能只需要测试功率辐射。30MHz以上的场强测量一般在电波暗室中进行,9kHz～30MHz频段的辐射也可以在屏蔽室中用三环天线进行测量。

被测设备应当放在地面上规定的高度,并按照正常运行状态来布置。天线按规定的距离放置,天线的几何中心与被测设备之间的距离一般是3m或是10m。在水平面内0°～360°内旋转被测设备,同时调节天线的高度在1m～4m内变化,寻找最大发射。在1GHz以上进行辐射测试时,试验在全电波暗室中进行,地面需敷设吸波材料,由于地面没有反射,因此测试天线不用改变高度,只需要转台带动被测设备在0°～360°内旋转就可寻找到最大辐射。设备的摆放、电源线、控制性和信号线的处理,以及互连线的走向等,均与传导骚扰的试验布置类似,电波暗室中辐射骚扰测试布置如图3-48～图3-50。

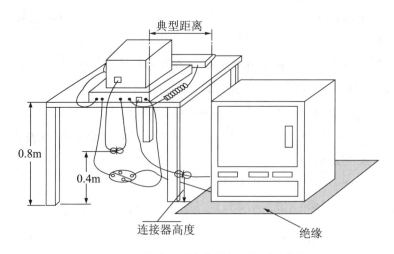

图 3-48　半电波暗室中辐射骚扰测试布置

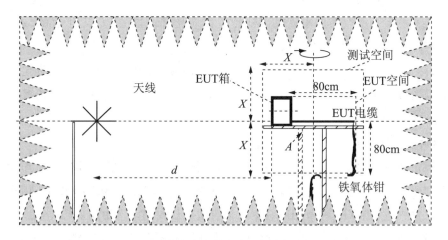

图 3-49　全电波暗室中台式设备的辐射测试布置

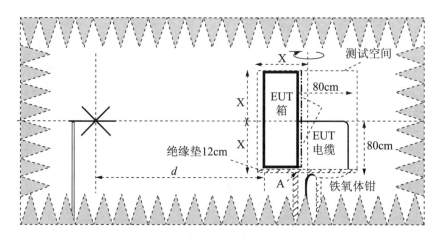

图 3-50　全电波暗室中落地式设备的辐射测试布置

4. 断续骚扰测试方法

断续骚扰是在测量接收机中频输出端呈现的持续时间小于200ms的骚扰,它使得工作在准峰值检波方式的测量接收机产生短暂的偏转。

喀呖声(Clicker)是一种骚扰,幅度超过连续骚扰准峰值限值,持续时间不大于200ms,而且后一个骚扰离前一个骚扰至少200ms。一个喀呖声可能包括许多脉冲,在这种情况下,相关时间是从第一个脉冲开始到最后一个脉冲结束的时间。在一定条件下,某些类型的骚扰不包括在此定义内。

关于幅度、持续时间和间隔等断续骚扰基本参数的测量可参照 GB 4343.1—2009 附录 C.3 的要求进行。断续骚扰的测量程序按照图 3-51 进行。

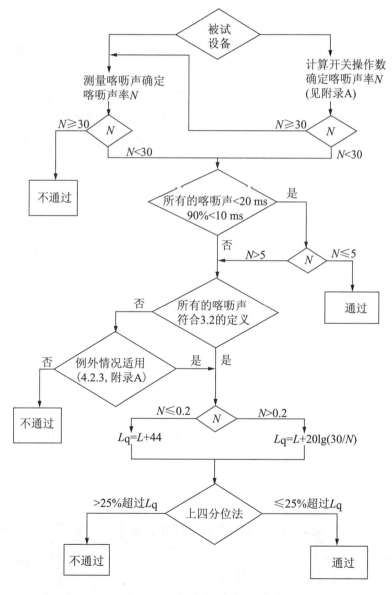

图 3-51　断续骚扰测量流程图

（1）最小观测时间的确定

当计数喀呖声（或开关操作数）时，为了统计判断每单位时间的喀呖声数（或开关操作数）提供足够稳定数据所需的最小时间。在150kHz和500kHz两个测量频率点上，按下述方法确定最少观测时间 T。

对不是自动停止的受试设备，T 为下列较短时间：

1）记录40个喀呖声或相关的40次开关操作数；

2）120min。

对于自动停止的受试设备，T 是产生40个喀呖声或相关40次开关操作数所需的最少数量的完整程序的持续时间。当试验开始后120min，还没产生40个喀呖声，则运行中的程序结束后停止测试。

一个程序结束到下一个程序开始的间隔应从最小观测时间中扣除，防止立即启动的受试设备除外。对这些设备，再启动程序所需的最短时间应包括在最小观测时间之内。

（2）喀呖声率的确定

喀呖声率一般指1min内的喀呖声数或开关操作数，此数字用来确定喀呖声限值。根据EUT的类型，确定喀呖声率有两种方法：通过测量喀呖声数或通过计算开关操作数。

一般允许对每一个EUT通过测量喀呖声数来确定喀呖声率。喀呖声率 N 应在GB 4343.1—2009中7.2和7.3的运行条件下，或当没有规定时，在典型使用中最不利的条件下（最高喀呖声率）确定，148.5kHz～500kHz频段在150kHz上测量，500kHz～30MHz频段在500kHz上测量。应考虑到不同的电源端子（例如相线和中线）喀呖声率可能不同。

接收机输入衰减的设定应使幅度等于连续骚扰限值L的输入信号能在仪表上产生中央刻度的偏移，即衰减器应调节到连续骚扰的限值L。对于瞬时开关，只需在500kHz频点上确定脉冲的持续时间。

喀呖声率 N 按下述方法确定：

一般情况下，N 由 $N = n_1/T$ 确定，T 是观测时间，n_1 是观测时间 T 分钟内的喀呖声数。如果 $N \geqslant 30$，则连续骚扰限值适用，若测量显示有断续骚扰超过这些限值，则说明EUT没通过测试。

有些EUT的喀呖声率 N 由 $N = n_2 \times f/T$ 确定，其中 n_2 是观测时间 T 内的开关操作数，f 是GB 4343.1—2009中表A.2给出的因数。由开关操作产生的骚扰测量应只在150kHz、500kHz，1.4MHz和30MHz四个频点上进行。此时，如果通过计算开关操作数得到的喀呖声率 $N \geqslant 30$，还不能说明EUT未通过测试，仍存在通过计算喀呖声数来确定喀呖声率的可能性，这意味着通过开关操作数来确定喀呖声率有可能产生幅度高于连续骚扰限值的骚扰。

（3）例外情况的应用

确定了喀呖声率后，建议判断瞬态开关例外规则的适用性。如果瞬态开关的三个条件均满足，则停止测试。此时的喀呖声幅度没有必要测量，EUT通过测试。

应进一步调查是否所有的喀呖声持续时间和间隔符合喀呖声的定义，因为只有符合喀呖声定义才能对断续骚扰使用放宽的限值。如果不符合喀呖声定义，应检查其他例外情况的适用性。

如果两次骚扰间隔小于200ms,且喀呖声率小于5,通常例外情况适用。不能检测所有例外情况的骚扰分析仪,如果自动显示连续骚扰存在,则表示测试未通过。

如果没有例外情况适用于观察到的不符合喀呖声的定义断续骚扰参数,则表示被测设备未过测试。

（4）上四分位法

上四分位法是指在观察时间内记录的喀呖声数的四分之一允许超过喀呖声限值。在开关操作的情况下,在观察时间内记录的开关操作数的四分之一允许产生超过喀呖声限值的喀呖声。如果喀呖声率、持续时间和间隔的测量证实了可以对断续骚扰适用放宽限值,则喀呖声的幅度应使用上四分位法评估(参考 GB 4343.1—2009 中附录 B)。

按照上一章中的相关公式确定断续骚扰中喀呖声限值 $L_q = L + \Delta L$。

由开关操作产生的骚扰测量应当用确定喀呖声率 N 时已选择的相同程序,并在下列限定数量的频率点上进行:150kHz、500kHz、1.4MHz、30MHz。

测量接收机的输入衰减器应调节到断续骚扰的放宽限值。测量应当在与确定喀呖声率时选择的相同运行条件和观察时间下进行。

如果 EUT 的喀呖声率 N 由喀呖声数确定,若有不多于在最小观测时间 T 内所记录的喀呖声数的四分之一超过喀呖声限值 L_q,则应认为 EUT 符合限值。

如果 EUT 的喀呖声率 N 由开关操作数确定,若有不多于在最小观测时间 T 内所记录的开关操作产生的喀呖声数的四分之一超过喀呖声限值 L_q,则应认为 EUT 符合限值。

5. 谐波电流测试方法

谐波电流就是将非正弦周期性电流函数按傅立叶级数展开时,其频率为原周期电流频率整数倍的各正弦分量的统称。所有非线性负载都能产生谐波电流,其中尤以开关电源、电子镇流器、调速装置、不间断电源和铁磁性设备等为最甚。谐波产生的原因主要有供电电源的不对称,输配电系统(如变压器)产生的谐波,以及用电设备(主要是晶闸管和开关电源的大量使用造成)产生的谐波。

谐波使电能的生产、传输和利用的效率降低,使电气设备过热、产生振动和噪声,并使设备绝缘老化,使用寿命缩短,甚至发生故障或烧毁;谐波可引起电力系统局部并联谐振或串联谐振,使谐波含量放大,造成电容器过载甚至烧毁;谐波还会引起继电保护和自动装置误动作,使电能计量出现混乱;谐波对通信设备和电子设备会产生严重干扰。因此,有必要对注入公共电网的谐波电流规定限值。

谐波电流发射测试应在正常工作状态下、预期能产生最大总谐波电流的模式下进行,如图 3-52 所示。试验时,供电电源的输出电压为被测设备的额定电压,应避免试验电源内的电感与被测设备中的电容间发生谐振。此外还要注意试验电源的内阻抗和测量设备的输入阻抗要足够小,不能由于它们的存在而明显影响被测设备产生的谐波电流。

GB 17625.1 为每相电流不大于 16A 的电子电气设备规定了限值,同时将设备分为 A、

B、C、D 四类,每一类设备的谐波电流限值各不相同。

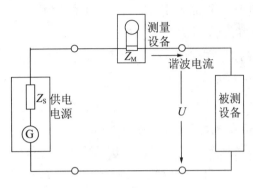

图 3-52 谐波电流的测试线路图

A 类:平衡的三相设备;家用电器(不包括划入 D 类的设备);电动工具(不包括便携式工具),白炽灯调光器;音频设备。凡未归入其他三类设备均视为 A 类设备。

B 类:便携式工具、非专用的电弧焊接设备。

C 类:照明设备(包括灯和灯具,主要功能为照明的多功能设备中的照明部分,放电灯的独立式镇流器和白炽灯的独立式变压器,紫外线或红外线辐射装置,广告标识的照明,除白炽灯外的灯光调节器)。但照明设备不包括装在复印机、高架投影仪、幻灯机等设备中的灯或用于刻度照明及指示照明的装置,也不包括白炽灯的调光器。

D 类:功率小于或等于 600W 的个人计算机、计算机显示器及电视接收机。

限值要求:

单相输入电流达到并包括 16A 的设备谐波电流发射限值,参见 GB 17625.1(EN 61000-3-2/A1)的相应的要求。

6. 电压波动和闪烁测试方法

电压波动造成灯光照度不稳定(灯光闪烁)的人眼视感反应称为电压闪烁。换言之,电压波动和闪烁反映了电压波动引起的灯光闪烁对人视感产生的影响。

电弧炉、轧钢机等大功率装置的运行会引起电网电压的波动。通常,白炽灯对电压波动的敏感程度要远大于日光灯、电视机等电气设备,并且所有建筑的照明都大量使用白炽灯,若电压波动的大小不足以使白炽灯闪烁,则肯定不会使日光灯、电视机等设备工作异常。因此,通常选用白炽灯的工况来判断电压波动值是否能够被接受。电压波动常会导致许多电气设备不能正常工作。

电压波动的评价有以下 3 个指标,如图 3-53 所示。

1)相对稳态电压变化特性 d_c:指至少间隔一个电压变化的两个相邻稳态电压差值与额定电压的百分比值,标准规定不得大于 3%。

2)相对电压变化特性 $d(t)$:指电压处在至少为 1s 的稳态条件下,各周期间的电压有效值相对于电压变化的时间函数。标准规定在超过 200ms 测量时间内,其相对稳态电压变化不得大于 3%;反之,如果有相对稳态电压变化大于 3% 的情况,则持续时间必须小于 200ms。

3)最大相对电压变化特性 d_{max}:指电压变化特性的最大与最小有效值之差与额定电压的百分比,标准规定不得大于 4%。

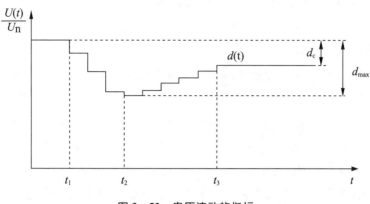

图 3 – 53 电压波动的指标

电压闪烁是电压波动引起的结果,通常用长闪系数 P_{lt}、短闪系数 P_{st}、有效值电压波形 $U(t)$、电压变化特性 $\triangle U(t)$、最大电压变化特性 $\triangle U_{max}$ 和稳态电压变化特性 $\triangle U_{c}$ 等参数来对注入公共电网的电压波动和闪烁进行限制。测试电路如图 3 – 54 所示。

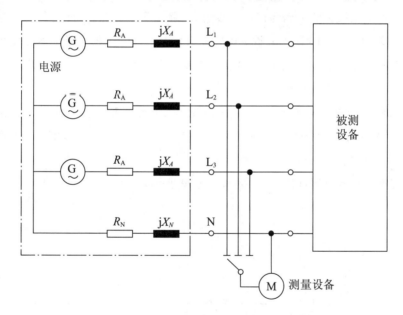

图 3 – 54 电压波动和闪烁的测试线路图(三相)

闪烁分短期闪烁与长期闪烁两种:

1)短期闪烁 P_{st}:是在短时间内(10min 内)所评估出来的闪烁程度,用 $P_{st} = 1$ 作为闪烁刺激的阈值。P_{st}实际上是模拟人对 50Hz 电网中工作在 230V 交流电压下 60W 的白炽灯在电压波动情况下所产生的闪烁感受程度。

2)长期闪烁 P_{lt}:指在较长时间内(2h 内)所评估出来的闪烁程度,标准用 $P_{lt} = 0.65$ 作为闪烁刺激的阈值。

限值要求:

单相输入电流达到并包括 16A 的设备谐波电流发射限值,参见 GB 17625.2 (EN 61000-3-3)的相应的要求。

7. 静电放电抗扰度测试方法

静电放电(ESD)常常是导致设备损坏的根源。ESD 产生的原因有摩擦起电、接触分离起电、感应起电和传导起电几种。当物质获得或失去电子时,它将失去电平衡而变成带负电或正电,正电荷或负电荷在材料表面上积累就会使物体带上静电。静电电荷会不断积累,直到造成电荷产生的作用停止、电荷被泄放或者达到足够的强度可以击穿周围物质为止。电介质被击穿后,静电电荷的快速中和就称为静电放电。由于在很小的电阻上快速泄放电压,泄放电流会很大,可能超过 20A,如果这种放电通过集成电路或其他静电敏感元件进行,这么大的电流将对电路造成严重损害。

为了对设备的抗静电能力进行评估,ESD 测试对试验等级和试验布置进行了规定,只有达到标准规定的试验等级,产品的抗静电能力才能算达到要求。

静电放电对受试设备的外壳端口进行测试。

接触放电对受试设备的金属部件进行放电,是优先测试方法,对外壳的每一个易触及的金属部件施加 20 次放电(10 次正极性,10 次负极性)。空气放电适用于不能使用接触放电的场合。对于非导电外壳,应按照 GB/T 17626.2—2006 规定对垂直或水平耦合板进行放电。不需要对更低的电压进行试验。

ESD 测试时,对导电表面要进行接触放电测试,对绝缘表面或接缝要进行空气放电测试。试验布置时,要注意环境温度、湿度和大气压力对试验结果的影响,温度要求范围在 15℃~35℃,相对湿度要求在 30%~60%,大气压力要求在 86kPa~106kPa。静电放电波形及静电放电抗扰度试验布置如图 3-55~图 3-59 所示。

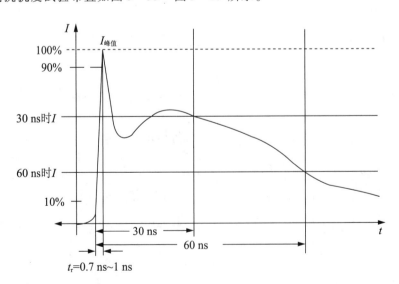

图 3-55 静电放电波形

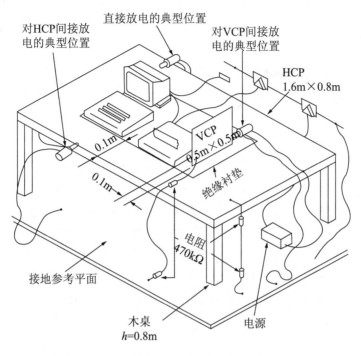

图 3 - 56　静电放电抗扰度试验布置图（台式设备）

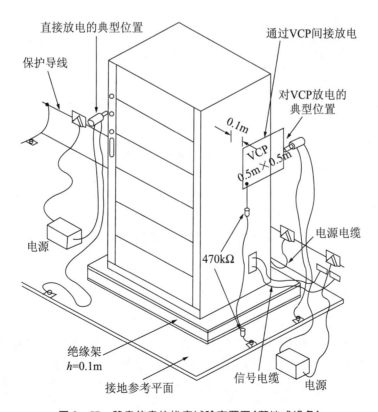

图 3 - 57　静电放电抗扰度试验布置图（落地式设备）

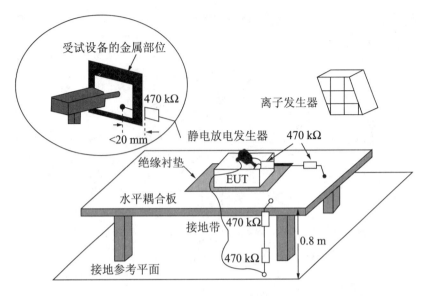

图 3－58　静电放电抗扰度试验布置图（不接地台式设备）

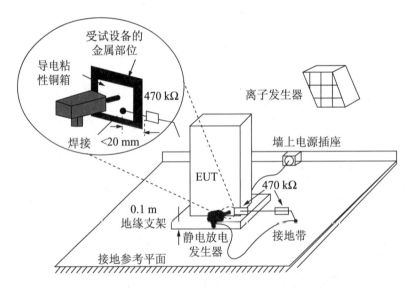

图 3－59　静电放电抗扰度试验布置图（不接地落地式设备）

　　试验布置时,试验桌应放到金属的接地参考平面上,平面的材料、尺寸、厚度均应满足标准 GB 17626.2 的要求。被测设备与其他金属表面或实验室墙壁距离至少 1m。静电枪的放电回路应与接地参考平面连接。水平耦合板和垂直耦合板应当通过两个 470kΩ 的电阻与参考接地平面连接,应保证所有的接地连接都是低阻抗的。依据放电方式,合理选择圆形或尖形的放电头,圆头用于空气放电,尖头用于接触放电。由于静电放电波形的上升时间极短,因此会瞬间产生丰富的高频的电流,可能对附近的测试设备或被测设备的正常工作产生不利影响,因此,ESD 测试应当避免同其他测试同时进行。

静电放电发生器的放电回路电缆应与接地参考平面连接。该电缆长度一般为2m,超长部分应以无感方式离开接地参考平面放置,且与其他导电部分保持至少0.2m的距离。

耦合板经过每端带有一个470kΩ的电缆与接地参考平面连接。

实验室地面应设置接地参考平面,该接地参考平面应是最小厚度为0.25mm的铜或铝的金属薄板,若使用其他金属材料,其厚度应至少达到0.65mm。

EUT与实验室墙壁和其他金属结构之间的距离最小为1m。

EUT和其他线缆的布置应能反映实际安装条件。

台式设备应放置在一个接地参考平面上0.8m高的木桌上,并用一个厚度为0.5mm的绝缘衬垫将受试设备和电缆与耦合板隔离。

落地式设备和电缆应用0.1m后的绝缘支架与接地参考平面隔开。

对于不接地设备,在施加每一个静电放电脉冲之前,应消除该金属点或部位上的电荷。

试验应按照试验计划,采用对受试设备直接或间接放电的方式进行。试验计划应包括:

——受试设备典型工作条件;

——受试设备是按台式设备还是落地式设备进行试验;

——确定施加放电点;

——在每个点上,是采用接触放电还是空气放电;

——所使用的试验等级;

——在每个点上的放电次数;

——是否还进行安装后的试验。

(1)直接放电

直接放电只施加在正常使用时人员可接触到的受试设备上的点和面。

试验应以单次放电的方式进行,在预选点上,至少施加十次单次放电。

连续单次放电之间的时间间隔建议至少1s,但为了确定系统是否会发生故障,可能需要较长的时间间隔。

放电发生器应与放电表面保持垂直。

放电时,发生器的放电回路电缆与受试设备的距离至少保持0.2m。

在接触放电的情况下,放电电极的顶端应在操作放电开关之前接触受试设备。

对于表面涂漆的情况,如果涂膜不是绝缘层,则电极头应穿入漆膜,以便与导电层接触。如涂漆为绝缘层,则应只进行空气放电。这类表面不应进行接触放电试验。

在空气放电时,放电电极应尽可能快的接近并触及受试设备。在每次放电之后,应将放电电极从受试设备移开,然后重新触发发生器,进行新的单次放电,该程序应当重复至放电完成为止。在空气放电时,放电开关应当闭合。

(2)间接放电

对安装在受试设备附近的物体的放电,应当用静电放电发生器对耦合板接触放电的方式进行。

对水平耦合板放电应在水平方向对受试设备的所有面的边缘施加。在距受试设备每个单元中心点前面的0.1m处水平耦合板边缘,至少施加10次单次放电。放电时,电极的长轴应处在水平耦合板的平面,并与其前面的边缘垂直。放电电极应接触水平耦合板的边缘。

对垂直耦合板的放电,应对耦合板的一个垂直边的中心至少施加十次单次放电。垂直耦合板应平行于受试设备放置且与其保持0.1m的距离。放电应施加在耦合板上,通过调整耦合板位置,使受试设备四面不同的位置都受到放电试验。

8. 射频电磁场抗扰度测试方法

射频电磁场抗扰度对电玩具设备的外壳端口进行测试。试验按照GB/T 17626.3—2006中的试验等级进行。

辐射抗扰度测试用来评估射频电磁场对电子和电气设备性能的影响。伴随着电玩具设备的广泛使用,设备如何在电磁辐射环境中保持正常工作已成为衡量设备电磁兼容性能的重要指标。同静电放电抗扰度、脉冲群抗扰度和浪涌抗扰度等瞬态抗扰度不同,辐射抗扰度是衡量连续波(波形如图3-60所示)的辐射对被测设备的影响。

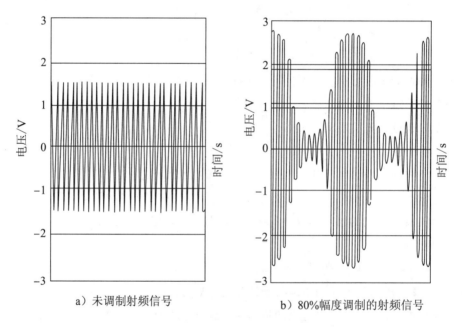

a)未调制射频信号　　　　　　　　b)80%幅度调制的射频信号

图3-60　信号发生器输出波形

试验时,被测设备的前后左右四个面应分别对准发射天线进行测试,测试频率范围一般在80MHz~2GHz之间,试验等级应满足表3-19的要求。考虑到电玩具工作频率的提高和功率的增加,目前最新的国际标准IEC 61000-4-3已经要求将测试频率上限提高到6GHz,因此严酷度实际上有所增加。

表 3 - 19　辐射抗扰度试验等级

等级	1	2	3	X
试验电压/(V/m)	1	3	10	特定
注:X 是开放的等级,可在产品规范中规定。				

　　所有设备应在实际工作状态下运行,设备应放置在其壳体内并盖上所有盖板。如果设备被设计安装在支架上或机柜中,则应在这种状态下进行试验。如果对设备布线无规定,则使用非屏蔽的平行导线。导线长度、捆扎长度和暴露在电磁场中的长度应满足标准 GB/T 17626.3中的要求。辐射抗扰度测试一般在电波暗室中进行,有的小型设备也可在 TEM 室中进行。暗室中的试验布置如图 3 -61 ~ 图 3 -62 所示,台式和落地式设备要按照各自的试验要求进行布置。

　　辐射抗扰度试验涉及的主要测试设备包括:信号发生器、功率放大器、发射天线、定向耦合器和滤波器等。其中,信号发生器应能在测试频率范围内提供频率为 1kHz,调幅深度为 80% 的测试信号;功放在整个测试频段应能保持良好的线性度,不能出现饱和;发射天线应根据测试频段,选择双锥形、对数周期等线极化天线。很重要的一点是,被测设备所在的测试区域应在测试前进行场均匀性的校准,以保证到达被测设备的辐射电磁场充分和均匀,保证测试结果的有效性和重现性。

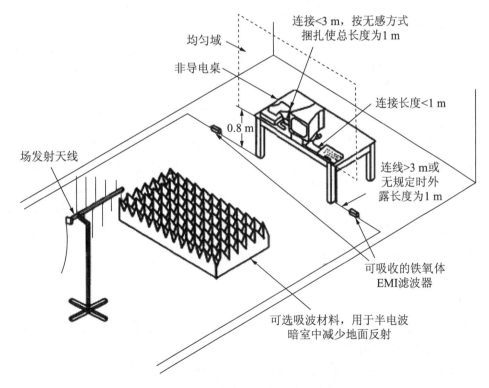

图 3 - 61　台式设备的辐射抗扰度试验布置

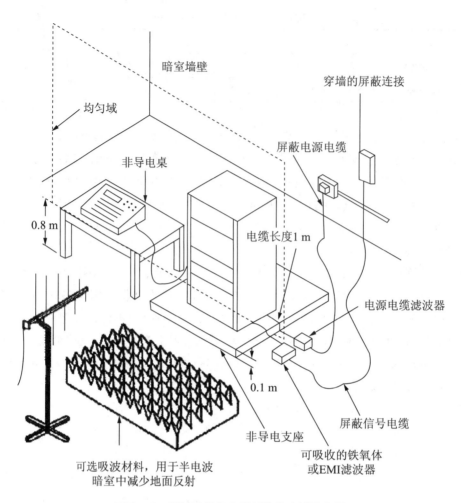

图 3 - 62　落地式设备的辐射抗扰度试验布置

设备遇到辐射电磁场时的性能下降有两种评价方法：

客观评价：通过检测电压、电流、特定的信号和音频检波电平等方法来对 EUT 的抗扰度做评价。

主观评价：对那些具有图像或声音或两种功能皆有的 EUT 采用监测其图像或声音的性能降低来进行评价。

当设备由于受到骚扰影响而性能下降时其性能判据可分为 4 级：

1）EUT 工作完全正常；

2）EUT 工作指标或功能出现非期望偏离，但当骚扰去除后可自行恢复；

3）EUT 工作指标或功能出现非期望偏离，骚扰源去除后不能自行恢复，必须依靠操作人员介入，例如"复位"方可恢复；

4）EUT 的元器件损坏、数据丢失、软件故障等。

试验按照 GB/T 17626.3—2006 中 7 的要求进行布置：

1）EUT 应尽可能在实际工作状态下进行。

2）台式 EUT 应放置在一个 0.8m 高的绝缘试验台上。

3）落地式 EUT 应置于高出地面 0.1m 的非导体支撑物上。

4）将 EUT 置于使其某个面与校准平面相重合的位置。

5）从 EUT 引出的连线暴露在电磁场中的长度为 1m。

6）用 1kHz 的正弦波对信号进行 80% 的调幅后，在预定的频率范围内进行扫描试验。当需要时，可以暂停扫描以调整射频信号电平或振荡器波段开关和天线。

7）每一个频率点上，调幅载波的扫描驻留时间不短于 EUT 响应所需的时间，且不得短于 0.5s。

8）发射天线应对 EUT 的四个侧面逐一进行试验。当 EUT 能以不同方向放置使用时，各个侧面均应试验，无需调整内部部件的位置。

9）对 EUT 的每一个侧面需在发射天线的水平和垂直两种极化状态下进行。

10）在试验中，应尽可能使 EUT 充分运行，并在所有选定的敏感模式下进行试验。

试验应按照试验计划进行，试验计划应包含下列内容：

1）——EUT 尺寸；

2）——EUT 典型运行条件；

3）——确定 EUT 按台式、落地式，或是两者结合的方式进行试验。对落地式 EUT，还要确定其距接地平板的高度是 0.1m 还是 0.8m；

4）——试验设备的类型和发射天线的位置；

5）——所用天线的类型；

6）——扫描速率、驻留时间和频率步长；

7）——试验等级；

8）——互连线的类型与数量，以及 EUT 接口；

9）——可接受的性能判据；

10）——EUT 运行方法描述。

9. 电快速瞬变脉冲群抗扰度测试方法

电快速瞬变脉冲群是感性负载断开或者继电器触点弹跳时产生的暂态骚扰，当电玩具的感性负载多次重复开关时，则脉冲群会以一定的时间间隔重复出现。脉冲群会引起设备的误动作，原因是脉冲群对电玩具线路中半导体器件结电容的充电，当结电容上的能量积累到一定程度，便会引起线路和设备的误动作。因此，电快速瞬变脉冲群抗扰度试验是为了检验电玩具设备在遇到这种暂态影响时的抗干扰性能。如果电玩具具有电源端口、信号端口、控制端口和接地端口等多种端口，则每种端口均要进行试验。

脉冲群信号的特点是幅值高、上升时间短、重复频率高和低能量。脉冲波形如图 3-63 和图 3-64 所示。列出了设备的各种端口进行电快速瞬变脉冲群抗扰度试验时应优先采用的试验等级。

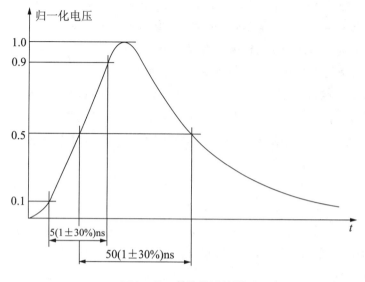

图 3 - 63 单个脉冲波形

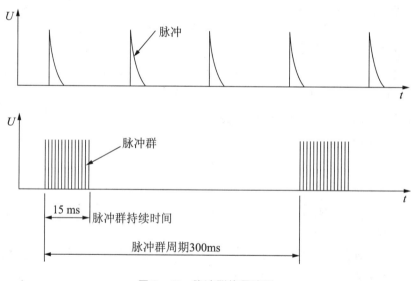

图 3 - 64 脉冲群信号波形

　　电快速瞬变脉冲群抗扰度试验的测试设备包括脉冲群发生器、耦合网络和容性耦合夹。试验之前,需对脉冲群发生器、耦合网络和容性耦合夹进行校验。脉冲群发生器用于产生快速的脉冲群信号。耦合网络用于交流/直流电源端口的脉冲群信号输入。容性耦合夹则用于 I/O 信号、数据和控制端口的脉冲群信号输入。

　　如图 3 - 65 所示,可以看到从试验发生器来的信号通过可供选择的耦合电容加到相应的电源线(L1、L2、L3、N 及 PE)上,信号电缆的屏蔽层则和耦合/去耦网络的机壳相连,机壳则接到参考接地端子上。这就表明脉冲群干扰实际上是加在电源线与参考地之间,因此加在电源线上的干扰是共模干扰。

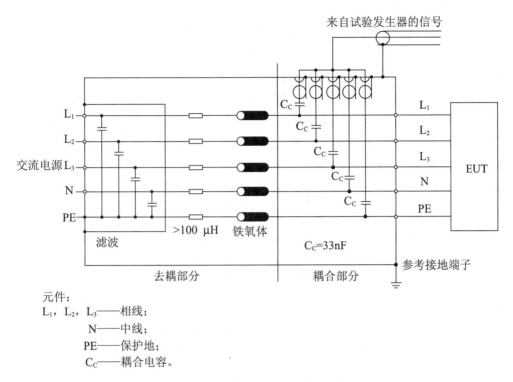

元件:
L_1, L_2, L_3——相线;
　　N——中线;
　　PE——保护地;
　　C_C——耦合电容。

图 3 - 65   电源线耦合/去耦合网络

如图 3 - 66 所示,测试信号电缆的时候,脉冲群信号通过耦合板与受试电缆之间的分布电容进入受试电缆,由于耦合夹是放在参考接地板上的,受试电缆所接收到的脉冲仍然是相对参考接地板来说的。因此,通过耦合夹对受试电缆所施加的干扰仍然是共模性质的。

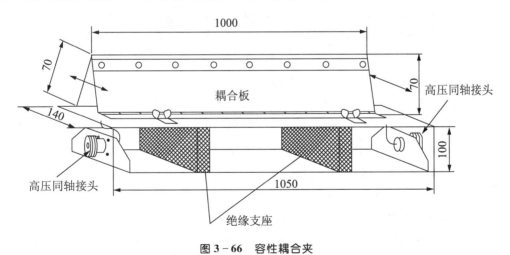

图 3 - 66   容性耦合夹

试验布置的正确性影响到试验结果的重复性和可比性,试验布置如图 3 - 67 所示。

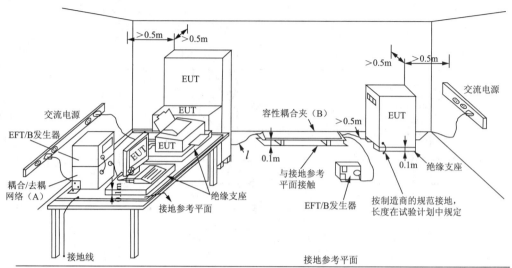

关键点：
l ——耦合夹与EUI之间的距离（应为0.5m±0.05m）；
（A）——电源线耦合位置；
（B）——信号线耦合位置。

图3-67 电快速瞬变脉冲群抗扰度试验布置

被测设备应按照 GB/T 17626.4 进行布置，试验发生器和耦合网络应直接放置在参考接地平面上，并与之低阻抗搭接。参考接地板用厚度为 0.25mm 以上的铜板或铝板，用其他金属板材，厚度要大于 0.65mm。参考接地板应与实验室的保护地低阻抗连接，尽量选用同样的金属材料进行连接。此外，被测设备和所有其他导电性结构之间的最小距离应大于 0.5m。与测试无关的电缆应尽量远离被测电缆，以使电缆间的耦合最小。

应根据试验计划进行试验。试验计划应规定以下内容：

——将要进行的试验类型；

——试验等级；

——试验电压的极性（两种极性均为强制性）；

——内部或外部发生器；

——试验持续时间不短于 1min（为了避免同步，试验时间可分为六个 10s 的脉冲群，间隔时间为 10s）；

——施加试验电压的次数；

——待试验的受试设备的端口；

——受试设备的典型工作条件；

——依次对受试设备各端口或对同属于两个以上电路的电缆等施加试验电压的顺序。

(1)供电电源端口

对供电电源端口进行试验时，应当首选用耦合/去耦网络将快速瞬变脉冲群骚扰电压直接耦合到受试端口的方法，如图 3-68 所示。

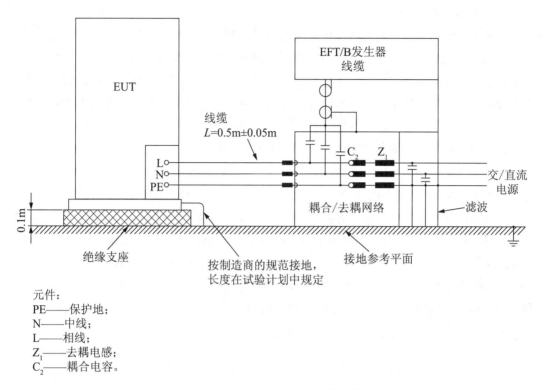

元件:
PE——保护地;
N——中线;
L——相线;
Z_1——去耦电感;
C_2——耦合电容。

图3-68 利用耦合/去耦网络对供电电源端口进行试验的方法

若没有耦合/去耦网络,可采用容性耦合夹替代进行试验。但由于耦合夹的效率远低于用电容直接注入脉冲群的方法,因此,一般不优先选用容性耦合夹的方法。

(2)输入/输出端口和通信端口

对输入/输出端口和通信端口进行试验时,使用容性耦合夹把骚扰电压耦合到受试端口上,此时非受试设备或辅助设备应当去耦,如图3-69所示。

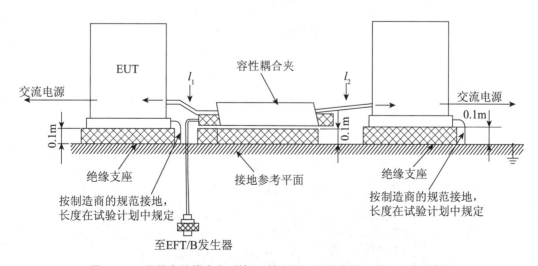

图3-69 利用容性耦合夹对输入/输出端口和通信端口进行试验的方法

10. 浪涌抗扰度测试方法

浪涌抗扰度测试的是电玩具设备对开关和雷电瞬变过电压/过电流引起的单极性浪涌（冲击）的抗干扰性能。浪涌的产生可分为开关瞬态和雷击瞬态两种。开关瞬态主要是由电源系统的切换、设备的开关动作、负载的变化、与开关装置相关的谐振电路和设备故障引起。雷击瞬态则是发生间接雷击时产生的雷击浪涌脉冲。发生雷击瞬态主要有以下几种情况：

1）雷击击中户外线路时,大量电流流入外部线路或接地电阻产生的干扰电压;

2）云层间或云层内的雷击在线路上感应出的电压或电流;

3）雷击击中线路邻近的物体,在其周围建立的电磁场,使外部线路感应出电压;

4）雷击击中的地面,地电流通过公共接地系统时所引进的干扰。

浪涌抗扰度的测试设备主要有试验发生器和耦合/去耦网络。测试时,由于不同类线路的阻抗不一样,浪涌在线路上的波形也不一样,要分情况进行模拟。对于电源线和短距离信号互连线端口,应采用1.2/50μs组合波发生器;对于连接到对称通信线的端口,应使用10/700μs组合波发生器。图3-70和图3-71是信号发生器在不同情况下产生的开路电压波形。试验前,应当对试验发生器产生的波形进行校验。

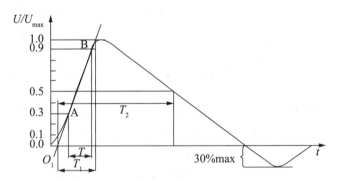

波前时间: $T_1=1.67×T=1.2×(1±30\%)$ μs
半峰值时间: $T_2=50×(1±20\%)$ μs

图3-70　浪涌开路电压波形(1.2/50μs)

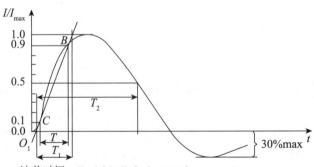

波前时间: $T_1=1.25×T=8×(1±20\%)$ μs
半峰值时间: $T_2=20×(1±20\%)$ μs

图3-71　浪涌开路电压波形(10/700μs)

由于浪涌试验的电压和电流波形相对较缓,因此试验比较简单。对于电源线上的试验,都是通过耦合/去耦网络来完成的。对于通信线路上的试验,采用的耦合网络与被测线路有关,屏蔽线、非屏蔽不对称线、非屏蔽对称线、高速通信线采用的耦合/去耦网络都各不相同,图 3 - 72 ~ 图 3 - 76 是采用不同耦合/去耦网络的几种浪涌试验布置。

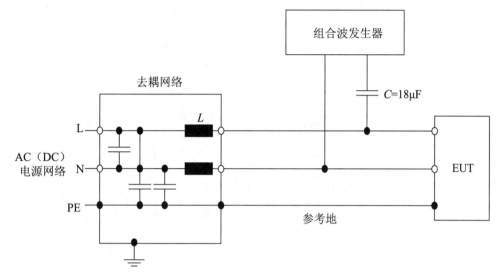

图 3 - 72 交/直流电源线上的电容耦合:线一线耦合

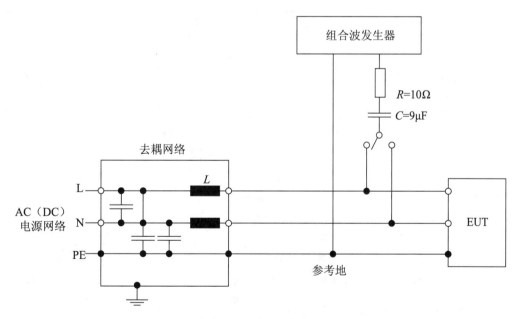

图 3 - 73 交/直流线上的电容耦合:线一地耦合

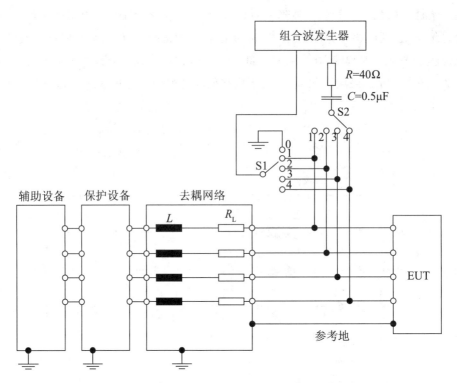

图 3－74 非屏蔽不对称互连线:线—线/线—地,电容耦合

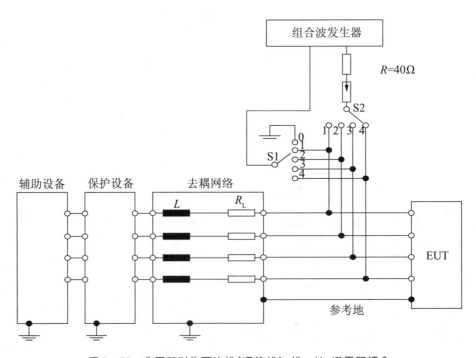

图 3－75 非屏蔽对称互连线(通信线):线—地,避雷器耦合

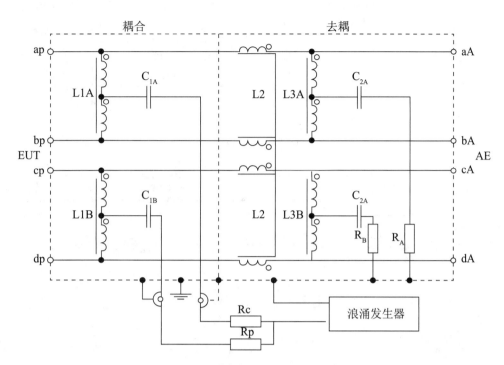

图 3 - 76　对称高速通信线的试验布置

浪涌的抗扰度试验中要注意以下几点：

1）试验前务必按照制造商的要求采用保护措施；

2）试验速率一般每分钟 1 次，不宜太快，让保护器件有一个性能恢复的过程。事实上，自然界的雷击现象和大型开关的切换也不可能有非常高的重复率；

3）试验时一般正/负极性各做 5 次；

4）试验电压要由低到高逐渐升高，避免被测设备由于非线性特性出现假象。另外，要注意试验电压不要超出产品标准的要求，以免带来不必要的损坏。

（1）供电电源端口

对供电电源端口进行试验时，应当首选用耦合/去耦网络将快速瞬变脉冲群骚扰电压直接耦合到受试端口的方法，如图 3 - 77 所示。

若没有耦合/去耦网络，可采用容性耦合夹替代进行试验，但由于耦合夹的效率远低于用电容直接注入脉冲群的方法，因此，一般不优先选用容性耦合夹的方法。

（2）输入/输出端口和通信端口

对输入/输出端口和通信端口进行试验时，使用容性耦合夹把骚扰电压耦合到受试端口上，此时非受试设备或辅助设备应当去耦，如图 3 - 78 所示。

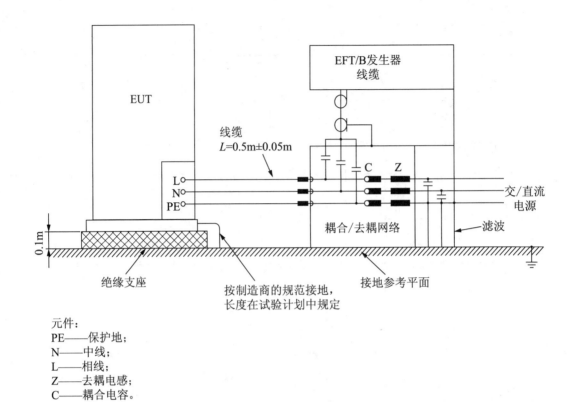

元件：
PE——保护地；
N——中线；
L——相线；
Z——去耦电感；
C——耦合电容。

图3-77　利用耦合/去耦网络对供电电源端口进行试验的方法

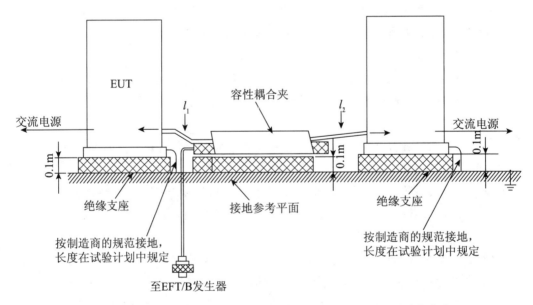

图3-78　利用容性耦合夹对输入/输出端口和通信端口进行试验的方法

11. 射频场感应的传导骚扰抗扰度测试方法

电玩具设备的输入输出电缆可能成为接收天线网络,来自射频发射机的骚扰电磁场常常会作用于被测设备的电缆上,干扰其正常运行。为了评估电玩具设备对来自9kHz～80MHz频率范围的,由射频发射机感应到电源线、信号线或地线上的传导骚扰信号的抗干扰性能,我们对设备进行传导抗扰度测试(如图3-79)。是进行传导抗扰度测试时的干扰信号波形。

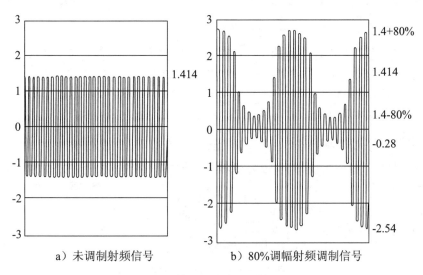

a)未调制射频信号   b)80%调幅射频调制信号

图3-79 传导抗扰度干扰信号波形

对传导抗扰度的试验等级做了明确的要求。电压 U_0 是未调制信号的开路电压电平。

试验布置时,应当尽可能的按实际安装条件来安装所有电缆。在全部被测电缆上,应根据线缆类型插入耦合/去耦合装置。被测设备的接地端子应通过耦合/去耦合网络连接到参考接地平面上。多个单元组成的被测设备,应当将每一个单元作为一个被测设备分别测量,此时其他所有单元均被视为辅助设备。试验布置如图3-80所示。

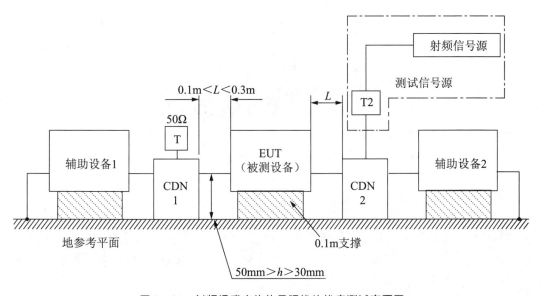

图3-80 射频场感应的传导骚扰抗扰度测试布置图

为了保证信号注入到被测设备的各种电缆上,应采用合适的耦合/去耦装置。干扰信号的注入有多种方式:对于屏蔽电缆采用直接注入;对于电源线采用 CDN 网络(如图 3 - 81);对于非屏蔽电缆,采用电磁钳(如图 3 - 82)或电流钳(如图 3 - 83)注入。以下是三种不同注入装置的内部结构原理图。

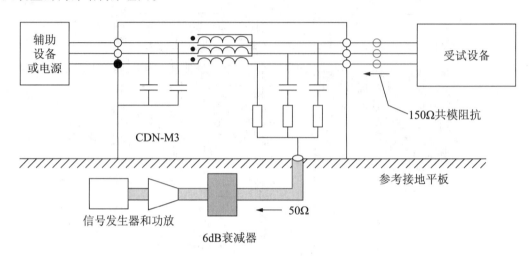

图 3 - 81　CDN 网络的结构

优点:CDN 注入是优先选择的注入方法,其优点在于实现了被测设备与辅助设备的有效隔离,且不确定度很低。CDN 正常工作只需很小的功率,对外界只产生极小的辐射。

缺点:不可拆卸,因此不同的被测线缆要求不同的网络,增加了成本。

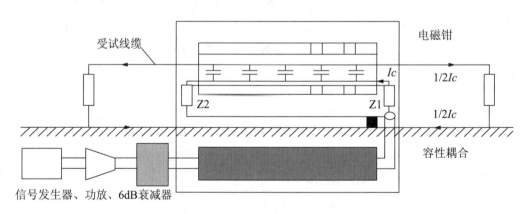

图 3 - 82　电磁钳的结构

优点:电磁钳注入是一种容性耦合。最大的优点是电磁钳与线缆之间无需电连接,并且它具有相对较好的耦合因子和较低的功率消耗。

缺点:由于使用了铁氧体套筒来提供感性耦合,使得电磁钳很长。它还要提供好的容性耦合,这又使得其内径必须很小。所以,电磁钳一般都很长很笨重,使用起来不方便。同时,对直径大、长度短的电缆测试产生限制。

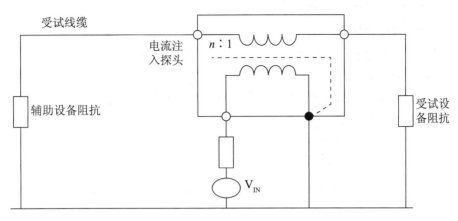

图3-83　电流钳的结构

优点:电流钳注入属于感性耦合。电流钳的尺寸小,结构紧凑,而且是开放式的。适合各种粗细的电缆。这些特点使得它在实验室中得到广泛应用。

缺点:由于电流钳对辅助设备没有去耦功能,线缆中的感应电流不仅要流入被测设备,还要流入辅助设备。此外,使用电流钳加扰的时候,干扰信号极度依赖于线缆的布置方式和辅助设备的对地阻抗。也就是说,感应电流在注入被测设备的时候,线缆其实扮演了传输线的角色,当电流的频率很高时,由于阻抗失配可能在线缆中产生驻波,从而导致试验产生最高的不确定度和最低的可重复性。

通常,传导抗扰度可不在屏蔽室内进行,这是由于采用的骚扰电平和试验配置的几何尺寸在低频段上,不可能辐射太高的能量。当辐射能量超过允许电平时,应在屏蔽室内进行试验。

为了防止高次谐波干扰受试设备,应在试验信号发生器的输出端插入高通或低通滤波器。

按试验程序设定的信号电平在150kHz~80MHz范围内扫频,骚扰信号为1kHz正弦波调幅,调制度为80%。当扫频频率增加时,步长不应超过前一频率值的1%。

每一个频率上的驻留时间,不应少于受试设备所需的运行和响应时间。对于敏感频率,如时钟频率及其谐波频率应单独进行分析。

应按照试验计划进行试验,具体内容包括:

——设备的尺寸;

——设备的典型工作条件;

——设备是作为单个单元还是多个单元进行试验;

——所用试验设备的类型,受试设备、辅助设备以及耦合和去耦装置的位置;

——所用的耦合和去耦装置及其系数;

——试验的频率范围;

——频率扫描的速率、驻留时间和频率步进;

——采用的试验等级;

——被测互连电缆的类型和连接接口;

——采用的性能判据;

——受试设备操作方法的描述。

(1)单个单元构成的设备

受试设备应放在参考接地平面上0.1m高的绝缘支架上(如图3-84)。对于台式设备,参考接地平面可以放在一张桌子上。

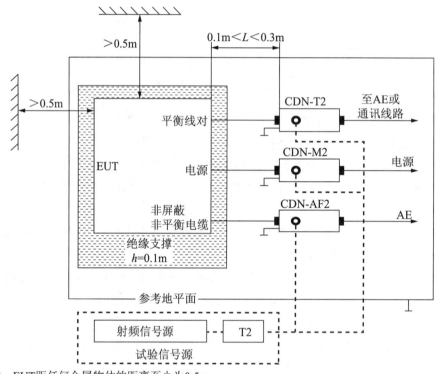

注:EUT距任何金属物体的距离至少为0.5m。

图3-84 单一单元被测设备的试验布置

在全部被测电缆上,应插入耦合和去耦合装置。耦合和去耦合装置应放在接地参考平面上,在距受试设备约0.1m~0.3m处与接地参考平面直接接触。在耦合和去耦合装置与受试设备之间的电缆应尽可能短,不能盘也不能捆起来,处于接地参考平面上方3cm~5cm处。

如果受试设备有其他接地端子,应通过耦合和去耦合网络连接到接地参考平面上。

如果受试设备装有一个键盘或手提式附件,那么模拟手应放在该键盘或缠绕在附件上,并且连接到接地参考平面上。

辅助设备均应通过耦合和去耦合装置连接到受试设备上,应根据代表性功能尽可能限制被测电缆的数目,实际端口的所有类型都应被注入。

(2)多个单元构成的设备(试验布置如图3-85所示)

被互连在一起的各单元组成的受试设备,应用下述方法之一进行测量:

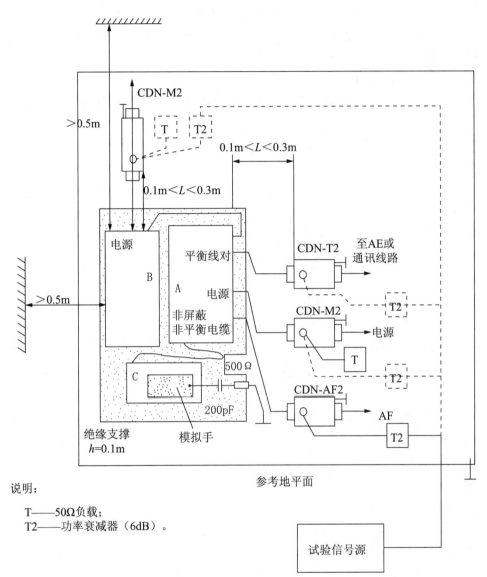

说明：

T——50Ω负载；

T2——功率衰减器（6dB）。

注：EUT距任何金属障碍物的距离至少为0.5m。

不用于注入的耦合/去耦网络中只有一个用50Ω负载端接，提供唯一的返回路径，所有其他的耦合/去耦网络作为耦合的去耦网络。

属于EUT的互连电缆（≤1m）置于绝缘座上。

图3－85　多单元被测设备的试验布置

1）优先法：每个分单元（附件）应作为一个受试设备分别测量，其他所有单元被视为辅助设备。耦合和去耦合装置置于被认为是受试设备的分单元的电缆上，依次测量全部分单元。

2）代替法：总是由短电缆（即≤1m）连在一起的并作为受试设备的一部分的分单元（附件），被视为一个设备。对这些互连的电缆不进行传导抗扰度测量，而作为系统内部电缆考虑。

作为受试设备一部分的各分单元应尽可能相互靠近但不接触的放置,并全部放在接地参考平面上 0.1m 高的绝缘支架上,这些单元的互连电缆也应放在绝缘支架上。末端接的耦合和去耦合网络或去耦装置应接入受试设备所有的其他电缆上。

12. 电压暂降和短时中断抗扰度

电压暂降、短时中断是由电网、变电设施的故障或负荷突然出现大的变化所引起。在某些情况下会出现两次或多次连续的跌落或中断。电压变化是由连接到电网的负荷连续变化引起的。图 3-86 是电压暂降、短时中断和电压变化的测试原理图。

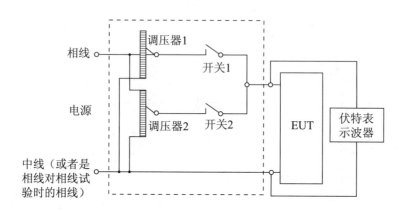

图 3-86 电压暂降、短时中断和电压变化试验原理图

试验等级以额定工作电压作为规定电压试验等级的基准。图 3-87～图 3-89 是电压暂降、短时中断和电压变化的三种测试波形。

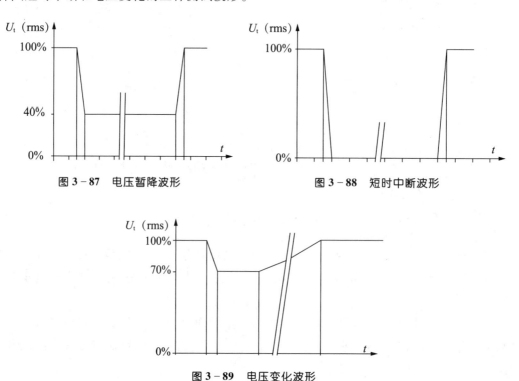

图 3-87 电压暂降波形 图 3-88 短时中断波形

图 3-89 电压变化波形

电压暂降、短时中断和电压变化现象本质上随机的,其特征表现为偏离额定电压并连续一段时间。试验等级和持续时间如图3-87~图3-89所示。电压暂降和短时中断不总是突发的,因为与供电网络相连的旋转电机和保护元件有一定的反作用时间。如果一个工厂或一个地区中的较大范围的电源网络突然断开,电压将由于有很多旋转电机连接到电网上而使得电压逐步降低,由于这些旋转电机短期内将作为发电机运行,并向电网输送电力,这就产生了电压渐变。

试验前,应当对试验发生器的性能进行校验。发生器应当有防止其产生强骚扰发射的措施,否则这些骚扰注入供电网络,有可能会影响试验结果。试验时,应当用设备制造商规定的,最短的电源电缆把被测设备连接到试验发生器上进行试验。

用制造商规定的,最短的电缆把EUT连接到试验发生器上进行试验。

对给定的EUT,应按试验计划进行试验。试验计划应代表系统实际使用的方法。要对系统做一次正确的预估,以确认被测的哪一种系构成是能够体现现场情况。

试验计划应包括以下内容:

——EUT类型;

——有关连接(插座、端子等)和相应的电缆以及辅助设备的资料;

——EUT的输入电源端口;

——EUT的典型运行方式;

——技术规范中采用和定义的性能判据;

——设备的运行方式;

——试验布置的描述。

如果没有EUT实际运行用的信号源,则可以对信号源进行模拟。对每一项试验,应记录任何性能降低的情况,监视设备应能显示试验中和试验后EUT运行的状态,每组试验后,应进行一次全面的性能检查。

EUT应按每一种选定的试验等级和持续时间组合,顺序进行三次试验,两次试验之间的最小间隔10s,均应在每个典型的工作模式下进行试验。

对于电压暂降,电源电压的变化发生在电压过零处,每相优先选择45°、90°、135°、180°、225°、270°和315°。

对于短时中断,由有关委员会根据最坏情况来规定角度,如果没有规定,建议任选一相,在相位角为0°时进行测试。

对于有多根电源线的EUT,在每根电源线上都应单独进行试验。

第六节　电玩具电磁兼容设计与整改对策

随着信息技术的迅猛发展,电玩具的使用越来越广泛,结构越来越复杂,工作频率也越来越高,电玩具设备的电磁兼容问题日益凸显。测试是发现电磁兼容问题的有效方法,但是设计与整改才是解决电磁兼容问题的根本。

实践证明,电磁兼容问题越早解决,所需的成本越低。电磁兼容的解决措施、成本与开发生产阶段的关系如图3-90所示。该图表示的是设备从构思到设计,再到批量生产和上市,所需要的成本与解决措施的关系。横轴是产品推出要经历的阶段,纵轴是解决问题所需的成本和措施。从图中可以看出,越早发现电磁兼容问题,解决问题的成本越低,解决办法越多;越晚发现问题,解决成本越高(产品量产后问题的解决成本可能是设计阶段成本的几千倍),而且能选择的办法也更少。

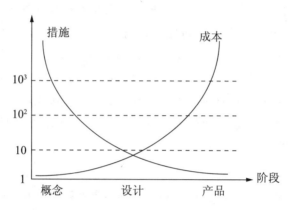

图3-90　解决电磁兼容的措施、成本与开发生产过程之间的关系

一、电磁兼容设计

传统的设计方法是,在产品设计阶段不进行电磁兼容设计,而是在测试中发现问题之后再进行改进,这种方法缺陷比较明显。出现问题之后,往往要重新拆卸设备,修修补补,甚至重新加工,费时费力而且解决不好问题。在电磁兼容设计理论和方法不够完善的情况下,这种方法也不失为一种解决问题的手段,由于其针对性较强,目前仍被工程人员所采用。

后来出现的是一种在研发阶段,依照产品标准和规范要求来进行电磁兼容设计的解决办法。这种方法以设备应当遵循标准的极限值为计算基础,由于标准和规范中的极限是以同类系统或设备中最严重的情况制定的,因此可能导致设备的设计过于保守,不能提供最佳的工作性能。不管怎样,该方法对设备的电磁兼容性设计提供了预见性,因此优于传统解决办法。

现在流行的解决办法是系统法。这种方法在产品的设计阶段就利用辅助设计工具对电磁兼容性进行分析预测,对每一个可能影响产品电磁兼容性的元器件、线路和模块进行数学建模,为整机的良好电磁兼容设计打好基础。这种方法能够全面综合的考虑电磁耦合因素,对各阶段设计进行评估检验和修改,是目前最优秀的电磁兼容设计方法。

1. 电磁兼容设计要点

电玩具电磁兼容设计的目的,是使设备在预期的电磁环境中能正常工作、没有性能降低或故障,并具有对电磁环境中的任何事物不构成电磁骚扰的能力。电磁兼容性设计的基本方法是指标分配和功能模块设计。也就是说,首先要根据有关标准和规范,把整个产品的电磁兼容性指标要求,细分成产品级、模块级、电路级、元器件级的指标要求;然后,按照各级要实现的功能和电磁兼容性指标要求,逐级进行设计。对于任何一种产品,尽早进行电磁兼容性设计是非常必要的。

电磁兼容的设计内容有:

1)分析设备或系统所处的电磁环境和要求;

2)正确选择设计方向;

3)谨慎选择产品使用的频率;

4)制定电磁兼容性要求和控制计划;

5)对元器件、模块、电路采取合理的干扰抑制和防护技术。

电磁干扰形成必须具备的三个条件是骚扰源、耦合路径和敏感设备。因此,电磁兼容设计就可以分别从抑制骚扰源、切断耦合途径和提高敏感设备抗扰度这三个方向去考虑。

(1)抑制骚扰源的要点

1)尽量减少骚扰源数量;

2)恰当选择元器件和线路工作模式,尽量使设备工作在线性区,减少谐波成分;

3)限制信号的发射功率和频段;

4)合理设计发射天线,不盲目追求覆盖面积和信号强度;

5)尽量选择工作电平低的开关或继电器,以及精密的直流电机;

6)合理设计线路,抑制接地干扰、地环路干扰和高频噪声。

(2)抑制干扰耦合的要点

抑制干扰耦合主要指切断电磁干扰的耦合路径或传播通道,具体方法有:

1)把易携带电磁噪声的元器件和导线与敏感元器件隔离;

2)缩短耦合路径的长度,使导线尽量短,必要时加以屏蔽;

3)注意 PCB 布线和结构件的天线效应;

4)合理选择接地方式,尽量避免地环路电流;

5)应用屏蔽等技术隔离或减少辐射途径的电磁骚扰;

6)应用滤波器、隔离变压器和光电耦合器等滤除电磁骚扰。

(3)提高设备抗干扰能力的要点

提高设备抗干扰能力有接地、滤波、屏蔽、脉冲吸收、隔离、去耦,以及线路与结构布局等多种措施。在设计中尽量少用低电平器件和高速器件,尽量减少不必要的敏感部件,适当控制输入的灵敏度等。

在设计阶段就注意选择合理的元器件,并优化线路和结构布局,必要时加上适当屏蔽和滤波措施,那么其电磁兼容性能便不会有太大的问题。一般来说,电磁兼容设计按照以下顺序进行。

1)功能性设计。在电路中,如果设计方案已经确定,但被测设备不满足要求,则主要依靠修改参数来达到要求,包括修改发射功率、工作频率、接收机灵敏度和更换元器件等方式。

2)防护性设计。包括滤波、屏蔽、接地与搭接,以及空间隔离和频率回避等技术。

3)布局性设计。包括印刷电路板的整体布局、电缆布线,以及孔缝的设计。

需要注意的是,电磁兼容设计不能顾此失彼,而应当以全局的眼光,在设备或系统的设计初期就考虑电磁兼容设计。既要从源头进行骚扰抑制,又要提高敏感设备的抗扰度,同时还要尽量切断电磁骚扰的传播路径。不能单纯强调某一方面,因为任何一种片面的措施都不能达到理想的控制效果。

2. 电路设计

电磁兼容性是指电子设备在电磁环境中能够协调、有效地进行工作的能力。电磁兼容性设计的目的是使电子设备既能抵抗各种外来的干扰,使电子设备在特定的电磁环境中能够正常工作,同时又能减少电子设备对其他电子设备的电磁干扰。对于电玩具设备来讲,有些电路设计者往往只考虑产品的功能,没有将功能和电磁兼容性综合考虑,既产生了大量的骚扰,也不能满足敏感度要求。因此,产品的电路设计应当按照一定的规则和方法进行。

(1)电源电路的设计规则

电源的 EMC 涉及对供电线的骚扰和对来自供电线上传导骚扰(主电源谐波、差模或共模瞬变、无线电发射机的窄带信号)的抗扰度。设备的电源电路同功能电路广泛相连,一方面电源中产生的无用信号很容易耦合到各功能单元中去,另一方面,一个功能单元中的无用信号可能通过电源的公共阻抗耦合到其他功能单元。因此对设计者来说,电源的电磁兼容设计对设备的电磁兼容性有着至关重要的影响。电源电路的 EMC 设计应当尽量按照以下原则进行:

1)尽可能为各功能单元单独供电;

2)共用电源的电路尽可能彼此靠近;

3)应在交直流电源干线上使用电源滤波器,以防外部骚扰通过电源进入设备,防止开关瞬变和设备内部的其他信号进入初级电源;

4)有效隔离电源的输入和输出线,以及滤波器的输入和输出线;

5)对电源,特别是开关电源,进行有效的电磁场屏蔽;

6)整流二极管应工作在最低的电流密度上;

7)对所有电路功能状态,电源都应保持低输出阻抗。即使在射频范围,输出也应呈现低阻抗;

8)保证稳压器有足够快的响应时间,以抑制高频纹波和瞬变加载作用;

9)为稳压二极管提供足够的射频旁路;

10)高压电源应进行屏蔽,且同敏感电路隔离开;

11)电源变压器应该是对称平衡的,而不应该是功率配平的;

12)必须保证铁芯不能达到饱和状态;

13)变压器铁芯结构应优选 D 型和 C 型,E 型最次之;

14)用静电屏蔽的电源变压器抑制电源线上的共模骚扰。

(2)控制单元电路设计规则

控制单元和设备主体往往离得较远,因此必须正确运用接地和屏蔽方法,防止产生地环路和无用信号耦合。控制单元内主要的骚扰信号源是那些能突然断开控制信号通道的元件，如开关、继电器、可控硅整流器、开关二极管等。以继电器为例，继电器是具有隔离功能的自动开关元件，是当输入量的变化达到规定要求时，在电气输出电路中使被控量发生预定的阶跃变化的一种电器。继电器通常应用于自动化的控制电路中，它实际上是用小电流去控制大电流运作的一种"自动开关"（如图 3 - 91）。

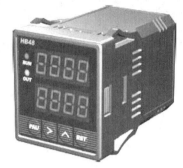

图 3 - 91 继电器示例

在控制单元的设计中，需要解决的主要问题是地环路干扰。地环路干扰是一种较常见的干扰现象，常常发生在用长电缆连接的距离较远的设备之间。地环路干扰产生的原因是设备之间的地线电位差。地线电位差导致了地环路电流，由于电路的非平衡性，地环路电流引起的干扰电压对电路形成不利影响，如图 3 - 92 所示。

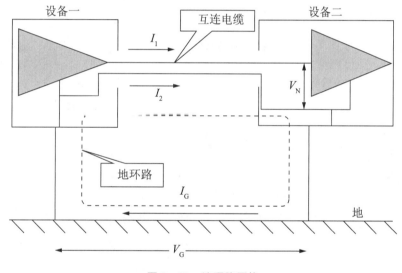

图 3 - 92 地环路干扰

解决地环路干扰的基本思路有三个：一个是减小地线的阻抗，从而减小干扰电压。另一个是增加地环路的阻抗，从而减小地环路电流。当阻抗无限大时，实际是将地环路切断，即消除了地环路，例如将一端的设备浮地、或将线路板与机箱断开等是直接的方法，但出于静电防护或安全的考虑，这种方法在实践中往往是不允许的。更实用的方法是使用隔离变压器、光耦合器件、共模扼流圈、平衡电路等方法。第三个方法是改变接地结构，将一个机箱的地线连接到另一个机箱上，通过另一个机箱接地。

（3）放大器电路设计规则

放大器能把输入信号的电压或功率放大，放大器由电子管或晶体管、电源变压器和其他电器元件组成，广泛使用在通讯、广播、雷达、电视、自动控制等各种电玩具设备中。但是放大器把有用信号和无用信号都放大了，对信号的产生和耦合产生消极影响，所以必须对放大

器的设计提出严格的电磁兼容性要求:

1)放大器应尽量设计成在最短的距离上传送低电平信号,否则易引入骚扰;

2)放大器占有带宽应和有用信号匹配,否则易将无用信号放大产生寄生振荡;

3)要注意多级放大器(如图3-93)各级之间的去耦,尽量只让有用信号进入放大器;

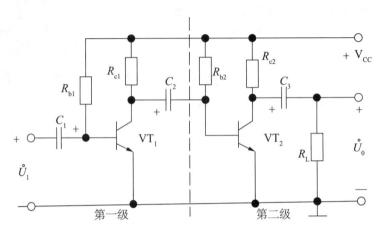

图3-93 多级放大器电路

4)对所有放大器的输入端进行去耦,尽量保证让有用信号进入放大器;

5)应将瞬时大电流负载的电源与运算放大器的电源分开,防止运算放大器电源线的瞬时欠压状态;

6)音频放大器应该用平衡输入式,并用屏蔽双绞线对作输入信号线;

7)音频增益控制应在高增益前置放大器之后,否则噪声会很大;

8)音频放大器若用开关电源,要用20KHz或更高的开关速度。

9)隔离放大器的输入变压器,初次级间应有效地屏蔽隔离如图3-94;

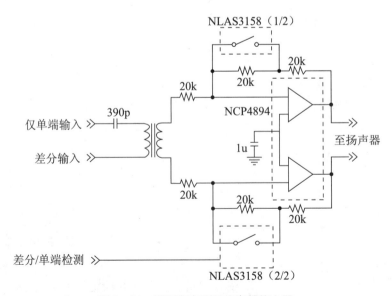

图3-94 带隔离变压器的音频放大器

10)用输入变压器来断开到远端音频输入电路的任何地环路;

11)音频输入变压器应是磁屏蔽的,以免拾取电源磁场骚扰。

(4)数字电路设计规则

数字设备与模拟设备的电磁兼容特性不同,一般不能用滤波的方法来实现数字电路的电磁兼容。这是因为,模拟电路通常产生窄带骚扰,并常常对连续波骚扰敏感,故采用滤波的方法就可以达到较好的效果。数字电路则常常产生高频的宽带骚扰,并对尖峰脉冲骚扰敏感,单纯的数字滤波器无法达到好的效果。

数字系统误动作的重要原因中,绝大多数起因于机壳地、信号地的电位波动。集成电路地电位发生变化时,它的工作状态便不稳定,从而影响下一级输入端状况,下一级也会不稳定。地电位的变化是由于在高频时,接地线本身有电感和直流电阻所致。因此,在数字电路设计中应当参考以下设计原则进行:

1)必须选择电路允许的最慢上升时间和下降时间,限制不必要的高频分量;

2)避免产生和使用不必要的高逻辑电平,如能用 5V 电平的就不要用 12V 电平;

3)时钟频率应在允许的条件下选用最低的;

4)要防止数据脉冲通过滤波和二次稳压电源耦合到直流电源总线上去;

5)数字电路的输入输出线不要紧靠时钟或振荡器线、电源线,也不要紧靠复位线、中断线、控制线等敏感信号线;

6)应在低阻抗点上连接数字电路的输入端和输出端,或用阻抗变换缓冲级;

7)要严格限制脉冲波形的尖峰、过冲和阻尼振荡;

8)必须对电源线、控制线去耦,防止外部骚扰进入;

9)不要用长的非屏蔽信号线;

10)数据波形上升速度达到 5cm/ns,就要考虑印刷线的匹配端接;

11)光电隔离器对差模骚扰有抑制效果,而对共模骚扰去没有明显作用;

12)由于电感在高频时的阻抗作用,电源线与地线条要尽量粗和短;

13)对有暂态陡峭电源电流的器件和易受电源噪声影响的器件,要在其近旁接入高频特性好的去耦电容;

14)在每个印制板电源入口处装 1 个 T 型滤波器,防止来自电源的冲击输入;

15)用屏蔽网(编织带)和铁氧体夹卡改善扁平电缆的抗骚扰性能;

16)尽量使用多层印制电路板,让电路有独立的电源层和地层;

17)时钟频率大于 5MHz 或者脉冲上升时间小于 5ns 时多选择多层电路板;

18)用手工布置关键线(时钟、高速重复控制信号、复位线、中继线、I/O 线等)。若用自动布线必须仔细检查和修改违反 EMC 控制原则的地方。

3. 印刷电路板设计

印刷电路板以绝缘板为基材,切成一定尺寸,其上至少附有一个导电图形,并布有孔(如元件孔、紧固孔、金属化孔等),用来代替以往装置电子元器件的底盘,并实现电子元器件之间的连接。由于这种板是用电子印刷术制作的,故被称为"印刷"电路板。印刷电路板是电玩具中最基本的部件,是绝大部分电子元器件的载体,如图 3-95 所示。印刷电路板的布线首先要选取印制板类型,然后确定元器件在板上的位置,再依次布置地线、电源线、高速信号线和低速信号线。

当电玩具的电路板设计完成后,其电磁兼容性就已基本确定了,可以说,一个设计良好的印刷电路板可以解决大部分的电磁骚扰问题,然后在接口电路设计时增加抑制器件和滤波电路就可以同时解决大部分抗扰度问题。但是,在印制线路板设计中,有的设计师往往只注重提高元器件密度,减小占用空间,制作简单,或因追求美观和布局,忽视了线路布局对电磁兼容性的影响,使电路板中大量的信号辐射到空间形成骚扰或者将外界的电磁场大量的引入到电路中,降低了设备的电磁兼容性能。

图 3-95　印刷电路板

(1)PCB 板的布局原则

印刷电路板的布局应当遵循以下原则进行:

1)元器件和信号通路的布局必须最大限度地减少无用信号的耦合;

2)高低电平信号通道必须分开;

3)低电平信号通道与可能产生瞬态信号的通道分开;

4)高、中、低速电路在板上要分区布置;

5)信号线的长度尽可能短;

6)相邻板层之间的平行线不能太长;

7)滤波器与骚扰源尽可能靠近,并放在同一块板上;

8)开关元器件和整流器应尽可能靠近变压器放置,以最小化导线长度;

9)调压元器件与滤波电容应尽可能靠近整流二极管放置,以最小化导线长度;

10)印刷电路板尽量按频率和电流开关特性分区;

11)对噪声敏感的线路不要与大电流和高速开关线平行。

(2)印刷电路板的布线原则

1)尽量选用多层板,内层分别作为电源层、地线层,用以降低供电线路阻抗,抑制公共阻抗噪声,对信号线形成均匀的接地面,加大信号线和接地面间的分布电容,抑制其向空间辐射的能力;

2)电源线、地线、印制板走线对高频信号应保持低阻抗。高频情况下,电源线、地线、或印制板走线都会成为接收与发射骚扰的小天线。因此可以增加滤波电容,减小电源线、地线及其他印制板走线本身的高频阻抗。此外,印制板走线要短而粗,线条要均匀;

3)电源线、地线及印制导线在印制板上的排列尽量做到短而直,减小信号线与回线之间的环路面积;

4)任何信号都不要形成环路,不可避免的情况下应尽可能减小环路面积;

5)时钟发生器尽量靠近使用该时钟的器件,晶振外壳接地,时钟线尽量短;

6)走线尽量用 45°折线,而不是 90°折线;

7)I/O 驱动电路尽量靠近印刷板边,让其尽量远离印刷板中心;

8）元器件引脚应尽量短,尤其是去耦电容的引脚;

9）数字部分与模拟部分不要交叉布线;

10）时钟、总线和片选等信号要远离 I/O 线和接插件;

11）模拟电压输入线、参考电压端要远离数字信号线,尤其是时钟;

12）石英晶振和噪声敏感器件下面不要走线,而使用大面积接地;

4. 接地和搭接设计

（1）接地设计的规则

产品设计时,从安全角度或功能上考虑接地的多,而从抑制骚扰的角度考虑接地设计的少,因而在选择接地方式、接地点和接地线时,常常出现错误。要避免这些情况的发生,产品的接地设计必须遵循以下原则:

1）在接地设计时,要根据实际情况选择接地方式及接地点。以计算机作为被测设备为例,如果辐射骚扰超标的频率集中在 30MHz ~ 200MHz 范围之内,则设备内部各单元及屏蔽电缆相对机壳应采用多点就近接地的方式。单点接地会增加接地线的长度,如果接地线长度接近或等于骚扰信号波长的 1/4 时,其辐射能力将大大增加,接地线将成为天线。一般来讲,接地线的长度应小于 2.5cm;

2）减小接地线高频阻抗。经常可以看到这样的产品,其内部的接地线是很细的单股线,这种接地线在其内部通过高频电流时,由于高频阻抗很大,接地效果非常不理想。考虑到趋肤效应,接地线需要选用带状编织线,甚至在其表面镀银来减小导线的表面电阻率,因而达到减小接地线高频阻抗的目的;

3）接地线应与接地面良好搭接。接地线与接地面的直流搭接阻抗一般应小于 2.5mΩ。为了保证高质量,接地面应经过表面处理,避免氧化和腐蚀;

4）在接地线与接地平面之间不应有锁紧垫圈、衬垫,而且应尽量避免使用衬垫、螺栓、螺母作为接地回路的一部分;

5）存在继电器等大电流突变的场合,要用单点接地以减少对其他电路的瞬变耦合;

6）负载不能直接接地;

7）用屏蔽电缆传递高频信号时,屏蔽层应采用多点接地;

8）端接电缆屏蔽层时,不能用辫状接地,而应当让屏蔽层包裹芯线,然后让屏蔽层 360°接地;

9）工作频率很宽的设备要采用混合接地,即单点接地与多点接地结合使用;

10）出现地线环路问题时,可用浮地或大电阻方式进行隔离;

11）所有接地线要短、粗、低阻抗、高导电率;

12）信号线、信号回线、电源系统回线及底板和机壳都要有单独的接地系统,然后统一将回线接到一个参考点上;

13）低电平电路的接地线必须交叉的地方,导线需互相垂直来减小耦合;

14）交直流线不能捆扎在一起,但交流线本身要扎起来;

15）同轴电缆传输时,低频电路可单点接地,高频电路则采用多点接地。

（2）搭接设计的规则

金属部件之间的低阻抗连接称为搭接,例如:电缆屏蔽层与机箱之间的搭接;屏蔽体上不同部分之间的搭接。如果其中一个金属构件是地平面,则这种搭接就是接地。良好的搭接是减少电磁干扰所必需的,因为搭接可以减小设备之间的电位差,同时使接地阻抗减小,从而减少了地电压形成的环路干扰。此外,良好的搭接可以保证屏蔽和滤波等干扰抑制功能得以实现。设备的搭接设计应当按以下规则进行:

1)金属部件之间尽量用同样的金属搭接;

2)搭接的直流电阻不大于 25mΩ;

3)用不同金属搭接时,要注意防腐蚀,且电位差要尽可能小;

4)搭接前清洗所有配接表面,修整搭接表面,并涂敷保护层;

5)永久性搭接应尽可能用熔焊、铜焊和锡焊来连接;

6)不能用螺栓或螺钉的螺纹来完成射频搭接;

7)不能用导电漆来实现电的搭接;

8)压紧所有的射频衬垫。

5. 屏蔽设计

屏蔽技术可以保护设备免受外界电磁场干扰或防止设备产生的电磁场对外界形成干扰。屏蔽是利用导电或导磁材料制成的壳、板、套、筒等各种形状的屏蔽体,将电磁场限制在一定范围内,以抑制电磁辐射干扰的措施,属于主要电磁兼容控制措施之一。产品的屏蔽设计,主要是底板和机壳设计,对产品的电磁兼容性起着决定性的作用。屏蔽设计的效果主要取决于材料的选择和结构的设计(如图 3-96)。

图 3-96 电磁屏蔽材料的应用

（1）屏蔽的结构和材料

对于不同的电磁场,应当采用不同的结构和材料来进行屏蔽,才能取得理想的效果。

1）对电场的屏蔽,应使用铝、铜等良导体金属,来作为底板和机壳的材料（如图3-97）。此时主要是依靠金属对电磁波信号的反射;

2）对磁场的屏蔽则需要铁磁材料,如高导磁率合金和铁（如图3-98）。此时主要依靠铁磁材料对磁场的吸收而不是反射。

3）在强电磁环境中,要求材料能屏蔽电场和磁场两种成分,因此需要结构上完好的铁磁材料。屏蔽效能受材料厚度、搭接和接地质量的影响。

图3-97　电场屏蔽材料

4）对于塑料壳体,可以在其内壁喷涂导电漆（如图3-99）,或在注塑时掺入金属纤维。导电漆采用含铜、银等复合微粒作为导电颗粒,具有良好导电性能。导电漆的方便性使得它在移动电话、笔记本、消费电子、网络硬件和医疗电子方面得到广泛应用。

图3-98　磁场屏蔽材料

图3-99　喷涂导电漆的机壳

（2）缝隙

设备机壳上的缝隙对电磁辐射影响很大,尺寸太大就会使内部的电磁场直接辐射到外部,或者外部的电磁场直接进入机壳内部,产生严重的电磁兼容问题。因此,对机壳缝隙的处理必须按照以下原则进行:

1）尽量减少结构的电不连续性,以便控制经底板和机壳进出的泄漏辐射。提高缝隙屏蔽效能的措施包括增加缝隙深度,减少缝隙长度,在接合面加入导电衬垫,在接缝处涂上导电涂料,缩短螺钉间距等。

2）在底板和机壳的每一条缝和不连续处要尽可能好地搭接。最坏的电搭接处对壳体的屏蔽效能降低起决定性作用。

3）保证接缝处金属对金属的接触,以防电磁能的泄漏。

4）接缝应尽可能进行焊接,以保证接合面的电连续。在条件受限制的情况下,可用点焊、小间距铆接和螺钉连接来处理。

5）在不加导电衬垫时，螺钉间距一般应小于最高工作频率的1%波长，至少不大于1/20波长。

6）用螺钉或铆接进行搭接时，应首先在缝的中部搭接好，然后逐渐向两端延伸，以防金属表面的弯曲。

7）保证足够的紧固压力，以便在有变形应力、冲击和振动时保持表面接触。

8）在接缝不平整的地方，或可移动的面板处，必须使用导电衬垫或指形弹簧。

9）选择高导电率和弹性好的衬垫。选择衬垫时要考虑接合处所使用的频率。

10）选择硬韧材料制成的衬垫。

11）保证同衬垫配合的金属表面没有非导电保护层。

12）当需要活动接触时，使用指形压簧（不用网状衬垫），并要注意保持弹性指簧的压力。

13）导电橡胶衬垫用在铝金属表面时，要注意电化腐蚀作用。纯银填料的橡胶或线型衬垫将出现严重的电化学腐蚀。

（3）穿孔和开口

机壳上的穿孔和开口设计应满足以下设计原则：

1）要注意由于电缆穿过机壳使整体屏蔽效能降低的程度。未滤波的导线穿过屏蔽体时屏蔽效能会降低30dB以上。

2）电源线进入机壳时应通过滤波器。滤波器的输入端最好能穿出到屏蔽机壳外。

3）若滤波器结构不宜穿出机壳，则应在电源线进入机壳处为滤波器设置隔舱。

4）信号线、控制线进入或穿出机壳时，要通过滤波器。具有滤波插针的多芯连接器适于这种场合使用。

5）穿过屏蔽壳体的金属控制轴，应该用金属触片、接地螺母或射频衬垫接地，也可用其他绝缘轴贯通波导（截止频率比工作频率高的圆管）来作控制轴。

6）注意在截止波导孔内贯通金属轴或导线会严重降低屏蔽效能。

7）当要求使用对地绝缘的金属控制轴时，可用短的隐性控制轴，不调节时用螺帽或金属衬垫弹性安装帽盖住。

8）为保险丝、插孔等加金属帽。

9）用导电衬垫和垫圈、螺母等实现防泄漏安装。

10）在屏蔽、通风和强度要求不苛刻时，用蜂窝板屏蔽通风口。最好用焊接方式保持连接，防止泄漏。

11）尽可能在指示器、显示器后面加屏蔽，并对所有引线用穿心电容器滤波。

12）在不能从后面屏蔽指示器/显示器和对引线滤波时，要用与机壳连接的金属网或导电玻璃屏蔽指示器/显示器的前面。夹金属丝的屏蔽玻璃对30MHz～1000MHz的电磁场屏蔽效能可达50dB～110dB。在透明塑料或玻璃上镀上透明导电膜，其屏蔽效果通常不大于20dB，但后者可消除观察窗上的静电积累。

以典型玩具计算机为例,由于其结构特点,要得到很好的屏蔽性能确实比较困难。造成其屏蔽性能不理想的主要因素有:

1)系统内部的功率器件、开关器件及电流突变的信号线未加滤波、屏蔽措施,使其机壳内部骚扰场较大。

2)为了节省成本,许多计算机为塑料机壳,内外表面没有涂覆导电材料,或虽涂覆但涂料性能不佳,屏蔽效能不良。

3)机壳由于开设通风孔、安装开关及其他部件,有许多开口和缝隙。上下机盖及侧板之间由于没有专门处理,机箱本身不是一个电连续体。

4)电源进线和出线的滤波不当,也是影响屏蔽效能的一个因素。

影响屏蔽效能的因素并非不能彻底消除,只要努力提高导电涂层的性能,合理布置开孔、缝隙的位置方向,加装滤波器、连接器、屏蔽铜网及导电衬垫,提高装配工艺水平,产品的屏蔽性能还是可以得到保证的。

电玩具由于大规模集成电路和高速芯片的使用,具有工作频率高、传输速率快、信号电平高的特点,更需要采取有效的屏蔽措施,来保证设备的正常运行和避免对电磁环境的污染。由于设备的结构特点,所有设备表面都不可避免的开有电源和信号端口,都有开孔和缝隙,因此严格来讲,所有的电玩具都需要进行屏蔽处理。屏蔽处理是保证电磁兼容性的关键因素。

6. 滤波设计

滤波是一种从噪声或干扰信号中提取有用信号的技术,是抑制干扰的重要措施,是与屏蔽和接地同等重要的电磁干扰抑制方法。滤波器实质是一个选频电路,它允许某一部分频率的信号通过,而其他频率的信号则受到抑制,实现对有用信号的提取,抑制干扰信号的目的。经验表明,仅使用一种措施是不够的,即便是设计很好的且具有正确接地和良好屏蔽的设备,仍然有干扰能量进出设备,只有把接地、屏蔽技术同滤波结合起来使用,才能使整个设备满足电磁兼容要求。

(1)滤波器的选择原则

滤波器的选择应当遵循以下原则:

1)滤波器应能在工作频率范围内满足负载要求的衰减特性。若单级滤波器衰减不能满足要求,可采用多级滤波器级联。

2)滤波器应满足负载电路工作频率和需抑制频率的要求。如果需抑制频率与工作频率非常接近时,则需要频率特性非常陡峭的滤波器。

3)滤波器的阻抗必须与干扰源阻抗和负载阻抗相匹配。如果负载是高阻抗,则滤波器的输出阻抗应为低阻抗。如果电源或干扰源是低阻抗,则滤波器的输出阻抗应为高阻抗。如果电源或干扰源阻抗是未知的或变化范围很大,此时为了获得稳定的滤波特性,可以在滤波器的输入和输出端各并联一个固定电阻。

4)滤波器应有一定的耐压能力,应根据电源和干扰源的额定电压来选择滤波器,以保证可靠的工作情况和对高压冲击的承受能力。

5）滤波器允许通过的电流应与电路中连续运行的额定电流一致。

6）滤波器应具有足够的机械强度、简单的结构,质量轻,体积小,安装方便、安全可靠等特点。

7）滤波器的效果一般由 EMC 标准和现场应用结果来确定,尤其是电源滤波器,最好能确定用此滤波器的产品需要通过哪个标准,如电源滤波器主要针对的是传导骚扰和传导抗扰。

8）选择滤波器时,要考虑滤波器的内部电路。如电源滤波器是低通滤波器,通过的都是50Hz~60Hz 的频率,其他的都是无用频率,所以用截止频率在 1kHz 以上的滤波器就足够了。

9）滤波器的插入损耗都是在 50Ω 的阻抗下测得,实际情况下,负载肯定不是这么标准的阻抗,因此选择的时候对抑制点的频率必须至少流出 20dB 的余量。例如发现 100kHz 处超标 13dB,虽然从滤波器的插损曲线上看,其在 100kHz 时的插入损耗是 20dB,实际上我们选择的时候,滤波器在该频点的插入损耗不能低于 33dB。

（2）滤波器的安装使用

即使滤波器选择正确,但如果安装不当,也不能获得理想的滤波效果。因此,在安装使用时要注意以下事项:

1）滤波器的已滤波部分和未滤波部分、输入部分与输出部分必须分开。防止线路之间的信号耦合,降低滤波特性,如图 3－100 所示。

2）滤波器要尽量靠近干扰源出口,并尽量接近设备壳体的接地点,再将干扰源和滤波器完全屏蔽起来。

3）滤波器应进行屏蔽,屏蔽体与设备的金属外壳良好搭接。若设备为非金属壳体,则滤波器屏蔽体应与滤波器的地相连,并与设备地良好搭接,如图 3－101 所示。

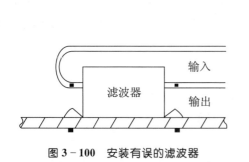

图 3－100　安装有误的滤波器

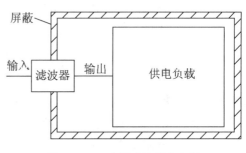

图 3－101　电源滤波器的安装

4）滤波器与机箱的搭接。安装滤波器的干净地要与金属机箱可靠地搭接起来,如果机箱不是金属的,就在线路板下方设置一块较大的金属板来作为滤波地。干净地与金属机箱之间的搭接要保证低射频阻抗。如有必要,可以使用电磁密封衬垫搭接,增加搭接面积,减小射频阻抗。

5）滤波器的各种引线（含接地线）要尽可能短。由于长引脚的电感效应,感抗与容抗在某频率上容易产生谐振。这一点在滤波器的局部布线和设计线路板与机箱的连接结构时要特别注意。

6）滤波器的接地线上如果短路电流很大的话,则可能产生辐射干扰,此时要对滤波器进行屏蔽。

7）滤波器中的滤波电容和其他元器件应正交安装,以减小相互的耦合。

8）同一插座上的每一根导线都应进行滤波。

9）进入设备的电源均要安装滤波器,最好使用线—线滤波器,而不是线—地滤波器。

10）使用隔离变压器为设备供电时,应在变压器输出端加滤波器。

11）各分系统或设备之间的接口处,应安装滤波器来抑制干扰。

12）对设备和系统的控制信号,其输入端和输出端应加滤波器。

总而言之,在抑制电磁骚扰,尤其是传导骚扰方面,滤波器是一项必不可少的措施。在实际情况中,我们要根据干扰源的特性、频率、电压和阻抗等参数,合理选择滤波器,然后进行正确地安装,才能获得理想的滤波效果。

7. 设备内部布局和走线

电玩具设备要具有良好的电磁兼容设计,必须在产品设计之初就考虑布局和走线,这也是控制成本最划算的设计方法。例如,在计算机机箱中,电源壳体部分虽然经过了屏蔽处理,但直流输出线却在电源屏蔽体之外。如果直流线过长的话,就很容易将主板其他部分的骚扰接收下来,通过电源线传输到交流电源线上,产生传导骚扰问题。因此,我们在布局和走线时,必须尽量减小直流输出线的长度。

图 3 - 102　电脑机箱电源的直流
输出线太长的示例

如果等产品的电磁兼容测试不合格的时候再去剪短直流输出线的长度或者添加铁氧体磁环的话,不仅浪费时间,更严重的是产品的整改成本会相当高昂(如图3 - 102)。

（1）设备内部布局原则

合理的产品布局,不仅美观,而且对于产品的电磁兼容性是大有裨益的,如图3 - 103所示。

a）合理的内部布局

b）不合理的内部布局

图 3 - 103　合理/不合理的内部布局示例

产品设计时,需遵循的设计原则包括以下几方面:

1)对产品进行系统划分,使干扰电流的控制成为可能;

2)接地系统的布置,使接地阻抗和转移阻抗最小;

3)应当知道导电部件会不可避免地传送干扰电流;

4)将功能单元和内部其他电路进行分隔,使得无用信号被限制在一定范围内,切断无用信号与敏感电路的耦合路径;

5)尽量使用模块化的、有屏蔽外壳的功能单元;

6)隔离高电平信号电路和低电平信号电路;

7)在设备内部,用板或隔墙对高电平电路和敏感电路进行隔离;

8)对电源电路,尤其是开关电源和高压电源一定要进行屏蔽;

9)在音频敏感电路部分使用磁屏蔽,以减少电源线的交流噪声的影响;

10)必要时输入电路用差分方式,使用双绞线进行传输。

(2)设备内部布线原则

混乱的内部走线,不仅导线之间相互骚扰,也给后期的接地、屏蔽和滤波等补救措施带来诸多不便(如图3－104)。

图3－104　不合理的内部布线示例

正确的布线是非常重要的电磁兼容设计措施,应当遵循以下的布线原则:

1)设备内部的裸露走线要尽可能短;

2)不同电信号的传输导线分组捆扎,如高低电平信号线,数字和模拟信号线应分组捆扎,并保持适当的距离,以减小导线间的信号耦合;

3)用来传递信号的扁平带状线,应采用"地—信号—地—信号—地"排列方式,这样不仅可以有效地抑制地环路骚扰,还可明显提高其抗扰度;

4)将低频进线和回线绞合在一起,形成双绞线,这样两线之间存在的骚扰电流几乎大小相等,方向相反,其骚扰场在空间可以相互抵消;

5)对辐射骚扰较大的导线加以屏蔽。

总而言之,对于玩具企业来讲,电玩具要满足日益严格的电磁兼容要求,快速地进入国际市场,要求必须有经验丰富的电磁兼容设计工程师,有适合自己的电磁兼容设计和质量控制流程。然而,目前的现状是,很多电玩具企业没有电磁兼容意识,缺乏受过正规培训的EMC设计师,尚未建立自己的EMC质量控制体系,产品的EMC性能完全取决于工程师的经验,因此,产品当然没有EMC质量保证。即使后来发现EMC设计质量问题,整改起来也往往是不得其法,效率低下。于是,产品多数不能顺利地通过测试与认证,影响了产品的上市进度,严重的还会被强制召回,给公司带来巨大的经济和名誉损失。面对目前的形势,电玩具企业应当做的是:建立自己的 EMC 质量控制体系,培养专业的 EMC 设计人才,在产品的总体方案设计、详细设计、原理图设计、PCB 设计、产品结构、试装、摸底预测试、认证各个阶段,进行严格的 EMC 控制,将责任落实到人。只有这样,我市的电玩具才能满足欧美国家日益严格的电磁兼容要求。

二、电玩具的电磁兼容整改

电磁兼容设计是在电玩具出现问题之前,按照 EMC 设计思路和原则,针对容易出现问题的地方进行有针对性的设计。其意义在于,问题出现之前,从源头上对电磁兼容隐患进行预防,以最大限度地减小设备出现电磁兼容问题的可能性,降低整改成本。实际上,即便是具有成熟电磁兼容设计的电玩具,测试和认证的时候难免也会出现各种电磁兼容问题,这反映出电磁兼容整改的重要性。对已经定型和量产的电玩具,整改可以通过最具有针对性的措施,以对产品最小的改动和最低的成本来使其满足电磁兼容测试要求。下面针对电玩具,按照常见的 EMC 测试项目进行整改方法的分析。

1. 端子骚扰电压

(1)端子骚扰电压的产生原因

如图 3－105,设备在正常运行过程中,由于内部的电子线路、开关电源、振荡器、数字电路和继电器开关元件等会产生无用的信号,这些信号通过电源线、信号线、控制线或地线等线缆向外传播,对同一供电网络的其他设备或系统构成骚扰,这就是传导骚扰的产生原因。传导骚扰涉及的电玩具多种多样,但整改措施具有一定的共性,下面是对传导骚扰整改对策的总结。

(2)测试不合格的整改对策

1)电源输入端骚扰电压。该项目适用于所有由交流市电或直流电源供电的电玩具。处理方法如下:

①滤波。在电源线的入口端加装高性能的电源线滤波器,同时保证滤波器外壳与被测设备的外壳搭接良好。滤波器的参数一般选择大电容和大电感的组合,或者将一级滤波改为多级滤波。在电源输入端加入 X 电容

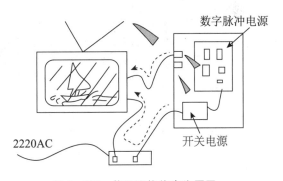

图 3－105　传导骚扰的产生原因

可以减小差模干扰,加入共模电感可以抑制共模骚扰;

②屏蔽。检查电源线附近有无骚扰信号源或其他信号电缆存在,若传导骚扰超标是在较高频段,则骚扰有可能是其他信号线与电源线之间的耦合引起,这种情况下,可以拉大被测设备与其他设备或信号电缆之间的距离,或对其他设备和信号电缆采取屏蔽措施。例如,设备含有开关电源的时候,由于开关电源的高频信号特性,对变压器一定要进行良好的屏蔽,以切断开关电源噪声信号的传输途径;

③接地。如果被测设备在低频段超标,可以考虑在设备内部接地端子处串联一个大电感,因为传导骚扰实际测试的是共模电压,即电源线对地线的骚扰电压。加入大电感后,可以提高滤波器的滤波电感,增大接地阻抗,抑制共模骚扰电压。

2)电源输出端、信号端、控制端骚扰电压。该项目适用于有外接电源输出线和控制/信号线的电玩具。这些产品内部的骚扰不但向供电网络传输,还可通过电源输出端口、信号端口和控制端口向其他设备传输,造成这些端口的传导骚扰超标。

若是交/直流电源端口的骚扰超标,可以利用骚扰信号和电源输出信号之间的频率差异,在电源输出端口增加滤波电路,调整滤波网络参数,使其满足标准要求。

若是信号/控制端口超标,首先看设备信号线周围有无其他辐射源,如果存在这种情况,可考虑拉大两者之间的距离,或者采取屏蔽措施,或者改变设备的内部布局和印刷电路板布局。其次,可以在信号线引出机箱处增加铁氧体磁环或磁珠。最后,可以对信号线增加信号滤波器,并选择合理的滤波器参数。必要时,可使用多级滤波器来增强滤波效果。在工作信号与骚扰信号频率接近时,尤其注意滤波器参数的选择,以免影响工作信号的正常传输。

传导骚扰是一种常见的电磁骚扰,是欧美主要贸易国家重点考察的EMC测试项目,也是我国CCC认证必须检测的项目之一。传导骚扰的超标不但会影响供电网络的质量,还会影响网络中其他设备的正常运行,因此标准对传导骚扰测试一直有着严格的要求。企业要提高产品的电磁兼容性能,突破电磁兼容技术壁垒,必须在传导骚扰控制方面下足功夫。

3)传导骚扰整改实例。图3-106是一个30W电玩具开关电源的传导骚扰测试结果。电路用了一个0.1μF的X电容和一个30mH的共模电感。次级输出加了一个50μH的工字电感。

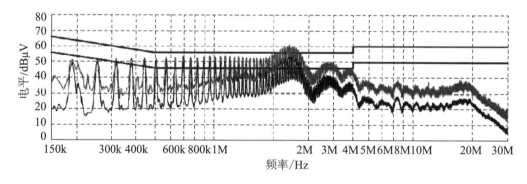

图3-106 整改前的传导骚扰测试结果

整改分析:经研究,发现该产品的MOS管和双向二极管所带的散热片都是没有接入热地的,也就是电源初级边的电解电容的负极变压器内有一层线圈绕制的屏蔽并接入热地。

整改方案:从传导的曲线上1MHz前超标的情况可以看出差模电容X太小了,所以修改了X电容变成0.22μF。而1MHz~5MHz之间也超标,所以增加共模电感到50mH,这项频率超标一般主要是有变压器的漏感造成的。在变压器的外面增加了一个屏蔽铜箔,并接入热地。同时做了另外一个变压器,去除原变压器内部的屏蔽层,改变了变压器的绕线方式,在变压器的外面做了屏蔽并接入热地用备用。同时将 MOS 管和双向二极管的散热片也接入热地,然后将 MOS 管的 D、S 两脚间增加了一个 101/1KV 的电容,做完以上的整改方案后做了一次测试。尽管余量不大,但最终测试通过。结果如图 3 - 107 所示:

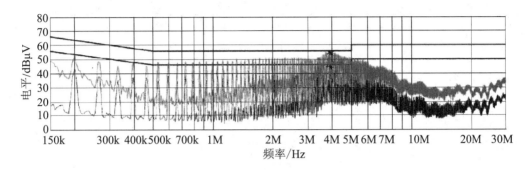

图 3 - 107　整改后的传导骚扰测试结果

2. 辐射骚扰

(1)辐射骚扰的原因

如图 3 - 108,设备在运行过程中,内部的电子线路、开关电源、振荡器、数字电路和继电器开关等产生的骚扰信号,通过设备的外壳、设备之间的线缆或设备上的缝隙向外传播,对其他设备或系统产生辐射骚扰。骚扰频率越高、连接线缆越长,则发射效率越高,产生的辐射骚扰也就越大。

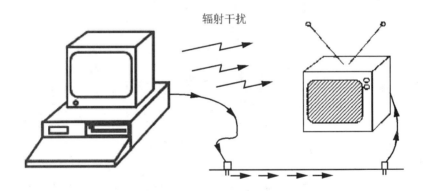

图 3 - 108　辐射骚扰的产生原因

电玩具的辐射骚扰主要来自壳体上孔缝的泄漏、电源线、信号和控制线的辐射。壳体上的开孔或缝隙,等效于一个二次发射天线,能将内部的电磁辐射直接发射出去,导致设备屏蔽效能的下降。一般要求孔缝的长度不能超过 $\lambda/20$,λ 为最高辐射频率对应的波长。对于非金属外壳设备和外部电缆产生的辐射骚扰,只有在高频电流流过时才对外发射电磁能量。高频电流的来源有可能是信号线流到负载的电流没有全部通过地线流回,一部分通过大地流回,于是形成了电流环路;也可能是信号线或地线与大地之间的电位差导致电流环路;也可能是其他电路的信号感应到电缆上,产生高频电流。这些高频电流以差模形式存在时,两条线电流大小相等,方向相反,产生的电磁场相互抵消,不会向外辐射;当电流以共模形式存在时,两条线的电流大小相等,方向相同,产生的电磁场互相叠加,就会产生电磁辐射。

总之,辐射骚扰的产生原因主要有以下几点:

1)设备外部的非屏蔽电缆。设备外部的非屏蔽线缆都是高效的辐射天线,就算该电缆本身不传输高频信号,但内部电路上的高频骚扰会以各种方式,包括传导、感应和辐射的方式进入该电缆,然后对外辐射。

2)高频滤波不良的电缆。设计人员在设计接口时,往往只考虑到传导骚扰的抑制,只对电源进行滤波,而忽视了该接口上可能存在的高频辐射骚扰。

3)屏蔽电缆的屏蔽层端接不好。高频信号的传输普遍采用屏蔽电缆,但是若屏蔽电缆的连接不正确的话,也会发射辐射骚扰。比如,屏蔽电缆的屏蔽层没有安装360°端接,而是用引线和螺钉与机壳连接,这样,电磁骚扰就会通过该接口未屏蔽的部分泄漏,造成辐射骚扰的超标。

4)机箱的屏蔽不合格。有的设备只考虑到成本和美观,大量采用非金属外壳,外壳又没有喷涂金属漆,塑料等非金属材料对电磁场而言几乎是透明的,于是内部的电磁骚扰直接穿透外壳向空间辐射,这也是辐射骚扰超标的重要原因。

5)机壳上的孔缝。机壳上的孔洞和缝隙如果尺寸过大,尤其是这些孔洞和缝隙周围有电缆时,这些孔洞和缝隙相当于二次辐射源,会将机壳内部的高频电磁骚扰直接辐射出去,导致辐射骚扰超标。

(2)整改对策

辐射骚扰超标的整改一般按照图3-109的思路进行:

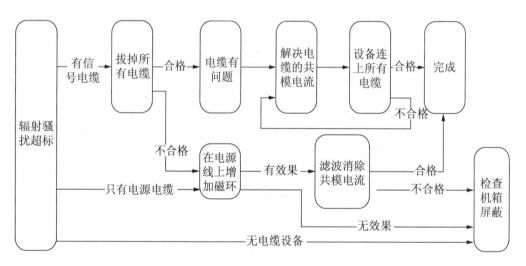

图3-109 辐射骚扰的整改思路

如果超标的设备是金属机箱,应采用以下措施解决:

1)采用导电衬垫等紧固件来改善接触性能;

2)尽量用焊接来对金属接缝进行永久性连接;

3)通风口尽量采用波导通风板;

4）显示窗口采用具有屏蔽功能的透明材料；

5）设备内部印刷板和走线应远离缝隙和功能性开口；

6）对缝隙填充导电衬垫或导电泡棉来改善屏蔽效果；

7）如果采用了开关电源,则必须用金属外壳进行屏蔽,并且将电源线滤波器的外壳与屏蔽壳进行低阻抗连接。

如果超标的设备是非金属机箱,应采用以下措施解决：

1）机箱内部和接缝处喷涂导电漆,保证机箱的导电性连续；

2）对潜在的骚扰源采取屏蔽措施；

3）所有进出屏蔽体的导线进行滤波或增加铁氧体磁环；

4）对线路板重新布局,最好采用四层以上的多层板。

由线缆引起的辐射骚扰超标时,还应采取以下措施：

1）调整电源线滤波器的参数或安装高性能的滤波器,也可以在电源线入口处加装磁环；

2）高频信号线应采用屏蔽的同轴电缆,甚至可再加铁氧体磁环；

3）低频信号线应采用屏蔽的双绞线缆；

4）信号和控制线应用铁氧体磁环或滤波连接器进行滤波处理,且铁氧体磁环应安装在电缆进入金属机壳的入口处；

5）滤波器应安装在电缆进入设备的入口处,要保证滤波器外壳与机箱搭接良好；

6）屏蔽电缆与金属机壳应采用360°搭接,保持屏蔽层与金属外壳的电连续性。

（3）辐射骚扰整改实例

某型号数码摄像机与计算机通过 USB 接口连接,产品为塑料外壳,单板为双层板,当数码摄像机与计算机通信的情况下,辐射骚扰测试超标。

整改分析：

1）经试验,USB 电缆采用单磁环,且产品和电缆没有经过任何处理,发现设备在146.40MHz 频率处超标 4.50dB；

2）经过对 USB 电缆进行分析,发现 USB 屏蔽电缆的屏蔽层与 USB 的金属连接器只是单点搭接,因此我们对此进行整改为环形搭接,虽然超标频点 146MHz 下降了 4.5dB,有一定的效果,但是还是不能够完全满足余量要求；

3）把靠近数码摄像机侧的 USB 拔掉,就是 PC 带上 USB 电缆,看看超标频点是否由 PC 的 USB 接口辐射出来,测试结果很好,说明 PC 的 EMI 效果很好,超标频点主要还是由数码摄像机引起；

4）更换另外一台数码摄像机样机进行试验,测试还是 146.40MHz 超标 4.43dB,说明两台数码摄像机样品还是有一定的统一性；

5）更换编织密度为 64% 的 USB 电缆,没有增加磁环进行测试,99.54MHz 超标 5.10dB,146MHz 超标 11.54dB,说明只是增加 USB 电缆的编织密度,不增加磁环,不能够得到完全改善；

6）增加单个磁环在靠近数码摄像机侧的 USB 线缆上,高频下降,只有 99.64MHz 超标

3.5dB,说明靠近相机侧的磁环不能够去掉,还是需要保留;

7)因此我们把数码相机放置到一个自制的金属罩里面,完全下降,并且最低频点都有5.8dB余量,说明单板本身辐射很强,单单靠外部USB电缆不能够解决所有超标问题;

8)结果对单板的原理图进行分析,发现单板上所有滤波电容都是0.1μF,按照正常情况0.1μF的电容只是对10多MHz的频率有滤波效果,对于高频没有滤波作用,单板上没有对100MHz左右高频进行能够滤波的高频小电容,因此我们对单板上面的主芯片以及USB等的电源管脚都增加了330pF的对地电容,在相机侧的USB电缆上增加了1个磁环,在以上单板和电缆采取的措施基础上,在PC侧也增加磁环,所有频点下降,最低频点余量有4.8dB。说明单板上需要进行滤波处理,至此说明,在改进电缆屏蔽密度与屏蔽层与USB的搭接方式,同时USB电缆采取双磁环以及单板上增加330pF的高频电容进行滤波的基础上可以解决问题。

通过以上定位分析过程,要解决这款数码摄像机的辐射发射超标的问题,单从改善电缆的屏蔽和增加磁环并不能够完全解决问题,还必须要配合PCB单板进行整体对高频增加330pF的滤波小电容才能够解决问题,最后需要采用的整改方案措施如下:

一方面,按照现场以及上面分析结果,USB电缆需要进行如下整改:

1)USB电缆需要采用编织屏蔽电缆;

2)注意在USB电缆接口处屏蔽层与USB接口搭接;

3)在电缆靠近数码摄像机一侧增加磁环。

另一方面,单板本身对高频段几个超标频点影响比较大,整改措施如下:

1)USB电源接口的5V电源增加磁珠,对外壳增加1000pF电容;

2)单板上目前0.1μF的电容两侧都增加330pF的电容,进行高频滤波。

3. 谐波电流

谐波电流就是将非正弦周期性电流函数按傅立叶级数展开时,其频率为原周期电流频率整数倍的各正弦分量的统称。频率等于原周期电流频率 k 倍的谐波电流称为 k 次谐波电流,k 大于1的各谐波电流也统称为高次谐波电流。谐波实际上是电子设备产生的一种干扰电量,使电网受到"污染"(如图3-110)。

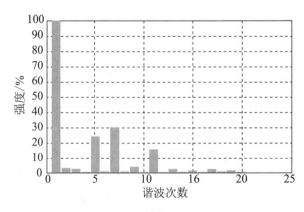

图3-110 各次谐波电流分量

（1）谐波电流的产生原因

谐波电流主要的产生原因是：

1）电源质量不高，电源的三相绕组在制作上很难做到绝对对称，铁心也很难做到绝对均匀一致，导致电源产生谐波，但一般来说很少。三相电压不平衡相量如图3-111所示。

2）输配电系统中由于变压器铁芯的饱和与磁化曲线的非线性导致电力变压器产生谐波，如图3-112所示；

3）用电设备，如晶闸管整流设备、变频装置、气体放电类光源和家电设备产生的谐波，如图3-113所示。

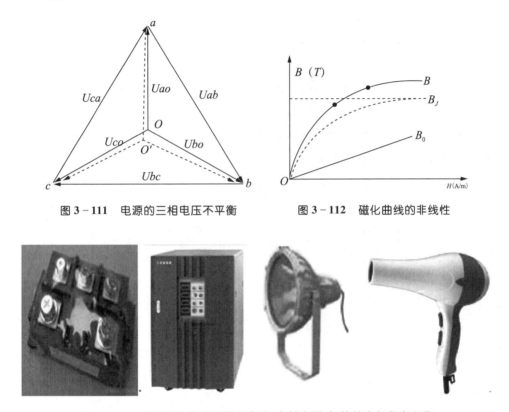

图3-111　电源的三相电压不平衡　　　图3-112　磁化曲线的非线性

图3-113　产生谐波的晶闸管整流器、变频电源、气体放电灯和电吹风

（2）谐波电流超标的整改对策

谐波的危害很大，它使电能的生产、传输和利用的效率降低，使电气设备过热、产生振动和噪声，并使绝缘老化，使用寿命缩短，甚至发生故障或烧毁。谐波可引起电力系统局部并联谐振或串联谐振，使谐波含量放大，造成电容器等设备烧毁。谐波还会引起继电保护和自动装置误动作，使电能计量出现混乱。对于电力系统外部，谐波对通信设备和电子设备会产生严重干扰，因此必须对谐波电流进行限制。

谐波问题主要有三种解决思路，一是主动治理，即从谐波源本身出发，改进设备使其不产生或少产生谐波；二是受端治理，即从受到谐波电流影响的设备出发，提高其抗谐波能力；三是被动治理，即通过安装电力滤波器来阻止谐波的影响。

具体解决办法是在设备原来的电源电路中增加功率因数校正(PFC)电路或改变已有的PFC电路,使其满足测试标准要求。对于中小功率的电子电气设备,因为标准没有对75W及以下的设备给出限值(照明设备除外),所以尽可能将其有功功率降低到75W以下,也不失为一种方法。

功率因数校正可分为主动式和被动式两种方式。

主动式功率因数校正电路可以最大限度的提高功率因数,使其接近于1,这是目前较为理想的谐波电流解决方案。该方案电路比较复杂,对电路元件要求高,增加的改进成本较高,而且对原来电源电路的设计必须做彻底的更新。使用中设备注入电源的射频传导骚扰可能因此而增加,这时必须再根据需要增加抑制电源传导骚扰的元件。显然,该方案一般不能应用在采用线性电源变压器供电的设备上。由于该方案对电路改动太大,整改时使用得不多。

被动式功率因数校正。目前消费类电子产品所采用的开关电源电路大多开关频率比较低、电路结构简单、成本较低,其谐波电流发射超过限值的问题也较普遍。在这种情况下,成本控制可能是主要的考虑。采用低频滤波电路可以降低谐波成分到标准限值以下,这种措施属于被动式功率因数校正,适合于中小功率设备。

其他解决措施。对那些设备整体呈感性或容性的电子电气设备,常采用的方式是对应的容性或感性补偿,使补偿后的电流波形的峰值出现时间与电压波形的峰值出现时间保持同步。此类补偿需注意,不要出现过补偿,否则,效果适得其反。此类补偿方式多用于电力系统的功率因素补偿,一般的设备上较少采用。

4. 电压波动和闪烁

电压波动和闪烁测试是对公用低压供电系统中各种用电设备导致的电压变化程度进行评估的一项测试,如图3-114所示。

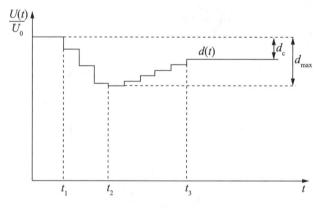

图3-114　相对电压变化特性

(1)电压波动和闪烁的产生原因

电压波动和闪烁的产生有两种原因。外部原因来自于雷击放电产生的高压尖脉冲,这种脉冲电压具有突变性和不连续性,一旦产生将对用电设备造成极大的损坏,是用电设备潜在的杀手之一。内部原因则是由于诸如冰箱、空调、电梯、电焊机、空气压缩机和其他感性负载的开关操作或短路故障,引起电源负荷的频繁变化,使电源电压产生波动,进而对用电网络中的照明设备的亮度产生影响,即电压的波动和闪烁。

(2)电压波动和闪烁超标的整改对策

一般来说,电压波动和闪烁的超标多是由于负载的用电起伏太大导致的。

对于中小功率的开关电源设备,解决办法如下:

1)在用电起伏太大的负载处增加低频滤波措施,减小发生剧烈波动的可能,或者改变负载的工作方式,减少其对用电需求的频繁变化;

2)在开关电源的输入滤波回路中增加低频滤波回路,降低负载的波动对电源电压的影响;

对于大功率的设备,可采用的措施有:

1)静止无功补偿器。电力系统的负载突然增加的时候,电压会发生大幅跌落,然后经过短时间的波动后稳定在一个较低的电压水平。使用静止无功补偿器后,它可以根据电压的变化自动跟踪补偿,迅速向系统注入大量无功功率,从而减小电压的变化,保持电压的稳定;

2)无源滤波器。无源滤波器由电阻和电容等无源器件组成,用来抑制高次谐波。常见的滤波器包括单调谐滤波器、双调谐滤波器、二阶/三阶宽频带滤波器等。无源滤波器的优点在于结构简单、成本低廉、维护方便,但是电能损耗太大、只能消除某几次谐波,且受系统阻抗影响严重,存在谐波放大和共振的危险,如图3-115所示。

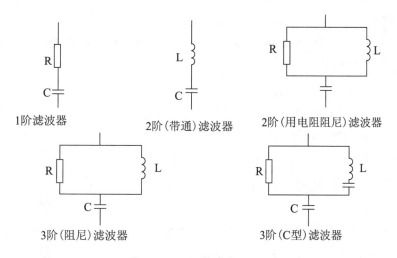

图3-115 无源滤波器示例

3)有源滤波器。有源电力滤波器是采用现代电子技术和基于高速 DSP 器件的数字信号处理技术制成的谐波治理专用设备。它由指令电流运算电路和补偿电流发生电路两个主要部分组成。指令电流运算电路实时监视线路中的电流,并将模拟电流信号转换为数字信号,送入高速数字信号处理器(DSP)对信号进行处理,将谐波与基波分离,并以脉宽调制(PWM)信号形式向补偿电流发生电路送出驱动脉冲,驱动 IGBT 或 IPM 功率模块,生成与电网谐波电流幅值相等、极性相反的补偿电流注入电网,对谐波电流进行补偿或抵消,主动消除电力谐波,如图 3-116 所示。与无源滤波器相比,有源滤波器不仅能补偿各次谐波,还能抑制闪烁,可谓一举多得;滤波特性不受系统阻抗的影响,可消除与系统阻抗发生谐振的危险;具有高度可控性和快速适应性。与静止无功补偿器件相比,有源滤波器的响应速度快,补偿效率高,没有谐波放大和谐振问题,既能滤除高次谐波,也能有效控制电压波动和闪烁,补偿功率因数。

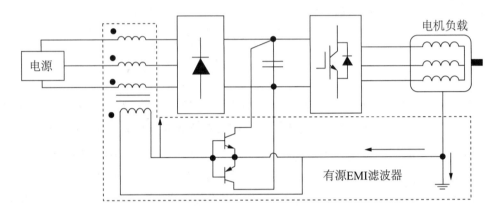

图 3-116　用于消除共模电流的有源滤波器

谐波电流和电压闪烁是电磁兼容测试中的两个重点测试项目,尤其是谐波电流是 CCC 认证中的强制检测项目,必须引起企业足够的重视。产品在测试中如果出现谐波电流和电压闪烁问题,应当针对问题,认真排查,采取具有针对性的对策进行整改,做到有的放矢。

5.静电放电抗扰度

(1)静电放电的产生原因和危害

两种介电常数不同的物质发生摩擦时,在相互接触的表面上会积累正负极性的电荷。当这些电荷与其他物体接触时,依据电荷中和的原则,电荷会在不同的物体之间发生流动,在电量传输的过程中,将瞬间产生巨大的电压和电流,这就是静电放电现象,如图 3-117 所示。

静电放电的破坏方式主要有放电电流导致设备的热失效和放电电压导致的绝缘击穿两种。静电放电主要产生以下危害:

1)放电电流直接进入设备内部电路,引起设备的故障或误动作;

2)放电电压击穿集成电路和精密的电子元件,或促使元

图 3-117　静电放电示例

件老化,降低生产成品率;

3)放电电流产生的高频辐射电磁场,磁场容易在电路的信号环路中感应出干扰电压,电场可以被印刷板上的走线接收。由于瞬间的电磁场辐射很高,因此对设备的内部线路危害极大;

4)高压静电放电造成电击,危及人身安全;

5)在易燃易爆品或粉尘、油雾较多的生产场所极易引起爆炸和火灾。

(2)测试不合格的整改对策

1)结构设计。对于静电放电抗扰度测试不合格的整改,可以从"疏"和"堵"两个思路上去想办法。

"疏"的时候,首先应当采取措施让放电电流快速流入大地,不能让电流直接进入内部电路。对于金属外壳而言,机箱应当具有良好的接地,接地阻抗尽可能小,采用单点接地的方式。因为机箱上发生静电放电的时候,机箱的电位上升,内部电路由于接地,还保持在低电位,机箱和内部电路的电位差很大,容易产生电弧,对电路造成损坏,所以机箱必须接地良好。如果内部电路与机箱连接在一起,不采用单点接地的话,机箱与内部电路之间产生的电位差容易对电路产生放电电流。其次,外壳各部分之间的搭接非常重要,必须尽量保持外壳的电连续,减小机箱不同部分之间的搭接阻抗。如果采用塑料外壳,则不存在机箱接地的问题,对直接放电的防止肯定是有好处的。但是,操作人员与周围物体之间的放电形成的EMI容易空间耦合到内部形成干扰,因此必须对内部电路的接地进行调整,防止放电电流感应到内部电路中。

"堵"的时候,可以直接在金属外壳上涂敷一层绝缘漆或绝缘胶布,提高设备的绝缘能力。也可以通过结构的改进,尽量增加外壳到电路板之间的距离,使得外壳的孔、缝与内部电路的距离大于2cm,或者在外壳中放置一个金属屏蔽体,减小电路与机壳之间的电容耦合。这样既可以防止操作人员与金属外壳直接接触造成的放电,又可以防止操作者对周围物体放电时形成的EMI耦合到内部形成干扰。

2)电缆设计。电缆的设计与设备的抗静电性能关系密切。电缆很容易感应出电压或电流,因此必须采取措施,使得这些感应电流能够及时地释放。具体措施包括,使用屏蔽电缆、尽量减小线缆的长度和回路面积、共模扼流圈、钳位电路和旁路滤波器等。电缆的屏蔽层必须与壳体进行低阻抗连接,互连电缆上应当安装共模扼流圈来减小共模电压,接地应该采用短而粗的金属结构。

3)PCB设计。现在产品的PCB推荐使用6层板。越大的空间可以摆放更多的元器件,同时,走线的线宽和线距越宽,对于EMI和ESD等方面都有好处。就ESD问题而言,设计上需要注意的地方很多,这里总结了PCB设计中应该注意的要点:

PCB板边与其他布线之间的距离应大于0.3mm;

PCB的板边最好全部用接地走线包围;

接地与其他布线之间的距离保持在0.2mm～0.3mm;

Vcc 引脚与其他布线之间的距离保持在 0.2mm ~ 0.3mm;

重要的线如 Reset、Clock 等与其他布线之间的距离应大于 0.3mm;

大功率的线与其他布线之间的距离保持在 0.2mm ~ 0.3mm;

不同层的接地之间应有尽可能多的通孔相连;

应尽量避免尖角,有尖角应尽量使其平滑。

4)电路设计。尽管已经采取了良好的结构和电路板设计,静电放电还是会不可避免地进入到产品的内部电路中,尤其是以下一些端口:USB 接口、HDMI 接口、IEEE1394 接口、天线接口、VGA 接口、DVI 接口、按键电路等数据传输接口,这些端口很可能将静电引入内部电路中。所以,需要在这些端口中使用 ESD 防护器件。

常用的瞬态抑制保护电路包括钳位二极管保护电路、压敏电阻保护电路、稳压管保护电路、瞬态电压抑制器(TVS 管)(如图 3 - 118)。

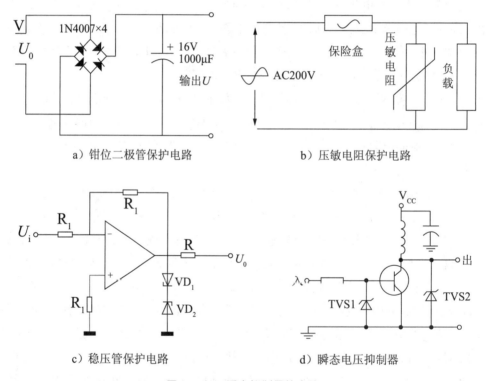

a) 钳位二极管保护电路   b) 压敏电阻保护电路

c) 稳压管保护电路   d) 瞬态电压抑制器

图 3 - 118 瞬态抑制保护电路

钳位二极管保护电路由两个二极管反向并联组成的,一次只能有一个二极管导通,而另一个处于截止状态,那么它的正反向压降就会被钳制在二极管正向导通压降 0.5 ~ 0.7 以下,从而起到保护电路的目的。

压敏电阻是一种限压型保护器件。利用压敏电阻的非线性特性,当过电压出现在压敏电阻的两极间,压敏电阻可以将电压钳位到一个相对固定的电压值,从而实现对后级电路的保护。

稳压二极管的特点就是反向通电尚未击穿前,其两端的电压基本保持不变。这样,当把稳压管接入电路以后,若由于电源电压发生波动,或其他原因造成电路中各点电压变动时,负载两端的电压将基本保持不变。因为这种特性,稳压管主要被作为稳压器或电压基准元件使用。

瞬态电压抑制器(TVS)是一种二极管形式的保护器件。当 TVS 二极管的两极受到反向瞬态高能量冲击时,它能以 10^{-12} 秒量级的速度,将其两极间的高阻抗变为低阻抗,吸收高达数千瓦的浪涌功率,使两极间的电压箝位于一个预定值,有效地保护电子线路中的精密元器件,免受各种强脉冲的损坏。它具有响应时间快、瞬态功率大、漏电流低、击穿电压偏差小、箝位电压较易控制、无损坏极限、体积小等优点。

静电放电对产品的正常使用和人体健康安全的影响极大。随着电子技术的发展和产品复杂程度的提高,静电放电的影响逐渐得到企业的重视。现在,静电放电抗扰度测试已成为 CCC 认证、CE 认证中最重要的电磁兼容测试项目之一,同时对产品而言,静电放电抗扰度测试也是最容易出现问题的检测项目之一,必须引起厂家足够的重视。

(3)静电放电抗扰度整改案例

玩具手机的静电放电抗扰度测试中经常出现问题的地方有:

实践表明,接收机、麦克风、键盘、喇叭、金属饰件、电池后盖、侧键及 USB 口、显示屏、滑盖缝隙等。在 ESD 出现问题的整改过程中,大致可采用以下两种办法:

导:就是用导电胶带导电泡棉或者铜箔,将静电引入接地;

堵:就是用类似绝缘胶带,堵住放电的路径,让静电放不出来。

案例:

玩具手机的 LCD 屏幕是最容易出问题的地方之一。屏幕上可以使用导的方法,把打在屏幕上的静电及时地疏导到主板地上。在处理的时候,有些地方要注意贴上绝缘胶带防止短路。然后用铜箔包住屏的三个边,下压的时候正好接到主板地上。正面屏边上不能露出太多的铜箔,不然装机后铜箔会露在外面(如图 3－119)。

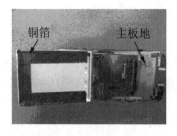

图 3－119　玩具手机静电抗扰度整改示意图

6. 射频电磁场辐射抗扰度

伴随着信息技术的飞速发展,电玩具的使用越来越广泛,工作频率也越来越高,所有电子设备,诸如智能手机、平板电脑、3D电视、LED显示器等,都会有意或无意的向空间辐射电磁骚扰。辐射抗扰度就是用来评价电磁环境中设备抵抗外界辐射电磁骚扰,仍保持正常工作的能力。

(1)测试不合格的原因分析

外界的空间辐射通过各种途径对电玩具的正常工作产生影响。一部分辐射频率较高,主要通过外壳上的接口和孔缝直接进入设备内部,另一部分辐射频率较低,波长较长,主要是被设备的接口线缆接收而进入设备内部,被设备的 PCB、元器件和内部传输线缆等敏感部分所接收,对电路形成干扰,如图 3-120 所示。

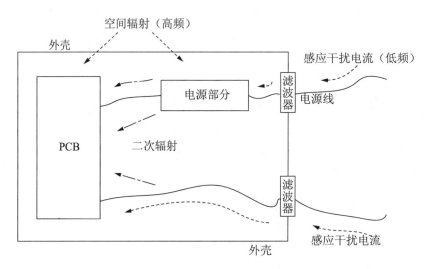

图 3-120　辐射干扰的传输途径

若设备为非金属外壳,且没有采取任何防护措施,则设备对射频电磁场而言几乎是透明的,空间辐射干扰可以直接进入设备内部。这种情况下,测试不合格的话,首先应当考虑外壳的原因。

若设备为金属外壳,则空间辐射干扰可以通过设备外部的各种接口、孔缝和线缆进入设备内部,对设备的正常工作形成干扰。容易导入空间辐射的接口包括显示屏、旋钮、按键、开关、指示灯、散热孔、控制和信号口等。容易感应空间辐射形成感应干扰电流的线缆包括电源线、信号线、控制线和 I/O 线。这些线一般都比较长,如果没有加滤波器或屏蔽不良的话,会像天线一样,将空间辐射引入设备内部。

此外,如果设备内部线缆和 PCB 屏蔽不良或者走线不规范,设备内部的 PCB 之间、内部走线之间,以及 PCB 与内部走线和元器件之间会发生二次空间辐射,从而降低设备的抗干扰性能。

(2)测试不合格的整改对策

1)提高内部电路的抗扰性。内部电路的布局和走线对设备的抗扰度具有至关重要的意义。当空间辐射以各种形式进入设备内部时,内部电路的任何一根走线或任何一个环路都会以天线的形式感应出电压或电流。要提高内部电路的抗扰性,应采取以下措施:

内部互连线在接口处要用磁环或扼流圈进行滤波;

高频信号线最好采用同轴屏蔽电缆;

小信号敏感连接线应使用屏蔽电缆;

互连线缆应尽可能短,且紧贴金属外壳或金属接地平板布置;

互连电缆应远离外壳上的孔缝和接口;

每一根信号线旁边配一根地线,减小环路面积;

对于敏感电路采用平衡传输形式来抑制共模干扰;

尽可能提高放大器的线性动态范围和过载能力;

所有未使用的输入端口应当与地或电源连接,不能悬空;

尽量使用电平触发而不是边沿触发;

尽量选用具有选通功能的接口芯片;

PCB引出的信号线尽量采用变压器隔离或光纤传输;

I/O端口上使用独立的地;该描述是正确的

I/O滤波器要尽量靠近电缆进出口,使滤波器与连接器之间线缆尽量短;

所有I/O电缆都要用共模电感或扼流圈进行滤波;

输入线缆与输出线缆需进行隔离;

高频与低频信号线缆之间应当隔离。

2)提高外壳的抗扰性。对于金属外壳而言,要提高抗干扰性,外壳本身的电连续性是最重要的。具体来说就是外壳表面的孔缝和接口,接缝的平整度和表面污染程度等因素。

外壳上孔缝的数量、尺寸和间距与屏蔽性能关系密切。孔缝的数目越多,屏蔽效果越差;相邻孔缝间距越小,屏蔽效果越差;孔缝尺寸越大,屏蔽效果越差。经计算,当孔缝尺寸大于二分之一最高干扰频率的波长时,电磁波便可直接无衰减的通过。

外壳表面尽量少开口和接缝,必须要开的地方应进行连续缝焊,且接合表面要尽可能保持平整。不同的材料要采取相应的镀膜或其他处理技术。紧固件的数目要足够,且松紧程度要适当,不能产生表面的变形或弯曲。金属结合处应使用导电衬垫来消除缝隙,保证表面的电连续性。显示窗可使用透明的屏蔽材料,如导电薄膜和带金属丝的玻璃板。通风口可使用圆孔或六角形孔,必要时安装屏蔽通风板或截至波导通风板,这种通风板可兼顾EMI屏蔽和通风的双重作用(如图3-121)。

一般情况下,设备最好不要采用非金属机箱。对于非金属机箱而言,射频电磁场可以直接进入机箱,干扰内部电路。如果无法避免使用非金属机箱的话,可以在非金属机箱内部加上金属外壳或者喷涂导电漆,使其满足电磁屏蔽要求。

3)提高线缆的抗扰性。由于电缆的天线效应,电缆成为射频电磁场进入设备的主要通道。

a）通风口上的六角形孔

b）截至波导通风板

c）带金属丝的玻璃板

d）导电薄膜

图 3 – 121　提高外壳抗干扰性的措施

对于金属机箱而言,可以调整电源滤波器的参数,或增加共模扼流圈和滤波电容来提高对射频干扰的抵抗能力,也可以在电源线与机箱的接口处安装电源滤波器。滤波器的外壳与机箱要搭接良好,滤波器的输入输出要用机箱外壳进行隔离。应尽量使用高性能的屏蔽线缆来取代非屏蔽线缆,屏蔽层与金属外壳应在接口处进行 360°搭接,在机箱内,要将线缆的屏蔽层固定在金属参考接地平板上,如图 3 – 122 所示。

对于非金属机箱,内部最好安装一块大的金属平板作为内部电路的公共参考地,电源滤波器安装在金属参考地上。无法安装金属平板的非金属机箱,可将信号传输线缆改为双线平衡传输或同轴电缆来提高抗干扰能力。电缆进入机箱后,可以在机箱内入口出加装一个或多个铁氧体磁环。

辐射抗扰度主要是对电玩具机壳端口进行测试,这个项目中出现问题的产品也不在少数。辐射抗扰度虽然目前还不是我国的强制认证项目,但是在欧洲的 CE 认证中早已是必检项目,而且现在的测试频率范围有逐渐提高的趋势。因此如何采取合理的设计和整改措施来通过辐射抗扰度测试已成为企业必须掌握的技术。同时,该项目的整改效果对静电抗扰度和辐射骚扰等项目是否通过也会产生重大影响,企业应当重点关注。

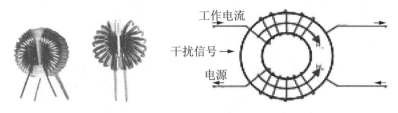

a）共模扼流圈及其滤波原理

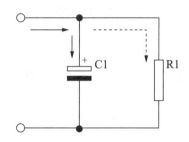

b）滤波电容及其滤波原理

c）平衡传输线缆　　　　　　　　　　d）屏蔽同轴电缆

图 3－122　提高线缆抗干扰性的措施

7. 电快速瞬变脉冲群抗扰度

电快速瞬变脉冲群产生的原因主要是电路中电感性负载（如继电器、接触器和高压开关装置等）在断开时，由于开关触点间隙的绝缘击穿或触点弹跳等原因，在断开处产生的瞬态骚扰。当电感性负载多次重复开关，则脉冲又会以相同的时间间隔多次重复出现。电快速瞬变脉冲群信号的特点是上升时间快、持续时间短，能量低且较高的重复频率。

（1）测试不合格原因分析

1）产品内部电源电路的抗干扰能力不足是首要原因；

2）快速脉冲群信号的上升时间非常陡峭，含有丰富的高频成分，因此脉冲群信号不单是通过电源线或者信号线进入敏感设备，还会有一部分高频信号辐射到空中，于是被测设备最终受到的是传导和辐射的复合干扰，所以单纯采用传导抑制措施无法完全克服脉冲群干扰；

3）脉冲群信号虽然上升快，数量多，但是能量并不高，测试不合格并不能单纯地认为脉冲群抗扰度试验中被测设备有一个门限电平，干扰一旦高于这个电平，设备就会工作不正常，测试不合格的原因可能是累积性和偶然性并存的。有些措施可能对单个脉冲有效，但对脉冲群就不一定有效了。测试结果与设备当时的运行状态、施加的脉冲组合以及试验布置都是有很大关系的。

（2）整改对策

EFT测试不合格首先要从改善产品内部的电路设计和布局开始，具体原则详见产品的EMC设计部分。主要整改思路在于，端口和线缆尽可能采用数字传输，同时结合平衡传输或变压器隔离；未使用的输入端口不能悬空，应与参考地连接；芯片的电平触发方式采用电平触发而不是边沿触发；采用带选通功能的接口芯片；软件加入抗干扰指令等。

当被测设备是金属机箱时，对于电源线，就算被测设备的电源线中有保护地线与大地连接，但由于接地线的电感较大，仅改善电源线中的保护地对改善设备的脉冲群抗扰性能作用不大，如图3-123所示。可考虑在机箱电源入口处添加脉冲吸收器和电源滤波器。脉冲吸收器可以吸收快速脉冲群的大部分脉冲电压和能量，放置滤波器中的共模电容和电感饱和。电源滤波器中的共模电容则负责将干扰脉冲群中的高频部分通过机箱与大地之间的杂散电容导入大地，脉冲群中的低频部分主要依靠扼流圈等共模电感来进行抑制。选择滤波器时要慎重选择电容、电感和带宽等参数。有了良好的滤波，在电源入口处就将脉冲群干扰信号直接导入到大地中，避免了对设备内部电路的危害。同时，金属外壳也将外部电缆上的脉冲群信号产生的高频空间辐射挡在了设备外面，提高了设备对快速脉冲群信号的抗干扰能力。

图3-123　有保护地的电源线（左）和无保护地的电源线（右）

对信号/控制端口进行测试时，脉冲群干扰信号中的低频部分直接通过保护地线，经电源插座的保护地线导走。高频干扰部分主要有两种处理方式。一种方式是将非屏蔽信号电缆更换成屏蔽电缆，但可能存在无法替换的情况；第二个方式是在外壳接口处加装脉冲吸收器和信号线滤波器。信号线滤波器主要是指共模扼流圈，电感量小的时候对低频信号有滤波效果，电感量大的时候才对高频信号有效，但是太大的话，杂散电容随之增大，反而抑制滤波效果，因此要对电感参数和线圈匝数进行平衡选取。

当被测设备是非金属机箱时，由于非金属机箱不能阻挡来自设备外部电缆上高频脉冲群信号的空间辐射，非金属机箱对高频电磁波相当于是透明的，解决问题的难度增大。如果可能的话，应当在非金属机箱内安装一块大的金属平板，一方面是作为被测设备的公共参考平面，另一方面是增大设备对地的杂散电容，便于脉冲群信号的导出。脉冲吸收器和电源滤波器应当安装在这块金属平板上接近设备外壳的地方，与平板搭接良好，保证电连续性。

对于信号/控制端口进行测试时,由于机箱为非金属材料,采取的整改方式类似。最大的变化就是在非金属机箱内部需增加一块大的金属平板,滤波器应安装在金属平板上并搭接良好。同时,尽量在非金属机箱内部喷上导电漆,至少要进行内部电路的局部屏蔽,防止外部电缆上高频脉冲信号的空间辐射。

(3)脉冲群抗扰度整改案例

下面举例说明脉冲群抗扰度的整改案例,电快速瞬变脉冲群造成智能手机误动作的原因:主要是因为脉冲群信号对智能手机内部线路中半导体结电容充电,当结电容上的能量累积到一定程度,便会引起手机的误操作,表现为在测试过程中通信中断、死机、软件告警、控制及存储功能丧失等。

解决办法:

1)PCB 布局时,电源输入要做好滤波,通常采用的是大小电容结合磁珠来滤波;

2)PCB 的地线要粗和短,减小 PCB 的地线公共阻抗;

3)采取屏蔽和滤波使干扰源远离敏感电路;

4)尽量减小环路面积;

5)布线时要注意强弱电布线隔离、数字线与模拟线隔离、高速线与低速线隔离;

6)敏感芯片需要局部屏蔽;

7)软件上应正确处理告警信息,及时恢复产品的状态;

8)芯片最好做过芯片级的电磁兼容仿真试验;

9)充电器、数据线及电池应选用合格品牌的优质产品;

10)做好生产工艺流程控制,尽量保证产品质量的一致性;

11)在充电器端增加磁环,选用磁珠的内径越小、外径越大、长度越长越好。

总之,快速瞬变脉冲群信号广泛存在于用电网络中,其特点是上升时间快、持续时间短,能量低且重复频率较高。实践表明,脉冲群抗扰度是电玩具中最容易出问题的几个抗扰度试验之一,尤其是对于智能手机、平板电脑、PDA 等大量使用集成电路和高速芯片的电玩具。对于厂家而言,最经济有效的办法还是从产品的设计之初就开始进行有针对性的电磁兼容设计,后期的整改往往是麻烦而费时的。

8. 浪涌(冲击)抗扰度

浪涌就是超出正常工作电压的瞬态过电压或过电流。本质上讲,浪涌是发生在仅仅几百万分之一秒时间内的一种剧烈脉冲。相比脉冲群信号,浪涌脉冲产生的时间较短、重复频率低、上升比较缓慢,但是能量特别大,破坏性远大于脉冲群信号。它既可以直接击中线路或设备,也可以通过户外线路侵入网络和设备,更可以在附近线路或导体上感应出强大的电压和电流。

(1)浪涌产生的原因

浪涌的产生有外部原因和内部原因。

外部原因主要是由于雷击导致。直接雷击发生的时候,雷电放电击中电力系统的外部电路,直接往系统中注入巨大的浪涌电压和电流,危害极大。于是,人们在雷电敏感区域安装了避雷针等装置,有效地避免了直接雷击的发生。间接雷击发生的时候,雷电放电击中设备附近的大地,在电力线上感应出中等程度的电流和电压,对网络和设备形成冲击。为此,人们发明了碳化硅避雷器、瞬态过电压浪涌抑制器(TVS)等防护器件,有效地防止了间接雷击的危害(如图3-124)。

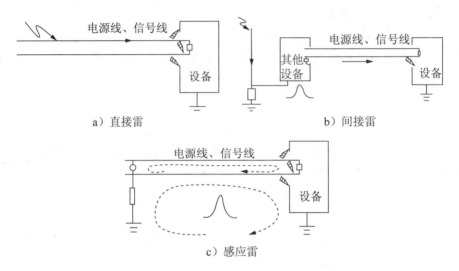

a)直接雷   b)间接雷

c)感应雷

图3-124 直接雷、间接雷和感应雷示意图

感应雷一般是由于空中雷电电磁场发生剧烈变化,在金属导体上感应出一定的感应电压,当这个电压超过电子器件的耐压值时,元器件就会被击穿甚至烧毁,也就是说发生了感应雷击。感应雷的特点是电子设备被击穿或烧毁的地点距离雷击的发生地还很远,近则数百米,远则数千米或几十千米。由于目前大多数建筑物的防直击雷的设施比较齐全完善,所以大多数的弱电设备的雷击损坏都是感应雷击造成的。

浪涌产生的内部原因一般是供电系统内部由于大功率设备的启停、线路和设备故障、电源系统和负载的切换动作,以及变频设备的运行导致的。供电系统内部由于大功率设备的启停、线路故障、投切动作和变频设备的运行等原因,会产生内部浪涌,给用电设备带来不利影响,特别是对计算机和通讯等微电子设备带来致命的冲击。即便是没有造成永久的设备损坏,系统运行的异常和停顿都会带来很严重的后果,比如核电站、医疗系统、大型工厂自动化系统、证券交易系统、电信局用交换机、网络枢纽等。

(2)测试不合格的原因

浪涌脉冲的发生时间仅仅几百万分之一秒,瞬间产生的高能脉冲,上升快,持续时间长,能量极大,破坏性极强,能够使电路元器件在浪涌的一瞬间烧坏,如PN结电容击穿,电阻烧断等。究其原因,浪涌测试不合格主要是由以下两方面因素导致:

一方面是电玩具产品内部电路和电缆的电磁兼容设计存在问题,如PCB板的接地设计不合理、内部线缆过长、电源滤波器与PCB搭接不好、机壳未进行屏蔽处理等,都会导致设备无法抵挡浪涌的冲击;

另一方面是缺少必要的浪涌保护电路和抑制器件,无法阻止浪涌对电玩具产品内部电路的危害。浪涌保护电路和抑制器件在遇到浪涌的时候,可以将阻抗变得很低,将浪涌能量旁路掉。设备在遇到浪涌电压或电流的冲击时,如果没有保护电路和抑制器件的话,无法对浪涌冲击进行有效地吸收或转移,高能量的脉冲会对产品的内部电路构成巨大的威胁,于是设备容易在浪涌抗扰度测试中出现问题。

(3)整改对策

1)主要的浪涌保护器件

气体放电管:气体放电管包括贴片、二极管和三极管,电压范围从 75V～3500V,它是由相互分离的一对冷荫板封装在充有一定的惰性气体(Ar)的玻璃管或陶瓷管内组成的,可在直流和交流条件下使用,如图 3-125 所示。气体放电管常用于多级保护电路中的第一级或前两级,起着泄放雷电暂态过电流和限制过电压作用。

优点是绝缘电阻很大,寄生电容很小,浪涌防护能力强。

缺点是放电时延(即响应时间)较大,动作灵敏度不够理想,部分型号会出现续流现象,长时间续流会导致失效,对于波前上升陡度较大的雷电波难以有效地抑制。

图 3-125 气体放电管示例

压敏电阻:压敏电阻是在一定电流电压范围内,电阻值随电压而变的电阻器,如图3-126所示。它是以 ZnO 为主要成分的金属氧化物半导体非线性电阻,其工作原理相当于多个半导体 P-N 的串并联。压敏电阻的最大特点是当加在它上面的电压低于它的阈值"UN"时,流过它的阻值很大,相当于一个关死的阀门。当电压超过"UN"时,它的阻值变小,这样就使得流过它的电流激增而对其他电路的影响变化不大,从而减小过电压对敏感电路的影响。利用这一功能,可以抑制电路中经常出现的异常过电压,保护电路免受过电压的损害。

瞬态抑制二极管:简称 TVS,是一种二极管形式的高效能保护器件,如图 3-127 所示。当 TVS 二极管的两极受到反向瞬态高能量冲击时,它能以 10^{-12} 秒量级的速度,将其两极间的高阻抗变为低阻抗,吸收高达数千瓦的浪涌功率,使两极间的电压箝位于一个预定值,有效地保护电子线路中的精密元器件,免受各种浪涌脉冲的损坏。TVS 具有响应时间快、瞬态功率大、漏电流低、击穿电压偏差、箝位电压较易控制、无损坏极限、体积小等优点。

图 3-126 压敏电阻示例

图 3-127 瞬态抑制二极管示例

表 3 - 20   几种浪涌保护器件的比较

参数	气体放电管	压敏电阻	TVS
泄漏电流	无	小	小
续流	有	无	无
极间电容	小	大	中
响应时间	慢(μs)	较快(ns)	快(ps)
通流容量	大(1kA~100kA)	大(0.11kA~100kA)	较小(0.1kA~1kA)
老化现象	有	有	无
箝位电压	放电电压高	中等	低

2) 浪涌保护设计举例

如图 3 - 128, GDT 是气体放电管, VR 是压敏电阻。电感的作用是吸收浪涌脉冲上升沿的高频能量和级间隔离。当浪涌到来的时候, 由于 TVS 的钳位电压最低, 反应时间最短, 第三级的 TVS 管会率先启动, 将瞬间过电压控制在一定的水平上。如果浪涌电流很大, 则第二级的压敏电阻会随之启动, 对浪涌电流进行泄放。两端电压的提高会推动第一级的气体放电管放电, 将浪涌大电流继续泄放, 实现对设备电路的三级保护。安装的时候要注意, 安装顺序不能搞错, 放电管必须在最前面, 其次是压敏电阻(或放电管), 再其次才是 TVS 闸流管或 X 类电容及 Y 类电容。

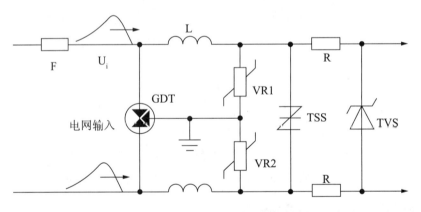

图 3 - 128   电源端口的浪涌保护电路示例

如图 3 - 129, 通讯线路的工作电压比较低, 输送线路安装比较简单, 遭受二次雷击产生的浪涌电压相对也比较低, 所以防雷电路相对也要简单很多。选取的浪涌抑制器件也是气体放电管、压敏电阻和 TVS 管的组合, 只是方式和参数有所变化。

总之, 不管是雷击瞬态还是开关瞬态产生的浪涌, 都是造成设备损毁和威胁人体健康的重要原因。解决的办法首先肯定还是从产品自身的设计出发, 对浪涌冲击应当具备一定的抵抗能力, 同时, 还要对产品进行外部保护, 为产品提供一个安全的外部环境。只有从这两方面同时着手, 才能提高设备浪涌抗扰度测试的通过能力。

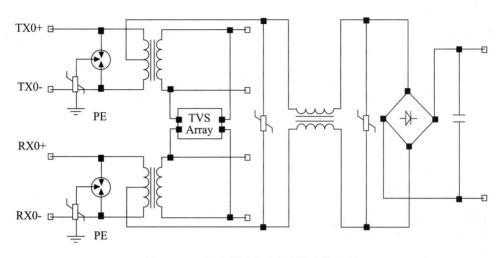

图 3-129 通信端口的浪涌保护电路示例

9. 射频场感应的传导骚扰抗扰度

常见的射频连续波辐射来自小型无线电收发机、无线电广播、车载无线电发射机等设备,这些设备工作的时候不可避免地向外发射电磁波,电磁波中的高频部分主要通过机壳上的孔缝直接进入敏感设备,低频部分则主要通过设备的接口电缆感应后,以传导的形式进入设备内部,针对这一类传导骚扰进行的测试称为射频场感应的传导骚扰抗扰度测试。

(1)测试不合格的原因

传导骚扰抗扰度测试时,将调幅信号作为干扰信号,以共模方式施加到被测设备的接口线缆上,用来模拟接口线缆在感应到射频干扰时的情况。测试信号主要通过三种方式对被测设备进行干扰。这些干扰可能通过电容注入(耦合/去耦合网络)到被测电缆上,也可能通过钳注入(电流钳和电磁钳)到被测电缆上,还可以通过电阻直接注入到被测电缆的屏蔽层上。

当射频场感应的传导骚扰沿着电玩具设备的接口线缆进行传输时,如果线缆是屏蔽的,且屏蔽层与机箱搭接良好,那么骚扰进入的时候可以通过机箱分流。如果接口有电源滤波器和信号滤波器,那么干扰可以得到大大的衰减。如果干扰线缆都是非屏蔽的,且机箱也是非金属的,那么信号中的高频分量可能从干扰线缆中发射出来,以空间辐射的形式进入周围线缆,甚至机箱内部。因此,测试不合格的时候应当从接口电缆的种类、距离、机箱的材质和接口处理,以及产品内部的电磁兼容设计去考虑原因。

传导骚扰抗扰度测试时,若在频率的低端超标,则问题可能是电缆的滤波不好;若在频率的高端超标,则应检查屏蔽和高频滤波,以及相邻电缆之间是否存在空间辐射耦合;若问题出在整个频段,则有可能是被测电缆的滤波和屏蔽措施做得不够好,应对电缆进行更换或改进。当被测设备有多个接口电缆时,如果每个电缆都出现问题,则要么是内部电路对干扰太敏感,要么是所有的电缆均处理不当,前者的可能性较大。若仅部分电缆测试不合格,则问题很可能出在电缆及其接口上。

（2）整改对策

当传导抗扰度测试不合格的时候，可以参考以下思路进行整改。

1）提高内部电路的抗扰性

所有的 PCB 接口都应进行滤波；

高频信号传输线均应用同轴电缆；

小信号传输线均应使用屏蔽电缆；

非屏蔽电缆的输出和返回应采用双绞线形式；

内部所有走线远离接口和缝隙，靠近金属外壳和参考接地平板；

信号线旁边应设置地线；

PCB 引出的模拟端口应进行数字化处理或变压器隔离；

数字芯片中，所有端口不能悬空；

数字芯片最好有选通功能；

尽量使用大规模集成电路来减小信号环路面积。

2）接口的滤波处理。电源线的滤波可通过设置电源滤波器来进行。电源滤波器应直接安装在金属机箱上，并与机箱搭接良好。在非金属机箱内，需增加金属参考接地平板来安装滤波器，无法安装的话，应在电源线进入机箱处加装共模扼流圈来抑制共模干扰信号。

信号线和控制线可使用共模扼流圈或者 π 形滤波器来提高滤波性能，扼流圈的个数应当取决于干扰的频率范围。

3）机箱的屏蔽处理。虽然没有辐射抗扰度对屏蔽要求那么高，但还是强烈建议采用金属机箱。机箱的接口和缝隙不能太大，能抑制 150kHz ~ 80MHz 的传导骚扰信号即可。机箱表面应具有足够的平整度和洁净度，除去氧化膜和保护油漆，保证机箱的电连续性。内部的敏感电路一定要进行局部屏蔽和滤波。

4）对被测电缆的处理。对电源线缆，可以在接口处加装电源滤波器来抑制干扰信号。电缆在进出机箱的时候，要特别注意屏蔽层与机箱应进行 360° 的完整搭接，电缆进入机箱后要用金属将屏蔽层紧固在箱内的金属参考接地平板上。对中低频的信号线或控制线，非屏蔽电缆应转换为屏蔽电缆，非金属机箱内应尽量采用双绞线式的平衡传输或同轴传输方式。高频信号线必须采用屏蔽电缆，必要时可以使用双层屏蔽的电缆来提高性能。每一根信号线最好单独配备地线，且与地线构成双绞线对。信号线进入机箱的接口处应当使用信号滤波器。

传导抗扰度测试没有辐射抗扰度测试那么难通过，整改也没有辐射抗扰度那么复杂，但是由于射频电磁场的无处不在，设备无时无刻不在经受着来自射频电磁场的传导骚扰，而且该项目的抗扰度性能与传导骚扰、脉冲群抗扰度等测试项目是否合格有着密切的关联，因此完全有必要对产品的传导抗扰度性能进行严格要求，厂家必须对该项目予以足够的重视。

10. 工频磁场抗扰度

工频又称电力频率，工频的特点是频率低、波长较长。我国的工频是 50Hz，对应波长是 6000km。变压器、高压配电装置和输电线等交流输变电设施是磁场骚扰的主要来源（如

图 3 - 130)。

这些设施在工作时产生的磁场属于工频磁场。除此之外,一些大功率的电机和电动工具在使用中也会产生工频磁场骚扰。设备正常运行时的工频电流,产生稳定的磁场;但故障条件下的工频电流则会产生幅值较高、持续时间较短的瞬态磁场。瞬态磁场对设备的正常运行影响较大。

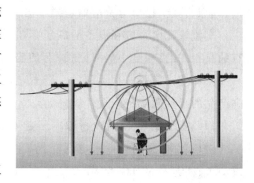

图 3 - 130 输配电线附近产生的工频磁场

(1)测试不合格的原因

并不是所有的电玩具都对工频磁场敏感,工频磁场抗扰度试验主要是针对磁场敏感的设备来进行。如计算机监视器、麦克风、电度表、磁场传感器和电子显微镜等,如图 3 - 131 所示。计算机监视器和电子显微镜一类设备,在工频磁场作用下会产生电子束的抖动和偏移,电度表则会在工频磁场作用下出现数据丢失和程序紊乱的故障。

因此,工频磁场抗扰度试验不合格的产品要么是由于内部敏感部件对磁场的抗扰度不够,要么是设备对工频磁场的屏蔽不好导致的。

玩具电脑

玩具麦克风

图 3 - 131 典型磁场敏感设备示例

(2)整改对策

工频磁场测试不合格时整改可以遵循两条思路来进行。一个是通过更改敏感设备内部磁场敏感部件的特性来加强磁场抗扰性,另一个是可通过铁磁材料外壳或局部磁屏蔽来提高抗扰性能。

磁屏蔽时,可选用钢、铁、坡莫合金等高磁导率的铁磁性材料,无论是稳态磁场还是瞬态磁场,这些材料的高导磁性可以将磁场进行有效地转移。如果磁场强度很大,还可以采用双层屏蔽的方式,外层屏蔽体选用不易饱和的材料,如硅钢,内层屏蔽体则选用容易饱和的高磁导材料,两层屏蔽体要注意磁路绝缘。如屏蔽体无接地要求,可用绝缘材料做支撑;如要求接地,则两层屏蔽体可用非铁磁材料的金属做支撑。

被屏蔽物要尽量放在屏蔽体的中心,不要让磁通经过被屏蔽物。同时注意屏蔽体的结构、缝隙、孔洞、接口等都应顺着磁场方向分布,尽量不阻断磁通的通过。

交流输配电系统和设备的广泛存在,使得工频磁场大量的存在于电磁环境中,这些磁场有的是稳态的,幅度小但时间长;有的磁场是瞬态的,时间短但幅度大。这两种磁场对电玩具和人体健康都是非常不利的。随着电磁兼容性要求的逐渐严格,企业有责任采取措施提高产品的工频磁场抗干扰性能。

11. 电压暂降、短时中断和电压变化抗扰度

电压暂降、短时中断和电压变化抗扰度试验的适用产品范围是额定每相输入电流不超过16A,且连入50Hz~60Hz交流输电网络的电子和电气设备。

电压暂降是指在供电系统某一点上的电压突然减少到低于规定的阈值,随后经历短暂间隔后恢复到正常值的过程(如图3-132)。短时中断是指,在供电系统某一点上所有相位的电压突然下降到规定的中断阈值以下,随后经历短暂间隔后恢复到正常值的过程。

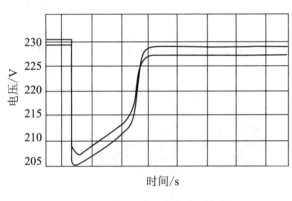

图3-132 电压暂降波形示例

电压暂降和短时中断主要是由电网中的设备和线路故障、接地故障、大容量负荷的短路或剧烈变化引起的。电压暂降造成的后果包括供电质量的下降、设备和原材料的损坏和老化等。短时中断可视为严重的电压暂降,会造成设备掉电,屏幕空白,电机减速等。更为严重的是破坏生产过程,计算机丢失内存信息、火灾报警系统失灵,无控制启动造成的危险等。

电压变化是指电压由正常渐变下降到一个较低的电压,并持续一段时间后再逐渐恢复到正常电压的过程。电压变化的原因主要是电网负荷的连续变化引起。

(1)测试不合格的原因

有的设备,对电压的暂时降低或中断,以及电压的变化非常敏感。为了保护内部数据,这些设备一般都有断电检测装置,以便在断电时及时发出指令,让数据处理设备在掉电前及时保护数据。所以,如果没有采取电容和UPS等掉电保护措施,那么在电压跌落甚至停电的时候,设备大多会降低性能甚至停止工作。此外,如果没有对电源干扰的抑制措施,则来自公共电网中的骚扰信号会直接进入设备的电源部分,导致电源出现输出电压不稳、欠电压或掉电等故障,从而导致被测设备在测试中遭遇失败。

(2)整改对策

欠电压保护。由于短路故障等原因,线路电压会在短时间内出现大幅度降低甚至消失的现象,损坏线路和电器设备,如电动机疲倒、堵转,从而产生数倍于额定电流的过电流,烧坏电动机。当电压恢复时,大量电动机的自启动又会使电动机的电压大幅度下降,引起电动机疲倒的电压称为临界电压。当线路电压降低到临界电压时,保护电器的动作,称为欠电压保护,其任务主要是防止设备因过载而烧毁。欠电压保护主要是通过电源监视电路来监视其输出电压,当输出低于某值时,监视电路将产生复位信号,使设备复位。当电源输出为正常值时,该电网经过一个延迟后撤销复位信号,设备恢复正常工作。

过电压保护。过电压保护是当电压超过预定最大值时,使电源断开或使受控设备电压降低的一种保护方式。保护措施主要是使用 TVS 瞬态电压抑制器件、避雷器、击穿保险器、接地装置等过电压保护装置。其中,以避雷器最为重要。电磁铁、电磁吸盘等大功率电感负载及直流继电器等,在通断时会产生较高的感应电动势,可使电磁线圈绝缘击穿而损坏,因此必须采用过电压保护措施。TVS 的作用是吸收过电压尖峰脉冲。当电源发生过电压故障时,TVS 管被击穿而将电压限制在额定击穿电压上,保护设备免受损坏(如图 3－133)。

图 3－133　线路过电压保护器(左)和三相过压保护器(右)

当电网中的系统和设备出现故障,或者负荷出现大的变化时,经常会发生电压暂降、短时中断和电压变化。这些现象不仅会危害接入电网的用电设备,还会对人身安全构成威胁。因此厂家在进行产品设计的时候,应当对产品的掉电保护和干扰抑制能力进行慎重考虑。

第七节　重点 EMC 测试项目分析——布线对电玩具辐射骚扰测试的影响

一、辐射骚扰场强测试的实质

在电玩具设备中,不同部分产生电磁辐射的情况可以用两种等效天线来近似。辐射骚扰场强测试的实质就是检测被测设备或系统中两种等效天线产生的辐射大小。

第一种等效天线是环天线。电玩具设备或系统中任何信号的传输都存在环路,如果信号是交变的,则环路会对外产生辐射。假设在面积为 S 的环路中流动着电流强度为 I、频率为 F 的信号,则在自由空间中,距离环路为 D 处的辐射电场强度 E 为:

$$E = 1.3SIF^2/D$$

因此,当环路信号的电流和频率一定的情况下,环路面积大小对辐射骚扰场强的测试具有决定性的影响。

第二种等效天线是单极天线(或对称偶极子天线)。对于电磁波而言,电玩具设备或系统中的线缆或尺寸较长的导体常常扮演了有效发射天线的角色,因此,这种单极天线通常用来等效设备中的线缆或尺寸较长的导体。假设长度为 L 的天线上流动着电流强度为 I、频率为 F 的信号,则在自由空间中,距离天线 D 处产生的辐射电场强度 E 为:

当 $F \geqslant 30MHz, D \geqslant 1m$,且 $L < \lambda/2$ 时,

$$E = 0.63ILF/D$$

当 $L \geqslant \lambda/2$ 时,

$$E = 60 \times I/D$$

在电玩具设备或系统中,由于工作频率较高,线缆之间的寄生电容、寄生互感、引线电感等参数不能再像低频情况下那样忽略不计,当存在高频电磁场时,这些寄生的电容和电感会在单极天线上产生大量的共模电流,尽管幅度很小,但却是产生辐射的主要原因。不同的布线方式,可能在线缆之间以及线缆与地之间产生不同的寄生电容和电感,因此,线缆的敷设对于控制产品的辐射非常重要。

二、线缆产生的电磁兼容问题

线缆的辐射是导致电玩具设备电磁兼容问题的主要原因之一,大部分设备的辐射骚扰场强测试不合格都与线缆的辐射相关。这是因为多数电玩具设备工作频率较高,如手机的主频可达到 $1.8GHz$,计算机 CPU 的主频可达 $3GHz$,这些高频电磁信号可在设备的线缆接口上产生共模电压,由于线缆与接地平面之间或线缆之间的分布电容和互电感的存在,形成了回路电流。这些共模电流流经设备外部的接口线缆时,线缆实际上也扮演了高效的发射和接收天线的角色,这样在正常工作时,设备除了自身的电磁辐射外,还产生了线缆辐射。当线缆的布线方式改变时,会改变线缆与接地平面之间或线缆之间的分布电容和互电感大小,从而对辐射测试结果产生影响。

在线缆中,电源线的结构比较简单,主要由保护套和导线组成。保护套起着绝缘、抗干扰、延长线缆使用寿命的作用。铜导线用来传输电流。按照流动路径,电源线上的干扰电流可以分为差模干扰和共模干扰。差模干扰信号在火线和零线之间流动,这种干扰的频率相对较低,不易形成空间辐射。共模干扰信号则在火线、零线与大地之间流动,频率在 $1MHz$ 以上。共模干扰在信号传输时容易向临近空间辐射,是产生辐射骚扰的主要来源。

屏蔽线是一种在绝缘导线外面覆盖铜丝网或金属薄膜的线缆。屏蔽线缆适合抑制静电感应干扰,对电磁感应干扰的抑制作用不明显,外面包裹的铜丝网或金属薄膜如果接地不好,很容易产生电磁骚扰。非屏蔽线由于缺少外面的金属层,极易产生或受到电磁干扰。

双绞线是由一对相互绝缘的金属导线绞合而成。将电流方向相反、幅度相等的两根导线按一定规则拧合,不仅可以抵御来自外界的电磁干扰,还可以降低自身信号的对外干扰。双绞线适合低频信号传输,高频传输时由于损耗的增加,容易产生辐射电磁骚扰。

同轴线采用铜芯用来传送高电平。与铜芯共轴的金属薄层,用来传输低电平,同时起到

屏蔽作用。同轴线缆的信号传输特性和抗电磁干扰性能优越,本身产生的电磁兼容问题较少,但有时也会受到来自其他线缆的干扰,工艺比较复杂,造价昂贵。

三、线缆在辐射测试中的布线原则

从电磁兼容角度讲,线缆布线应尽量避免或减小产生电磁干扰。由于电玩具设备的线缆类型众多,传输的信号类型和速率各不一样,如果不进行科学的布线,将对设备的辐射骚扰测试结果产生不利的影响。实践证明,合理的布线对提高设备和系统的电磁兼容性能大有裨益。依据 GB 9254 等文件要求,电玩具设备在辐射骚扰场强测试中,线缆布线应遵循以下基本原则。

电源线缆或单元间的互连线缆应从试验桌后边沿垂落,如下垂部分与水平接地平板的间距小于 0.4m,则超长部分按 8 字型捆扎,使其捆扎中心距离地面为 0.4m,捆扎部分的长度为 0.4m。

隔离敏感线和干扰线。将电源线和信号线分开,输入线和输出线分开。当敏感线与干扰线不得不靠近时,尽可能将线缆敷设成垂直相交,避免平行走线。

隔离不同干扰类型或干扰电平的线缆,如高低电平信号线,数字和模拟信号线应分组捆扎,并保持适当的距离,以减小导线间的信号耦合。

用来传递信号的扁平带状线,应采用"地—信号—地—信号—地"排列方式,这样不仅可以有效地抑制地环路骚扰,还可明显提高其抗扰度。

将低频进线和回线绞合在一起,形成双绞线,这样两线之间存在的骚扰电流几乎大小相等,方向相反,其骚扰场在空间可以相互抵消。

对辐射骚扰较大的导线加以屏蔽。

四、布线方式对辐射骚扰场强测试的影响

下面以计算机为例,按照线缆分类原则,研究布线方式对辐射骚扰场强测试的影响。作为典型的多功能设备,计算机具有多种类型的外设和接口,其典型配置包括主机、键盘、视频显示单元、两种不同类型的 I/O 设备和与专用端口相连的设备。设置天线为垂直极化状态,天线高度变化范围为 1m ~ 4m,转台旋转范围为 0° ~ 360°,测试频率范围为 30MHz ~ 1GHz,在 10m 法半电波暗室中进行台式计算机的辐射骚扰场强测试,测试布置图如图 3 - 134 所示。

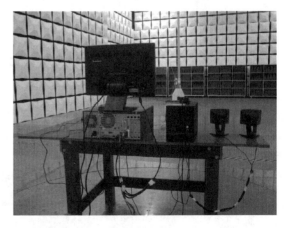

图 3 - 134　辐射骚扰场强测试布置图

1. 改变视频线与水平参考平面的距离

VGA 线是连接计算机和显示设备之间的线缆,用于传输视频模拟信号。将视频线

超长部分按 8 字形折叠,设折叠中心与水平参考平面距离为 d,则当 d 在 $20\text{cm} \sim 60\text{cm}$ 之间变化时测试结果如图 3 - 135 ~ 图 3 - 139 所示。

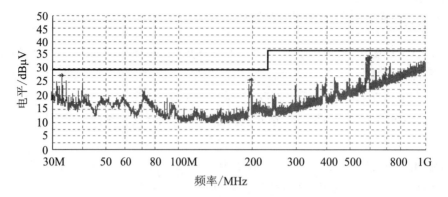

图 3 - 135　d 为 20cm 的辐射骚扰场强

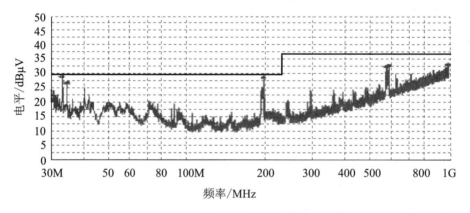

图 3 - 136　d 为 30cm 的辐射骚扰场强

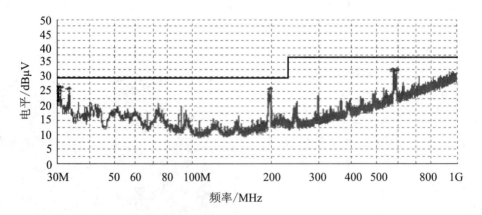

图 3 - 137　d 为 40cm 的辐射骚扰场强

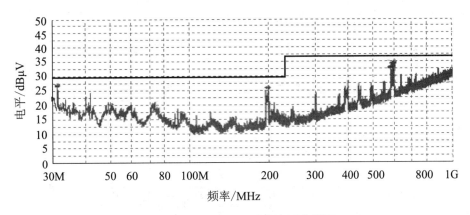

图 3 - 138　*d* 为 50cm 的辐射骚扰场强

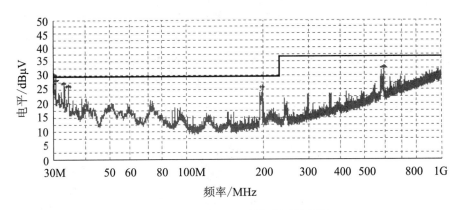

图 3 - 139　*d* 为 60cm 的辐射骚扰场强

从图 3 - 135 ~ 图 3 - 139 中可以看出,当 *d* 在 [20,60] 区间变化时,有几个频点的辐射骚扰值是始终比较高的,在低中高三个频段,筛选出其中较高的三个频点作为典型数据点进行分析,分别是 33.007MHz、197.810MHz 和 592.600MHz。这三个频点的准峰值检波测试结果如表 3 - 21 所示:

表 3 - 21　特殊频率点的准峰值测试结果(视频线)

频率/MHz	准峰值/(dBμV/m)				
	d = 20cm	*d* = 30cm	*d* = 40cm	*d* = 50cm	*d* = 60cm
33.007	27.5	29.1	26.5	20.7	27.6
197.810	25.9	28.9	26.5	25.8	26.0
592.600	34.0	33.2	33.1	34.4	33.1

按照以上测试结果作图 3 - 140。

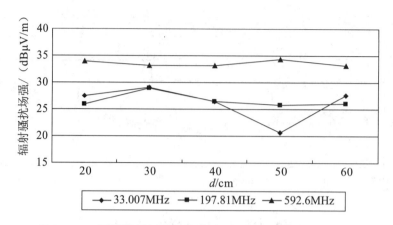

图 3－140　视频线与水平参考平面距离和辐射骚扰场强的关系

从图 3－140 中可以看出,当视频线离地距离不同时,197.810MHz 和 592.600MHz 两个频点的辐射场强变化相对平缓,最大变化量(即最大辐射值与最小辐射值之差)分别为 3.1dB 和 1.3dB。而在频率较低的 33.007MHz 处,距离的改变对场强测试结果影响较大,最大变化量达到 8.4dB,远远大于实验室的辐射骚扰测试不确定度(4.46dB),最大和最小场强值分别出现在距离 30cm 和 50cm 的时候,场强值波动很大。

依据标准 GB 9254—2008 的要求,单元之间的线缆距离水平参考接地平板上方一般选为 40cm。若以 40cm 的情况为参考基准,在 20cm、30cm、50cm 和 60cm 四种情况下的测试结果与 40cm 情况下的测试结果差异比较大,在三个频点处最大偏差分别为 1.0dB,2.6dB,5.8dB 和 1.1dB,当 d 取 50cm 的时候偏差达到最大,如图 3－141 所示。这说明视频线的离地距离对辐射场强的测试结果影响是不可忽视的,在低频段时比对中高频段的结果影响更为明显。如果不严格按照标准进行布置,线缆中心距离平板过高或过低都会影响测试结果的准确性和试验的可重复性,从而影响测试结果的判定。

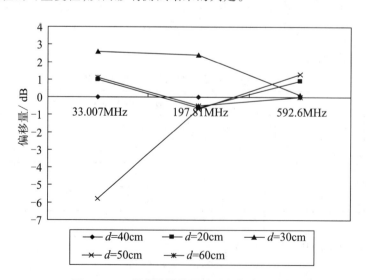

图 3－141　视频线缆位置偏移与频率的关系

2. 改变音频线与水平参考平面的距离

音频线负责连接计算机机箱和音频输出设备,用于传输低频的声音信号。将音频线超长部分按8字形折叠,设折叠中心与水平参考平面距离为d,则d在20cm~60cm之间变化时,测试结果如下:

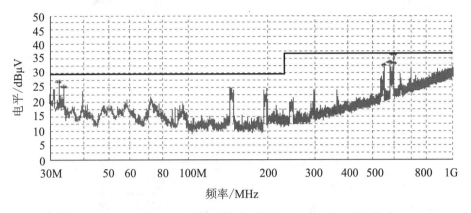

图3-142 d为20cm时的辐射骚扰场强

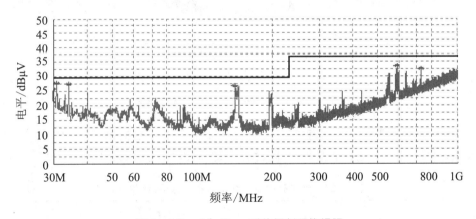

图3-143 d为30cm时的辐射骚扰场强

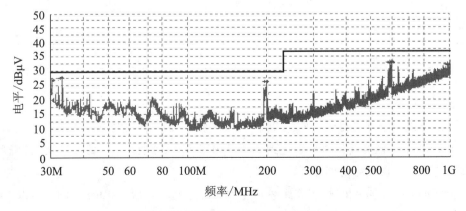

图3-144 d为40cm时的辐射骚扰场强

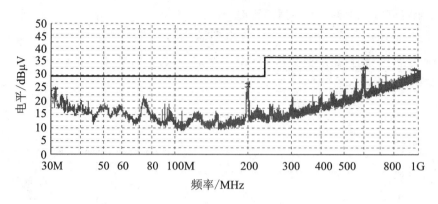

图 3-145 *d* 为 50cm 时的辐射骚扰场强

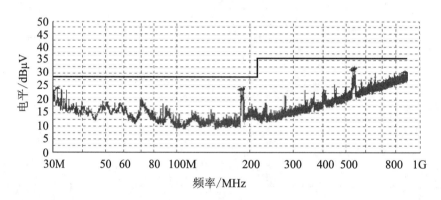

图 3-146 *d* 为 60cm 时的辐射骚扰场强

从图 3-142~图 3-146 中可以看出,幅度较高的三个频点有 31.261MHz、197.907MHz 和 593.764MHz,这三个频点的准峰值检波测试结果如表 3-22 所示:

表 3-22 特殊频率点的准峰值测试结果(音频线)

频率/MHz	准峰值/(dBμV/m)				
	d = 20cm	*d* = 30cm	*d* = 40cm	*d* = 50cm	*d* = 60cm
31.261	24.8	27.8	22.3	24.4	25.6
197.907	24.9	25.1	26.8	27.2	25.4
593.764	32.4	30.6	33.6	33.2	31.1

按照以上测试结果作图 3-147。

从以上测试数据可以得到,在 31.261MHz 处,幅度变化最大为 5.5dB。在 197.907MHz 和 593.764MHz 处,幅度变化也分别达到 2.3dB 和 3.0dB,在低频段,场强值波动剧烈,受线 缆离地距离变化的影响相对明显。

依据标准 GB 9254—2008,互连线缆折叠中心离地间距一般为 40cm,因此,若以 40cm 的 情况为基准,可以从图 3-148 中看出,在较低频段的 31.261MHz 处,只有 40cm 的情况下测得的场强值最小,其他情况下测得场强都是偏大的,在距离 d 为 30cm 的情况下最大可偏离 5.5dB,这就增加了辐射场强测试结果的不确定性。同理,在 593.764MHz 处,在 40cm 的情况下测得的场强值却是最大的,其他情况削弱了设备实际产生的场强,这又掩盖了设备产生的真实辐射骚扰。

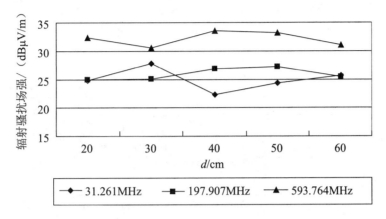

图 3-147　音频线与水平参考平面距离和辐射场强的关系

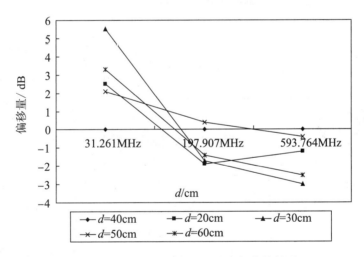

图 3-148　音频线缆位置偏移与频率的关系

同时,从图中可以看出,音频线距离地面 d 为 20cm 和 30cm 的时候,与其他三种情况相比,在频率点 145MHz 附近多出现一个大小为 27dBμV/m 左右的峰值,该值距离限值 30dBμV/m 仅仅 3dB,而实验室辐射场强测试不确定度为 4.46dB,这将对测试结果的判定产生较大的影响。

3. USB 线与其他线缆一起敷设的情况

　　USB 线缆是计算机系统中使用最多的线缆,USB 线缆最高传输速率可达数百 Mbps,属于高速、数字信号线。音频线、键盘鼠标线和视频线属于低速、模拟信号线,因此考虑将 USB 线缆与音频线、键盘鼠标线和视频线敷设在一起,考察不同类型和速率的线缆一起敷设后对

测试结果的影响。集中敷设后的线缆中心距离地面40cm,得到如下测试数据:

从图3-149~图3-152可以看出,相比USB线正常敷设的情况,USB线与音频线绑定敷设时,在32.91MHz和34.462MHz多出两个峰值,幅度分别为27.2dBμV/m和27.6dBμV/m,距离限值30均不到3dB。在频率198MHz处,场强值为27.5dBμV/m,比正常情况下的26.0dBμV/m劣化了1.5dB。可见,如果高速传输的USB线缆与低速的音频线不分开敷设,则骚扰场强会在分开敷设的基础上产生新的峰值点,影响测试结果。

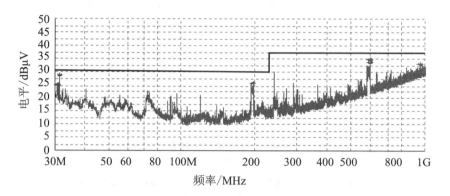

图3-149　USB线单独敷设(正常情况)

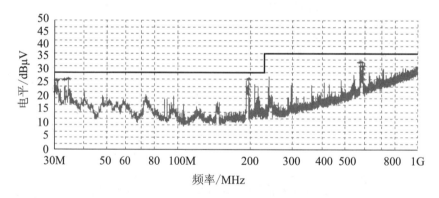

图3-150　USB线与音频线一起敷设

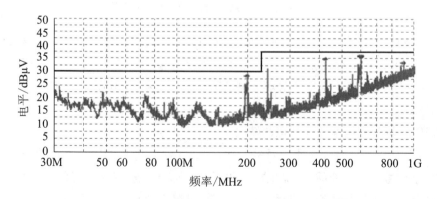

图3-151　USB线与键盘线、鼠标线一起敷设的辐射场强

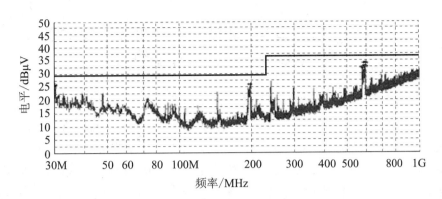

图3-152 USB线与视频线一起敷设的辐射场强

当USB线与键盘线、鼠标线绑定时,频率198MHz和594MHz处的场强值比正常情况下分别高出2.5dB和1.2dB,且在422.56MHz频率处产生一个幅度为34.8dBμV/m的峰值,距限值仅2.2dB,可见USB线与键盘线、鼠标线一起敷设的时候,信号串扰非常严重,不仅会产生新的阶段峰值点,而且骚扰场强会比单独敷设时大,这说明高速数字信号传输线与低速模拟信号传输线一起敷设时,不同类型的线缆之间的信号相互耦合,导致大量共模辐射的产生。

当USB线与视频线绑定在一起的时候,在240MHz处的峰值幅度达到33.8dBμV/m,比正常情况下大3.8dB,距离限值37dB余量仅为3.2dB。从整体结果上看,与USB线单独敷设的情况相比,USB线与视频线绑定敷设的测试结果变化较小,这应当与视频线外面具有屏蔽保护层有关,该层有效地隔离了来自高速USB线的电磁干扰,减轻了布线对测试结果的影响。

根据试验结果进行分析,可以得出结论:布线方式是否规范将对电玩具设备的辐射骚扰场强测试产生不可忽视的影响,并很可能影响测试结果的判定。

当音频线和视频线与水平参考平面距离发生变化时,主要对中低频段的场强值产生影响,有时会在正常布置的基础上使辐射场强增大许多,最大甚至超过8dB。有的情况下,会产生新的阶段峰值点,如图中的频率为145MHz附近。在有的频段处,距离的变化又会掩盖被测设备实际的辐射场强,使得测试结果偏小,如图中的593.764MHz处最大被削弱了2dB。

当以数字传输的高速USB线缆与音频线、IO线、视频线等低速、模拟信号传输的线缆绑定敷设时,会产生明显的信号串扰,不但使辐射场强测试结果总体偏大,而且也产生新的峰值点。这种布线方式对音频线、键盘线和鼠标线的影响尤为明显。

由此可见,由于布线方式可能改变线缆与参考地之间或线缆之间的分布电容和电感,从而对电玩具设备的辐射骚扰场强测试产生影响。试验时,只有严格按照标准进行布置,才能保证测试结果的准确性和试验的可重复性。

第八节　重点 EMC 测试项目分析——辐射骚扰新型测试原理的探索研究

辐射骚扰是电玩具的电磁兼容测试中最容易产生问题的测试项目之一。关于辐射骚扰测试,目前主要有两种测试原理,一种是欧洲和我国采用的水平天线测试原理,另一种是美国的俯仰天线测试原理。在欧标的测试原理中,天线被固定于水平方向上。随着天线高度的增加,测试天线保持水平方向不变。由于接收天线和被测设备(EUT)发射均存在方向性,测得的场强可能与 EUT 发射的实际场强有差异,得到场强不一定是 EUT 产生的最大辐射。在美国的测试原理中,接收天线的主轴方向始终对准 EUT,可以测得来自 EUT 的最大骚扰,但是这种方法意味着测试状态和时间成本的增加。

一、辐射骚扰测试原理

在欧标的辐射测试原理中,被测设备由转台带动旋转,由天线塔改变测试天线的高度和极化状态,如图 3 - 153 所示。测试时,因为天线具有方向性,当天线高度变化时,如果测试天线位置保持水平不变,则测试结果可能不是被测设备产生的最大辐射,因此这种传统测试方法具有一定的局限性。

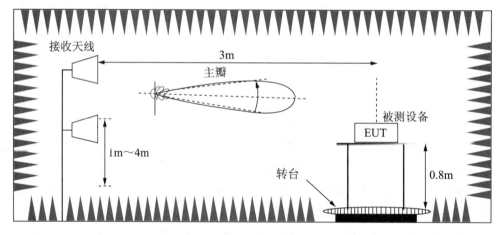

图 3 - 153　传统辐射骚扰测试原理示意图

相比之下,美国的测试原理更加准确。该方法是按照天线高度的变化来调节天线的角度,使接收天线的主轴方向始终对准被测设备,以保证测得最大辐射骚扰,如图 3 - 154 所示。

但这种方法要求实验室添置新的软硬件,对实验室是一笔不小的开支。而且随测试状态的增加,测试时间随之延长,继而导致测试成本的上升。

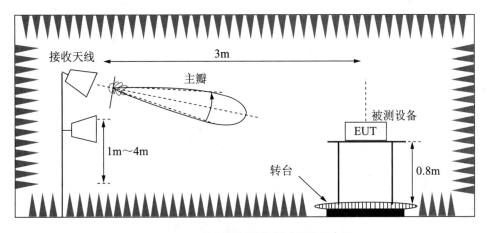

图 3 - 154　美国辐射骚扰测试原理示意图

二、建立测试模型

本文提出的原理是在非俯仰天线测试原理基础上,结合天线的方向图特征,将试验数据加上修正因子,得到更准确的辐射骚扰。具体来说,就是利用天线方向图中增益与方向的关系,计算出修正系数 K,然后在传统原理的测试结果上,加入修正系数,以获得更准确的辐射场强。

一方面,采用美国测试原理,利用俯仰天线塔,调节接收天线的倾斜角度,在水平极化和垂直极化两种状态下进行测试,获得测试数据 E_1。

另一方面,采用传统测试原理进行高度扫描,在水平极化和垂直极化状态下测试,但是天线主轴方向与暗室的水平参考平面始终保持水平,获得试验数据 E_2。

最后,根据方向系数 D、增益系数 G 和天线效率 η_A 的关系,有 $G = \eta_A D$。对于喇叭天线来讲,其工作频率处于微波段,天线效率可以近似看作 1,有 $G \approx D(\theta, \varphi)$。根据方向系数的定义,指在同一距离及相同辐射功率的条件下,某天线在最大辐射功率方向上的辐射功率密度和无方向性天线的辐射功率密度之比,

$$D = \frac{\dfrac{1}{2}\dfrac{E_{max}^2}{120\pi}}{\dfrac{P_r}{4\pi r^2}} = \frac{E_{max}^2 r^2}{60 P_r}$$

式中,E_{max} 为喇叭天线在最大辐射方向上该点的场强,P_r 为喇叭天线的辐射功率。对于不同的天线,若它们的辐射功率相等,则在同一 r 处的观察点,辐射场强之比与方向系数之比的平方根应当为线性关系。因此,可设修正因子 $K = \sqrt{G - G\cos\alpha}$,将 E_2 加入修正因子 K 后,将数据结果 $K + E_2$ 与 E_1 相比较,最后得到修正后的测试结果。

如图 3 - 155 所示。试验表明,修正后的辐射场强整体大于传统测试原理得到的辐射场强,更接近于采用俯仰天线进行测试的结果。这种原理的优点在于,可以在不增加硬件设备和控制软件的情况下,提高检测精度和效率。

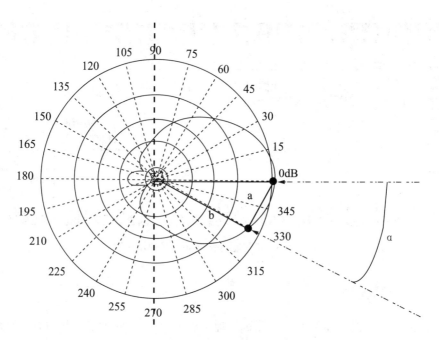

图 3-155　修正因子与天线方向图示意图

三、试验分析

1. 采用俯仰天线测试的结果 E_1

根据美国测试原理,天线高度扫描范围选取 1m～3m。天线主轴与水平方向夹角随天线高度而改变。在 1GHz～6GHz 频率范围内,对 EUT 产生的辐射骚扰进行峰值扫描,得到测试结果 E_1。测试条件如表 3-23。

表 3-23　测得 E_1 的测试条件

天线高度	$H = 1.0～3.0\text{m}$,步进 0.2m
天线角度/°	$\alpha = [0, 3.81, 7.59, 11.31, 14.93, 18.43, 21.80, 25.02, 28.07, 30.96, 33.69]$
天线极化	垂直极化、水平极化
频率 f/GHz	1GHz～6GHz
场强 E_1/(dBμV/m)	E_1

测试数据如图 3-156 所示。

266

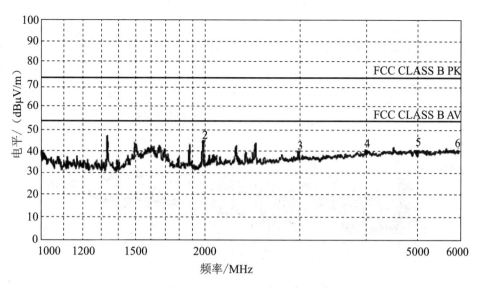

图 3 - 156　俯仰天线测试结果 E_1

2. 采用非俯仰天线测试的结果 E_2

根据传统测试原理,天线高度扫描范围选取 $1m \sim 3m$。在天线高度扫描过程中,天线主轴与水平方向保持平行。在 $1GHz \sim 6GHz$ 频率范围内,对 EUT 产生的辐射骚扰进行峰值扫描。得到测试结果 E_2。测试条件如表 $3 - 24$。

表 3 - 24　E_2 的测试条件

天线高度	$H = 1.0m \sim 3.0m$,步进 $0.2m$
天线角度/°	$\alpha = 0$ 保持不变
天线极化	垂直极化、水平极化
频率 f/GHz	$1GHz \sim 6GHz$
场强 E_1（dBμV/m）	E_2

测试数据如图 3 - 157 所示。

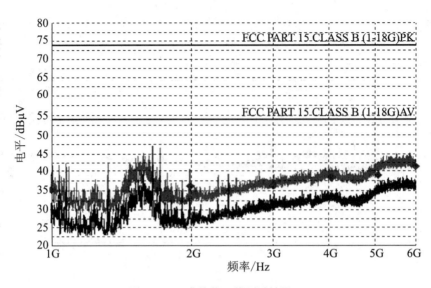

图 3-157 非俯仰天线测试结果 E_2

3. 计算修正因子 K

利用天线的增益系数和方向图中的三角函数关系,计算每一个频率对应的修正因子 $K = \sqrt{G - G\cos\alpha}$ 。

表 3-25 修正因子 K(1GHz~3GHz)

频率/GHz	1	2	3
角度 α /°	修正因子 K /dB		
0	0	0	0
3.81	0.124	0.144	0.160
7.59	0.247	0.287	0.318
11.31	0.368	0.428	0.473
14.93	0.485	0.564	0.624
18.43	0.598	0.695	0.769
21.80	0.706	0.821	0.908
25.02	0.809	0.941	1.041
28.07	0.905	1.053	1.165
30.96	0.997	1.159	1.282
33.69	1.082	1.258	1.392

表 3 - 26 修正因子 *K*（4GHz ~ 6GHz）

频率/GHz	1	2	3
角度 *α* /°	修正因子 *K* /dB		
0	0	0	0
3.81	0.165	0.164	0.159
7.59	0.329	0.327	0.317
11.31	0.490	0.487	0.472
14.93	0.646	0.642	0.622
18.43	0.796	0.791	0.767
21.80	0.940	0.934	0.905
25.02	1.077	1.070	1.037
28.07	1.205	1.198	1.161
30.96	1.326	1.318	1.278
33.69	1.440	1.431	1.387

4. 结果分析

从表 3 - 25 和 3 - 26 可以看出,在垂直极化和水平极化条件下,在每一个频率、天线高度和天线角度上,修正因子对测试结果均产生了不同程度的修正作用,测得的辐射骚扰值更大、更接近最大骚扰值。也从另一个角度证实了,采用俯仰天线的美国测试原理能够测得更大的辐射骚扰场强。

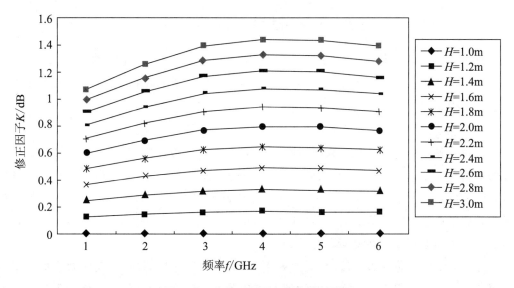

图 3 - 158 修正因子与频率的关系图

根据表 3 - 25 和 3 - 26 中的数据,可以分别得到修正因子与频率的关系(图 3 - 158),以及修正因子与天线角度的关系(图3-157)。由图可知,在1GHz~6GHz范围内,修正因子K范围处于0dB~2dB之间。在每一个高度上(即在每一个天线角度上),K随频率的变化比较平稳。随着天线高度的增加,天线与水平方向偏离角度逐渐增大,修正因子的平均水平也逐渐增加,天线高的时候修正因子整体大于天线低的情况。在1GHz~3GHz的频率范围中,修正因子有一个明显的上升过程,但是3GHz以后又趋于平稳,这说明低频部分的修正因子对高度变化更加敏感。

由图3-159中修正因子与天线角度的关系可以看出,修正因子与天线角度和高度基本是同步增大的。天线角度越大,天线高度越高,修正因子也越大,这与天线方向图的实际特征是相符的。但是从图3-159中并没有得出K与频率的相关性,这可能与被测设备的主辐射方向有关,或者说被测设备的主辐射方向并不是始终指向天线水平主轴方向。

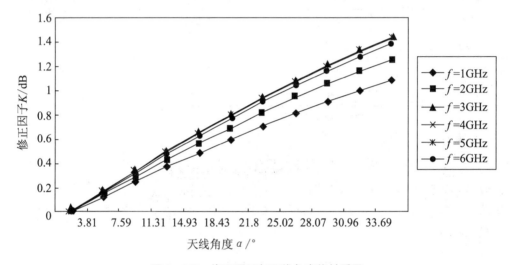

图3-159 修正因子与天线角度的关系图

从试验结果可以看出,修正因子对采用传统测试原理(采用非俯仰天线)得到的测试结果E_2而言,修正能力比较有限,测试结果E_2加上修正因子之后,结果依然小于美国测试原理(采用俯仰天线)中得到的测试结果E_1。

究其原因,应当有以下几个方面:

在试验条件方面,转台精度、天线高度和角度误差、半电波暗室与吸波材料的影响、喇叭天线与前置放大器、前置放大器与接收机之间的失配等均是影响因素。由于实验室条件所限,不具备标准的3m全电波暗室,只能采用半电波暗室与吸波材料结合的形式来进行测试,而吸波材料的敷设方式可能对测试结果产生影响。另外,出于对测试时间的控制,转台精度选取为1°也可能漏掉最大的辐射场强值。

由于喇叭天线工作在微波波段,天线效率很高,为了计算的简便性,天线效率取近似取为1,由于增益系数与天线效率和方向系数是正比关系,因此这种近似可能使得最后得到的修正因子偏小。

三角函数的近似计算可能产生误差。由于天线在高度扫描过程中,水平偏离角度在不断变化。从数学上来讲，要获得 K 的真实值，必须先得到喇叭天线方向图在每一个频率的解析表达式，然后才能根据天线角度和增益计算出场强大小。但是经深入研究和多方查询均无法得到天线方向图的解析式。考虑到天线在升降过程中，主轴与水平方向的最大偏离仅30多度，因此用直角三角形来近似小角度的锐角三角形，以此来获得修正因子的表达式，这种近似可能使得 K 的结果偏小。

经过对辐射测试原理的研究，在天线理论基础上，利用天线方向图的特征和数学关系，研究利用在辐射扫测试中用修正因子来替代俯仰天线的可行性。在理论推导和试验基础上，提出新的测试原理，最后对该测试原理进行验证和分析。

试验表明，利用修正因子替代俯仰天线进行辐射骚扰测试的原理在一定程度上是可行的，但是受限于天线理论推导和实验室自身的测试条件，课题在提出和验证原理的过程中采用了某些近似，如修正因子中三角函数的近似等，可能给测试结果的准确程度带来一定的影响，影响程度有待后续的研究。

总而言之，针对电玩具的辐射骚扰测试提出的新型测试原理在简化测试方法、提高测试效率和准确度方面是可行的，该原理是对传统辐射测试原理的有益补充，同时也为辐射骚扰测试提供了新的研究思路，具有一定的指导意义。

第三部分

电气产品EMC检测技术

第四章　电气产品 EMC 概述

电磁兼容(Electromagnetic Compatibility,以下简称 EMC)技术是以电磁场理论为依据,以近代统计学和计算机为手段,以试验为基础,涉及到众多技术领域的一门综合性系统工程。面对今日的技术进步和现代市场经济的现实,EMC 技术已形成一种产业。本章介绍了 EMC 试验技术的发展历史和未来展望,指出 EMC 试验技术在 EMC 技术领域占据重要位置,它随着 EMC 技术的发展而发展,并成为 EMC 产业的支撑技术。推荐通过学习 EMC 测量标准、EMC 测量原理以及评估测量结果的方法来掌握 EMC 试验技术。

第一节　EMC 试验技术的发展

EMC 技术是在认识电磁干扰、研究电磁干扰和控制电磁干扰的过程中发展起来的。第一篇题为"论无线电干扰"的文章发表于 1881 年,距今已有 100 多年。1887 年德国的电气工程师协会成立了干扰问题研究委员会。1904 年国际电工委员会(IEC)成立。1934 年国际无线电干扰特别委员会(CISPR)成立。IEC 和 CISPR 是典型的有代表性的国际性组织,其目的是促进电气、电子及有关技术领域的所有标准化问题及其他有关问题上的技术合作。从那时起,就开始了对电磁干扰问题进行世界性有组织地研究。但是,EMC 作为电子学中独立的一个分支,还是第二次世界大战以后的事情。

EMC 试验技术是 EMC 技术领域研究的重点课题。早期的 EMC 测试处于电磁干扰诊断阶段。当时的电子系统工程,一般是先进行设计、加工、总装调试,有些问题往往在系统联试中才能发现。检测手段通常使用通用电子仪器设备,如早期生产的示波器和频谱分析仪等。这个阶段的 EMC 技术处在发现问题、解决问题的初级阶段。

科学实践使人们认识到:要使一些电子、电气设备共存于一个有限空间,并能正常运行,实现各自的功能,必须事先对这些设备进行某种约定,即确定 EMC 指标和相应的检测办法。于是,人们在实践中花费大量精力研究、制定了各种 EMC 标准,这些标准规定了电磁干扰的极限值,也规定了测量方法。这时 EMC 技术已进入标准规范法阶段。此阶段配套的电子设备得到了进一步发展。下面通过一些事例来说明。

第二次世界大战后,美国各军、兵种为各自的需要,对属于该领域的设备制定各自的 EMC 要求。需要研制的设备是多种多样的,与之相关的 EMC 标准规定的极限值差别比较大,要求的测试方法不尽相同,配备的测试设备也不一样。有时发现按某一 EMC 标准要求设计的设备,不一定能满足另一标准的要求。因此,常常出现欠设计或过设计,这就给制定标准的人提出了一个非常现实的问题,即制定一些新标准来统一名目繁多的标准,供三军使用。1965 年,美国国防部组织三军的工程技术人员和标准化研究人员制定了一个研究电磁干扰专用术语、测试范围、测试方法及设备要求的计划,这就是美军标 MIL－STD－460 系列产生的时代背景。美军标从第一次发布至今已经历了 40 多年的历程,先后公布了多个版本,每个版本对测试方法和测试设备的要求都有一定的改进。与此同时,测试仪器设备的研制也取得了重大突破,形成了比较完善的测试系统,并逐步由手动测试变成自动测试,EMC专用测试软件也随计算机操作系统的发展逐步升级。目前军品 EMC 测试已成为非常规范化的标准测试。同一时期,CISPR 和 IEC 等组织也先后制定了一系列 EMC 标准,对试验场地、测试设备、测试方法等作了具体规定,并针对各种电子、电气产品制定了相应比较详细的标准要求。这些要求既是产品设计师进行设计的指南,也是 EMC 测试人员进行 EMC 测试,并用来判断产品是否合格的依据,有些标准直接用于指导测量,例如 CISPR 11 关于"工业、科学、医疗射频设备的无线电干扰极限值和干扰特性测试方法"(已等效为 GB 4824—2001),CISPR22 关于"信息技术设备的无线电骚扰的测量方法和极限值"(已等效为 GB 9254—2008)等。又如 IEC 61000－4 系列关于测试与测量技术等,也有对应的国家标准。在多年试验经验的基础上,这些标准经多次修订已经比较成熟。为了使各个国家、各个实验室的测试结果有可比性,还专门制定了关于 EMC 测试仪器设备的标准,对测试仪器设备的技术指标作了较为详细的统一定义和规定。

EMC 技术发展的新阶段是系统设计法阶段发展。系统设计法是指电子设备或系统在进行电设计以前,运用电磁场理论分析和计算方法以及相关数据来预测系统内的电磁环境,在电性能和 EMC 同步设计中对 EMC 标准进行剪裁,根据预估的电磁环境下达设备、分系统 EMC 设计指标,使设备或系统实现最佳设计。美国波音飞机公司声称按 EMC 预测结果设计的系统有 90 上可以直接达到电磁兼容。美国国家标准局(NBS)承担 EMC 测试设备的计量及场强量值校准,对测试设备进行认证,并开展对噪声射频干扰的仲裁工作。美国国防部马里兰州的"EMC 分析中心"负责向各军种提供所需的电磁环境数据和快速分析。应该说 EMC 试验技术已实现了将测试数据用于指导新的设计的飞跃,国际上具有权威的世界贸易组织 WTO 在 WTO/TBT 协议中规定了签字国必须依照国际标准或其中有关部分制定自己的技术法规和标准,但涉及国家安全需要,对欺骗性作法的防范,对人类健康、安全和动植物生命、健康以及环境保护除外,各国可以规定这五个方面的技术法规。

欧洲已经采用 CE 标记,所谓 CE 标记是指欧盟对于符合它在官方公报上颁布的一项有关 EMC 指令要求的标记。从 1996 年 1 月 1 日起,所有投放到欧盟市场的电子、电气产品,必须具有 CE 标记,否则不准进入欧盟市场流通。美国联邦通信委员会(FCC)颁布了一些有关部门的 EMC 法规,对通信发射机、接收机、电视机、计算机及各种医疗设备等的电磁兼容性均有相应法律要求。日本认定的 EMC 有关技术法规基本上参考 CISPR 标准。

中国电磁兼容领域的认证、认可和标准化工作正在积极有序的进行,原国家质量技术监督局于 1999 年发布《电磁兼容认证管理办法》,2000 年 2 月成立"中国电磁兼容认证委员会"和"中国电磁兼容认证中心"。为对电子产品的电磁兼容性进行公正评价,"中国实验室认可委员会"专门发布了《对电磁兼容实验室检测领域认可的补充要求》,为方便军标的贯彻实施,军方还发布了《电磁兼容测试实验室认可要求》。为进一步规划和全面推动全国电磁兼容标准制定、修订工作,2000年成立了"全国电磁兼容标准化技术委员会"。电磁兼容领域的认证、认可和标准化工作大大加强产品检测能力,保证了检测数据一致性和准确性。为实现与国际接轨创造了必要的条件。

2001年4月国家质检总局挂牌成立,8月国家认证认可监督管理委员会正式成立,10月国家标准化管理委员会成立。这三个机构的成立适应建立和完善市场经济和促进对外贸易的需要。2001年11月中国正式签署了加入WTO的文件,并在入世谈判中明确承诺:从中国加入WTO之日起,中国的强制性产品认证将实施"四个统一",即"统一目录,统一标准、技术法规和合格评定程序,统一标志,统一收费"。中国政府将切实遵守WTO/TBT中的基本原则:避免不必要的技术性贸易壁垒原则,非歧视原则,标准协调原则,同等效力原则,相互承认原则,透明原则等6个方面。这些年来,中国的电磁兼容工作者一直在为贯彻以上原则和承诺努力工作着。

随着测试技术的发展以及测试对象的细分,EMC测试也越来越有与产品功能测试融为一体的趋势。在产品的EMC测试过程中必须随时监测被测设备(以下简称EUT)的工作情况。作为未来发展中逐步完善的EMC测试系统应该包括EUT监测设备和具备对EUT进行功能性测试的设备。以移动电话的辐射敏感度测试为例,为确定EUT对施加电磁骚扰的抗扰度,必须同时监测EUT的工作情况。ETS 300 – 342 – 1(GSM系统)和ETS 300 – 329(DECT系统)标准规定在电磁敏感度测试中必须为EUT建立呼叫,这个呼叫可以通过有线或者无线方式与基站模拟器建立。利用相应的测试软件,可以在电磁敏感度测试中随时监测手机和基站的链路参数(如RXQUAL,BER等)。为了监测射频特性,要能够建立上行(手机到基站)和下行链路(站到手机)。这样,测试人员可以通过基站模拟器随时通过信号参数监测手机的工作情况。基站模拟器和手机建立一个呼叫,手机接收到基站模拟器通过发射天线发出的呼叫信号,并把它转换为话音信号,通过特定的检测设备(音频分析仪)监测话音质量,如图4-1所示。

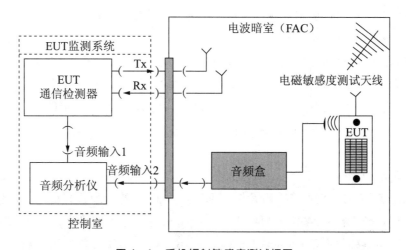

图4-1 手机辐射敏感度测试框图

实际上,在手机这种特定产品的 EMC 测试中,由于产品较为相似,功能相对固定,完整的监测系统完全可以满足 EUT 自身的功能性测试的要求,也就是说,完全可以把功能性测试和 EMC 测试结合起来进行。

总之,EMC 试验技术在不断发展。虚拟仪器技术使得测试系统引入人工智能,内装自检技术的应用实现了被测系统的自动检测和故障诊断。随着测试技术向多媒体化、网络化的迈进,一种新的测试体系正在逐步建立,电子产品的检验工作向着全方位、全自动化迈进。

第二节　EMC 试验在 EMC 学科中的重要位置

测试领域的专家把有关测试的行为作以下解释:测试(test)是指加入一定激励信号后,用一定的仪器测量某一参数的变化或响应。测量(Measurement)可理解为用一定的仪器和工具测定某一参数或指标。从某种意义上说测试更关心的是相对变化,而测量的结果要给出定量的说法。工程上很难把测试、测量严格区分。本书认为按照指定 EMC 测量标准,在规范的 EMC 实验室里,使用规范的测量设备,遵照标准的测量方法进行的 EMC 试验属 EMC 测量范畴。测量结果给出 EUT 是否通过标准的结论,对于未通过标准的 EUT,要给出超标的具体数据。当然也有人认为把结果以"通过/不通过"的形式输出的测试称作检测(check-out)或检验(Inspection),这里不再作详细讨论。

EMC 试验技术除介绍标准的 EMC 测量以外,还有整个系统的 EMC 试验,它包括系统内的自兼容测试和系统的环境测试。系统级 EMC 测试虽然受系统级 EMC 标准制约,但这些标准都是原则性的。由于被测系统受复杂工作状态等多种因素影响,一般很难得到准确的量值关系,或者说测试目的不追求严格的定量关系,注重的是兼容与否的技术状态。还应指出,诸如滤波器的安全性能、电缆间的天线间隔离度、发射机和接收机频谱分析等,它们与 EMC 性能直接相关,其测试方法与标准 EMC 测量方法有着密切关系,目前还未形成相应的测量标准,本书将其称为与 EMC 试验相关的测试。由于受经费和技术条件制约,一般很难建造昂贵的实验室和引进成套的测试设备。到规范实验室进行测量,费用高,加之有时时间条件不允许。从另外一个角度看,产品开发或产品设计人员在整个研制流程中,也需要通过方便、灵活的方式,选择多种辅助测试手段检验 EMC 性能设计是否合理。考虑上述情况,本书从基本概念入手,从测试原理出发,向读者介绍 EMC 预测技术。为了详细分析电磁干扰源的性质、传播方式以及接收器受扰的部位、程度等技术细节问题,FIJ 举了一些电磁干扰(EMI:Electromagnetic Interference)诊断和电磁敏感度(EMS：Electromagnetic Susceptibility)诊断实例。

任何一个电子产品,小至一个部件,大至一个复杂系统,再说大一点是多个复杂系统联合运行的系统工程,要它们在整个寿命期内都能正常工作、达到设计指标、完成既定使命,只考虑电性能设计是不行的,必须要研究 EMC 设计,只有这样才能确保在预定的电磁环境下正常工作。既不对相邻设备和环境构成干扰,也不会因受相邻设备干扰或环境影响而降低指标,这是电磁兼容学科研究的宗旨。任何一个性能指标优良的产品主要靠设计,这是千真万确的真理。但是一个产品是否合格,性能是否优良靠什么证明呢? 无疑是试验,试验是检验产品好坏的唯一手段,这是最科学的方法。

科学试验不单单承担对产品性能最终检验的任务,在产品研制过程中,各个阶段都需要有试验手段来检验每一个设计思想、每一项设计措施是否正确。这个过程有时是长期的,还可能有反复。试验永远伴随着产品的研制过程,直到最终通过。

EMC 试验有不同于一般的电性能试验的特点。这要从设计说起,EMC 设计远没有电性能设计那样成熟,这不仅是由于它相对于电性能设计是新的学科,更多的是由于它自身的复杂性。因为电磁干扰有时是随机的、多变的,它的时域波形不太规则,频谱比较复杂。电路分析中的许多分布参数不容忽视。电磁干扰是与结构、工艺、布局等众多因素相关的电磁现象,靠数学仿真、理论计算进行设计有一定困难。电磁干扰频率可以从几赫兹到几十吉赫兹,幅度可能是从几微伏到几伏、几十伏,甚至上百伏,与其相配套的 EMC 测试设备要求具有稳定性好、灵敏度高、频谱宽、动态范围大等特点。为了模拟各种电磁干扰,发达国家不惜人力、财力研究各种干扰(人为的、自然的)性质,将它们仿真出来,并制造出模拟干扰波形的仪器设备,以提供测试使用,如突发脉冲串、浪涌、快速瞬态、静电放电波形等。面对大型电子系统,即使有了好的测试设备,也不是一次测试结果就能说明问题,有时要靠多次测试或多种状态的测试。至今在 EMC 领域对大多数情况仍认为主要靠测试,并运用统计概率借用大量试验数据作为分析判断的依据。

综上所述,EMC 测试技术在 EMC 领域有着特殊重要的地位,发挥着其他手段无法替代的重要作用。

第三节　EMC 测量标准

大多数组织的标准体系框架采用 IEC(国际电工委员会)的标准分类方法,所有标准分成基础标准/出版物、通用标准/出版物、产品标准/出版物,其中产品标准又可分为系列产品标准和专用产品标准。每类标准都包括发射和抗扰度两方面的标准。

一、基础 EMC 标准

基础 EMC 标准规定达到电磁兼容的一般和基本条件或规则,它们与涉及 EMC 问题的所有系列产品、系统或设施有关,并可适用于这些产品,但不规定产品的发射限制或抗扰度判定准则。它们是制定其他 EMC 标准(如通用标准或产品标准)的基础或引用的文件。基础标准涉及的内容包括:术语、电磁现象的描述、兼容性电平的规范、骚扰发射限制的总要求、测量、试验技术和方法、试验等级、环境的描述和分类等等。

二、通用 EMC 标准

通用 EMC 标准是关于特定环境下的电磁兼容标准。它规定一组最低的基本要求和测量/试验程序,可应用于该特定环境下工作的所有产品或系统。如某种产品没有系列产品标

准或专用产品标准,可使用通用 EMC 标准。通用 EMC 标准将特定环境分为两大类:

1)居住、商业和轻工业环境。居住环境如住宅、公寓等;商业环境如商店、超市等零售网点,办公楼、银行等商务楼,电影院、网吧等公共娱乐场所;轻工业环境如小型工厂、实验室等。

2)工业环境。如大的感性负载或容性负载频繁开关的场所,大电流并伴有强磁场的场所等。制定通用 EMC 标准必须参考基础 EMC 标准,因为它们不包含详细的测量和试验方法以及测量和试验所需的设备等。通用 EMC 标准包含有关的发射(限制)和抗扰度(性能判定)要求及相应的测量和试验规定。通用 EMC 标准仅规定了有限的几项要求和测量/试验方法,以便达到最佳的技术/经济效果,但这并不妨碍要求产品应设计成具有特定环境下对于各种电磁骚扰都能正常工作的性能。

三、产品 EMC 标准

产品 EMC 标准根据适用于产品范围的大小和产品的特性又可进一步分为系列产品 EMC 标准和专用产品 EMC 标准。系列产品是指一组类似产品、系统或设施,对于它们可采用相同的 EMC 标准。系列产品 EMC 标准针对特定的产品类别规定了专门的 EMC(包括发射和抗扰度)要求、限制和测量/试验程序。产品类标准比通用标准包含更多的特殊性和详细的性能要求,以及产品运行条件等。产品类别的范围可以很宽,也可以很窄。系列产品 EMC 标准应采用基础 EMC 标准规定的测量/试验方法,其测试与限制或性能判定准则必须与通用 EMC 标准相兼容。系统产品 EMC 标准比通用 EMC 标准优先采用。系列产品标准比通用标准要包括更专门和更详细的性能判定准则。

四、专用产品

EMC 专用产品标准是关于特定产品、系统或设施而制定的 EMC 标准,根据这些产品特性必须考虑一些专门的条件,它们采用的规则和系列产品 EMC 标准相同。专门产品 EMC 标准应比系列产品 EMC 标准优先采用。仅在特例情况下才允许与规定的发射限值不同的限值。在决定产品的抗扰度要求时,必须考虑产品的专门功能特性,专门产品 EMC 标准要给出精确的性能判定准则。因此,产品标准与系列产品标准或通用标准有差异是合理的。

五、国际 EMC 标准组织

早在 20 世纪 30 年代,国际上就有多个组织开始了 EMC 技术研究,并发布了一些标准和规范性文件。这些组织如国际电工委员会(IEC)、国际电信联盟(ITU)、国际铁路联盟(UIC)、国际大电网会议(CIGRE)以及欧洲电信标准协会(ETSI)、欧洲电工技术标准化委员会(CENELEC)等。其中 IEC、ITU 和欧洲地区的 EMC 标准具有重要的影响并各具特色。

1. 国际电工委员会(IEC)

IEC 成立于 1906 年,是世界上最早的国际性电工标准化机构,总部设在日内瓦。根据 1976 年 ISO 与 IEC 达成的协议,两组织相互独立,IEC 负责有关电工、电子领域的国际标准化工作,其他领域则有 ISO 负责。IEC 的宗旨是促进电工、电子领域中标准化及有关方面问题的国际合作。IEC 设有 3 个认证委员会,分别是电子元器件质量评定委员会(IECQ)、电子安全认证委员会(IECEE)、防爆电气认证委员会(IECEX)。在 1996 年还成立了合格评定委员会,专门负责制定包括体系认证工作在内的一系列认证和认可准则。IEC 对于电磁兼容方面的国际标准化活动有着特殊重要的作用。承担这方面研究工作的主要是电磁兼容咨询委员会(ACEC)、无线电干扰特别委员会(CISPR)和电磁兼容技术委员会(TC 77),其中 CIS-PR 已经出版的出版物和修正案达 38 个之多。而 TC 77 组织包括 TC 77 全会和 SC 77A、SC 77B、SC 77C 三个分支技术委员会。SC 77A 主要负责低频现象,SC 77B 主要负责高频现象,SC 77C 主要负责高空核电磁脉冲的抗扰度。TC 77 制定的 EMC 标准主要是 IEC 6100 系列标准。

2. 国际电信联盟(ITU,International Telecommunication Union)

国际电信联盟,简称电联,是国际电信领域的标准化组织,也是世界各国政府的电信主管部门之间协调电信事务方面的一个国际组织,它的发展历史已经超过 130 年。1865 年 5 月 17 日国际电报联盟(International Telegraph Union)在巴黎由 20 个欧洲国家政府组织成立,签订了一个"国际电信公约"。1906 年有 27 个国家代表在柏林签订了一个"国际无线电报公约",目的在于为其电报网制定标准以便互通。1932 年 70 多个国家的代表在西班牙决定把上述两个公约合并为一个"国际电信公约",将国际电报联盟改名为国际电信联盟。ITU 包括三大部门:即电信标准化部门(ITU－T)、无线电通信部门(ITU－R)和电信发展部门(ITU－D)。电信标准化部门由原来的 CCITT(国际电报电话咨询委员会)和 CCIR(国际无线电咨询委员会)从事标准化工作的部分合并而成,其主要职责是研究技术、操作和资费问题,制定全球性的电信标准,研究结果以建议书的形式出版。无线电通信部门研究无线电通信技术和操作,出版建议书,还行使世界无线电行政大会(WARC)、CCIR 和频率登记委员会的职能。电信发展部门由原来的电信发展局(BDT)和电信发展中心(CDT)合并而成,其职责是鼓励发展中国家参与电联的研究工作,鼓励国际合作。ITU 的第五研究组是研究电信设备和网络的电磁兼容问题的专门研究组,负责的研究领域是通信系统的电磁兼容和包括人身安全的预防措施。第五研究组在研究电信系统的电磁兼容方面是最有经验的标准化组织,特别是在过电压(过电流)保护方面所作的工作是最具有权威性的。

3. 欧洲电工技术标准化委员会(CENELEC)

欧洲电工技术标准化委员会成立于 1973 年,总部设在比利时的布鲁塞尔。CENELEC 是在电工领域并按照 83/189/EEC 指令开展标准化活动的组织,它负责协调各成员国在电气领域(包括 EMC)的所有标准,并负责制定欧洲标准。1996 年,CENELEC 与 IEC 在德国签署了德瑞斯顿合作协议(Dresden Agreement),规定了双方对新标准项目要共同规划,并采用并行投票制度。协议内容包括:加快出版和共同采用国际标准;保证资源的合理使用,保证标准内容的技术性是国际水平的;为适应市场需求加速标准制定程序;共同规划新项目等。CENELEC 从事电磁兼容工作的技术委员会为 TC 210(以前为 TC 110),它负责 EMC 标准制定或转化工作。TC 210 将现有的 IEC 的相关技术委员会和 CISPP 等的 EMC 标准转化为欧洲 EMC 标准。TC 210 的组织结构包括 5 个工作组,各工作组的职责范围是:WG1:负责通用标准;WG2:负责基础标准;WG3:负责电力设施对电话线的影响;WG4:负责电波暗室;WG5:负责用于民用的军用设备。同样,TC 210 将 EMC 标准分为 4 类:即基础 EMC 标准;通用 EMC 标准(适用于居住、商用和轻工业环境以及工业环境);产品 EMC 标准;专业产品 EMC 标准等。

4. 欧洲电信标准协会(ETSI)

ETSI 是由欧共体委员会 1988 年批准建立的一个非盈利性的电信标准化组织,总部设在法国南部的尼斯。ETSI 制定的推荐性标准通常被欧共体作为欧洲法规的技术基础采用并被要求执行。ETSI 标准化领域主要是电信业,还涉及与其他组织合作的信息及广播技术领域。ETSI 技术机构可分为四种:技术委员会及其分委会、ETSI 项目组和 ETSI 合作项目组。技术委员会和分技术委员会是根据其研究领域和研究内容而定的,下设若干课题组。ETSI 项目组是在一定期限内完成一项要求已十分明确的课题而组成设立的。ETSI 合作项目组是指当需要时与 ETSI 外部的组织合作从事一些相关领域的项目。ETSI 技术机构中的 TC ERM(EMC and Radio Spectrum Matters)分机构主要负责电磁兼容和无线电频谱技术方面的问题。包括研究 WMC 参数及测试方法,协调无线频谱的利用和分配,为相关无线及电磁设备的标准提供关于 EMC 和无线频率方面的专家意见。

5. 我国的 EMC 标准体系

EMC 标准是产品进行 EMC 设计的指导性文件,是实现系统效能的重要保证。尤其当产品进入国内或国际市场时,只有遵守有关的 EMC 标准,才可能被外界接受,并把握市场机遇,具备竞争力。原国家质量技术监督局发布的文件《关于强制性标准实行条文强制的若干规定》中明文规定电磁兼容标准为强制标准,强制性要求遵守。我国电磁兼容标准化起始于 20 世纪 60 年代,并在随后的 80 年代得到了飞速发展。我国在 1983 年发布了第一个关于电磁兼容的标准(即 GB 3907 – 1983),到 2000 年已经发布了 80 多项有关电磁兼容的标准。我国电磁兼容标准和国际上类似,可分为 4 大类:即基础标准、通用标准、产品类标准和系统间电磁兼容标准。基础标准主要涉及 EMC 术语、电磁环境 EMC 测量设备规范和 EMC 测量方法等,如 GB/T 4365—2003《电工术语　电磁兼容》;通用标准主要涉及在强磁场环境下对人体的保护要求,以及无线电业务要求的信号/干扰保护比;产品类标准比较多,达 38 个;系统间电磁兼容标准主要规定了经过协调的不同系统间的 EMC 要求,这些标准大多是根据多年的研究结构规定了不同系统之间的保护距离。我国电磁兼容标准绝大多数引自国际标准,其来源包括:国际无线电干扰特别委员会(CISPR)出版物,国际电工委员会(IEC)的标准,国际电信联盟(ITU)有关建议等。正是由于我国国家标准大多数引自国际标准,因此做到了与国际标准接轨,这为我国产品出口到国际市场奠定了电磁兼容方面的基础。

第四节　EMC 试验结果评价

衡量电子、电气产品的好坏,首先是看功能性指标,也称电性能指标,这是基本指标,如放大器的增益、接收机灵敏度等。随着电子技术的迅猛发展,电子、电器产品的性能不断发生变化,产品的功率要求增加,工作频率向更高频段发展,数传速度在增加,接收机灵敏度在提高等。为改善大型电子系统工程的性能价格比,为环境保护,对组成电子系统的产品的非功能性指标(这里主要指电磁兼容性)要求显得越来越重要。非功能性指标通过测试来检验。测试数据给出许多信息,要学会依据标准判断 EUT 是否通过指定的 EMC 标准;要学会判断两台同样通过标准的产品哪个 EMC 裕量更大;学会判断两台同样未通过标准的产品反映的问题轻重是否一样,问题的本质是否有差异。EMC 测试结果能够给出 EUT 是否通过某EMC 标准,对于那些没有达标的 EUT,给出了具体的超标频点及超标量值。通过研究分析EMC 测试结果有助于查明 EMC 受到破坏的原因,查明不希望有的电磁发射对各种敏感器作用的途径,评价敏感器在各种工作状态下受影响的程度,评价研制过程中所采用的组织措施、技术措施的有效性。现举例说明如下:

1)对于具有发射性能的产品(包括各种发射机和接收机的本振发射),必须检验它的多余发射(有用信号之外的发射),即由产品自身产生的、于信息传输有害的电磁噪声和无用信号。在国家标准 GB/T 4365—2003 中称为电磁骚扰。产品不产生任何电磁骚扰是不现实的,科学的方法是对骚扰进行约束,这就是 EMC 标准中规定的极限值。极限值用限制线将规定的或允许的电磁骚扰在频域中表述。严格地讲,骚扰发射极限值是指对应于规定标准测量方法的最大电磁骚扰允许电平,在测试结果中用曲线 B 描述,如图 4-2 所示。

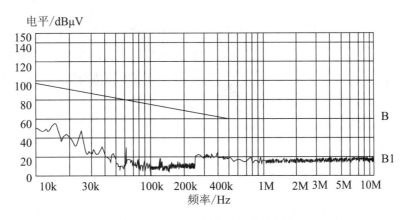

图 4-2　标准极限值限制线示意图

如果用规定方法测得产品所有规定频率上电磁发射骚扰电平低于限制线,如图 4-2 曲线 B1,则称此产品通过电磁兼容的某个项目。不同频率点上产品的发射电平低于发射限值不一样,它们是频率的函数,称此差值为电磁干扰发射裕量。

2)对于具有敏感电路的产品必须检测它的抗电磁干扰能力,即产品面临电磁骚扰不降低运行性能的能力。在国家标准 GB/T 4365—2003 中用抗扰性来描述,在 GJB 72A—2002中用敏感度来描述,即设备、分系统或系统暴露在电磁辐射下所呈现的不希望有的响应程度。敏感性越高,抗干扰能力越低。电磁骚扰的种类很多,从波形分有瞬态、脉冲、尖峰、冲激脉冲和喀呖声等,总之,不同骚扰要用相应的模拟干扰源来生成,通过标准规定的方法施加给 EUT。这些电磁骚扰的量值可用骚扰电压、骚扰场强、骚扰功率来量度。试验中量值的掌握是至关重要的。

　　EMC 测试报告中注明敏感度限值或抗干扰限值，它是指对产品抗干扰能力的基本要求，在标准或专业技术条件中可以查到。如按 GJB 151A—97 标准的辐射敏感度 RS103，其限值为 20V/m，用 A 曲线表示。实际测量是这样操作的：一般情况下，可以直接按标准规定的敏感度极限值施加干扰量，检测 EUT 的反应。如果产品作正常，则认为该产品通过 GJB 151A—97 的 RS103 项测试。如果想知道产品的敏感度设计裕量，可以对达标的产品加大干扰量，求出最大允许的性能降低的电磁干扰（实测敏感度阈值或称敏感度门限）用曲线 A_1 表示。对应 A_1 的产品满足标准要求，工程上称 A_1 与 A 的差值为电磁敏感度裕量。若 EUT 在某些频率点上或某个频带内出现异常，称其未通过该标准。

　　在未通过标准的 EUT 上，对上述频率范围内逐步降低干扰幅值，当降到某个量值时，EUT 工作恢复正常。记录此时的实测 EUT 敏感度阈值，用曲线 A_2 表示。显然，对应 A_2 的产品没有达到标准要求。

　　这些量值的关系可以由图 4-3 曲线示意。

　　综上所述，EMC 测试可以给出 EUT 是否通过标准规定的结论，可以定量地给出哪个频率上有超标的干扰存在，干扰性质、超标多少，同时也可以给出 EUT 在按标准施加敏感度限值的干扰时，EUT 工作是否正常，还能给出 EUT 敏感度阈值与敏感度限值的差值。

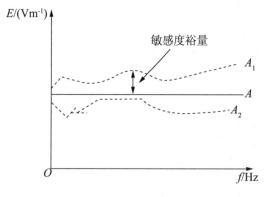

图 4-3　敏感度测试结果示意图

第五章　EMC 基础知识

EMC 技术主要包括 EMC 预测分析、EMC 设计、EMC 测试和 EMC 管理。它涉及到电波传播、电磁耦合、信号处理、滤波、屏蔽、接地、频谱利用、材料学、生物医学、射频噪声和环境学等跨学科的多种技术领域。其中,EMC 测试是一项专业性很强的技术工作。在讲述 EMC 测试技术之前,本章就一些与 EMC 测试相关的基础知识(诸如 EMC 测试量值、单位,测量接收机带宽、检波方式等)加以阐述。

第一节　电磁干扰与电磁敏感度

在 GB/T 4365—2003《电工术语　电磁兼容》中把任何可能引起装置、设备或系统性能降低或者对生物或非生物产生不良影响的电磁现象称作电磁骚扰(Electromagnetic Disturbance)。把电磁骚扰引起的设备、传输通道或系统性能的下降称为电磁干扰。该标准认为明显不传送信息的时变电磁现象为电磁噪声,认为可能损害有用信号接收的信号叫无用信号,认为损害有用信号接收的信号为干扰信号等。GJB 72A—2002《电磁干扰与电磁兼容性名词术语》把电磁噪声又分为自然噪声、人为噪声、无线电噪声、脉冲噪声、随机噪声等。对电磁干扰也进行了更为详细地划分,并给出严格定义,如工业干扰、宇宙干扰、天电干扰、雷电冲击等。从测量的角度,可以不去研究这些细节,不管骚扰源是来自电子、电气设备(含分系统、系统)本身,还是来自自然现象,当然也可能来自于电磁能量传输过程中。骚扰源可能表现为噪声、喀呖声、无用信号,也可能表现为因串扰、耦合等影响产生的信号骚动等。为叙述方便,凡属从骚扰源向外发出电磁能量,它对 EUT(设备也好、环境也好)是无益的或无用的,下面统称为电磁干扰。针对不同干扰源类型和传播方式,需要采用不同的测试布局、测试方法和辅助测试设备,但有一点是相同的,这类测试均需要用到高灵敏度的 EMI(电磁干扰)测试接收机。

干扰量可以用与频率有关的频谱特性来表示,也可以用与时间有关的特性——幅值、前沿、宽度来表示。对于周期性变化的干扰,如单次脉冲或重复频率很低的脉冲,以一定时间间隔重复的脉冲序列及随机噪声等与频率有关的各种特性,用频域表示方式更为方便。测量仪器可采用选频电压表,EMI 测量接收机和频谱分析仪等。这类仪器的特性是测量带宽小于被测干扰的频谱带宽,同时可以以固定的周期进行重复测量和分析。

干扰量的频域表示法便于对干扰的发射特性、传输过程中的耦合特性、滤波特性和屏蔽特性等进行描述。它可以评估电磁干扰对窄带系统的影响,经传输路径引起损耗,滤波效果的有效性衡量等。干扰量的时域表示方式适合于持续干扰,它具有直观的特点。如某数字电路遇到了超过 EMC 阈值的干扰,因此产生了误动作,这与干扰幅值相关。比如,数字电路遭遇干扰,使其产生翻转现象,这需一定时间。又比如,数字电路受到某种瞬态干扰发生异常,这与干扰波形的上升沿陡峭程度相关。时域测量常用存储示波器、瞬态记录仪,它们可以工作在连续状态,也可以根据需要随时断开。此类仪表的通频带大于被测干扰的频谱宽度。电源中重复率很低的脉冲干扰,必须用存储示波器这种有记忆功能的仪器进行时域测量。

GB/T 4365—2003 关于电磁敏感度是这样定义的:在存在电磁骚扰的情况下,装置、设备或系统不能避免性能降低的能力。另外一种表述是把装置、设备系统面临电磁骚扰不降低运行性能的能力,用抗扰性来定义。在 GJB 72A—2002 中,对电磁敏感性的定义是:设备、分系统或系统暴露在电磁辐射下所呈现的不希望有的响应程度。这里所讲的电磁辐射应该是包括通过空间的辐射干扰和通过电源线、信号线的传导干扰。

从测量角度,所关心的是一些敏感设备在遇到辐射或传导干扰的影响时,敏感设备的工作状态会发生怎样变化?在试验中,通过测试设备将这些干扰模拟出来,再通过一些测试附件,如天线或传导注入所用的耦合部件等,将上述干扰施加给 EUT。EUT 的工作状况是根据其特点选择合适的方式进行监测。敏感性测量注意的是 EUT 刚刚呈现(已经出现)性能降低时,外部施加干扰量的描述;抗扰性注意的是即将出现(还未出现)性能降低时,外部施加干扰量的描述。实质上是从两个侧面描述寻找敏感度阈值。

第二节　测量值单位

在 EMC 测量中干扰的幅度可用功率来表述。功率测量单位通常用 dBm。常以 0dBm (表示 1mW)作为基准参考电平。实际使用时,可将测得的干扰功率值作简单数据处理:

$$P_{dBm} = 10\lg \frac{P_{mW}}{1mW} \quad\cdots\cdots\cdots\cdots\cdots\cdots\cdots\cdots\cdots\cdots\cdots \quad (5-1)$$

式中,P_{mW} 是实际测量值;P_{dBm} 是用 dBm 表示的测量值。

在 EMC 测量中.有时遇到宽带干扰。这种干扰与带宽相关,显然,测试功率无法反映这种相关性。因此,在这种情况下作电磁发射测量时,用干扰电压作测量值比用功率表示更合适。定义在规定条件下,测得的两分离导体上两点间电磁干扰引起的电压为干扰电压。用 dBμV 来表示。常以 0dBμV(即 1μV)作为电压基准参考电平.

$$U_{dB\mu V} = 20\lg \frac{U_{\mu V}}{1\mu V} \quad\cdots\cdots\cdots\cdots\cdots\cdots\cdots\cdots\cdots\cdots\cdots \quad (5-2)$$

式中,$U_{\mu V}$ 是实际测量值;$U_{dB\mu V}$ 是以 dBμV 表示的测量值。

在 EMC 测量中,干扰功率与干扰电压间的单位转换关系要考虑射频传输的波阻抗和测量设备的输入阻抗。如果属于纯电阻,则满足下面关系:

$$P = \frac{U^2}{R} \quad\cdots\cdots\cdots\cdots\cdots\cdots\cdots\cdots\cdots\cdots\cdots\cdots\cdots \quad (5-3)$$

式中,P 是功率,单位为 W;U 是电阻上的电压降,单位为 V;R 是电阻,单位为 Ω。

也可以用分贝数表示:

$$P_{\mathrm{dBm}} = U_{\mathrm{dB\mu V}} - 90 - 10\lg R \quad\cdots\cdots\cdots\cdots\cdots\cdots\cdots\quad (5-4)$$

对于 50Ω 系统,则满足下式:

$$P_{\mathrm{dBm}} = U_{\mathrm{dB\mu V}} - 107 \quad\cdots\cdots\cdots\cdots\cdots\cdots\cdots\cdots\cdots\quad (5-5)$$

可表述为 0dBm,相当于 $107\mathrm{dB\mu V}$;或 $0\mathrm{dB\mu V}$,相当于 $-107\mathrm{dBm}$。

当采用电流钳作传导干扰测量时,用干扰电流计量,单位用 $\mathrm{dB\mu A}$ 表示:

$$I_{\mathrm{dB\mu A}} = 20\lg \frac{I_{\mathrm{\mu A}}}{1\mathrm{\mu A}} \quad\cdots\cdots\cdots\cdots\cdots\cdots\cdots\cdots\cdots\quad (5-6)$$

式中,$I_{\mathrm{\mu A}}$ 是电流,单位为 $\mathrm{\mu A}$;$I_{\mathrm{dB\mu A}}$ 是以 $\mathrm{dB\mu A}$ 表示的干扰电流测量值。

在规定条件下,测得给定位置上电磁干扰产生的场强,用干扰场强描述。

由于 EMC 测量标准中,规定 1m、3m、10m 法,对于部分频段来讲,仍属于近场测量范围。近场中电场、磁场由于受驻波影响,它们之间没有固定的关系。这种情况下电场、磁场之间不满足互相垂直关系,应该有一个空间夹角。因此,必须同时测出电场强度和磁场强度。为使用方便,有时也用坡印亭矢量(通过单位面积的电磁功率,也称功率密度)来描述。

$$S = E \times H \quad\cdots\cdots\cdots\cdots\cdots\cdots\cdots\cdots\cdots\cdots\cdots\quad (5-7)$$

式中,S 是坡印亭矢量,单位为 $\mathrm{W/m^2}$;E 是空间一点的电场强度,单位为 $\mathrm{V/m}$;H 是空间一点的磁场强度,单位为 $\mathrm{A/m}$。

空间任意一点,E 与 H 的关系用空间波阻抗描述。

$$Z = \frac{E}{H} \quad\cdots\cdots\cdots\cdots\cdots\cdots\cdots\cdots\cdots\cdots\cdots\quad (5-8)$$

式中,Z 是空间波阻抗,单位为 Ω。

当满足远场条件时,E 与 H 垂直,$Z = 377\Omega$。

$$S_{\mathrm{dB}} = E_{\mathrm{dB}} - 26 \quad\cdots\cdots\cdots\cdots\cdots\cdots\cdots\cdots\cdots\quad (5-9)$$

EMC 测量中,功率密度 S 用 $\mathrm{W/m^2}$;$\mathrm{\mu W/m^2}$ 或 $\mathrm{dBW/m^2}$、$\mathrm{dB\mu W/m^2}$ 来表示。电场强度 E 用 $\mathrm{dB\mu W/m}$ 表示. 磁场强度 H 用 $\mathrm{dB\mu A/m}$ 表示。

磁场强度单位与国际单位制中磁感应强度单位的关系,由下式给出:

$$B_{\mathrm{T}} = \mu H \quad\cdots\cdots\cdots\cdots\cdots\cdots\cdots\cdots\cdots\cdots\quad (5-10)$$

式中,B_{T} 是磁感应强度,单位为 T(特斯拉);μ 是介质绝对磁导率,单位为 $\mathrm{H/m}$(亨/米);真空中 $\mu_0 = 4\pi \times 10^{-7}\mathrm{H/m}$。

$$B_{\mathrm{dBPT}} = H_{\mathrm{dB(\mu A/m)}} + 2 \quad\cdots\cdots\cdots\cdots\cdots\cdots\cdots\quad (5-11)$$

第三节　测量接收机检波方式

EMI 测试接收机是频域测试设备,其工作原理是将被测干扰信号放大,经几级混频,进入中放,放大后的中频信号进入检波器。由于检波器对中放输出包络的影响不同,检波方式也不同。不同检波器的实质性差异是充电、放电时间常数不同。针对 EUT 的类型,选择合适的检波方式,使测量结果科学合理。这一思想已体现在 EMC 标准中,如军标一般要求采用峰值检波,而 CISPR 标准则要求采用准峰值检波方式等。峰值检波器要求检波电路充电足够快,而放电足够慢。峰值检波器读出的是包络的最大值,它只取决于信号幅度。实际上,许多人为的窄带干扰信号(如载波、本振、谐波等连续正弦波干扰信号或单个脉冲,或重复频率很低的脉冲)适合采用峰值检波方式。峰值检波的特点是充电时间极短,适合快速扫描。准峰值检波器充电时间常数比峰值检波器大,而放电时间常数比峰值检波器小。充放电时间常数之比是可以选择的。这样检波方式既可以反映干扰信号的幅度,同时也能反映出干扰信号的时间分布。工业设备产生的干扰信号,大多属于具有一定重复频率的脉冲干扰,当脉冲频率比较高时,中放输出的是一系列的脉冲串。在无线电电子通信设备的干扰现象中,干扰效应随脉冲重复频率的提高而增加。上述类型干扰以采用准峰值检波为宜。CISPR 标准推荐使用带有准峰值检波器的 EMI 测量仪。电磁发射的极限值,也是以准峰值规定的。平均值检波实际上是取包络在一段时间内的平均值。有效值检波也称均方根值检波。随机噪声是指某些电子元器件工作时发出的噪声及信息传输过程中,因串扰等引起的噪声。其特点是瞬时值为杂乱无章的随机变化量,有些随机噪声(如热噪声、散粒噪声等)服从正态分布规律。对它们来说,峰值是无价值的,有意义的是与时间无关的统计特性。通常采用带有窄带通滤波器和均方根值检波器的波形分析仪,来检测随机噪声功率密度频谱,测得的电压的二次方值常与测量带宽成正比。若使用平均值电压表,则应把读数乘以经验系数 1.15,换算成有效值表示。

第四节　频域测量带宽选择

由于各种电磁干扰的周期、强度、波形等差异很大,所以测量干扰仪表的通频带、线性度、检波回路的充放电时间常数等对测量结果有影响。为使不同测试设备对同一 EUT 的测量有可比性,则从 EMC 标准的角度,对测量带宽作了统一规定。对 EMI 测量接收机来说,测量带宽是测量接收机的中频带宽;对频谱分析仪来说,测量带宽指的是分辨率带宽(RBW),它是最窄的中频带宽。

GJB 152A—97《军用设备和分系统电磁发射和敏感度测量》的发射测试中,对频率扫描测量带宽有如下规定,如表 5-1 所示。

表 5-1　频率扫描测量 6dB 带宽

频率范围	6dB 带宽
30Hz ~ 1kHz	10Hz
1 ~ 10kHz	100Hz
10 ~ 250kHz	1kHz
250kHz ~ 30MHz	10kHz
30MHz ~ 1GHz	100kHz
>1GHz	1MHz

GJB 151A—97《军用设备和分系统电磁发射和敏感度要求》的所有发射干扰极限值也是按上述约定带宽来标定的。

国际 EMC 标准 CISPR 16 - 1《无线电干扰和抗干扰度测量设备规范》中,对测量带宽作了具体规定。

早期的准峰值测量接收机由四台测量接收机工作频带范围覆盖 9kHz ~ 1000MHz,它们的 6dB 带宽表示在表 5 - 2 中。

表 5 - 2　准峰值测量接收机 6dB 带宽

工作频率范围	6dB 带宽
9 ~ 150kHz	0.2kHz
0.15 ~ 30MHz	9kHz
30 ~ 300MHz	120kHz
300 ~ 1000MHz	120kHz

用频谱分析仪类型的测量接收机,分辨率带宽(RBW)的设置与测量扫描速度相关,一般满足下式:

$$v = \frac{B_{\mathrm{w}}^2}{K_1} \quad\quad\quad\quad\quad\quad\quad\quad\quad (5-12)$$

式中,v 表示扫描速度,单位为 H/s,B_{w} 是频谱分析仪的分辨率带宽,单位为 Hz,K_1 是分辨率带宽滤波器的形状因子(一般定义为 3dB 带宽与 60dB 带宽的比值)。

对于一个特定测试,确定测量带宽是第一步,对 EMI 测量接收机来说小的带宽可提供最好的灵敏度,但从实际情况出发,这样选择未必最佳,因为一次扫描时间的延长会给测量带来新的问题。因此,带宽选择应顾及足够的灵敏度和最佳测试速度两个方面。

频谱分析仪型的测量接收机的视频带宽(VBW)选择与显示相关,VBW 滤波器指的是显示信号电路的带宽。通常 VBW 与 RBW 一起考虑,对正弦波信号无意义,对脉冲信号需要选择较宽的 VBW,以保证最好的和最精确的测量和显示。

一般情况下,不使用 VBW 来限制接收机的响应,维持默认值(仪器自动耦合),如果测量接收机的 VBW 可控,则应将其设置为最大值。

第五节　测量接收机灵敏度

一般来说,把测量接收机在测量时能够测出的最小绝对变化量称为接收机灵敏度,用 dBm 表示。如果把测量接收机内部的噪声折算到输入端,则下式成立:

$$N = kTB \quad\quad\quad\quad\quad\quad\quad\quad\quad (5-13)$$

式中,N 是噪声功率,单位为 W;k 是玻耳兹曼常数,等于 1.38×10^{-23} J/K;T 是接收机输入端等效噪声温度,单位为 K,B 是接收机带宽(或频谱分析仪分辨率带宽),单位为 Hz。工

程上常把 T 看成由两部分组成,一部分是接收机内部噪声影响,可用噪声系数 F_{dB} 描述,另一部分是环境温度的影响。

假设环境温度为 20℃,则下式成立:

$$N_{dBm} = -114 + F_{dB} + 10\lg B_{MHz} \quad \cdots\cdots\cdots\cdots\cdots\cdots\cdots\cdots\cdots\cdots \quad (5-14)$$

式中,N_{dBm} 是测量接收机灵敏度,单位为 dBm;F_{dB} 是测量接收机自身噪声系数,单位为 dB;B_{MHz} 是测量接收机侧量带宽,单位为 MHz。

接收机灵敏度与接收机本底噪声相关,本底噪声由接收机的带宽、输入衰减以及内部混频器转换效应和中频放大器的噪声系数决定。

第六节 测量接收机过载问题

在 GB/T 4365—2003《电工术语 电磁兼容》中对过载系数有确切定义,表述如下:正弦输入信号最大幅值与指示仪表满刻度偏转时输入幅值之比,对应于这一最大输入信号,接收机检波器前电路的幅度特性偏离线性应不超过 1dB。这一解释显然是对模拟接收机而言,实际工程中,对所有测量接收机都有一个正确使用,并防止非线性出现带来测量误差的问题。这里应特别提起注意的是,有人把过载使用,仅仅理解为防止接收机烧毁,这样的观点是片面的。更有人甚至在使用频谱分析仪(如 HP8566B)时,把面板上提示的 30dBm 警示作为标准,认为只要输入信号小于 30dBm 就属于正常使用,这是极其错误的。

正确使用测量仪器是确保测量值准确、可靠的基本条件。对测量接收机(或频谱分析仪),重要的是让其工作在线性工作状态。这就是说,要求接收机的前置放大器、混频器、中频放大器等均工作在线性区,一般前端混频器的最佳工作点输入信号电平约在 -40dBm。掌握这些常识,采取有效措施,控制输入信号电平是测试人员应掌握的基本技能,这里不多叙述。

第七节 测量值准确度

在测量过程中,测量仪表的读数与被测变量的真值之间会有所差异,人们把它们的接近程度,用测量仪表的测量准确度来表述。应该说任何测量都会存在误差,没有误差的测量是不存在的。这种测量误差一般用系统误差和随机误差来描述。系统误差包括仪器误差、环境误差。仪器误差是属于仪器自身固有的缺陷,可以通过计量校准修正。环境误差属于影响测量的外部条件,如温度、湿度、气压、电磁场等引入的误差,可供分析测量结果时采用。

随机误差是由知原因造成的,即使在所有的系统误差均被考虑后,它依然存在。随机误差一般很难消除,或者说消除不了的。理论上可以靠反复多次测量,用统计办法降低随机误差的影响。

如果测量过程是在理想的环境条件下进行,测量结果会更为准确、可靠。实际上,测量系统自身也有可能产生干扰或受扰。对测量系统所采取的一系列 EMC 措施,统称为测最系统防护,它是研究提高 EMC 测最准确度的重要内容之一。

第八节　天线系数

在 GJB 72A—2002《电磁干扰和电磁兼容性名词术语》中对天线系数是这样定义的:天线系数指这样一个系数,将它适当用于测量仪的仪表读数上,就可得出以伏每米表示的电场强度或以安每米表示的磁场强度。显然,这是从应用的角度来描述的。而且,此系数包含了天线有效长度、失配和传输损耗的影响。这里说的测量仪表读数应指仪表输入端的电压。所谓天线有效长度是指天线的开路感应电压与被测电场强度分量之比。而天线感应电压是指天线开路两端子间所测得的或算出的电压。

以辐射干扰测量为例,测试天线处于接收状态,依上述定义天线系数可用下式表示:

$$AF = \frac{E}{U} \quad\quad\quad\quad\quad (5-15)$$

式中,E 是被测量的电场强度,单位为 V/m;U 是测量天线的输出端电压,单位为 V,AF 是天线系数,单位为 1/m,将上式用对数形式表示:

$$E = AF + U \quad\quad\quad\quad\quad (5-16)$$

式中,E 的单位为 dBμV/m,AF 的单位为 dB/m,U 的单位为 dBμV。

以辐射敏感度测量为例,测试天线处于发射状态,天线系数可用下式表示:

$$AF = \frac{E}{U} \quad\quad\quad\quad\quad (5-17)$$

式中,E 是距离源或发射天线 1m 远产生的电场强度,单位为 V/m;U 是天线输入电压,单位为 V;AF 是天线系数,单位为 1/m。

将上式用对数表示:

$$E = AF + U \quad\quad\quad\quad\quad (5-18)$$

天线系数是一个与频率相关的函数,一般由测试天线生产厂家提供。具体应用时,还应附加测试天线与测量仪表间连接电缆的损耗,以 dB 计。即

$$\text{EMI} = 测量仪系数表读数 + 天线系数 + 电缆报耗 \quad\quad\quad (5-19)$$

注意:上式是在假定测量仪表输入阻抗、同轴电缆阻抗均为 50Ω,即整个系统阻抗匹配情况下才成立。

鉴于 EMC 试验中测量值指视在场强,一般来说,测试天线系数是在试验场利用互易原理测试得到。

目前推荐用 GJB/J 5410—2005《电磁兼容测量天线的天线系数校准规范》测试或校准天线系数。

测试装置如图 5-1 所示:

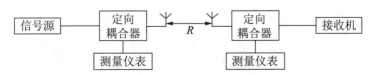

图 5-1　天线系数校准连接框图

图 5-1 中所示的两幅天线完全相同,相距为 R,一般 R 取 1m、3m、10m。两幅天线架设高度相同,极化方式设置一致。假设测试系统为 50Ω 阻抗匹配系统,地面反射和周围反射忽略不计。

工程常根据天线增益(真数)来计算天线系数,用下式标示:

$$AF = 20\lg\left(\frac{9.76}{\lambda\sqrt{G}}\right) \quad\cdots\cdots\cdots\cdots\cdots\cdots\cdots (5-20)$$

为计算方便还可以写成下面形式:

$$AF = -29.75 + 20\lg f - 10\lg G \quad\cdots\cdots\cdots\cdots (5-21)$$

其中 f 的单位为 MHz。

式(5-20)推导过程如下:

假设 $G_r = G_t = G$,信号源输出功率为 $P_t(\text{W})$,接收天线处的功率密度为

$$P = \frac{P_t}{4\pi R^2}G_t \quad\cdots\cdots\cdots\cdots\cdots\cdots\cdots\cdots (5-22)$$

其中,G_r 与 G_t 分别为接收端与发射端天线增益。

波印亭矢量 $S = E \times H$ 在远场区,同时满足自由空间条件,E、H 两者互相垂直,其比值为常量 120πΩ。

接收天线处波印亭矢量模为 $E^2/120\pi$,则下式成立:

$$E_t^2 = \frac{120\pi P_t G_t}{4\pi R^2} \quad\cdots\cdots\cdots\cdots\cdots\cdots\cdots (5-23)$$

$$E_t = \frac{\sqrt{30 P_t G_t}}{R} \quad\cdots\cdots\cdots\cdots\cdots\cdots\cdots (5-24)$$

发射天线在接收天线处形成的场强与距离 R 成反比。

引入天线系数 AF,将场强测量问题转化为测量天线的输出电压问题。

$$U_t = \frac{E_t}{AF} \quad\cdots\cdots\cdots\cdots\cdots\cdots\cdots\cdots (5-25)$$

接收天线的输出功率可定义为接收天线处的功率谱密度和接收天线的有效面积的乘积。

$$P_t = P S_e \quad\cdots\cdots\cdots\cdots\cdots\cdots\cdots\cdots\cdots (5-26)$$

天线有效面积可理解为天线输出端子上有用功率与给定方向入射平面波的功率密度之比,其入射平面波的极化方向与天线辐射的极化方向一致。

$$S_e = \frac{\lambda^2}{4\pi}G_t \quad\cdots\cdots\cdots\cdots\cdots\cdots\cdots\cdots (5-27)$$

接收天线输出功率

$$P_r = \frac{P_t G_t}{4\pi R^2} \cdot \frac{\lambda^2}{4\pi}G_r = P_t\left(\frac{\lambda G}{4\pi R}\right)^2 \quad\cdots\cdots\cdots\cdots (5-28)$$

接收机输入功率可用下式表示:

$$P_t = \frac{(E_t/AF)^2}{Z_{in}} \quad \dots\dots\dots\dots\dots\dots\dots\dots\dots (5-29)$$

在 50Ω 的测试系统中：

$$AF = \frac{E_t}{\sqrt{50P_r}} \quad \dots\dots\dots\dots\dots\dots\dots\dots\dots (5-30)$$

将式(5-24)代入式(5-30)得

$$AF = \frac{\sqrt{30P_t G_t}}{\sqrt{50P_r R}} \quad \dots\dots\dots\dots\dots\dots\dots\dots\dots (5-31)$$

$$AF = \frac{\sqrt{30/50}}{R} \bullet \frac{\sqrt{P_t}}{\sqrt{P_r}} \sqrt{G_t} \quad \dots\dots\dots\dots\dots\dots\dots (5-32)$$

由 $G = \frac{4\pi R}{\lambda} \sqrt{\frac{P_r}{P_t}}$ 得

$$AF = \frac{\sqrt{0.6}}{R} \bullet \frac{1}{\sqrt{G_t}} \frac{4\pi R}{\lambda} = \frac{9.76}{\lambda \sqrt{G}} \quad \dots\dots\dots\dots\dots\dots (5-33)$$

若找不到两幅完全相同的天线,则不能用此方法校准。

第六章　EMC 实验室

要建好一个 EMC 实验室,作好规划设计是首要的。规划设计包括哪些内容呢？怎样才算一个好的规划设计呢？建设一个 EMC 实验室耗资高昂,建成后改动困难,因此动工之前要全面考虑好。通常规划设计包括:

1)确定 EMC 实验室的任务范围:EMC 的研究、实验范围非常广,从印制电路板(PCB)到单机设计再到系统。从任务性质看,有完成鉴定实验的,或完成生产与科研中的预测试的,有执行军标的,有执行民标的;

2)确定实验室的主要技术指标:不同的技术指标所需采用的测量系统和实验设施大不一样,经费悬殊很大,因此技术指标要提得恰当,并非越高越好;

3)确定最佳效费比的实施方案;

4)确定先进合理的关键技术措施:一个成功的规划设计应该是能满足当前和以后较长时期内所研制和检测的实验任务;能在完成主要的功能的同时,兼顾其他功能;花费的经费合理;实验室技术指标有先进性,前瞻性和可扩展性。

EMC 实验室中屏蔽半暗室是最主要的组成单元,它的性能影响整个 EMC 实验室的主要技术指标,所需的费用占整个 EMC 实验室的较大比重,因此本章讨论的重点放在屏蔽半暗室上,第二节详述屏蔽半暗室的分析与论证,第三节讨论 EMC 实验室验收。在第一节中为了清晰说明 EMC 实验室总体布局设计的要点,是以一个 10m 的 EMC 实验室为例子来阐述的。

第一节　EMC 实验室总体布局设计

一、EMC 实验室的组成

EMC 实验室的组成见图 6-1,通常包括以下几个单元:

1. 屏蔽半暗室

为一屏蔽室,其天花板及 4 个侧壁铺有吸波材料,地板为导电面。主要用于进行辐射发射(RE)实验和辐射敏感度(RS)实验。

2. 传导测试室

为一屏蔽室,主要用于进行传导发射(CE)和传导敏感度(CS)实验。

3. 控制室

为一屏蔽室,放置 EMI 和 EMS 测试系统。

4. 功放室

为一屏蔽室,放置 RS 测量系统的功率放大器。

5. 配电室

为上述单元提供电源。

6. 通风空调系统

为上述单元提供通风及温度控制。

7. 火情自动报警系统及消防设施

为上述单元提供火情报警及消防设施。

8. 电视监控系统

为屏蔽半暗室提供电视监测和实验现场的录相功能,兼有火情监测功能。

9. 负载室

为放置受试发射机等效负载或其他相连设备的屏蔽室。

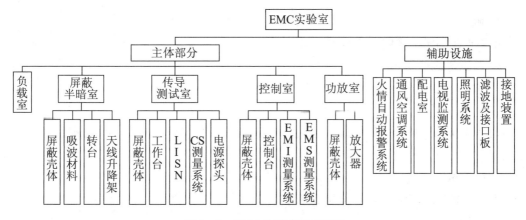

图 6-1 EMC 实验室组成框图

第二节 屏蔽半暗室的分析与论证

一、概述

在 EMC 测试与试验中,屏蔽半暗室是一项必不可少的设施。对一个设备或系统进行辐射发射(RE)和辐射敏感度(RS)试验时,以前还可以在开阔试验场(OATS)上进行,近 30 年来随着环境电磁噪声强度和密度的不断增加,很难找到符合标准要求的 OATS。根据标准要求,环境电磁噪声电平应在标准 RE 界限值 6dB 以下才不至产生明显的测量误差。因此,不要说一个 EMC 实验室或研究中心,就是一般的电子电器设备制造厂要对其产品进行 EMC 的预测试,也都需建屏蔽半暗室。

民用 EMC 标准规定 RE 测试是在距 EUT 3m 或 10m 或 30m 远处,而且规定了暗室归一化场地衰减(NSA)与 OATS 理论值的偏差不大于 ±4dB。对 RS 测试,要求在 EUT 所在处垂

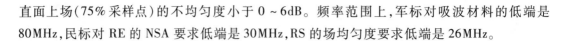

直面上场(75%采样点)的不均匀度小于 0~6dB。频率范围上,军标对吸波材料的低端是 80MHz,民标对 RE 的 NSA 要求低端是 30MHz,RS 的场均匀度要求低端是 26MHz。

二、暗室功能

暗室功能如下:

1)按 GJB 152A《军用设备和分系统电磁发射和敏感度测量》进行产品 EMC 检测,EMC 故障诊断及排除故障试验;

2)按 GJB 1386—92《系统电磁兼容性要求》对电子电气系统进行 EMC 试验,故障诊断 及排故试验;

3)为 EMC 研究提供一个理想的实验环境;

4)按 EMC 国标对民用产品进行 EMC 检测。

三、主要技术指标

1. 频率范围

由需贯彻的军标或民标的要求决定。

2. 暗室静区性能

1)静区尺寸

以转台旋转轴为轴线,一定直径(取决受试件大小)的圆柱体。

2)在 30MHz~18GHz 频率范围内,暗室静区的归一化场地衰减(NSA)与理想开阔场理论值相差不大于 ±4dB。

3)在 26MHz~18GHz 频率范围内,在转台地板上 0.8m~2.3m 高度的 1.5m×1.5m 垂直面上,场均匀度:75%的测点场强幅值偏差在 0~+6dB 以内。

3. 屏蔽效能

参见表 6-1。

表 6-1 屏蔽效能指标一览表

测试频率(MHz)	屏蔽效能(dB)
0.014	70
0.1	90
15	100
450	100
950	110
10000	110
18000	100

4. 接地电阻

≤1Ω。

5. 通风空调

通常暗室内的换气率不低于 3 次/h。

室内温度:10℃ ～28℃ 。

6. 消防

1)设计、安装均符合《消防防火规范》;

2)具有自动火情声光报警能力。

7. 照明

通常距地面 0.8m 处的工作区的照度不低于 100lx ～400lx,其他区域可降低到 50lx,但不应有暗角。

8. 暗室尺寸

暗室长、宽、高根据受试设备和执行的 EMC 标准决定。

9. 暗室地平面不平度

为了避免 EMI 信号失真,暗室地平面接地板必须满足 $b < \dfrac{\lambda}{8\sin\alpha}$,其中 b 为地面平整度,λ 为波长,α 为入射波余角。

第三节　EMC 实验室验收

"交钥匙工程"用于 EMC 实验室建设是非常有效的。作为实验室的使用者一定要把好实验室验收这一关,验收的关键是考核其中屏蔽暗室的电性能指标是否满足设计要求,通常由用户和实验室工程承建方认可的、有测试资质的第三方实验室完成验收测试。测试项目一般有屏蔽效能、场地衰减、场均匀性、接地电阻和绝缘电阻等,其中前三项是测试的重点。测试前应拟定测试大纲,规定测试方法和要求,并在测试过程中做好详细记录,包括场地测试条件、测试位置等各种现场状态,对测试数据进行处理之后得到测试结果,然后编制成正规的测试报告。

屏蔽暗室是目前 EMC 实验室常用的测试场地,它主要由外层屏蔽体和内置的吸波材料构成,中间区域用于开展电磁辐射测试。外层屏蔽体的作用是阻止和减少环境电磁信号进入内部空间,使得屏蔽暗室内部具有很低的背景噪声电平,内置吸波材料则是为了减少电磁波的反射,吸波材料粘贴在屏蔽室内部除地面以外的所有区域,包括墙壁和天花板,使屏蔽暗室内部成为无反射室,在一定频率范围内实现对开阔场测试条件的模拟。屏蔽暗室内部地面为平坦的金属导电地面,对电磁波具有全反射特性,这与开阔场的结构是一致的。当屏蔽暗室建成之后,其内部吸收材料性能和对开阔场的模拟程度,可以通过定量测试进行评定,由此引出屏蔽暗室的性能评价问题。通常考核以下几个方面:一是屏蔽体的屏蔽效能;二是对开阔场的模拟程度,用归一化场地衰减衡量;三是垂直测试平面内的场均匀性。下面对测试方法进行一一介绍。

一、屏蔽效能测试

1. 屏蔽测试原理

屏蔽是利用一个导电或导磁的封闭壳休阻止或减少电磁能量从一侧空间向另一侧空间传输的一种措施。屏蔽暗室的外壳就是一个屏蔽体,其四壁、天花板和地面都由金属材料制成。屏蔽室的屏蔽性能通过屏蔽效能来衡量。屏蔽效能是指当模拟干扰源里于屏蔽体外时,屏蔽体安放前后,由测量设备接收到的电场、磁场或功率信号的比值,其计算公式如表6－2所示。

表6－2　屏蔽效能数学表达式

频率范围	测量值	线性单位		对数单位	
		单位	屏蔽效能/dB	单位	屏蔽效能
9kHz～20MHz（可向下扩展到50Hz）	H_1,H_2 U_1,U_2	μA/m μT	$S_H = 20\lg\dfrac{H_1}{H_2}$ $S_H = 20\lg\dfrac{U_1}{U_2}$	dB	$SE = H_1 - H_2$ $SE = U_1 - U_2$
20～300MHz	E_1,E_2	μV/m	$S_E = 20\lg\dfrac{E_1}{E_2}$	dB	$SE = E_1 - E_2$
1.7～18GHz（可向上扩展到100GHz）	P_1,P_2	W	$S_P = 10\lg\dfrac{P_1}{P_2}$	dB	$SE = P_1 - P_2$

表6－2中,S_H表示磁场屏蔽效能;S_E表示电场屏蔽效能,SE表示以dB为单位的屏蔽效能。H_1、E_1、U_1、P_1分别为无屏蔽时接收到的磁场、电场、电压和功率,H_2、E_2、U_2、P_2分别为有屏蔽时接收到的磁场、电场、电压和功率。

屏蔽室屏蔽效能是频率和材料电磁参数的函数,它不仅与屏蔽材料性能有关,也与辐射源频率、屏蔽材料厚度以及屏蔽室壳休上可能存在的各种不连续的形状和孔洞有关。主要影响因素有屏蔽室所用金属材料的导电特性、拼板的接缝、通风窗、屏蔽门、室内供电用电源滤波器及屏蔽室接地等。

屏蔽室所用屏蔽材料的选取取决于使用的频率范围和对屏蔽效能的要求。用于电磁兼容测试的屏蔽室使用频率较宽,从20Hz～40GHz,一般要求磁场屏蔽效能为80dB以上,电场屏蔽效能在100dB以上,从经济性、电性能和强度几方面考虑,通常选用2mm～3mm的薄钢板作为屏蔽壳体材料。采用薄钢板作为屏蔽室壁板材料时,拼板接缝处的处理尤其重要,最好用熔焊工艺进行连续的焊接,使接缝处的屏蔽效能与无接缝处的钢板相同,大型固定式的屏蔽室可以采用这种焊接结构。对于可拆卸式的屏蔽室,则通常采用拼接的方式,但在接缝处要放入有弹性和抗电化腐蚀的导电衬垫并紧密压接,保证板与板之间的接缝具有连续的导电接触。

全封闭的钢板式屏蔽室用作测试实验室时,必须设置一定数量的通风窗,防止通风窗产生电磁能量泄漏的最有效方法是采用截止波导式通风窗。利用电磁波在波导内的传物特性制成的截止波导通风窗,能对低于波导截止频率的电磁波进行有效的抑制,合理地选择通风窗截止波导孔的尺寸,可使其截止频率达到微波频段。这种通风窗的特点是屏蔽效能高、工作频率范围宽、风阻小、风压损失小,并且稳定可靠。因此,截止波导式通风窗在屏蔽室中应用广泛,大功率设备的机箱通风也常采用截止波导式通风窗。截止波导式通风窗安装时,其周边必须与屏蔽室墙壁有良好、连续的电接触,否则会降低屏蔽室的屏蔽效能。

屏蔽门是屏蔽室的主要进出口,需要经常开启,所以门缝是影响屏蔽室屏蔽效能的重要部位。一般采用多层指形簧片来改善门与门框的电气接触,两层以上的簧片结构可以使门缝处的泄漏降到很低。

2. 屏蔽效能测量方法

屏蔽效能测量必须遵循一定的方法,获得的测量结果才能用于屏蔽室性能的评价。GB/T 12190—2006 中规定了高性能屏蔽室屏蔽效能的测量和计算方法。屏蔽室屏蔽效能测量推荐的典型测量频段为:低频段 9kHz ~ 16MHz,谐振频段 20MHz ~ 300MHz,高频段 300MHz ~ 18GHz。典型测量频段的扩展范围包括低端的 50Hz ~ 1.1kHz 和高端的 35GHz ~ 100GHz。在推荐的典型频率点上的测试结果可以代表 9kHz ~ 18GHz 频段的屏蔽效能。

屏蔽效能测量设备包括信号产生设备、信号测量设备和发射、接收天线。必要时,可利用功率放大器提高发射信号的强度或通过前置放大器提高测量设备的灵敏度,使得测量仪器的动态范围至少比被测屏蔽室的屏蔽效能大 6dB。屏蔽效能测试中,50Hz ~ 16MHz 频段推荐使用小环天线测试磁场屏蔽效能,20MHz ~ 100MHz 频段推荐使用双锥天线,100MHz ~ 1000MHz 频段使用偶极子天线测试屏蔽室的电场屏蔽效能,1GHz ~ 100GHz 频段使用喇叭天线测试屏蔽室的电场屏蔽效能。

正式测量前,可对屏蔽室进行初测或检漏,以提高屏蔽效能测试效率。通过初测可以找出电磁泄漏严重区域,比如门缝、壁板接缝或者安装不良的电源滤波器及通风窗,以便在正式测试之前予以修补和整改。对于新建的屏蔽室,尤其有必要进行初测。推荐在 14MHz ~ 16MHz 频段进行磁场初测并确定有问题的区域,因为在该频率范围易于发现磁场屏蔽缺陷。

不同频段屏蔽室屏蔽效能的测量方法如下:

(1)9kHz ~ 20MHz 低频段屏蔽效能检测方法

此频段使用具有静电屏蔽的小环天线来评价屏蔽室对附近磁场辐射源的屏蔽效能。

推荐在下面 3 个频段内各选一个频率点进行测试:9kHz ~ 16kHz、140kHz ~ 160kHz、14MHz ~ 16MHz。当测量频率向下扩展到 50Hz 时,需要使用能够获得足够动态范围的测试设备,例如,增加接收和发射环天线的匝数。

首先进行参考场强的测量。在没有屏蔽室时,接收环天线和发射环天线之间的距离为0.6m 加上屏蔽室壁厚,两个环天线处于同一平面(共面法),此时测得的场强即为参考场强。

屏蔽效能测量时,发射环和接收环与屏蔽室墙壁的距离均为 0.3m,两者应共面并垂直于屏蔽墙、天花板或其他待测平面,在每一个频率点和测试位置,信号源的输出值均与测量参考场强时的输出值保持一致。

测试过程中,通常保持发射环天线固定不动,通过升高或降低接收环天线来获得最大的接收信号,以保证测出的是屏蔽最差的情况。应使用检测仪器的最大读数来确定屏蔽效能,磁场屏蔽效能按表6-2中 S_H 的计算公式计算。

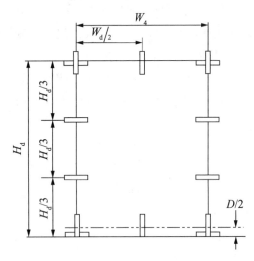

图6-2 环天线在屏蔽门低频
磁场测试中的测试位置

对单扇屏蔽门,应在图6-2所示的14个位置上进行磁场屏蔽效能测试。环天线的环面应垂直于门缝,对于水平方向的门缝,要求环天线分别置于拐角和门缝中间部位,对于垂直方向的门缝,要求环天线分别置于拐角、距门顶部和门底部的1/3处。图6-2中 H_d 为门的高度, W_d 为门的宽度。

屏蔽室接缝处、通风孔、接口板的屏蔽效能测试与屏蔽门的测试方法相似,只是在这些部位测试时,不论水平还是垂直接缝,环天线都应置于每一条接缝的中点处进行测量。

(2)20MHz~300MHz谐振频段屏蔽效能检测方法

本方法直接测量电磁发射源在屏蔽室所有可以接近表面的影响。由于大多数屏蔽室的最低谐振频率都在该频段,所以测试要尽量避开这些谐振频率点.对于最大边长尺寸分别为 a(单位:m)和 b(单位:m)的长方体形屏蔽室,其最低谐振频率 f_r 由以下公式计算:

$$f_r = 150 \sqrt{\frac{1}{a^2} + \frac{1}{b^2}} \quad \cdots\cdots\cdots\cdots\cdots\cdots\cdots (6-1)$$

测量设备和被测布置图如图6-3和图6-4所示。

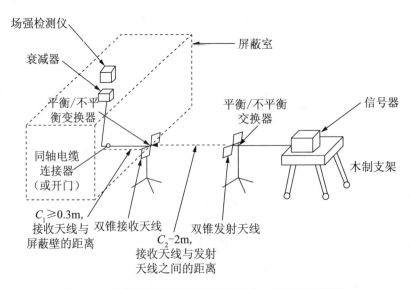

图6-3 谐振频率范围参考场强测量(水平极化)布置图

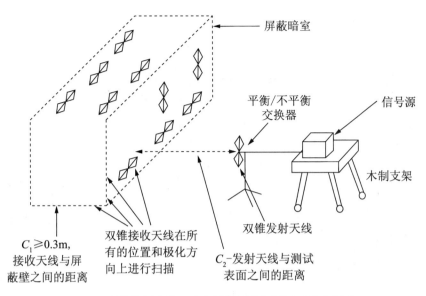

图6-4　谐振频率范围参考场强测量(垂直极化)布置图

　　参考电平测量时,将发射天线和接收天线都置于屏蔽室外并保持规定的距离,经检测设备测出信号的参考电平。天线之间的距离至少为2m。如果受到空间物理尺寸限制不能实现时,应使天线间距尽可能大(不能小于1m),并在报告中注明。

　　进行屏蔽效能测量时,应确定屏蔽室外发射天线和屏蔽室内接收天线的位置,二者间距与参考电平测量时保持一致。接收天线距离屏蔽壁至少为0.3m,通过移动屏蔽室内的接收天线和改变天线极化方向,对接收信号的最大幅值进行测量,然后按表6-2中S_E的计算公式计算电场屏蔽效能。

　　(3)300MHz~18GHz高频段屏蔽效能检测方法

　　测量标准建议在下列频段内各选一个频率点进行测试:

　　300MHz~600MHz;600MHz~1GHz;1GHz~2GHz;2GHz~4GHz;4GHz~8GHz;8GHz~18GHz。

　　测试设备和测试布置图如图6-5和图6-6所示。

　　在300MHz~1GHz频段,只能使用长度为λ/2的偶极子天线,其输出通过平衡/不平衡变换器连接到场强接收设备上。连接电缆应与偶极子天线垂直,且垂直长度应保持在1m以上。频率高于1GHz以上时,采用标准增益喇叭天线作为收发天线。

　　进行参考电平测试时,收发天线之间距离为2m。300MHz~1GHz频段,水平极化时接收天线应在前后方向移动λ/4或上下移动距离为1/4屏蔽室高度,水平垂直时接收天线应在左右方向各移动1/4屏蔽室宽度,前后移动λ/4,记录接收的最大读数作为参考电平值。在1GHz以上频段,接收天线应在各个方向上移动λ/4距离并记录最大读数。

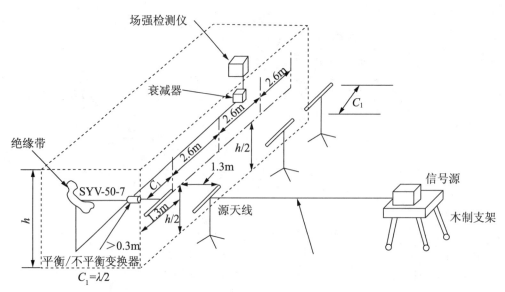

图6-5 300MHz~1GHz频段的屏蔽效能测量配置

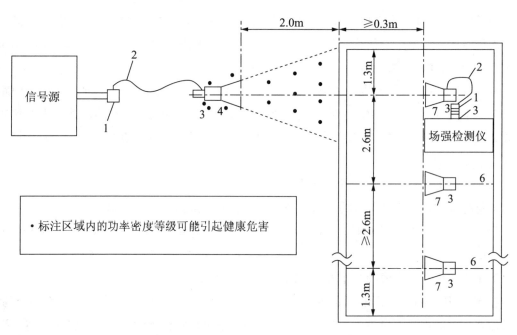

图6-6 频率高于1GHz时的参考和测量配置

测量屏蔽效能时,输入发射天线的功率应与测量参考电平时的一致。确定屏蔽室外发射天线和接收天线的位置时,发射天线距离屏蔽壁测试表面至少为1.7m,接收天线到墙壁的距离应不小于0.3m。接收天线应在屏蔽室内的各个位置、各个极化方向上寻找最大的响应,对接收信号的最大幅值进行测试,并按照表6-2中S_E的计算公式计算电场屏蔽效能。

3．测试报告内容

测试报告至少应包含以下内容：

1）客户名称；

2）测试机构名称；

3）屏蔽室名称及简单描述；

4）测试地点；

5）测试人员；

6）测试日期；

7）测试频率点；

8）具体测试位置及示意图；

9）使用的测试仪器，包括仪器名称、型号、序号、校准有效期；

10）测试方法和试验配置；

11）屏蔽效能计算方法，以及与标准测试方法的差异；

12）屏蔽效能测试结果；

13）其他内容，包括屏蔽效能设计指标、测试依据标准等。

二、场地衰减测试

用于电磁兼容测试的屏蔽暗室也称为半电测量波暗室，其屏蔽体内部除地面以外的5面均粘贴吸波材料以减小电磁波反射，是模拟开阔试验场的一种替换场地。屏蔽暗室应通过归一化场地衰减（NSA）测试，评价其与开阔场的等效程度。当NSA测试值与理论值之差小于±4dB时，则认为该屏蔽暗室可作为开阔场的替换场地使用。与开阔场的场地衰减测量不同，屏蔽暗室需要考虑与EUT体积相当的一个试验空间内的场地衰减，而不像开阔场只需在一个位置点测量即可。这里的"试验空间"是指最大被测设备或系统围绕其中心位置旋转360°所形成的空间。国家标准GB/T 6113.104—2008（等同采用CISPR16-1-4：2005）对可替换场地的NSA测量作了如下规定：

可采用双锥天线和对数周期天线等宽带天线代替偶极子天线进行NSA测量。因为在同一测最频段，宽带天线的尺寸小于偶极子天线，且便于在天线覆盖的频段进行扫频测量；考虑到EUT具有一定的体积，被测EUT上不同位置与屏蔽暗室墙壁所贴吸波材料的距离各不相同，墙壁的反射效应也不同，尤其对体积较大的EUT更为明显，所以应对EUT所处区域进行多点NSA测量。

测试位置选择试验空间的中心以及向前、向后、向左、向右各移动0.75m后的4个位置点。测量在不同发射天线高度下进行，垂直极化时发射天线高度取1m和1.5m，水平极化时取1m，共需进行5个位里、2个高度、2种极化共20次场地衰减测量值。

GB/T 6113.104—2008中给出了使用宽带天线和在推荐尺寸下的屏蔽暗室归一化场地衰减理论值，如表6-3所示。

表 6 - 3　替换试验场地的归一化场地衰减

（所推荐的几何尺寸适用于宽带天线）

极化 R A_m/dB　h_1 h_2 f_m/MHz	水平/m			垂直/m			
R	3	10	30	3	3	10	30
h_1	1	1	1	1	1.5	1	1
h_2	1～4	1～4	1～4	1～4	1～4	1～4	1～4
30	15.8	29.8	47.8	8.2	9.3	16.7	26.0
35	13.4	27.1	45.1	6.9	8.0	15.4	24.7
40	11.3	24.9	42.8	5.8	7.0	14.2	23.5
45	9.4	22.9	40.8	4.9	6.1	13.2	22.5
50	7.8	21.1	38.9	4.0	5.4	12.3	21.6
60	5.0	18.0	35.8	2.6	4.1	10.7	20
70	2.8	15.5	33.1	1.5	3.2	9.4	18.7
80	0.9	13.3	30.8	0.6	2.6	8.3	17.5
90	-0.7	11.4	28.8	-0.1	2.1	7.3	16.5
100	-2.0	9.7	27	-0.7	1.9	6.4	15.6
120	-4.2	7.0	23.9	-1.5	1.3	4.9	14.0
140	-6.0	4.8	21.2	-1.8	-1.5	3.7	12.7
160	-7.4	3.1	19	-1.7	-3.7	2.6	11.5
180	-8.6	1.7	17	-1.3	-5.3	1.8	10.5
200	-9.6	0.6	15.3	-3.6	-6.7	1.0	9.6
250	-11.7	-1.6	11.6	-7.7	-9.1	-0.5	7.7
300	-12.8	-3.3	8.8	-10.5	-10.9	-1.5	6.2
400	-14.8	-5.9	4.6	-14.0	-12.6	-4.1	3.9
500	-17.3	-7.9	1.8	-16.4	-15.1	-6.7	2.1
600	-19.1	-9.5	0	-16.3	-16.9	-8.7	0.8
700	-20.6	-10.8	-1.3	-18.4	-18.4	-10.2	-0.3
800	-21.3	-12.0	-2.5	-20.0	-19.3	-11.5	-1.1
900	-22.5	-12.8	-3.5	-21.3	-20.4	-12.6	-1.7
1000	-23.5	-13.8	-4.4	-22.4	-21.4	-13.6	-3.5

　　测试时的天线布置如图 6 - 7 和图 6 - 8 所示。图中，P 为受试设备旋转 360°所得到的周界，h_1 为发射天线高度（水平极化时为 1m，垂直极化时分别为 1m 和 1.5m），R 为发射天线

和接收天线中心垂直投影之间的距离。实际测试中,若满足以下条件,NSA 的检测位置可相应减少至 8 个:

1)当 EUT 高度不大于 1.5m 时,可省略 1.5m 高度上的垂直极化场地衰减测量;

2)如果 EUT 整体尺寸长宽高不超过 1m×1.5m×1.5m,EUT 后边界距离可能引起反射的吸波材料和/或其他结构的最近距离大于 1m,则后面的测试位置可省略,如图 6-9 所示;

3)若此时天线水平极化放置时的投影可覆盖试验空间直径的 90%,则还可省略水平极化时的左右两个检测位置,如图 6-10 所示。

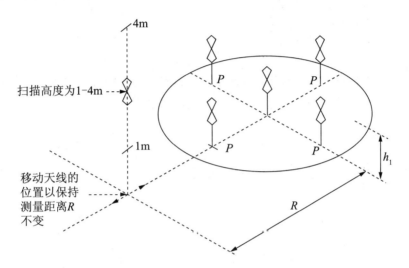

图 6-7　试验场地垂直极化 NSA 测量的典型天线位置示意图

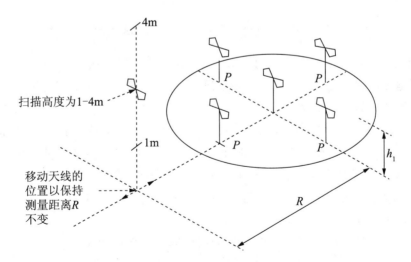

图 6-8　试验场地水平极化 NSA 测量的典型天线位置示意图

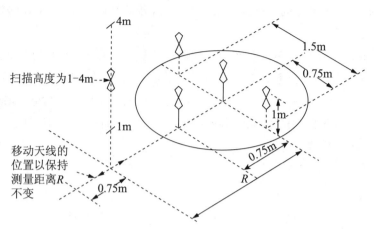

图 6-9　垂直极化 NSA 测量时左右天线位置省略后的示意图

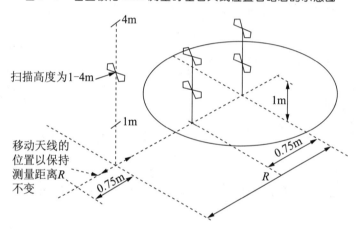

图 6-10　水平极化 NSA 测量时左右天线位置省略后的示意图

实际测试结果应与表 6-3 中的理论值比较,若二者的偏差在 ±4dB 以内,则认为该场地用于辐射电磁场测试是可接受的。一般情况下,天线水平极化时测试位置改变对场地衰减测量值的影响不如垂直极化时明显,易于满足 ±4dB 要求,建议先行测试。在测试过程中,如果出现较大偏差,应首先检查测试方法、测试设备和系统以及天线系数校准是否有问题,如果排除以上因素,仍存在超出 ±4dB 限值的测试结果,可通过测试垂直极化的场地衰减,确认偏差较大的位置和频率点,进而分析屏蔽暗室的结构和测试系统是否存在问题。

从测试结果来看,经常会有一些屏蔽暗室低频段的垂直极化、NSA 有不同程度的超差,究其原因有以下几点:

1)屏蔽暗室受结构尺寸和吸波材料低频性能的限制,在低频段对开阔场的模拟效果不好,垂直极化的 NSA 偏差较大;

2)使用宽带天线进行 NSA 测试时,宽带天线的天线系数会引入误差,因为不同接收距离上测出的天线系教是不同的,即 3m 与 10m 天线系数是有差别的;

3)宽带天线的驻波系数一般较大,在低频段,驻波系数可达 2.0 以上,甚至大于 2.5,这意味着天线输入阻抗可能在 10～1000 之间变化,如此大的阻抗失配,将给信号源和接收机带来较大读数误差,从而造成垂直极化时的 NSA 超差。

因此,用宽带天线测试 NSA 时,一定要在不同的距离上校准天线,比如分别在与 NSA 测试距离相对应的 3m 或 10m 距离上校准天线系数,并尽量选用驻波系数小的测试天线。也可通过在信号源输出端和接收机输入端分别接入一个适当限值衰减器的方式,改善发射天线与信号源、接收天线与接收机之间的阻抗匹配状况。如果确定超差不是测试系统的问题,则需要另选区域重新进行 NSA 测试。

三、场均匀性检测方法

在屏屏蔽室中进行电磁辐射抗扰度测量时,发射天线在 EUT 周圈产生一个规定的场强(如 1V/m ~ 20V/m 或更高),以考察其是否会引起 EUT 工作性能下降或出现故障。在 EUT 周围产生的场强应充分均匀,以保证试验结果的有效性。

由于 EUT 具有一定体积,它正对发射天线的表面可能很大,因此假设在 EUT 所处位置有一个 1.5m × 1.5m 的垂直平面,其上各点的场强具有均匀性。测试时,EUT 受照射的表面与此垂直平面重合,这样可保证照射到 EUT 表面各点的场强基本一致。

测量均匀性之前先在选定的垂直平面内均匀分出 16 个点,如图 6 - 11 所示。然后按图 6 - 12 所示布置测量仪器,发射天线的放置距离应使 1.5m × 1.5m 的均匀区域处于发射天线的主波束波瓣宽度之内,电场探头距离发射天线至少 1m 以上,优先采用 3m 距离。用电场强探头依次测量每个点的场强,在每个频率上均测出 16 个点的数值,若其中至少有 12 个点的容差在 0 ~ 6dB 范围内,则认为该规定区城内 75% 的表面场的幅值之差小于 6dB,该垂直平面上的场强符合均匀性要求,可以进行辐射抗扰度测试。

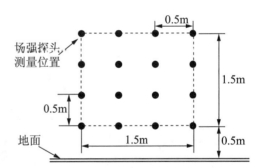

图 6 - 11　垂直平面的 16 个测试位置点示意图

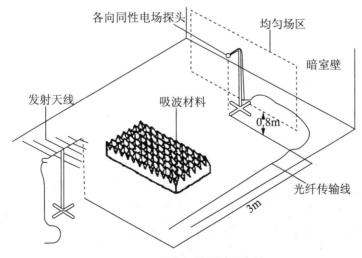

图 6 - 12　场均匀性测试示意图

均匀性测试时,发射天线与 EUT 之间的地面上应铺设吸波材料,与实际测试状态一致,防止地面反射影响场的均匀性。此外,应采用带光纤传输的各向同性探头,不能用普通屏蔽电缆,因金属电缆会造成很大的测量误差。发射天线应选择方向图波瓣较宽的,使天线辐射场尽可能覆盖 EUT 表面,并在测试面上形成均匀的场强。

场均匀性测量是多频率(80MHz ~ 1GHz,步长不大于 10%)、多位置(16 个点)、多极性(垂直极化、水平极化)的测量,若采用自动测量系统,则可大大节省测量时间,数据的重复性也好。自动测量软件的功能包括:控制发射信号的频率变换,探头的移动和数据采集,以及数据处理与判别、比较。

其他相关项目的验收也要重视。新建好的实验室一定要请技术安全部门作专业安全检查,以确保人身安全,也为测试设备安装提供必备条件。屏蔽暗室的消防由指定消防部门作专业验收,只有得到上级消防部门检查、认可,才能正式启用。

第七章　EMC 测量设备

电磁兼容测量领域有很多专用的、为完成某种实验而特殊设计的设备。以下介绍一些常用的测量仪器,侧重于用途和特点,使大家对这类仪器有一个印象和了解。电磁兼容测量设备分为两类:一类用作接收,接上适当的传感器,可进行电磁干扰的测量;另一类模拟不同干扰源,通过适当的耦合/去耦网络、传感器或天线,施加于各种被测设备,用作敏感度或抗扰度的测量。

第一节　电磁干扰测量设备

一、测试接收机

测试接收机与用于一般通信用的接收机有相当大的不同。通信接收机是用于再现一个信号,在接收这种信号时,灵敏度和速度起着重要的作用。与此相反,测试接收机是用来测试射频功率的幅度和频率,它可能是干扰源,也可能是信号的载波。因此,对这种仪器的测量准确度提出了很高的要求。由于在干扰测量中经常出现具有不同带宽特性的信号,所以对测试接收机的互调特性也有严格的要求。

在民用无线电干扰测量领域中,采用了加权干扰测量方法(对 CISPR 为准峰值加权),它在显示时考虑了收听者和收看者所感觉到的干扰。例如,幅度固定的脉冲型干扰按照脉冲的频率进行显示。当降低脉冲的重复频率时,对干扰的烦扰变得越来越小,所显示的值也越来越小。而当提高频率时,情况则相反,显示值将增大。通常也有用频谱分析仪来测量 EMI 的,由于普通频谱仪没有预选滤波器且灵敏度低,因而测量的数值是不准确的,特别是对脉冲干扰的测量。无预选功能的频谱分析仪对宽带干扰信号的加权校正测量很繁琐,且其输入不能提供测量宽带干扰信号所需的动态范围。为解决此问题,可对频谱分析仪进行改进,使它们满足上述要求。通过增加一些模块,使原来的频谱仪类似一台接收机,但通过按一个键即可简单地变回普通频谱分析仪。这类仪器在 R&S 公司和 Agilent 公司均有生产,名称为接收机,但实质上是由频谱仪改造而来的。

频谱分析仪改造的接收机与传统的 EMI 接收机相比明显具有扫频测量速度快、覆盖同样频段的仪器体积小、价格相对便宜等优点,对所关注的频段扫描测量后,可直接给出频谱分布图形。因而,越来越多的实验室选用频谱分析仪式接收机作为 EMI 测量用仪器。

1. 测量接收机的组成

测量接收机电路框图见图 7-1,各部分功能如下:

（1）输入衰减器

可将外部进来的过大的信号或干扰电平衰减,调节衰减量大小,保证输入电平在测量接收机可测范围之内,同时也可避免过电压或过电流造成测量接收机的损坏。

（2）校准信号发生器

测量接收机本身提供的内部校准信号发生器,可随时对接收机的增益进行自校,以保证测量值的准确。普通接收机不具有校准信号发生器。

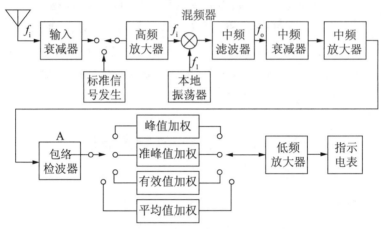

图7-1　测量接收机组成框图

（3）高频放大器

利用选频放大原理,仅选择所需的测量信号进入下级电路,而外来的各种杂散信号(包括镜像频率信号、中频信号、交调谐波信号等)均排除在外。

（4）混频器

将来自高频放大器的高频信号和来自本地振荡器的信号合成产生一个差频信号输入的中频放大器,由于差频信号的频率远低于高频信号频率,使中频放大级增益得以提高。

（5）本地振荡器

提供一个频率稳定的高频振荡信号。

（6）中频放大器

由于中频放大器的调谐电路可提供严格的频带宽度,又能获得较高的增益,因此可保证接收机的总选择性和整机灵敏度。

（7）检波器

测量接收机的检波方式与普通接收机有很大差异。测量接收机除可接收正弦波信号外,更常用于接收脉冲干扰信号,因此测量接收机除具有平均值检波功能外还增加了峰值检波和准峰值检波功能。

（8）输出指示

早期测量接收机采用表头指示电磁干扰电平,并用扬声器播放干扰信号的声响。现代接收机已广泛采用液晶数字显示代替表头指示,且具备程控接口,可通过计算机进行数据处理并生成数据文件和曲线。

2. 测量接收机的工作原理

接收机测量信号时,先将仪器调谐于某个测量频率 f_i,该频率经高频衰减器和高频放大器后进入混频器,与本地振荡器的频率 f_1 混频,产生多个混频信号。经过中频滤波器后仅得到中频信号 $f_0 = f_1 - f_i$。中频信号经中频衰减器、中频放大器后由包络检波器进行包络检波,滤去中频,得到低频信号 $A(t)$。$A(t)$ 再进一步进行加权检波,根据需要选择检波器,可得到 $A(t)$ 的峰值(peak)、有效值(rms)、平均值(ave)或准峰值(QP)。这些值经低频放大后可推动电表指示或在液晶屏显示出来。

测量接收机测量的是输出到其端口的信号电压,为得到场强或干扰电流,需借助一个换能器,在其转换系数的帮助下,将测到的端口电压变换成场强(单位为 μV/m 或 dBμV/m)、电流(单位为 A 或 dBμA)或功率(单位为 W 或 dBm)。换能器依测量对象的不同可以是天线、电流探头、功率吸收钳或电源阻抗稳定网络等。

3. 测量接收机使用中应注意的问题

(1)防止输入端过载

输入到测量接收机端口的电压过大时,轻者引起系统线性的改变,使测量值失真,重者会损坏仪器,烧毁混频器或衰减器。因此测量前需小心判别所测信号的幅度大小,没有把握时,接上外衰减器,以保护接收机的输入端。另外,一般的测量接收机是不能测量直流电压的,使用时一定先确认有无直流电压存在,必要时串接隔直电容。

(2)选用合适的检波方式

依据不同的 EMC 测量标准,分别选择平均值、有效值、准峰值或峰值检波器对信号进行测量。实际干扰信号形式可分为 3 类:连续波、脉冲波和随机噪声。连续波干扰如载波、本振、电源谐波等,属于窄带干扰,在无调制的情况下,用峰值、有效值和平均值检波器均可检侧出来,且侧最的幅度相同。

对于脉冲干扰信号,峰值检波可以很好地反映脉冲的最大值,但反映不出脉冲重复频率的变化。这时,采用准峰值检波器最为合适,其加权系数随脉冲信号重复频率的变化而改变,重复频率低的脉冲信号引起的干扰小,因而加权系数小,反之加权系数大,表示脉冲信号的重复频率高。而采用平均值、有效值检波器测量脉冲信号,读数也与脉冲的重复频率有关。随机干扰的来源有热噪声、雷达目标反射以及自然环境噪声等,这里主要分析平稳随机过程干扰信号的测量,通常采用有效值和平均值检波器测量。

利用这些检波器的特性,通过比较信号在不同检波器上的响应,就可以判别所侧未知信号的类型,确定干扰信号的性质。如用峰值检波测量某一干扰信号,当换成平均值或有效值检波时幅度不变,则信号是窄带的;而如果幅度发生变化,则表示信号可能是宽带信号(即频谱超过接收机分辨带宽的信号,如脉冲信号)。

(3)测试前的校准

测量接收机内部带有校准信号发生器,目的是通过比对的方法确定被测信号强度。测量接收机的校准信号是一种具有特殊形状的窄脉冲,以保证在接收机工作频段内有均匀的频谱密度。测量中每读一个频谱的幅度之前,都必须先进行校准,否则测量值误差较大。现代测量接收机已经实现了自动电平校准。

（4）关于预选器

无论是高电平的窄带信号还是具有一定频谱强度的宽带信号，都可能导致测量接收机输入端第一混频器过载，产生错误的测量结果。对于脉冲类的宽带信号，在混频器前进行滤波（也称为预选），可避免发生过载现象。不经预选时，宽带信号的所有频谱分量都同时出现在混频器上，若宽带信号的时域峰值幅度超过混频器的过载电平，便会发生过载情况。由于进行了跟踪滤波，故输入信号频谱只有一部分进入预选器的通带内，到达混频器的输入端，输入信号的频谱强度不会因滤波而改变。这种靠滤波而不是靠衰减来实现的幅度减小，改变了宽带信号测量的动态范围，同时又能维持接收机测量低电平信号的能力。若窄带信号（如连续波信号）处在预选滤波器的通带内，则预选的过程不会改变测量窄带信号的动态范围。

4. 测量接收机的技术要求

幅度精度：±2dB；

6dB 带宽：

国标 EMI 测试：9kHz～150kHz   200Hz；

               150kHz～30MHz   9kHz；

               30MHz～1000MHz   120kHz；

国军标 EMI 测试：25Hz～1kHz   10Hz；

               1kHz～10kHz   100Hz；

               10kHz～250kHz   1kHz；

               250kHz～30MHz   10kHz；

               30MHz～1GHz   100kHz；

               ＞1GHz   1MHz；

检波器：峰值、准峰值和平均值检波器；

输入阻抗：50Ω；

灵敏度：优于 $-30\text{dB}\mu\text{V}$（典型值）。

为满足脉冲测量的需要，接收机还应具有预选器，即输入滤波器，对接收信号频率进行调谐跟踪，以避免前端混频器上的宽带噪声过载。另外接收机还应有足够高的灵敏度，以实现小信号的测量。

二、电磁干扰测试附件

1. 电流探头

电流探头是测量线上非对称干扰电流的卡式电流传感器，测量时不需与被测的电源线导电接触，也不用改变电路的结构。它可在不打乱正常工作或正常布置的状态下，对复杂的导线系统、电子线路等的干扰进行测量。国军标的低频传导发射或敏感度测试主要用电流探头做换能器，将干扰电流转换成干扰电压再由测量接收机进行测量。

典型电流探头技术指标如下:

测量频段:20Hz~30MHz;

输出阻抗:50Ω;

内环尺寸:32mm~67mm。

电流探头多为圆环形卡式结构(见图7-2),能方便地卡住被测导线。其核心部分是一个分成两半的环形高磁导率磁芯,磁芯上绕有N匝导线。当电流探头卡在被测导线上时,被测导线充当一匝的初级线圈,次级线圈则包含在电流探头中。

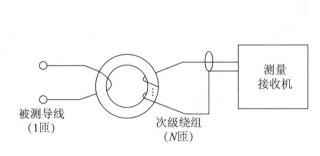

图7-2　电流探头电路结构图　　　　　　图7-3　电流探头外形图

电流探头外形如图7-3所示。使用时,需先测出其传输阻抗,然后才能用于传导干扰的测量。当电流探头卡在被测电源线上时,其输出端通过同轴电缆与测量接收机相连,电源线上的干扰电流值等于接收机测量的电压值除以传输阻抗。

2. 电源阻抗稳定网络

电源阻抗稳定网络(也称人工电源网络)在给定频率范围内向被测设备提供一个稳定的阻抗,并将被测设备与电网上的高频干扰隔离开,然后将干扰电压耦合到接收机上。电源阻抗稳定网络对每根电源线提供3个端口,分别为供电电源输入端、到被测设备的电源输出端和连接测量设备的干扰输出端。其示意图如图7-4所示。

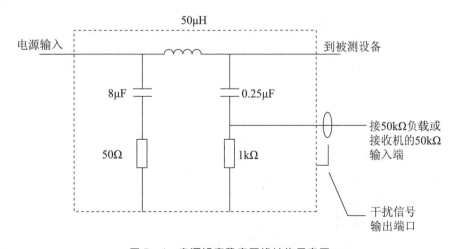

图7-4　电源祖康稳定网络结构示意图

电源阻抗稳定网络的阻抗是指干扰信号输出端接 50Ω 负载阻抗时,在设备端测得的相对于参考地的阻抗的模。当干扰输出端没有与测量接收机相连时,该输出端应接 50Ω 负载阻抗。图 $7-4$ 为 $50\Omega/50\mu H$ 的 V 型电源阻抗稳定网络示意图,适用频段 $0.15MHz \sim 30MHz$(民用标准)或 $0.01MHz \sim 10MHz$(军用标准),电源阻抗稳定网络还有其他的类型,如 $50\Omega/50\mu H$ 等,适用于不同标准要求。

除阻抗参数外,电容修正系数也是其重要参数,用于将接收机测量的端口电压,转换成被测电源线上的干扰电压。

3. 测量天线

天线是把高频电磁能量通过各种形状的金属导体向空间辐射出去的装置。同样,天线亦可把空间的电磁能量转化为高频能量收集起来。

(1)衡量天线特性的主要参数

1)输入阻抗(Z_A)

天线在馈电点的电压 $U(V)$ 与电流 $I(A)$ 之比,表达式如下:

$$Z_A = \frac{U}{I}(\Omega) \quad\cdots\cdots\cdots\cdots\cdots\cdots (7-1)$$

2)天线系数(AF)

接收点的场强 $E(V/m)$ 与此场强在该天线输出端生成的电压 $U(V)$ 之比,表达式如下:

$$AF = \frac{E}{U}(m^{-1}) \quad\cdots\cdots\cdots\cdots\cdots\cdots (7-2)$$

3)天线增益(G)

指在观察点获得相同辐射功率密度时,方向性天线的输入功率小于均匀辐射天线的输入功率的倍数。天线增益除包含天线的方向性特征外,还包含天线由输入功率转化为场强的转换效率。

4)天线方向图

即用极坐标形式表示不同角度天线方向性的相对值,其最大方向的轴线又称为前视轴。天线最大辐射方向与半功率点($-3dB$)之间的夹角 θ 又称天线波瓣的夹角。

5)电压驻波比($VSWR$)

根据传输理论,在传输线阻抗与负载阻抗不匹配的情况下,必然引起输入波的反射。驻波比是表征失配程度的系数,表达式如下:

$$VSWR = \frac{1+\rho}{1-\rho} \quad\cdots\cdots\cdots\cdots\cdots\cdots (7-3)$$

式中,ρ 为反射系数,即反射电压与入射电压之比。

匹配时 $\rho = 0$,则 $VSWR = 1$,失配时 $\rho \neq 0$,则 $VSWR > 1$。

(2)天线常用的计算公式

1)功率与电压转换公式

$$P = \frac{U^2}{R} \quad\cdots\cdots\cdots\cdots\cdots\cdots (7-4)$$

式中,P 为功率,单位为 W;U 为电压,单位为 V;R 为电阻,单位为 Ω。

当功率单位用 mW,电压单位用 μV,阻抗为 50Ω 时,可得式(7-5)

$$U_{\mathrm{dBuv}} = P_{\mathrm{dBm}} + 107 \quad\cdots\cdots\cdots\cdots\cdots\cdots\cdots\quad (7-5)$$

2)功率密度与场强的转换(远区场)公式

$$p_{\mathrm{d}} = \frac{E^2}{120\pi} \quad\cdots\cdots\cdots\cdots\cdots\cdots\cdots\cdots\cdots\quad (7-6)$$

式中,E 为场强,单位为 V/m;p_{d} 为功率密度,单位为 W/m^2;

E 为 100V/m 时,对应功率密度 $p_{\mathrm{d}} = 2.65\mathrm{mW/cm}^2$;

E 为 10V/m 时,对应功率密度 $p_{\mathrm{d}} = 26.5\mu\mathrm{W/cm}^2$;

E 为 1V/m 时,对应功率密度 $p_{\mathrm{d}} = 0.265\mu\mathrm{W/cm}^2$。

3)天线增益与天线系数的转换公式

$$G_{\mathrm{dB}} = 20\lg f_{\mathrm{MHz}} - AF_{\mathrm{dB}}(\mathrm{m}^{-1}) - 29.79 \quad\cdots\cdots\cdots\quad (7-7)$$

4)场强与发射功率转换公式(远区场)

$$E_{\mathrm{V/m}} = \frac{\sqrt{30P_{\mathrm{t}}G_{\mathrm{t}}}}{r} \quad\cdots\cdots\cdots\cdots\cdots\cdots\cdots\quad (7-8)$$

式中,P_{t} 为发射功率,单位为 W;G_{t} 为发射天线增益,r 为观测点到发射天线距离,单位为 m。

5)环天线的基本关系式

设接收环天线的面积为 S,匝数为 n,当它置于平面波场中且天线平面与磁场方向垂直时,环天线的感应电压为

$$e = 2\pi f\mu_0 SnH \quad\cdots\cdots\cdots\cdots\cdots\cdots\cdots\cdots\quad (7-9)$$

式中,e 为天线感应电压,单位为 V,f 为被测磁场频率,单位为 Hz,μ_0 为真空磁导率,等于 $4\pi\times10^{-7}$H/m,S 为天线环面积,单位为 m^2;n 为环天线匝数;H 为磁场强度,单位为 A/m。

对于平面波,电场 E 与磁场 H 之间可通过波阻抗 Z_0 进行换算:

$$Z_0 = \frac{E}{H} = 120\pi(\Omega) \quad\cdots\cdots\cdots\cdots\cdots\cdots\quad (7-10)$$

将式(7-10)代入式(7-9),并把频率换算为对应的波长 λ 可得:

$$e = \frac{2\pi Sn}{\lambda}E \quad\cdots\cdots\cdots\cdots\cdots\cdots\cdots\cdots\quad (7-11)$$

有时为了由环天线感应电压直接得出磁通密度 B,由式(7-9)可得:

$$e = 2\pi fSnB \quad\cdots\cdots\cdots\cdots\cdots\cdots\cdots\cdots\cdots\quad (7-12)$$

式中,$B = \mu_0 H$。

利用式(7-11),可以在标准电场中校准接收环天线,给出天线端口感应电压与电场之间的换算曲线,进而得到天线端口感应电压与磁场或磁通密度之间的换算曲线,自动化测试时便可直接得到所测的磁通密度值。

对发射环天线,常利用其近区感应场作为磁场敏感度试验的模拟干扰源,这时利用毕奥沙伐定律计算环天线中轴线上的磁场。

$$B = \frac{\mu_0 r^2 In}{2(r^2 + x^2)^{3/2}} \quad \cdots\cdots\cdots\cdots\cdots\cdots\cdots \quad (7-13)$$

式中,r 为环天线半径,单位为 m;I 为环天线中电流,单位为 A;n 为环天线匝数;x 为环天线轴线上测试点到环平面的距离,单位为 m;B 为环天线在其轴线上测试点的磁通密度,单位为 T。

（3）天线类型及参数

1）磁场天线

磁场天线用于接收被测设备工作时泄露的磁场、空间电磁环境的磁场,也可用于测量屏蔽室的磁场屏蔽效能,测量频段为 25Hz～30MHz。根据用途不同,天线类型分为有源天线和无源天线。通常有源天线因具有放大小信号的作用,非常适合测量空间的弱小磁场,此类天线有带屏蔽的环天线。近距离测量设备工作时泄漏的磁场通常采用无源环天线,与有源环天线相比,无源环天线的尺寸较小。测量时,环天线的输出端与测量接收机或频谱仪的输入端相连,测量的电压值（dBμV）加上环天线的天线系数,即可得到所测磁场（dBpT）。环天线的天线系数是预先校准出来的,通过它才能将测量设备的端口电压转换成所测量的磁场。下面以常用天线为例,给出两种典型环天线的技术指标。

图 7-5　有源磁场环天线

①有源环天线（如图 7-5 所示）

测量频段:10kHz～30MHz;

增益:85dB～125dB;

灵敏度:-1dB（μV/m）,10kHz,-42dB（μV/m）,1MHz;

阻抗:50Ω;

环直径:60cm。

②无源环天线

测量频段:20Hz～100kHz;

环直径:13.3cm;

匝数:36;

导线规格:7×φ0.07mm;

屏蔽:静电。

2）电场天线

电场天线用于接收被测设备工作时泄漏的电场、环境电磁场,也可用于测量屏蔽室（体）的电场屏蔽效能,测量频段为 10kHz～40GHz。根据用途不同,天线分为有源天线和无源天线两类。电磁兼容测量中通常使用宽带天线,配合测量接收机进行扫频测量。有源天线是为测量小信号而设计的,其内部放大器将接收到的微弱信号放大至接收机可以测量的电平,主要用在低频段,测量天线的尺寸远小于被测信号的波长,且接收效率很低的情况。

下面介绍几种常用的电场天线。

①杆天线

天线杆长 1m,用于 $10kHz \sim 30MHz$ 频段的电场测量,形状为垂直的单极子天线,由对称振子中间插入地网演变而来,所以测试时一定要按天线的使用要求安装接地网(板)。杆天线分为无源杆天线和有源杆天线(如图 7-6 所示),区别在于测量的灵敏度不同。无源杆天线通过调谐回路分频段实现 50Ω 输出阻抗,而有源杆天线则通过前置放大器实现耦合和匹配,同时提高了天线的探测灵敏度。

杆天线技术指标:

频率范围:$10kHz \sim 30MHz$;

天线输入端阻杭:等效于 10pF 容抗;

天线有效高度:0.5m;

输出端阻抗:50Ω;

主要参数:天线系数 AF。

图 7-6 有源杆天线

对无源杆天线,$10kHz \sim 30MHz$ 频段需分段调谐,测量场强一般为 1V/m 以上。而有源杆天线因配有前置放大器,灵敏度大大提高,可达 $10\mu V/m$,但测量的场强上限最大为 1V/m 左右,否则会出现过载现象。有源杆天线还具有宽频段的特点,无需转换波段,其前置放大器增益在整个测量颇段内基本保持不变,在手动测量中可免去查天线系数的麻烦。进行电磁场辐射发射测量时,所测场强可通过下式计算:

$$E = U + AF \quad \cdots\cdots\cdots\cdots\cdots\cdots\cdots\cdots\cdots\cdots\cdots (7-14)$$

式中,E 为场强,单位为 $dB\mu V/m$;U 为接收机测量电压,单位为 $dB\mu V$;AF 为杆天线的天线系数,单位为 dB/m。

对无源杆天线,其天线系数与有效高度相对应,为 6dB。有源杆天线的天线系数则需通过校准得到,其值与前置放大器的增益有关。

②双锥天线

双锥天线的形状与偶极子天线十分接近,它的两个振子分别为 6 根金属杆组成的圆锥形(如图 7-7 所示),天线通过传输线平衡变换器将 120Ω 的阻抗变为 50Ω。双锥天线的方向图与偶极子天线类似,测量的频段比偶极子天线宽,且无须调谐,适合与接收机配合,组成自动测试系统进行扫频测量。

典型技术指标:

测量频段:$30MHz \sim 300MHz$;

阻抗:50Ω;

驻波比:≤2.0;

最大连续波功率:50W;

峰值功率:200W。

双锥天线不仅用于电场辐射发射测量,也可用于辐射敏感度或抗扰度的测量。前者测量的

图 7-7 双锥天线

是小功率电场,可用功率容量小的天线;后者发射和接收的功率较大,比如在1m距离处产生20V/m场强时,发射天线的输入功率接近200W,因此应选用能承受几百瓦以上功率的双锥天线。

③半波振子天线

半波振子天线是形状最简单的天线,30MHz以上随着工作波长的缩短,使用谐振式对称振子天线进行场强测量成为可能,早期国产干扰测量仪配备的就是这种天线。半波振子天线主要由一对天线振子、平衡/不平衡变换器及输出端口组成。电场测量时,根据所测信号频率对应的波长,将天线振子长度调到半波长,同时调节平衡/不平衡阻抗变换器(75~50)Ω,使天线的输出端口阻抗为50Ω。半波振子天线的示意图如图7-8所示。其技术指标如下:

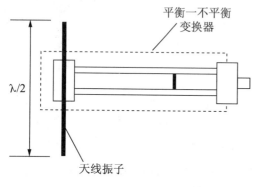

平衡—不平衡变换器

λ/2

天线振子

图7-8 半波振子天线示意图

增益:1.64;

阻抗:$73 + j42.5\Omega$;

有效高度:$h_e = \lambda / \pi$,λ 为波长;

波瓣宽度:78°。

利用半波振子天线测量干扰场强的不足之处在于它的测t频段窄,如28MHz~500MHz,需4副天线才能覆盖,且测量时,每个频率点均需调谐。在低频段,半波振子天线尺寸太大,架设不便,因此,多用于校准试验和有专门要求的辐射发射测试。

④对数周期天线

结构类似八木天线,它上下有两组振子,从长到短交错排列,最长的振子与最低的使用频率相对应,最短的振子与最高的使用频率相对应。对数周期天线有很强的方向性,其最大接收/辐射方向在锥底到锥顶的轴线方向。对数周期天线为线极化天线,测量中可根据需要调节极化方向,以接收最大的发射值。它还具有高增益、低驻波比和宽频带等特点,适用于电磁干扰和电磁敏感度侧量,对数周期天线示意图如图7-9所示。

图7-9 对数周期天线示意图

典型技术指标:

测量频段:200MHz~1000MHz;

阻抗:50Ω;

驻波比:1.2;

最大连续波功率:50W。

⑤双脊喇叭天线

双脊喇叭天线的上下两块喇叭板为铝板,铝板中间位置是扩展频段用的弧形凸状条,两侧可采用环氧玻璃纤维的搜铜板,并刻蚀成细条状,连接上下铝板,如图7-10所示。双脊喇叭天线为线极化天线,测量时通过调整托架改变极化方向。因其测量频段较宽,可用于

0.5GHz～18GHz辐射发射和辐射敏感度测试。

典型技术指标：

测量频段：0.5GHz～1GHz 或 1GHz～18GHz；

阻抗：50Ω；

驻波比：≤1.5；

最大连续波功率：50W。

 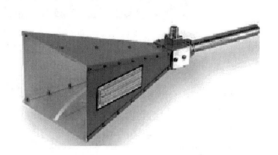

图 7-10　双脊喇叭天线　　　　　　　图 7-11　喇叭天线

⑥喇叭天线

喇叭天线中最常见的是角锥喇叭，如图 7-11 所示。它的使用频段通常由馈电口的波导尺寸决定，比双脊喇叭窄很多，但方向性、驻波比及增益等均优于双脊喇叭天线，在 1GHz 以上高场强（如 200V/m）的辐射敏感度测量中，为充分利用放大器资源，选用增益高的喇叭天线做发射天线，较容易达到所需的高场强值。

典型技术指标：

测量频段：1GHz～40GHz（由多个天线覆盖）；

阻抗：50Ω；

驻波比：1.5 左右；

最大连续波功率：50W～800W；

方向性：很强，100°～600°；

增益：较高。

4. 功率吸收钳

功率吸收钳适用于 30MHz～1000MHz 频段传导发射功率的测量。对于带有电源线或引线的设备，其干扰能力可以用起辐射天线作用的电源线（指机箱外部分）或引线所提供的能量来衡量。当功率吸收钳卡在电源线或引线上时，环绕引线放置的吸收装置所能吸收到的最大功率，近似等于电源线或引线所提供的干扰能量。

功率吸收钳由宽带射频电流变换器、宽带射频功率吸收体和受试设备引线的阻抗稳定器和吸收套筒（铁氧体环附件）组成。电流变换器与电流探头的作用相当；功率吸收体用于隔离电源与被测设备之间的功率传递；吸收套筒则防止被测设备与接收设备之间发生能量传递。其中射频电流变换器、射频功率吸收体等做成可分开的两半,并带有锁紧装置,便于被测导线卡在其中,又保证磁环的磁路紧密闭合。测量时,功率吸收钳与辅助吸收钳配合使用。功率吸收钳及组成示意图如图 7－12、图 7－13 所示。

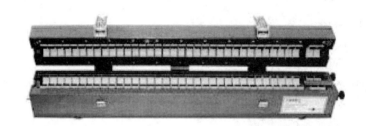

图 7－12　功率吸收钳

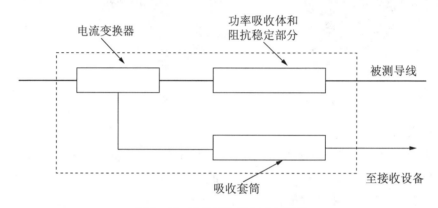

图 7－13　功率吸收钳组成示意图

5. 天线塔与转台

辐射骚扰测量中,测量标准要求测量天线在离地面 1m～4m 的高度内调节,以便在每一个测试频率点获得最大的场强值。此外,测量过程中还需转动被测设备,以便对最大的辐射面进行测量。为达到此目的,实验布置时,将被测设备置于一个转台上,手动或自动控制转台的旋转,通过预测试,确定最大的辐射方向,然后再作进一步的定量测试。

用于 EMI 测量的转台由台板、传动装置与控制器组成,直径一般为 1.2m,有的为承载汽车等大型装备,直径达 7m～8m 或更大。转台表面可以是金属的,也可以是非金属的。与电波暗室地面做在一起的转台表面是金属的,台面也与暗室的金属地面齐平;在金属地板上方,用于放置小型被测设备的转台表面是非金属的,其控制电路部分要求有良好的屏蔽,以降低不必要的电磁泄漏,使之不会对环境电平产生影响。

可升降天线塔由天线杆、升降装置及控制器组成,具有完全自动化操作功能,控制简便,升降、定位精度高,其控制器可与转台共用,具有 GPIB 接口,可以很方便地加入各种自动测试系统中。由于控制器与天线塔和转台之间的控制线缆采用光纤,而且对驱动电路采取屏蔽措施,可大大降低天线塔的电磁发射,也不会因线缆穿过屏蔽室的屏蔽墙,而破坏屏蔽室的屏蔽效能。

以下为某天线塔的主要技术指标：

塔杆高度：6m；

天线杆承重：7kg；

控制线缆：光纤；

定位精度：（塔高×0.5%）cm；

转速：5×（1±0.01）m/min；

电源电压：210V～230V，50Hz；

功率：250W；

控制器显示：4位LED，1位状态位，3位数据位；

位移分辨度：1cm；

信号通道：2路光缆输入端，4路光缆输出端；

控制方式：手动方式，前面板按键操作；程控方式，GPIB接口发送指令；

位移步长：手动方式，相对移动1cm、5cm、10cm、20cm、50cm；程控方式，绝对移动50cm～600cm，相对移动50cm～600cm。

转台的主要技术指标：

台面直径：1.2m；

转台承重：250kg；

转台精度：±1°/圈；

转速：355°～365°/min；

控制线缆：光纤；

电源电压：210V～230V；

功率：250W；

控制器4位LED指示：1位状态位，3位数据位；

转角分辨度：1°；

信号通信方式：手动，通过面板操作；程控，通过GPIB接口发送指令；

转行转角步长：手动方式，相对转角1°、5°、10°、30°、90°；程控方式，绝对和相对转角1°～360°。

天线塔与转台的示意图如图7-14所示。

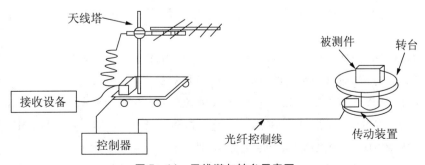

图7-14 天线塔与转台示意图

三、测量系统及测量软件

EMI 自动测量系统主要由测量接收机和各种测量天线、传感器及电源阻抗稳定网络组成,用于测量电子、电气设备工作时泄漏出来的电磁干扰信号,测量频段 20Hz ~ 40GHz。干扰信号的传播途径分为两种:一种是传导干扰,通过电源线或互连线传播;另一种是辐射干扰,通过空间辐射传播.测量接收机借助不同的传感器测量传导和辐射干扰。比如利用测量天线接收来自空间的干扰信号,利用电流钳探测电源线上的干扰电流。对时域干扰,如开关闭合产生的瞬态尖峰干扰,则需通过示波器采样来捕捉、测量。以国军标 EMI 自动测量系统的组成为例,示意图如图 7 - 15 所示。

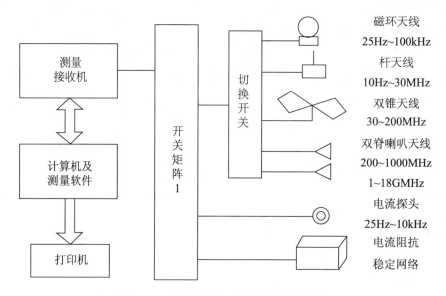

图 7 - 15   电磁干扰自动测试系统组成框图

由于 EMI 测量大部分为扫频测量,数据量较大,数据处理复杂,因此多利用计算机组成自动测量系统,可大大简化测量过程,节约大量数据处理的时间,特别是按 GJB 151A/152A 等测量标准编制的测量软件,包含了测量设备和附件的名称、型号,设备的配置和连接,测试参数的设定,测试项目的要求与极限值,信号的识别,以及天线系数、电缆损耗修正系数和测试结果数据库,并能给出数据和曲线两种结果输出形式。测试人员只要通过计算机设置测试参数,然后运行测量程序,即可实现数据的自动采集、处理,并输出测量结果,最后形成测试报告。

对包含转台和可升降天线架的国标测试系统,利用计算机控制转台旋转,寻找被测设备电场辐射最大的方位,通过升降天线,测出辐射场强的最大值。

国内大部分 EMC 实验室的 EMI 系统多从国外引进,主要为美国 EATON、EM、HP 和德国 R&S 公司的产品,测量频率到 18GHz。近几年配置最多的是 R&S 公司的 EMI 测量系统,测量频段已达 40GHz,集成度很高,单台接收机即可覆盖全部测量频段。

EMI 测试涉及的仪器虽然不多,但处理数据的工作量较大,因为无论是干扰场强还是干扰电压、电流的测量,都不是直接可以从仪器上读出数据来的,需要计入传感器、天线的转换系数,还要与标准规定的极限值进行比较,以判定干扰信号是否超标。当干扰信号数量很多时,手动测量显得既费时又费力,这时,测量软件的作用就充分体现出来。在常规的 EMI 测试中,测量软件有以下四大功能:

一是参数设置,包括测试标准的选择,测试配置提示,测量参数的设置,如测量频段、测量带宽、检波器、衰减器、扫频步进、每个测量点的驻留时间等;

二是控制仪器进行信号测量,以一定的步长和速率对信号进行扫频测量、判别和读出数据;

三是数据处理能力。测量软件自动将测量的信号电压转换成干扰的量值,即自动补偿因传感器的使用而引入的、随频率变化的校准系数,并可以用线性或对数频率坐标显示出干扰信号的频谱分布,同时自动与相应极限值进行比较,判别信号是否超标并在图中表示出信号频谱与极限值的关系。软件还可以提供信号分析的基本能力,如仔细测量特殊频率点的信号幅度和频率,给出与极限的差值,在小范围内实时复测等;

四是数据的存储和输出能力。测量软件能够将每次的测量数据列表存放,需要时提取,特别是传感器系数和极限值的数据存储,便于数据处理时调用。

第二节　电磁敏感度测量设备

用于电磁抗扰度或电磁敏感度测试的设备由三部分组成:一是干扰信号产生器和功率放大器类设备,二是天线、传感器等干扰信号辐射与注入设备,三是场强和功率监测设备。下面分别介绍试验中常用的测试设备.

一、模拟干扰源

1. 信号源

信号源在电磁兼容试验中有两个用途:一是做系统校准的信号产生器;二是用于敏感度试验中推动功率放大器产生连续波模拟干扰信号。电磁兼容试验对信号源的型号未做具体规定,性能不一定是高精度、高稳定度的,只要它能提供敏感度试验所需要的已调制或未调制的功率,输出幅度稳定,并满足以下要求即可。

1)频率精度:不低于 ±2%;

2)谐波分量:谐波和寄生输出应低于基波 30dBc;

3)调制方式;具备调幅、脉冲调制功能,并且对调制类型、调制度、调制频率、调制波形可选择和控制。

目前,国内 EMC 实验室的敏感度测试系统使用进口信号源的较多,覆盖的频段为 25Hz ~18GHz,甚至更高。常用的有 Agilent 公司的信号源、Solar 公司的低频功率源及 R&S 公司的信号源等。若需要特殊调制,如脉冲调制、三角波调制等,可以通过外调制的方式实现,即信号源只产生载波,由另外一台函数发生器产生所需的调制信号,输出到信号源的外调制输入端,在信号源中完成调制并输出已调制的信号。

敏感度测试要求在 25Hz~18GHz(或 40GHz)频段内进行,根据测试项目与测量系统组成的需要,一般分三个频段配置仪器,①25Hz~100kHz;②10kHz~1GHz;③1GHz~18GHz(或 40GHz)。25Hz~100kHz 频段的测试项目有电源线传导敏感度和磁场辐射敏感度,要求信号产生器具有足够大的输出功率,所以常用几百瓦的低频功率源或低频信号源加音频放大器来实现;10kHz~1GHz 频段的测试项目有电缆束的传导敏感度和电场辐射敏感度,通常由信号源加射频放大器提供所需的功率电平,1GHz~18GHz(40GHz)频段的测试项目为电场辐射敏感度,通过微波信号源加行波管或者固态功率放大器产生所需的功率输出。

下面以 Agilent 公司的某型号信号源为例,给出信号源的基本技术指标:

频率范围:9kHz~2GHz;

频率精度:$\pm 3 \times 10^{-6}$;

谐波抑制:$< -30\text{dBc}$;

输出功率范围:$+13\text{dBm}~136\text{dBm}$;

幅度精度:$\pm 1.0\text{dB}$;

正弦波调制:10Hz~20kHz;

方波、三角波、锯齿波调制:100Hz~2kHz;

程控接口:GPIB;

控制功能:所有前面板功能(电源开关和旋钮除外);

泄漏:传导和辐射满足 MIL-STD-461B。

2. 尖峰信号产生器

尖峰信号产生器是对设备或分系统电源线进行瞬变尖峰传导敏感度实验必备的信号产生器,其测量对象是所有从外部给被测件供电的不接地的交流或直流电薄线,模拟被测件工作时开关闭合或故障引起的瞬变尖峰干扰。

测试标准对尖峰信号产生器的输出波形做了规定,GJB 151A 规定的波形见图 7-16,其中脉宽 t 为 0.15μs、5μs 和 10μs 三种。标准波形在 0.5Ω 校准电阻上产生,接入测试电路之后,实际波形将由于负载的影响而发生变化,一般以尖峰信号产生器面板幅度指示为准。它的输出有两种连接形式:并联和串联。串联方式用于直流或交流电源线的尖峰信号注入,并联方式只适用于直流电源线。尖峰信号产生器与电源同步时,通过相位调节钮可将尖峰信号放在交流波形的任意位置。

下面是 Solar8282-1 尖峰信号产生器的技术指标:

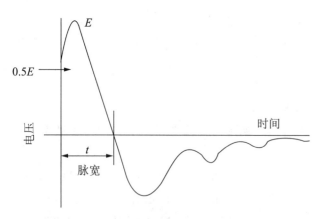

图 7-16 国军标要求的剑锋信号波形

尖峰信号幅度:10V ~ 600V;

源阻抗:2Ω ~ 10Ω;

脉冲宽度:0.15μs、5μs、10μs;

相位调节:0 ~ 360°;

重复频率:最大 50 个脉冲/s;

极性:正、负;

输出方式:串联、并联。

3. 浪涌模拟器

在电网中进行开关操作或者由直接/间接雷击引起的瞬变过压都会对设备产生单极性瞬变干扰,雷击浪涌测试仪就用于检验设备抗单极性浪涌的能力。

开关瞬态的产生与以下因素有关:主电源系统切换、配电系统内在仪器附近的轻微开关动作或负荷变化、与开关装置有关的谐振电路及各种系统故障,如设备接地系统的短路和电弧故障。

雷电产生的浪涌电压来自几个方面:一是直接雷击作用于外部电路,注入的大电流流过接地电阻或外部电路阻抗而产生电压;二是在建筑物的内、外导体上产生感应电压和电流的间接雷击;三是附近直接对地放电的雷电入地电流耦合到设备接地系统的公共接地回路。当保护装置动作时,电压和电流可能发生迅速变化,并可能耦合到内部电路。

模拟单极性瞬态脉冲的浪涌模拟器主要组成有两部分:组合波信号发生器和辐合/去耦网络。其技术指标如下:

电压范围:500V ~ 4000V;

开路电压波形:1.2/50μs(或 10/700μs);

电流峰值:2000A;

短路电流波形:8/20μs;

极性:正、负;

相位:0 ~ 360°;

耦合方式:L - N, L - PE, N - PE, L + N - PE。

浪涌组合波信号发生器的原理图和开路电压波形如图 7 - 17 和图 7 - 18 所示。

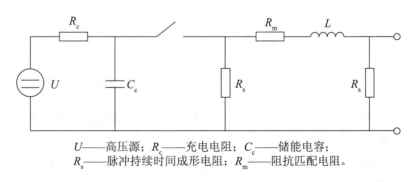

U——高压源;R_c——充电电阻;C_c——储能电容;
R_s——脉冲持续时间成形电阻;R_m——阻抗匹配电阻。

图 7 - 17　浪涌组合波发生器电路简图

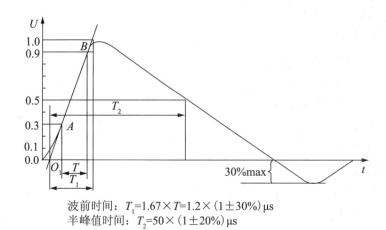

波前时间：$T_1=1.67\times T=1.2\times(1\pm30\%)\mu s$
半峰值时间：$T_2=50\times(1\pm20\%)\mu s$

图7－18 浪涌开路电压波形图

4. 电快速瞬变脉冲产生器

用于产生一组由快瞬变脉冲组成的脉冲群信号,测试被测设备抗脉冲干扰的能力,评估电气和电子设备的供电端口、信号端口和控制端口在受到重复的快速瞬变脉冲干扰时的性能。在电源线、信号线和控制线上出现的脉冲群干扰常具有上升时间短、重复频率高、能量低的特点,会对电子设备产生骚扰。

电快速瞬变脉冲发生器的主要元器件有:高压源、充电电阻、储能电容器、放电器、脉冲持续时间成形器、阻抗匹配负载和隔直电容,其示意图如图7－19所示。

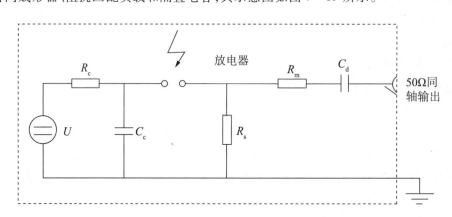

U——高压源；R_c——充电电阻；C_c——储能电容；
R_s——脉冲持续时间成形电阻；R_m——阻抗匹配电阻；C_d——隔直电容。

图7－19 电快速瞬变脉冲发生器电路示意图

电快速瞬变脉冲的波形示意图如图7－20所示,其中下图中的每个脉冲实际为一串脉冲,展开后如上图所示。

电快速瞬变脉冲发生器技术指标如下:

开路电压:250V～4000V;

波形:上升时间 5ns;

脉冲串宽度:50ns;

脉冲串重复频率:5kHz 或 100kHz;

内置耦合/去耦网络。

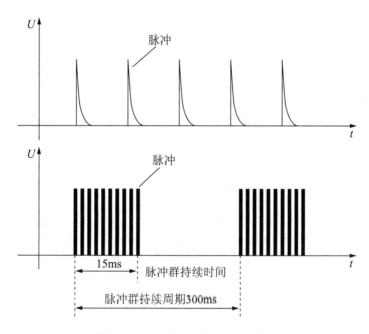

图 7-20　电快速瞬变脉冲群示意图

5. 静电放电模拟器

静电放电是指具有不同静电电位的物体相互靠近或直接接触引起的电荷转移现象,它发生在操作者及其邻近物体之间.静电放电模拟器可模拟自然产生的静电,用于考核电子、电气设备遭受静电放电时的性能。模拟试验在设备的输入、输出连接器、机壳(不接地的)、键盘、开关、按钮、指示灯等操作者易于接近的区域进行。静电放电模拟器由高压产生器和放电头组成,原理图如图 7-21 所示。

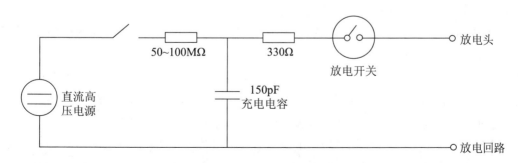

图 7-21　静电放电模拟器电路原理图

工作时先对高压电容充电,然后闭合放电开关,向试验对象做直接或间接放电。直接放电有接触放电和空气放电两种方式,前者仅施加在操作人员正常使用被测设备可能接触的点和表面上,空气放电用在不能使用接触放电的场合,如有绝缘漆的设备表面。间接放电是对放置或安装在受试设备附近的物体放电的模拟,是通过静电放电模拟器对耦合板接触放电来实现的。

静电放电模拟器的主要指标如下:

放电电压:空气放电,2kV ~ 15kV;接触放电,2kV ~ 5kV;

保持时间:>5s;

放电模式:空气放电、接触放电;

极性:正、负;

操作模式:单次放电、连续放电。

二、功率放大器

在电磁敏感度测试中,功率放大器是必不可少的设备。因为对于连续波及脉冲干扰的模拟,仅靠信号源或信号发生器往往难以达到所需的信号强度;另外,宽泛的测量频段,即使有些功率源能够输出200W的功率,但覆盖的频段很有限,且输出阻抗要求很小才能得到高的功率。所以用功率放大器来提升信号的功率是一个很好的办法,它可根据需要分频段将功放增益做得很高,以达到较高的辐射场强或在线上注入较强干扰电流或电压的目的。

电磁兼容测试用射频功放一般为50Ω输入输出阻抗,与传感器是匹配的。音频放大器输出阻抗为2Ω、4Ω或5Ω时,通常与耦合变压器或环天线相连。

放大器因器件特性的限制,单台不可能覆盖全部测量频段,如在10kHz ~ 18GHz的测量频率范围内,需5 ~ 6台覆盖。国军标测试配备的功率放大器的频段一般划分为:10kHz ~ 200MHz;200MHz ~ 1000MHz;1GHz ~ 2GHz;2GHz ~ 4GHz;4GHz ~ 8GHz;8GHz ~ 18GHz。1GHz以下用的是固态放大器,而1GHz以上常采用行波管放大器。行波管放大器是有使用寿命的,一般为4000h左右,平均无故障时间为8000h ~ 10000h。随着技术的发展,工作在1GHz以上的固态放大器现在已经很常见了。

功率放大器对负载端的驻波极为敏感,负载匹配良好是得到最大输出功率的基本条件。在使用中,早期的功率放大器必须接上负载后方可加输入信号,若输出端空载会使负载驻波极大,形成功率的全反射,极易损坏放大器。这是功放使用中必须特别注意的问题,尤其是上百、上千瓦的大功率放大器。现在的功率放大器输出端设置了保护电路,防止输出意外开路对设备的损害。早期的功放不带程控接口,其增益控制靠手动调节,功率输出变化需通过控制信号源的输出实现。这种控制方式要求放大器的线性比较好,对一定幅度范围内的输入信号具有相同的增益,这样才能保证输出信号的误差较小。

图7-22所示为信号源、功放用于电场辐射敏感度和传导敏感度试验时的连接示意图。图7-23所示为信号源和音频功放用于磁场辐射敏感度和低频传导敏感度试验时的连接示意图。变压器用于传导敏感度测试,环天线用于磁场辐射敏感度测试。

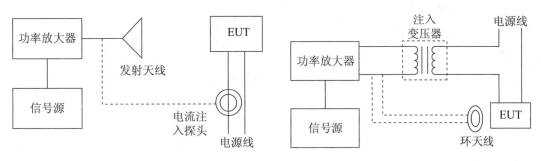

图 7 - 22 射频放大器的应用　　　　图 7 - 23 音频放大器的应用

以下是一台工作在 1MHz ~ 1000MHz 频段功率放大器的技术指标：

额定功率：100W；

最大输入信号：1mW；

频率范围：1MHz ~ 1000MHz；

增益：50dB；

平坦度：±2.0dB；

驻波：输入端，2.0：1；输出端，2.5：1；

谐波抑制：-20dBc。

三、功率计

在电磁敏感度测试中，功率计与双定向耦合器一起组成功率监测系统，实时测量放大器输出功率的状态，了解负载端的匹配情况，比如测量正向功率和反向功率的大小，确定输出电缆是否正确连接、功率是否加上等。

放大器的输出功率选择用功率计监测是因为：敏感度试验测量频段较宽，从 10kHz ~ 18GHz，一般信号源和放大器都是多台覆盖的，而功率计单台即可覆盖以上频段，通过更换功率头实现不同频段的功率测量，且体积小、操作简便．如果使用双通道功率计，则可将两个功率头分别接到定向耦合器的两个耦合端，同时监测入射功率和反射功率。有些敏感度测试项目要求加调制信号，而功率计是通过功率头检波测量信号功率的，因而测出的是调制信号的平均功率。电磁兼容测量用功率计需根据所测功率大小选择功率头的动态范围及测量的频段。

功率计用于敏感度测量的连接图如图 7 - 24 所示。

图 7 - 24 功率计用于敏感度测量示意图

典型功率计技术指标如下：

测量频段：10kHz ~ 18GHz；

功率测量范围：- 70dBm ~ + 44dBm；

动态：90dB，二极管功率检波头；50dB，热敏功率检波头测量通道：双通道。

四、大功率定向耦合器

定向耦合器是功率测量的常用部件，它是一种无耗的三端/四端网络，有一个耦合端的称为单定向耦合器，有两个则称为双定向耦合器。当输入端连接功率源，输出端接上负载后，将两个耦合端分别接功率计或频谱仪，由靠近输入端的耦合端3测量前向功率，由靠近负载端的耦合端4测量反向功率。小功率定向耦合器的输入、输出端是互易的。定向耦合器示意图如图 7 - 25 所示。

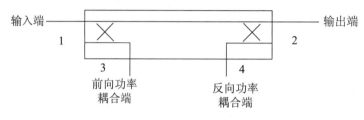

图 7 - 25　定向耦合器示意图

定向耦合器的主要参数有：

耦合系数 C：输入端功率与前向耦合端输出功率之比 $C = P_1/P_3$；

方向性 D：1 端输入时，从 3 端测出的功率 P_{13} 与 2 端输入时从 3 端测出的功率 P_{23} 之比

功率测量方法：在忽略负载反射的情况下

$$P_1(dBm) = P_3(dBm) + C_{13}(dB) \quad （正向功率）$$

$$P_2(dBm) = P_4(dBm) + C_{24}(dB) \quad （反向功率）$$

式中，C_{13}、C_{24} 分别为 3 端对 1 端输入功率的耦合系数和 4 端对 2 端输入功率的耦合系数。

敏感度试验用大功率定向耦合器接在功率放大器的输出端，与功率计一起组成大功率输出监测系统，其作用一是随时监测大功率输出的情况，二是了解反射功率的大小，确保放大器连接正确，负载匹配良好。定向耦合器的选择需考虑测量频段、功率容量和耦合系数。如在 10kHz ~ 30MHz 频段，一般采用 1000W 的功率放大器产生 20V/m 场强，此时应选同频段能承受至少 1000W（ + 60dBm）功率，耦合系数至少为 40dB 的定向耦合器，这样耦合出的功率约为 + 20dBm，有些功率计的功率头最大能测到 + 24dBm，必要时接入衰减器，把功率减小到功率计的测量范围之内。

典型频段定向耦合器的指标如下：

频率范围：10kHz ~ 220MHz；

功率：2500W 连续波，5000W 峰值；

耦合系数:50dB±1dB;

方向性:25dB;

插入损耗:0.25dB;

驻波:最大1.2∶1;

连接头:功率传输端N型头,耦合端BNC或SMA头。

五、传感器

1. 电流注入探头

电流注入探头用于电缆线及电缆束的射频大电流注入实验,EMC国军标中的CS114、CS115、CS116项均采用电流注入探头向电缆线束施加干扰信号。测试时,注入探头卡在导线上,射频功率通过放大器输出到注入探头。导线或电缆束穿过探头中心,相当于变压器的次级。电流注入探头通过特殊设计的夹具来校准插入损耗和传输阻抗,与电流测量探头相比,注入探头的功率容量较大,一般在几十瓦以上,适合与功率源或放大器配合使用。电流注入探头不仅可用于连续波干扰的注入,也可用于施加脉冲干扰的传导敏感度测试。其结构、原理与电流测量探头类似,不再赘述。

2. 电场探头

电场探头是电磁敏感度测试系统中场强定标的重要装置,主要用于敏感度实验中干扰场强的监测、定标与测量,也可用于核电磁脉冲的测量及电波暗室场均匀性和屏蔽室场分布特性的测量。

(1)电场探头测量电磁场时与天线的区别

1)天线的体积较大。测量的是空间一定区域内各点电磁场场强的几何平均值,对于近区场测量,空间电磁场随位置改变而急剧变化,因此天线尺寸过大将导致较大的测量误差,且大尺寸天线的放入也会对被测场产生扰动,使场的分布发生改变,同样也可能影响到测量的准确性。而采用电场探头测量时,因其体积较小,可认为测量的是空间某一点的场强,由于其特殊的结构设计,使其具有对场的扰动小、测量更为准确的特点。

2)测量大场强时,用电场探头比用天线更合适,因为探头采用电小天线作接收器,感应的信号幅度较小,而天线测量大场强需依靠高倍衰减器来防止接收设备过载。因此电场探头的测量灵敏度不如天线高,但测量动态范围较大。

3)探头的测量频段较宽,一般覆盖10kHz~18GHz频段需用3~4副天线,而电场探头最多2副即可。探头的频响也比天线好,最大为±3dB,天线系数则随频率变化较大,且校准过程远比电场探头复杂。

4)天线接收信号的方式是选频的,通过接收机或频谱仪接收信号,再加上天线系数转换成场强;电场探头则采用检波接收方式,在多信号接收时,不能检测出每一个频率上场强的幅度,而是各频率场强的叠加值。电场探头用电压表测量检波器的输出电压,再通过校准系数转换成场强值,目前,此功能已集成在场强指示器中。

5)电场探头一般是全向性的,对任意极化方向的电磁场均可测量,天线则因其具有方向性,必须改变极化或调整接收位置来接收不同极化、不同方向的电磁场。

（2）结构与原理

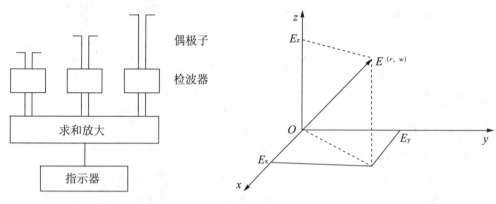

图7－26　电场探头组成示意图　　　　图7－27　电场矢量与各分量示意图

电场探头由电小偶极子、传输线、检波放大及指示电路组成（见图7－26）。3个电小偶极子在空间两两正交作为接收器,每个偶极子中心放置低偏压的肖特基二极管,将偶极子接收的高频信号检波成直流电压,再通过高阻传输线送到放大电路,将其放大到可处理的量级,再经电/光变换,由光纤传送至指示仪表上。

测量未知场强时,若入射波电场用矢量 $E(r,w)$ 表示,其直角坐标分量分别为 E_x, E_y 和 E_z,单位矢量为 i_x, i_y, 和 i_z,则矢量 $E(r,w)$ 可表示为

$$E(r,w) = E_x i_x + E_y i_y + E_z i_z \quad\cdots\cdots\cdots\cdots\cdots\cdots\cdots (7-15)$$

当偶极子很细时,可以忽略它们之间的互耦效应,则偶极子中心的电压与平行于偶极子轴线方向的电场分量成正比。式(7－15)可表示成:

$$E(r,w) = \frac{\left[U_x(r,w)i_x + U_y(r,w)i_y + U_z(r,w)i_z\right]}{K_e} \quad\cdots\cdots\cdots (7-16)$$

式中, K_e 为比例系数。

可以看出,偶极子中心的感应电压与所测电场之间有一定的比例关系,由于同时检测小偶极子输出电压的幅度和相位比较困难,若只测幅度,则在偶极子中心接一个平方律检波器,利用检波后的输出电压与入射电场的比例关系,可以求出与3个偶极子轴线平行的电量分场,总电场为3个电场分量的均方根,如图7－27所示。

$$E = \sqrt{E_x^2 + E_y^2 + E_z^2} \quad\cdots\cdots\cdots\cdots\cdots\cdots\cdots\cdots\cdots (7-17)$$

公式计算通常比较复杂,在实际应用中,采用预校准的方法,即在已知的电场中校出电场幅度与偶极子感应电压的关系曲线,测量时,只需反查曲线即可得到被测的电场值。

六、辐射敏感度测量天线

1. 平行单元天线

平行单元天线为电场发射天线,由4根天线杆及阻抗匹配单元组成。其产生电场的原理与平板电容器相似,上下两排天线杆构成电容的上下两个极板,中间产生线极化、垂直的

均匀电场,用于 EMC 国军标 10kHz~30MHz 频段的辐射敏感度测试。由于工作频率较低,天线尺寸远小于工作彼长,因而要求的驱动功率较大,如在距天线 1m 处产生 20V/m 的场强约需 1000W 的功率放大器支持。平行单元天线示意图如图 7-28 所示。

2. 磁环天线

磁环发射天线产生 20Hz~100kHz 的磁场,用于 EMC 国军标要求的磁场敏感度试验。测试时,磁环天线串联 1Ω 的限流电阻,并与信号源相连以产生期望的驱动电流,由电流探头和测量接收机监测流过天线回路的电流,再通过式(7-13)计算磁环天线发射的磁通密度。发射环天线的结构参数如下:

频率:20Hz~100kHz;

环匝数:20 匝;

磁通密度:$9.5 \times 10^7 pT/A$,距离磁环平面 5cm;

直径:12cm。

磁环发射天线示意图如图 7-29 所示。

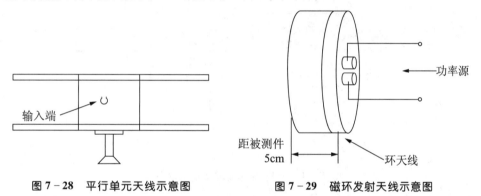

图 7-28　平行单元天线示意图　　　　图 7-29　磁环发射天线示意图

七、电磁敏感度测试系统及测量软件

EMS 测试系统涉及的仪器较多,主要由各种模拟干扰源、功率放大器、发射天线、传感器、功率监测设备和计算机及测量软件组成,用于测量电子、电气设备在施加模拟干扰时的抗干扰能力,测量频段 20Hz~40GHz。测试分为两种:一种是传导敏感度,通过电源线或互连线施加干扰;另一种是辐射敏感度,干扰电磁场通过空间辐射,照射到被测设备上。各种模拟干扰源借助不同的传感器产生所需的干扰信号,如利用发射天线向被测设备辐射电场或磁场干扰,利用注入电流探头在电源线上产生干扰电流。计算机可以对大部分测试项目进行测试控制,自动加入天线和传感器的修正系数,自动调节施加的干扰信号或电磁场的大小,并实时监视功率输出,保证放大器安全工作,生成测试报告和曲线,使复杂烦琐的测试易于操作和实施。辐射敏感度测量示意图如图 7-30 所示。

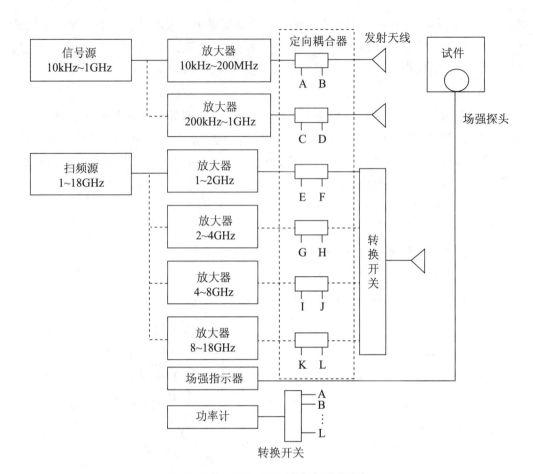

图 7-30 20V/m辐射敏感度测试系统

1. 测量软件优点

1）使测试结果的重复性好、精度高；

2）自动生成测试报告（包括数据和曲线图）；

3）全面的系统控制，完成仪器操作、调节参数、读取数据等工作；

4）与频率有关的系数的自动校准与修正。

2. 测量软件的基本功能

1）自动调节并产生测试信号（包括电压、电流、场强）；

2）自动监测功率输出、辐射场强以及 EUT 状态；

3）自动存储测试数据和参数设置；

4）确定 EUT 故障时敏感度阈值。

通常 EMS 自动测试系统是集成起来的，各种仪器采购自不同的生产厂家，最常用的是信号源、功率放大器和电场探头。在此硬件基础上编写测量软件，使众多的仪器按要求连接好之后，由计算机控制实现敏感度项目的自动测量。

第八章 EMC 测量方法

EMC 测试分为规范测试和预测试。规范性 EMC 测试依据不同的测试标准,有许多种测量方法,但归纳起来可分为传导发射测试、辐射发射测试、传导敏感度(抗扰度)测试和辐射敏感度(抗扰度)测试 4 类。这里以国军标 EMC 测试要求和测量方法为例,介绍 GJB 151A/152A—1997 中涉及的 EMI 和 EMS 测试项目与测试方法,适当兼顾其他标准,其中有些属于共性的问题,如关于电磁环境电平、试验台及被测设备的摆放、搭接、激励、敏感判别等。

第一节 EMC 测试简介

一、测试的目的及分类

任何使用公共电网和具有电子线路的产品都必须满足 EMC 要求,这些要求分为 4 大类,即辐射发射、传导发射、辐射敏感度和传导敏感度,分别采用对应的方法进行测试。辐射发射测试考察被测设备向空间发射的电磁场信号,这类测试的典型频率范围是 10kHz ~ 1GHz,但对于磁场测量要求低至 25Hz,而对工作在微波频段的设备,频率高端要测到 40GHz。传导发射测试考察在交、直流电源线上传输的、由被测设备产生的干扰信号,这类测试的频率范围通常为 25Hz ~ 30MHz。

辐射敏感度是测量一个装里或产品防范辐射电磁场的能力,传导敏感度则测量一个装置或产品防范来自电源线或数据线上的电磁干扰的能力。敏感度涉及的干扰类型可能是连续波,也可能是几种规定波形的脉冲信号。辐射发射测试、传导发射测试、辐射敏感度测试和传导敏感度测试之间的关系如图 8 - 1 所示。

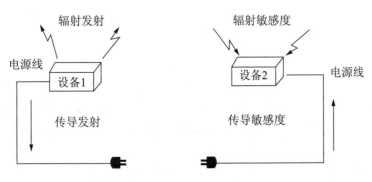

图 8 - 1 EMC 测试类型示意图

EMC测试依产品的不同研制阶段可分为预兼容测试和标准测试两种。预兼容测试是在产品研制过程中进行的一种EMC测试,使用的测量仪器比较简单,如由一台频谱仪加近场探头或测量天线组成的预测试系统,目的是确定电路板、机箱、连接器等处是否有干扰产生或电磁泄露,部件组装之后其周围是否有较大的辐射电磁场。预兼容测试也可确定干扰发射源的位置和了解易受干扰部件周围的电磁环境,以便有针对性地采取EMC改进措施,选择合适的器件和方法,限制干扰源和保护敏感器件,达到互相之间的电磁兼容性。

标准测试通常在产品的验收、定型阶段进行,按照产品对应的测量标准要求,测试产品的辐射和传导发射是否在标准规定的极限值以下,抗干扰能力是否达到标准规定的限值。此类测试考核的是产品整体的电磁兼容性指标,应使用标准规定的测量仪器及测量方法,因为不同的方法往往会得到不同的测量结果,使不同测量机构之间的测量数据缺乏一致性和可比性。

二、测试的一般步骤

确定并进行一项EMC测试试验,要遵循一套程序来实现,通常有以下几个步骤:

1. 制定试验大纲和测试细则

试验大纲通常由用户方制定,根据被测件的性质、用途、分类提出测试要求,确定实验的等级、测试的范围(如频段、场强等)、使用的标准以及被测件的数量、工作的状态、敏感性监测的方法等,以指导试验的进行和设计、编写测试细则,也可作为存档的资料。测试细则由测试方编写,根据被测方试验方案给出的信息及提出的测试项目,安排测试有关事宜,如测试系统的选用、测试布置、测试项目的顺序,一般从不具破坏性的传导发射和辐射发射测试开始,需要处理、剖开电源线或因施加干扰可能导致被测件出现故障以致损坏的敏感度测试项目,通常放在最后进行。对小型测试,只测单台仪器或摸底测试,可不做书面的测试细则(比如完全按标准进行),但以上安排仍然存在。

2. 确定所依据的标准

一般可按产品的分类按照相应的测试标准进行EMC测试,如计算机可参考GB 9254信息技术类测量标准,洗衣机、电饭锅可采用家用电器类测试标准GB 4343.2,军用仪器设备必须按国军标GJB 151A/152A(旧版本为GJB 151/152)进行测试。测试标准中包含两方面的信息:一是测试要求,给出了产品必须符合或满足的极限值;二是测试方法,规定了统一的测量仪器指标和测试布置与测试步骤。

3. 交换试验接口信息

被测件进入试验室,仪器的布置摆放、监视设备的接入、电源的连接等,均需事先予以安排和准备,特别是一些连接电缆的长度,如被测件与监视设备相连的电缆,必须专门考虑,要有足够的长度;做传导测试的电源线需从电缆束中分离出来等等,否则无法进行正确的试验布置。

4. 检查测量仪器

正式测试前,应对测量系统进行连接及功能性检查,以确定测量仪器均工作正常,测试连接无误,测试不确定度在允许范围之内。此步骤可作为定期检查项目,也可根据标准要求,在每次测试之前进行。

5. 开始分项测试

测试允许不同被测件和不同测试项目交叉进行,如针对同一被测件,进行完所有项目的测试之后,再对下一个被测件测试,但必须保证同一项目的测试条件不变。用此方法时测试方的工作最较大,每测完一项需换一套系统,适合被测件较大、不易搬动的情况;也可按测试项目顺序,在测完所有的被测件之后,再换下一个项目。有些测试可以几个被测件同时测量,如辐射敏感度测试,只要被测件体积不是很大,并具备同时监测的手段即可。具体测试顺序由检测双方协商安排。

6. 出具测试报告

测试完成后,对记录的测试条件,被测件工作参数等数据、曲线按被测件和项目整理、分类,判别哪些通过,哪些未通过;未通过的条件、状态,敏感的阈值或门限电平;传导或辐射发射测试超过极限值的频点、幅度等,分析并给出测试结果,形成测试报告。

报告中应包含以下内容:

1)测试单位与送测单位名称;

2)被测件名称、型号、数量、编号;

3)测试时间、地点;

4)测试项目、依据标准;

5)测试系统、仪器、装置的名称、型号及检定校准有效期;

6)测试连接图、测试条件;

7)被测件工作状态,对所施加干扰的反应及敏感的现象;

8)测试频点,所测干扰的幅/频曲线或时域波形图,施加的场强、电压、功率值;

9)测试和核验人员签字、批准、盖章。

第二节　EMC 测试准备

一、试验场地条件

EMC 测试实验室为半电波暗室和屏蔽室。前者用于辐射发射和辐射敏感度测试,后者用于传导发射和传导敏感度测试。为减少试验场地环境对 EMI 测量结果的影响,提高测量的复现性,在试验区域内应清除与辐射发射和辐射敏感度测试无关的物体,包括不必要的设备、电缆、桌子、椅子及储物柜等,与试验无关的人员不得进入试验室。这样做的目的是尽量减少邻近物体对天线的加载效应,减小试验室内由于邻近物体和人员的位置变化引起的多径效应。

满足上述要求的最好办法是采用如图 8-2 所示的方法,将试验室分成半电波暗室测试间、控制间和监测间几部分,测试间只放被测设备、接收传感器及输出电缆等必要物品,测量仪器、测试人员在控制间,监测间放置被测设备的监视测量仪器,供被侧方监视操作。为防止不希望的信号通过屏蔽室墙壁的转接器进入测试间,必须采取一定的隔离措施,如电源通过滤波器接入测试间,信号通过同轴转接器或光纤馈通器穿过屏蔽室墙壁。

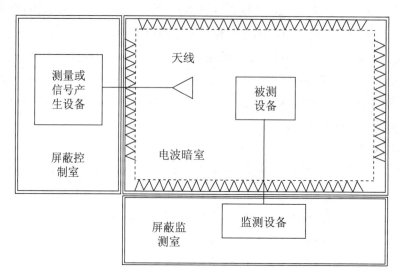

图 8-2　辐射发射和辐射敏感度测试的试验场地

二、环境电平要求

带屏蔽的实验室在安装或使用一段时间之后,特别是怀疑屏蔽效能降低或电源滤波器性能下降时,均需要测量电磁环境电平,检查实验室是否符合要求。测试在无被测件(EUT)的情况下进行。传导和辐射的电磁环境电平最好远低于标准规定的极限值,一般要求环境电平至少低于极限值6dB。

对于在屏蔽试验室进行的EMC试验,考虑到由于EUT及辅助设备的放入可能对电磁环境造成影响,所以正式测试前,在EUT断电、辅助设备通电的情况下,先对电磁环境电平进行测试,测得的电磁环境电平至少要低于标准规定的极限值6dB。电源线上的传导环境电平应在断开EUT接上一个阻性负载的情况下测量,此负载应具有与EUT相同的额定电压。如果环境电平过高,比如超过了极限值,将会影响测试结果判定。

三、试验桌

试验桌为一个简易台架,用于放置被测设备和辅助测量设备。GJB 152A 中规定的最小试验桌尺寸为 $2.25m^2$,并且较小的一边为76cm。推荐的尺寸是 $0.99m \times 2.5m$,面积约为 $2.25m^2$。此试验桌表面铺设接地平板,以模拟被测设备实际使用时安装处的金属表面。接地板采用紫铜或黄铜板,采用紫铜板时其最小厚度一般是0.25mm,采用黄铜板时厚度应大于0.63mm。试验桌到屏蔽室墙壁之间的搭接点间距不大于90cm,也可沿整个试验桌长度进行连续搭接。

四、测量仪器和被测设备的隔离

对传导发射试验,任何潜在的传导路径上的串扰应保证低于极限值,这是强制性的。这意味着从传感器耦合的信号应大于从任何隐蔽途径,包括从传感器到接收机的同轴电缆和接收机电源线进入接收机的干扰。在测量标准中,规定可以采取交流分相供电、隔离变压器等几种方法。

被测设备和测量仪器由互相独立的两相交流电源分别供电,可以借助屏蔽室的电源滤波器增加被测设备和测量接收机之间的隔离减少串音。三相交流电通常是 Y 形连接的三相四线制,第一相供照明用,第二相供测量仪器,第三相供被测设备。避免测量仪器和被测设备共用一条线路通过电源线互相干扰,影响正常测试。

另一种方法是把测量接收机通过隔离变压器连接到交流电源上,目的是断开接收机壳体上的电源地,以避免可能的射频地电流通过地回路,对具有较高灵敏度的接收机造成影响。

五、敏感性判别准则

在传导和辐射敏感度试验中,按照要求对被测设备的电源线或天线输入端注入干扰电平,或以规定的电场强度通过辐射天线施加到被测设备上,必须有故障或性能降低的度量,以便确定被测设备是否满足极限值。敏感性判别的标准一般由被测方提供,并实施监视和判别,以测量或观察的方式确定性能降低的程度。

六、被测设备的放置

为保证试验的重复性,对被测设备的放置方式通常有具体的规定。如 EMC 国军标152A 的辐射发射试验中规定,被测件表面距离接地平板前缘约为 10cm,被测件所带电缆应使用非导电材料支撑在接地平板上方 5cm 处,以限制地电流回路的面积。每根电缆至少有2m(除非实际安装长度小于 2m)平行于配置前缘边界敷设,剩余电缆按 Z 字形放置到测试配置中后部。

第三节　传导发射测试

传导发射测试是测量被测设备通过电源线或信号线向外发射的干扰。因此,测试对象为设备的输入电源线、互连线及控制线等。根据干扰的性质,传导发射测量的可能是连续波干扰电压、连续波干扰电流,也可能是尖峰干扰信号。依测试频段和被测对象的不同,可采用电流探头法、电源阻抗稳定网络法、功率吸收钳法和定向耦合器法。

一、测试布置

被测件应放在离地面 80cm ~ 90cm 高的实验台上,实验台表面为铺金属接地板的导电平面或非导电平面,一般以被测件实际使用的环境、地点选择使用导电的或非导电的实验台,比如便携式设备可置于非导电实验台上,安装在船舱内的设备需在金属导电实验台上测试。被测电源线通过电源阻抗稳定网络接到电网上,被测件的电缆可按所依据标准的要求摆放,选择不同的长度敷设。EMC国军标要求的测试布置如图8-3所示。

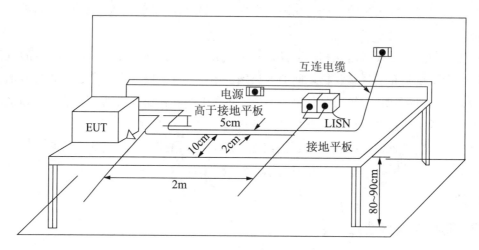

图 8-3 国军标 EMC 测试 EUC 的一般布置

测量方法如下:

1. 电流探头法

测试所用传感器为电流探头,主要测量被测件沿电源线向电网发射的干扰电流,测量频率为 25Hz ~ 10kHz,测量在屏蔽室内进行。测试示意图如图8-4所示。

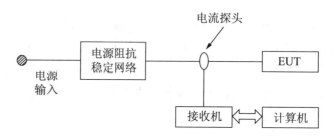

图 8-4 传导发射电源探头法测量示意图

测量时在电网和被测件之间插入一个电源阻抗稳定网络,将电网和被测件隔离,使测量到的干扰电流仅为被测件发射的,不会有来自电网的干扰混入,并且为测量提供一个稳定的阻抗,使测量的干扰电流有统一的基准,规定的统一阻抗为 50Ω。电流探头输出端接到测量接收机的输入端,通过电流探头转换系数将接收到的电压转换为电流,即可得到不同频率上干扰电流的幅度值。计算公式如下:

$$I = U + F \quad\cdots\cdots\cdots\cdots\cdots\cdots\cdots\cdots\cdots\cdots\cdots (8-1)$$

式中:I 为干扰电流,单位为 $dB\mu A$;U 为端口电压,单位为 $dB\mu V$;F 为电流探头转换系数,单位为 dB/Ω。

测量前先确定环境的影响,因为阻抗稳定网络与被测件之间的连接电缆可能起天线的作用,从而引起虚假信号,为排除这种现象,应切断被测件的电源,并检查环境电平是否有信号,保证本底噪声和环境信号均小于极限值6dB。

正式测试可由自动测量系统完成参数设置、仪器控制、测量和数据处理功能,并给出测量的幅/频曲线。

2. 电源阻抗稳定网络法

电源阻抗稳定网络法即利用电源阻抗稳定网络测量被测件沿电源线向电网发射的干扰电压,测量频率为10kHz~10MHz,测量在屏蔽室内进行。电源阻抗稳定网络不仅起隔离电网和被测件的作用,也为测量提供一个稳定的50Ω阻抗,使测量的干扰电压有统一的基准。

测量直接通过阻抗稳定网络上的监视测量端进行,此端口通过电容耦合的形式,将电源线上被测件产生的干扰电压引出。测量连续波干扰电压由测量接收机接收,并通过阻抗稳定网络的耦合电容修正系数将接收到的电压转换为电源线上的实际电压,得到不同频率上干扰电压的幅度。测试示意图如图8-5所示。

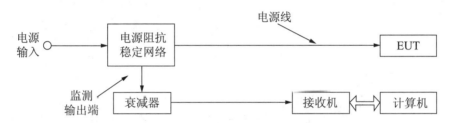

图8-5　传导发射电源祖康稳定网络法测量示意图

利用阻抗稳定网络测量连续波传导干扰需特别注意过载问题,被测件因开关或瞬时断电会引起瞬态尖峰,其幅度远远超过接收机的电压测量范围,很容易损坏接收设备,因此需在接收设备前端加过载保护衰减器,并且保证在被测件通电、调试好之后再接上测试设备。测量尖峰干扰信号时,阻抗稳定网络的监视测量端接示波器,因为尖峰干扰电压的幅度较大,如交流220V电源线的开关动作产生的瞬态电压尖峰可能达到近400V。电源线上产生的尖峰信号通常在设备和分系统中操作开关、继电器闭合瞬间出现,属于瞬态干扰,测量过程中要不断做开关动作,通过具有一定带宽的带存储功能的示波器捕捉和测量。测试并记录一段时间内出现的尖峰干扰最大值,将其与极限值比较,评价其是否超标。测试示意图如图8-6所示。

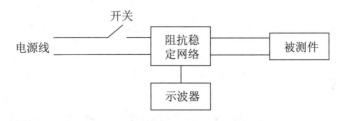

图8-6　尖峰干扰信号测量示意图

3. 功率吸收钳法

用于测量被测设备通过电源线辐射的干扰功率。对于带有电源线的设备,其干扰能力可以用具有辐射天线作用的电源线所提供的能量来衡量。该功率近似等于功率吸收钳环绕引线放置时能吸收到的最大功率。除电源线外的其他引线也可能以与电源线同样的方式辐射能量,吸收钳也能对这些引线进行测量。测量频段 30MHz ~ 1000MHz。测试示意图如图 8 - 7 所示。

4. 定向耦合器法

测量发射机或接收机天线端子的传导发射时,采用定向耦合器法测量,通过定向耦合器将大功率的发射机天线输出接至模拟负载,通过定向耦合器的耦合端测量天线端口的传导发射。由于耦合出的载波功率仍很大,超出了接收机的幅度测量范围,而所测的传导发射值又远小于载波功率,因此需要将发射机的载波频率抑制掉,即在测量接收机和定向耦合器的辐合输出端之间接入抑制网络,其功能类似带阻滤波器,将载频抑制掉。扫频测量可由自动测量系统完成,并给出测量的幅/频曲线。测量频段为 10kHz ~ 40GHz。测试示意图如图8 - 8所示。

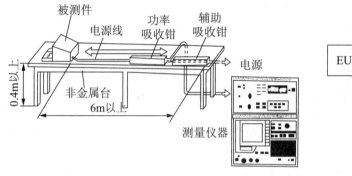 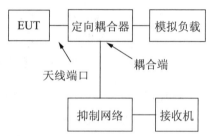

图 8 - 7　功率吸收钳测量传导发射示意图　　图 8 - 8　天线端子传导发射示意图

第四节　辐射发射测试

辐射发射测试检测被测件通过空间传播的干扰辐射场强,标准要求在开阔场或半电波暗室中进行测试。由于符合要求的开阔场不易得到,现在测试大多在半电波暗室中进行。干扰信号通过测量天线接收,由同轴电缆传送到测量接收机测出干扰电压,再加上天线系数,即可得到所测量的场强值。辐射发射分磁场辐射发射和电场辐射发射,两者测量的频段不同,所用天线也不相同。

一、测试布置

国军标要求的被测件布置可见图 8 - 3。与传导测试相似,可以选择表面有金属接地板的或非导电的实验台,一般以被测件实际使用的环境、地点为依据,比如便携式设备可置于非导电实验台上,安装在船舱内的设备则必须在带金属接地板的实验台上测试。被测电源线通过电源阻抗稳定网络接到电网上,被测件的电缆可按所依据标准的要求摆放。在辐射发射测试中,电缆也是产生电磁辐射的干扰源,因此,电缆应与被测件并排敷设,便于天线测试接收。天线到被测件的测试距离为1m。

　　电子产品 EMC 测试的国家标准规定的电场辐射发射(也称辐射骚扰)测试布置如图 8-9 所示。被测件放在位于转台上方的实验台上,测量天线架设在高约5m的可升降天线架上,其升降范围为1m~4m。天线到被测件的测试距离有3m、10m或30m三种。

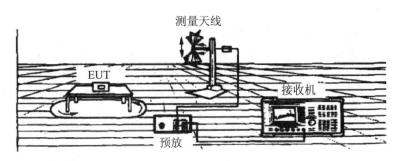

图 8-9　辐射骚扰测试示意图

二、测量方法

1. 磁场辐射发射测试

　　测量 25Hz~100kHz 频段来自被测件及其电源线和电缆的磁场发射,采用环形磁场接收天线(如图 8-10 所示)。GJB 151A/152A 中规定环直挂为 13.3cm,测量距离为 7cm。测量时,将环天线平行于被测件待测面,或平行于电缆的轴线,移动环天线,记录接收机指示的最大值,并给出所测频点和磁场强度的测量曲线。

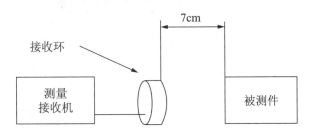

图 8-10　磁场辐射发射测量示意图

2. 电场辐射发射测试

(1)天线测量法

　　电场辐射发射是测量 10kHz~18GHz 频段来自被测件及电源线和互连线的电场泄漏,测试要求在半电波暗室中进行,以排除外界电磁环境的影响。测试设备包括测量接收机、测量天线及阻抗稳定网络等。整个测量频段由 4 副天线覆盖,不同频段需使用相应的测量天线,分别为杆天线(10kHz~30MHz)、双锥天线(30MHz~200MHz)、双脊喇叭天线或对数周期天线(200MHz~1000MHz)、双脊喇叭天线(1GHz~18GHz)。

正式测试前,应对环境电磁场进行测量,先切断被测件电源,对所关心的频段进行频率扫描,检查环境电平是否在极限值以下,一般要求环境电平低于极限值6dB,若有超出,则应予以记录,以便在正式测试时剔除。

国军标电场辐射发射测量要求发射天线距离被测件1m,发射天线中心离地面1.2m;其他测量标准则要求测量天线距被测件3m、10m或30m等,并与相应的极限值对应,测量天线在1m~4m的范围内扫描,被测件在转台上旋转,以便寻找辐射的最大场强。测试需在水平和垂直两种天线极化方向进行。

测量时,由测量软件选择符合标准要求的测量频段、检波方式、带宽等参数,在测量频段内从低到高测量每一个频率点上可能有的干扰场强大小,被测场强 $E(dB\mu V/m)$ 可由接收机测量的端口电压 $U(dB\mu V)$ 加上天线系数 $AF(dB/m)$ 得到。

(2)近场探头测量法

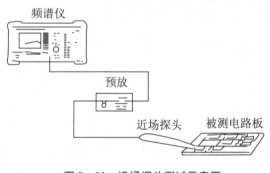

图8-11 近场探头测试示意图

近距离探测被测件的电磁场辐射发射,如在机箱表面探测有电磁泄漏的缝隙,在电路板表面探查电磁辐射大的元器件,通过不同部位接收值大小的变化,可以判别电磁辐射或泄漏的位置。此方法多用于诊断测试。测试示意图如图8-11所示。

由于近场探头实际为电小天线,因而接收的效率不高,灵敏度偏低,常与前置放大器(即预放)相连,以提高接收的灵敏度。

第五节 传导敏感度测试

一、概述

传导干扰有两种来源,一种是由空间电磁场在敏感设备的连接电缆上产生感应电流(或电压),作用于设备易敏感部位,进而对设备产生影响;另一种是由各种干扰源,通过连接到设备上的电缆(如电源线)直接对设备产生影响。

传导敏感度测量被测件对耦合到其输入电源线、互连线及机壳上的干扰信号的承受能力。施加的干扰信号类型主要有连续波干扰和脉冲类干扰。干扰的施加方式因测量频段和测量对象的不同而不同,现将传导干扰的类型与施加方式列于表8-1中。

传导敏感度测试项目很多,一般以所加干扰的类型或测试的对象分类。下面介绍一些典型的测试项目,使大家对传导抗扰度有一个了解。在介绍中使用了"敏感度"和"抗扰度"两个名词,它们的意思相近。敏感度是国军标中的说法,抗扰度在国标中常用。

表 8 – 1　传导干扰的类型与施加方式

测试对象	频段	干扰信号类型	注入方式
电源线	连续波:25Hz～400MHz	连续波干扰	注入变压器 注入电流探头
		瞬态尖峰	注入电流探头
		阻尼正弦瞬变脉冲	注入电流探头
		电快速瞬变脉冲群	耦合网络
		浪涌	耦合网络
互连线	连续波:10kHz～400MHz	连续波	注入电流探头
		阻尼正弦瞬变脉冲	注入电流探头
		电快速瞬变脉冲群	耦合夹具
壳体	50Hz～100kHz	连续波	直接注入
天线端子	10kHz～20GHz	连续波(加调制)	三端网络

二、测量设备

传导敏感度测试所需设备主要包括 3 部分,即信号产生器、干扰注入装置及监测设备。

1. 信号产生器

信号产生器为被测件提供测量标准规定的极限值电平。低频段可采用功率源或信号源加宽带功率放大器的方式得到所需电平;在需要调制信号输出时,可采用带调制的信号源加宽带功率放大器。频率范围 25Hz～400MHz,一般需分频段由两台信号产生器覆盖。

2. 干扰注入装置

干扰注入装置有注入变压器、电流注入探头、耦合网络等形式,依测量频段、测量对象和注入的干扰形式确定,一般测量标准会规定具体的干扰注入方式,以便保证测量结果的一致性。

3. 监测设备

监测设备用于测量所施加的干扰信号是否达到标准极限值,通常采用示波器监测干扰电压,测量接收机加电流测量探头监测干扰电流。

其他辅助测量装置还有同轴衰减器、同轴负载等。

三、传导敏感度测试方法

1. 连续波传导敏感度测试方法

施加的模拟干扰信号为正弦波,对电源线进行测试时,50kHz 以下考核来自电源的高次谐波传导敏感度;10kHz～400MHz 考核电缆束对电磁场感应电流的传导敏感度。

干扰信号的注入方式与测量频段及测试对象有关,下面分别进行介绍。

（1）变压器注入法

适用于 50kHz 以下频段电源线的连续波干扰注入。测试时,先截断靠 EUT 端的一根被测电源线,将注入变压器的次级串入,信号产生器接在注入变压器的初级。因需要监测的是干扰电压,故采用示波器直接测量。测试连接示意图如图 8 - 12 所示。

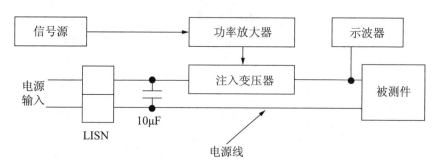

图 8 - 12　变压器注入法测试传导敏感度示意图

测试时按频率点施加干扰电压直到标准规定的限值,并观察被测件的工作情况。

（2）电流探头注入法

用于 10kHz ~ 400MHz 频段电缆线束的连续波干扰注入。测试时,直接将电流注入探头卡在靠 EUT 端的一束被侧电缆上,信号产生器与电流注入探头相连。因需要监测的是干扰电流,故采用接收机或频谱仪加电流测量探头的方法进行监侧。测试连接示意图如图 8 - 13 所示。

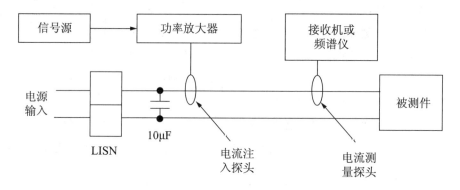

图 8 - 13　电流探头注入法测试传导敏感度示意图

测试中,在信号产生器的每一个输出频率上分别调节输出幅度,使之达到标准规定的极限电平,保持输出不变,观察被测件是否有工作失常、性能下降或出现故障的现象。如发生敏感现象,则将信号产生器调到发生敏感的频率上,降低信号产生器输出幅度到敏感现象消失,然后再升高至敏感现象出现,选择两者中较小的注入信号幅度作为敏感门限。

2. 脉冲信号的传导敏感度测试方法

施加的模拟干扰信号为各种脉冲信号,考核被测件电源线对尖峰信号的传导敏感度或电缆束对脉冲干扰产生的感应电流的传导敏感度。脉冲型干扰的注入方式有注入变压器法、并联注入法和电流探头法。

（1）电源线尖峰信号传导敏感度测试方法

电源线尖峰信号传导敏感度模拟设备开关或因故障产生的电源瞬变所引起的瞬变尖峰信号,测试对象是从外部给被测件供电的不接地的交流和直流引线,特别针对采用脉冲和数字电路的设备电源线。

对使用交流供电的被测件,采用串联注入法,尖峰信号产生器接到注入变压器初级,变压器次级与被测电源线串联。测量连接图与图8－12相似,只要将其中的信号源、功率放大器换成尖峰信号产生器即可;而使用直流供电的设备则比较简单,尖峰信号产生器直接与被测电源线并联进行测量,其测试连接图如图8－14所示。

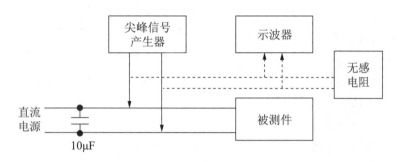

图8－14　并联注入法测试尖峰信号传导敏感度示意图

需要说明的是,为将电源线与被测件电源输入端隔离,使尖峰信号主要加在被测件上,不致分压在电源线上或加载到电源干线上,串联注入法需在变压器靠近交流电源端串联一个$20\mu H$的电感;并联注入时,需在被测件直流电源端并联一个$10\mu F$的电容。

测试前,先在一个5Ω无感电阻上校准输出的波形和幅度。测试中,分别改变尖峰信号产生器的输出脉冲宽度、脉冲极性、相位等参数,每种状态持续至少$5min \sim 10min$,观察被测件是否有工作失常、性能下降或故障。如发生敏感现象,则降低尖峰幅度到敏感门限,并确定尖峰在交流电源波形上的位置和重复频率。

（2）阻尼正弦及瞬变脉冲传导敏感度测试方法

模拟干扰由阻尼正弦或瞬变脉冲产生器产生,测试对象为电源线和互连电缆束,考核被测件电源线或电缆束对阻尼正弦或瞬变脉冲干扰的承受能力。干扰脉冲的注入方式采用电流探头法,其测试示意图如图8－15所示。

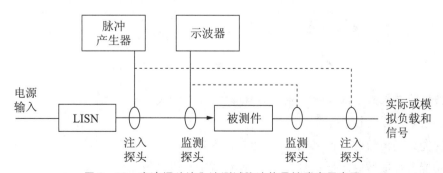

图8－15　电流探头注入法测试脉冲传导敏感度示意图

图 8-15 中监测探头距被测件电缆连接器 5cm,注入探头距监测探头也为 5cm。脉冲信号通过注入探头施加到被测电缆上,由监测探头和示波器测量所加脉冲幅度的大小。调节脉冲的频率或幅度,观察被测件是否有敏感现象出现,对每一个连接器和电源线提供所确定的敏感门限数值。

(3)电快速瞬变脉冲群抗扰度测量方法

电快速瞬变脉冲群模拟电感性负载在断开时,由于开关触点间隙的绝缘击穿或触点弹跳等原因,在断开点产生的瞬态脉冲群。如果电感性负载多次重复开关,则脉冲群会以相应的时间间隔重复出现。这种瞬态脉冲的能量较小,一般不会引起设备的损坏,但由于其频谱分布较宽,所以仍会对电子、电气设备的可靠工作产生影响。详细的测试方法和要求见 GB/T 17626.4《电磁兼容 试验和测量技术 电快速瞬变脉冲群抗扰度试验》。试验针对设备的供电电源端口、保护地、信号和控制端口,根据测量标准选择试验的等级,即不同测试对象所加脉冲的幅度。一般根据设备预期安装使用的环境条件进行选择,环境条件共分 5 个等级:

第Ⅰ级:具有良好保护的环境;

第Ⅱ级:受保护的环境;

第Ⅲ级:典型的工业环境;

第Ⅳ级:严酷的工业环境;

第Ⅴ级:需要加以分析的特殊环境。

试验要求具备接地参考平面,其尺寸至少为 1m×1m,厚度不小于 0.25mm,铜板、铝板均可.电快速瞬变脉冲群产生器与参考地平面良好搭接。被测设备置于参考地平面上,落地设备与地平面之间的绝缘支座的厚度为 0.1m,台式设备放在参考地平面上方 0.5m 高的非金属试验台上。

电快速瞬变脉冲群通过特殊的耦合/去耦网络加到设备的电源线上,或通过专门设计制作的耦合夹具加到互连电缆线上。测试时从脉冲幅度最低的等级施加电快速瞬变脉冲群,观察被测设备的工作状态,若无影响则一直加到所选定的试验等级。测试示意图如图 8-16 所示。

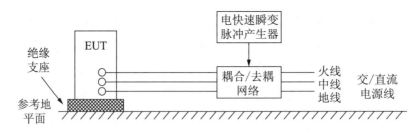

图 8-16　电快速瞬变脉冲敏感度测试示意图

设备试验结果判别依据的一般准则,将设备性能分成 4 个等级:

1)在技术范围内性能正常;

2)功能或性能暂时降低或丧失,但能自行恢复;

3)功能或性能暂时降低或丧失,但需操作者干预或系统复位;

4)因设备或软件损坏或数据丢失造成不能自行恢复的功能降低或丧失。

1)应判为合格;2)、3)合格与否,根据对产品的不同要求确定;4)应判为不合格。

(4)浪涌抗扰度测试方法

用于评估被测设备对大能量的浪涌骚扰的承受能力。浪涌来自电力系统的操作瞬态、感应雷击、瞬态系统故障等在电网或通信线上产生的暂态过电压或过电流。浪涌呈脉冲状,其波前时间为数微秒,脉冲半峰值时间从几十微秒至几百微秒,脉冲幅度可达几万伏,或一百千安以上,是一种能量较大的骚扰,对电子仪器、设备的破坏较大。浪涌抗扰度的波形、试验等级、试验设备和试验程序在 GB/T 17626.5 中有详细描述,可作为试验的依据和参考。

本项试验的对象为设备的电源端口和互连电缆端口,一些防雷系统所用的器件也需要做此类试验,为防止过压或过流发生爆炸,通常被测器件放在防爆箱中测试。不同的端口施加的浪涌脉冲是不同的,如在电源端口和短距离信号电路/线路端口施加的浪涌波形参数为:1.2/50μs 开路电压(8/20μs 短路电流),长距离信号电路/线路端口则为:10/700μs 开路电压。

电压浪涌可以通过耦合/去耦网络施加到电源线和信号线上,电源线测试示意图如图 8－17 所示。

在选定的试验点上施加浪涌可以有多种组合,如选择线/线耦合或线/地耦合。每种试验组合至少加 5 次正极性和 5 次负极性。因此,所需测试时间较长。设备试验结果合格与否,可按被测设备的工作情况和性能规范进行分类,与电快速瞬变脉冲群的判据相同。其中 1)最好;2)和 3)次之,合格与否,由产品标准或通用标准规定;4)属不合格。

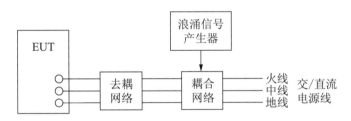

图 8－17 浪涌敏感度测试示意图

第六节 辐射敏感度测试

一、概述

辐射敏感度考核电子设备对辐射电磁场的承受能力,观其是否会出现性能降低或故障。试验对象包括电子系统、设备及其互连电缆。干扰场强分为磁场、电场和瞬变电磁场。干扰信号的类型可以是连续波、加调制的连续波及瞬变脉冲。辐射电磁场的施加方式有电波暗室中的天线辐射法、TEM 室和 GTEM 室法等。测量在半电波暗室、TEM 室或 GTEM 室这样带屏蔽的环境中进行,可以防止很强的辐射电磁场对周围环境及测量仪器、测试人员造成不必要的影响。

二、测量设备

辐射敏感度测试所需设备主要包括 3 部分,即信号产生器、场强辐射装置及场强监测设备。

1. 信号产生器

信号产生器为被测设备提供测量标准规定的极限值电平,可以是一台具有一定功率输出的信号发生器,也可用信号源加宽带功率放大器得到所需功率输出,在需要加调制时,可采用带调制的信号源,频率范围为 25Hz ~ 18GHz(或 40GHz),一般需分频段由多台信号产生器覆盖。

2. 场强辐射装里

场强辐射装置有天线、TEM 室和 GTEM 室等形式。天线发射可覆盖全频段,是多数测量标准推荐的方法。TEM 室和 GTEM 室频率高端受其本身的尺寸限制,一般 TEM 室做辐射敏感度测试最高可用到 500MHz,GTEM 室可用到 6GHz(理论上可达 18GHz,但随频率的升高,衰减增大及驻波影响,1GHz 以上频段不推荐使用)。

3. 场强监测设备

场强监测设备用于测量所施加的场强是否达到标准极限值,通常采用带光纤传输线的全向电场探头监测。其他辅助测量装置还有同轴衰减器、同轴负载、定向耦合器和功率计等。

三、辐射敏感度测试方法

1. 用天线法进行辐射敏感度测试的方法

在半电波暗室中进行天线法辐射抗扰度或敏感度测试时,标准规定电场发射天线距被测件 1m,磁场天线距被测件表面 5cm。发射的干扰电磁场应对着被测件最敏感的部位照射,如有接缝的板面、电缆连接处、通风窗、显示面板等处。被测件布置如图 8 - 3 所示,天线法辐射敏感度测量示意图如图 8 - 18 所示。

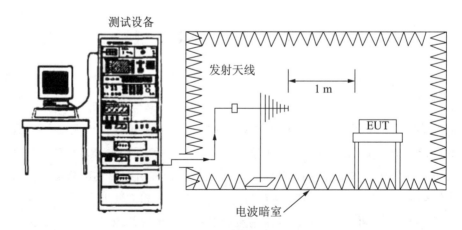

图 8 - 18 天线法测量电场辐射抗扰度

用于辐射敏感度或抗扰度测量的发射天线通常是宽带天线,可承受大功率。一般25Hz～100kHz磁场辐射敏感度采用小环天线,电场辐射敏感度10kHz～30MHz用平行单元天线,30MHz～200MHz用双锥天线,200MHz～1000MHz用对数周期天线,1GHz以上采用双脊喇叭或角锥喇叭天线。

辐射场强所需的宽带功率放大器的最大输出功率由辐射的场强来确定,一般辐射20V/m场强,10kHz～200MHz多需1000W功率的放大器,200MHz～1000MHz需75W即可。因为在低频段,发射天线的尺寸远小于工作波长,辐射效率很低,必须用大功率推动,才能达到要求的场强值。

测试通常由自动测试系统及测量软件来完成,通过软件可以控制和调节测量仪器,处理测试数据,如通过电场探头监测被测设备处的场强大小,并调节信号源使之达到标准要求的值等。试验在测量软件控制下,以一定的步长进行辐射场的频率扫描,由监测设备或视频监视器观测被测件在辐射电磁场中的工作情况。

2. TEM室和GTEM室辐射敏感度测试方法

对于预兼容测试,可在TEM传输室中进行。此装置是扩展的50Ω传输线,它的中心导体展平成一块宽板,称为中心隔板。当放大的信号注入到传输室的一端,就能在隔板和上下板之间形成很强的均匀电磁场,此场强可通过放入一个电场探头来监测,也可通过测量入射的净功率由公式计算得到。

使用TEM室的好处是可以不必占用大的试验空间,并且用较小的功率放大器即可得到所需强度的场强;缺点是被测件的尺寸受均匀场大小的限制,不能超过隔板和底板之间距离的1/3,TEM室的尺寸也决定了测试的上限频率,TEM室尺寸越大,最高使用频率就越低。在TEM室内测量辐射敏感度示意图如图8-19所示。

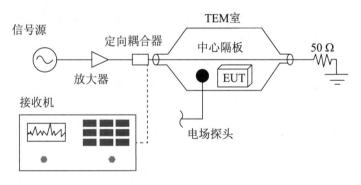

图8-19　TEM室测量辐射敏感度

GTEM室是在TEM室的基础上发展起来的。与TEM室一样,GTEM室是一个扩展了的传输线,其中心导体展平为隔板,其后壁用锥形吸波材料覆盖,隔板和分布式电阻器端接在一起,成为无反射终端。产生均匀场强的测试区域在隔板和底板之间,测试时,被测件置于均匀场中,被测件尺寸的最大值限制是小于内部隔板和底板之间距离的1/3。GTEM室的优点与TEM室相似.且使用频率上限有所扩展,可达几个GHz。GTEM室内场强计算公式见本书有关章节,测试示意图如图8-20所示。

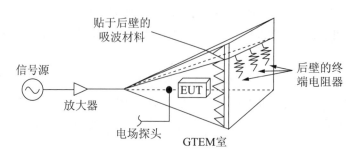

图8-20 GTEM 室测量辐射敏感度

在 TEM 室和 GTEM 室内进行辐射敏感度测试,同样可采用自动测试系统及测量软件完成。通过电场探头监测被测件处场强,或由计算公式得到的输入功率值,直接调节信号源使之达到要求的场强。测量软件控制信号源以一定的步长进行辐射场的频率扫描,由监测设备或视频监视器观测被测件在干扰场辐射下的工作情况。

四、静电放电敏感度测试方法

本项测试是评估电子和电气设备遭受直接来自操作者和邻近物体的静电放电敏感度。放电的部位应是被测设备上人体能正常接触到的地方,如面板、键盘、旋钮等,但不能对接插座进行放电,因为会损坏设备。静电放电有接触放电和空气放电两种形式。接触放电指放电枪的电极直接与被测设备接触,然后按下放电枪开关控制放电,它一般用在对被测设备导电表面和耦合板的放电。空气放电是指放电枪的放电开关已处于开启状态,将放电枪电极逐渐移近测试点,从而产生火花放电。空气放电一般用在被测设备的孔、缝隙和绝缘面处,除对设备进行直接放电外,有时还需施加间接放电,模拟放置或安装在被测设备附近的物体对被测设备的放电,采用放电枪对耦合板接触放电的方式进行测试。

实验室地面应设置至少 1m×1m 的接地参考平面,每边至少比被测设备多出 0.5m。台式设备可放在一个位于接地参考平面上高 0.5m 的木桌上,桌面上的水平耦合板面积为 1.6m×0.5m,并用一个厚 0.5mm 的绝缘衬垫将被测设备和电缆与耦合板隔离。落地式设备与电缆用厚约 0.1m 的绝缘衬垫与接地参考平面隔开。每块耦合板应使用两端各连接一个 470kΩ 电阻的电缆与接地参考平板相连。

为确定故障的临界值,放电电压应从最小值到选定的试验电压值逐渐增加。试验以单次放电的方式进行,在选定的试验点上,至少施加 10 次单次放电,放电间隔至少 1s。静电放电敏感度测试布置如图8-21所示。试验结果的评价见电快速瞬变脉冲群的相关部分。

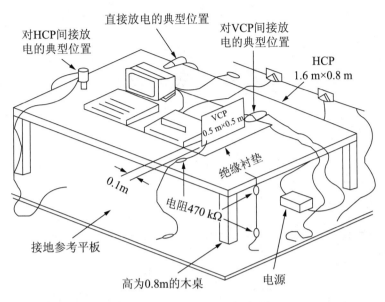

对HCP间接放
电的典型位置

直接放电的典型位置

对VCP间接放
电的典型位置

HCP
1.6 m×0.8 m

VCP
0.5 m×0.5 m

绝缘衬垫

0.1m

电阻470 kΩ

接地参考平板

高为0.8m的木桌

电源

图 8 – 21 静电放电敏感度测试布置

注:图中 VCP 为垂直耦合板,HCP 为水平耦合板。

第九章　案例分析

第一节　案例1：传导骚扰与接地

【现象描述】

某产品在进行传导骚扰测试时的配置图,如图9-1所示。

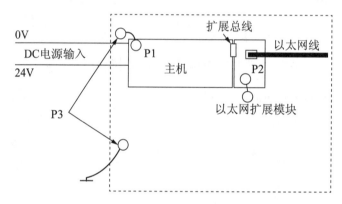

图9-1　某产品传导骚扰测试时的配置图

注:图中虚线框体部分为金属架,它与主机及以太网模块一起构成EUT。EUT通过机架接地。主机与以太网扩展模块通过24V供电。

P1:主机的0V点,用来接地,进行EMC测试时将P1接至金属架。

P2:以太网模块的保护接地点,在以太网模块内部,该点与0V通过电容相连,测试时将该点接至金属架。

P3:分别是金属架中的三点,由于这三点都是在同一金属板中彼此之间的阻抗近似为零,所以在电路原理上近似为同一点。

扩展总线:是主机与以太网模块的互连总线,通过总线将主机的0V与以太网模块的0V相连。

图9-1所示配置下的传导骚扰测试结果如图9-2所示。由测试结果频谱曲线可知,该产品电源端口的传导骚扰不能通过CLASS B限值线的要求。

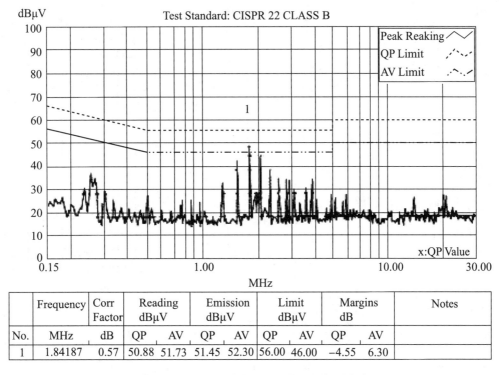

	Frequency	Corr Factor	Reading dBμV		Emission dBμV		Limit dBμV		Margins dB		Notes
No.	MHz	dB	QP	AV	QP	AV	QP	AV	QP	AV	
1	1.84187	0.57	50.88	51.73	51.45	52.30	56.00	46.00	−4.55	6.30	

图 9 − 2　图 9 − 1 所示配置下的传导骚扰测试结果

测试中发现,将图 9 − 1 所示的接地方式改变成图 9 − 3 所示的方式,即将 P2 点接至 P1 点,原来 P1 与 P3 的连接线断开。

再进行测试,结果如图 9 − 4 所示,测试通过。

【原因分析】

首先看一下电源端口的传导骚扰测试是如何进行的,图 9 − 5a）、图 9 − 5b）可以说明进行传导骚扰测试原理。

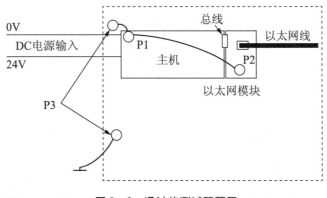

图 9 − 3　通过的测试配置图

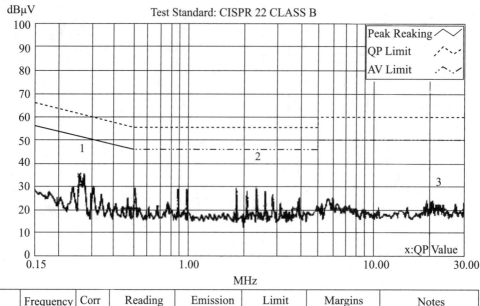

	Frequency	Corr Factor	Reading dBμV		Emission dBμV		Limit dBμV		Margins dB		Notes
No.	MHz	dB	QP	AV	QP	AV	QP	AV	QP	AV	
1	0.2623]	0.80	31.94	32.75	32.74	33.55	61.36	51.36	−28.62	−17.81	
+2	2.36905	0.56	28.79	29.45	29.35	30.01	56.00	46.00	−26.65	−15.99	
3	20.36162	1.16	17.42	15.31	18.58	16.47	60.00	50.00	−41.42	−33.53	

图 9-4 通过的测试结果

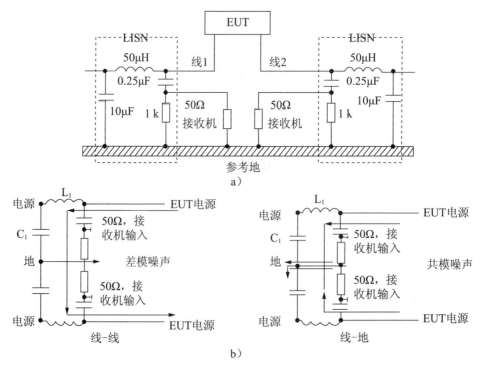

图 9-5 电源阻抗模拟网络 LISN 内部原理图

图 9-5a) 是电源口传导骚扰测试时,被测设备(EUT)、线性阻抗稳定网络(LISN)、接收机(Receiver)之间的连接关系。图 9-5b) 中箭头线表示传导骚扰的电流,它在 50Ω 电阻上产生的压降就是所测量到的传导骚扰电压结果。图 9-5b) 中左图是差模传导骚扰的情况,右图是共模传导骚扰的情况。

本案例中的 EUT 在传导骚扰测试未能通过的连接方式下,它的拓扑图如图 9-6 所示。

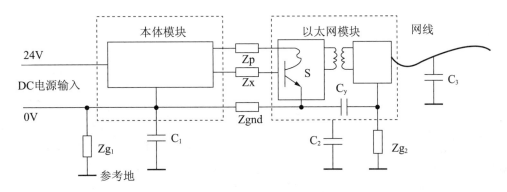

图 9-6　未能通过的拓扑原理图

图 9-6 中,C_1、C_2、C_3 分别是主机、以太网模块、以太网线对与参考地之间的分布电容;C_y 是代 B 板中跨接在 0V 地与以太网模块接地端子之间的旁路电容;Z_p 是主机 24V 与以太网模块 24V 互连接插件的阻抗;Z_x 是主机总线与以太网模块总线互连接插件的阻抗;Z_{gnd} 是主机 0V 与以太网模块 0V 互连接插件的阻抗;Z_{g_1} 和 Z_{g_2} 分别代表 EUT 中两个接地端子与参考地之间的接地阻抗;S 代表以太网模块中的开关电源,即传导骚扰测试中的主导干扰源,开关电源中的功率开关管在导通时流过较大的脉冲电流。例如,正激型、推挽型和桥式变换器的输入电流波形在阻性负载时近似为矩形波,其中含有丰富的高次谐波分量。另外,功率开关管在截止期间,高频变压器绕组漏感引起的电流突变,也会产生骚扰。

在共模的情况下再将图 9-6 转化成简易原理图,如图 9-7 所示。

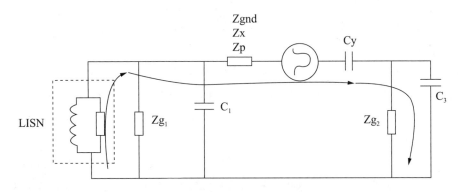

图 9-7　未能通过的共模简易原理图

图中圆形符号为干扰源,箭头线表明了传导骚扰电流的流向,该电流的大小直接决定测试是否通过。虚线中的部分表示 LISN。

再来看 EUT 在传导骚扰测试能通过时的连接方式,它的 EMC 拓扑图如图 9-8 所示。

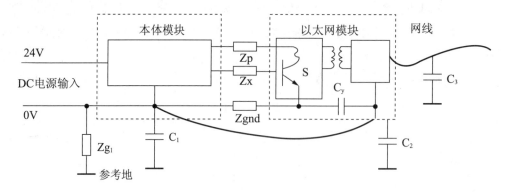

图 9-8 能通过的 EMC 拓扑原理图

直接连接在 C_1 与 C_2 之间的线就是以太网模块中接地端子与主机的 0V 之间的互连线。在共模的情况下,也可以将图 9-8 转化成简易原理图,如图 9-9 所示。

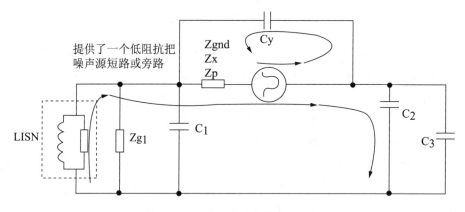

图 9-9 能通过的共模简易原理图

比较一下图 9-9 与图 9-6 的差别,可以看出 C_y 接至主机的 0V 后,提供了一个低阻抗的路径,使得共模电流一部分被旁路掉,从而减小了流入 LISN 的电流,最终使测试通过。

【处理措施】

从以上的分析可以得出以下主要解决方式,可供其他类似产品参考:

需要在产品内部提供一个能够使 0V 和以太网模块的接地之间进行等电位连接的结构件,该结构件要保证具有较低的阻抗,这也是 EUT 系统可以采用单个接地点的前提。

【思考与启示】

1)接地对 EMC 来说很重要,一个接地的产品将大大降低 EMC 测试失败的风险。

2)对于有多个接地点的 EUT 来说,各个接地点之间的等电位连接对 EMC 非常重要。

3)有多个接地点的系统,如果各个接地点之间的阻抗没有得到很好地控制,那么会造成 EMC 不同测试项目之间的矛盾。

第二节 案例2:传导骚扰测试中应该注意的接地环路

【现象描述】

某信息技术设备有外接信号电缆及供电电源线。电源口传导测试时,EUT接地线就近接参考接地板,测试配置如图9-10所示,测试结果如图9-11所示。由图9-11可知,该产品的电源口的传导骚扰不能满足图中所示限值的要求,需要分析产生传导骚扰过高的原因。

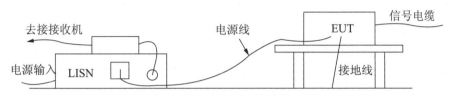

图9-10 EUT接地线就近接参考接地板时的传导测试配置图

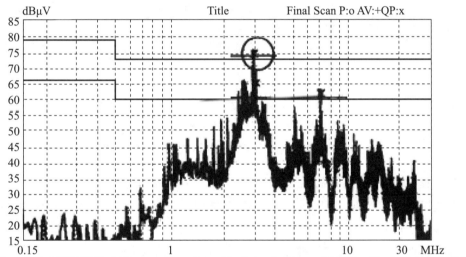

Step:3kHz IFBW:9kHz MTimepre:10ms DetectPre:Pcisp SubRange:10 MTimeFin:1s DelectFin:QP

图9-11 初始传导骚扰测试频谱图

【原因分析】

关于电源口传导骚扰测试的原理,可以参考案例"传导骚扰与接地"中的描述。图9-10所示的测试配置图可以用图9-11表示其原理。

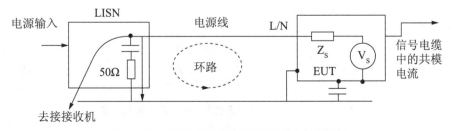

图9-12 EUT接地线直接接地板时的原理图

图9－11所示为电源口传导骚扰测试时,被测设备(EUT)、线性阻抗稳定网络(LISN)、接收机之间的连接关系。图9－11中箭头线表示共模传导骚扰的电流,它在50Ω电阻上产生的压降就是所测量到的共模传导骚扰电压结果(差模传导骚扰与本案例无关,不在图9－11中示出)。由图9－11可知,在该测试配置的情况下,电源线、LISN、EUT、EUT接地线及参考接地板之间形成了一个较大的环路(如图9－11中虚线所示)。

根据电磁理论,环路既可以成为辐射必要条件中的天线,也可以成为接收干扰的环路接收天线。当环路中的磁通发生变化时,将在环路中感应出电流,其大小与闭环面积成正比,而且对于特定大小的环路,环路接收天线将在特定的频率上产生谐振。当图9－11中的大环路有感应电流时,必定增大流过LISN中50Ω的电流,即LISN检测到更大的传导骚扰。

传导骚扰测试在屏蔽室中进行。环路接收的干扰是从哪里来的呢？实际上来自EUT通过其壳体和信号电缆产生的辐射,如图9－12所示(测试中已经排除外界及辅助设备的影响)。

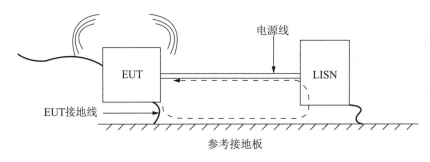

图9－13　传导测试时,电缆及壳体产生辐射的示意图

测试过程中,改变接地线的连接方式,即将EUT接地线接至LISN的接地端,同时接地线与电源线以较近的距离(小于5mm)平行布线(如图9－14所示),电源线、LISN、EUT、EUT接地线及参考接地板之间形成的环路面积大大减小,而且电源线、LISN、EUT、EUT对地寄生电容及参考接地板之间形成的坏路,其阻抗较大不会感应出较大的电流(也就是不是主要部分)。改变连接方式后再进行测试,测试结果如图9－15所示,测试通过,证实了以上分析的正确性。

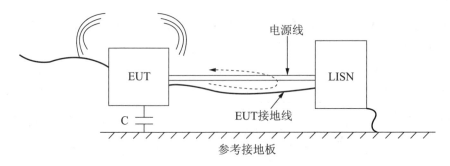

图9－14　将EUT接地线接至LISN的接地端的示意图

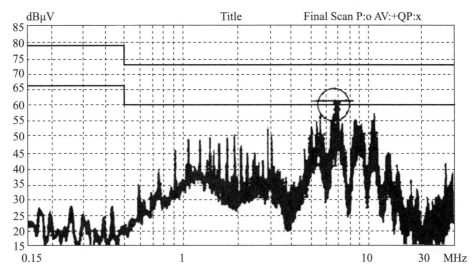

Step:3kHz IFBW:9kHz MTimepre:10ms DetectPre:Pcisp SubRange:10 MTimeFin:1s DelectFin:QP

图 9 – 15　将 EUT 接地线接至 LISN 的接地端后的测试结果

【处理措施】

本案例并非纯粹意义上的设计问题,而是因测试配置引起的,因此,将 EUT 接地线接至 LISN 的接地端,同时接地线与电源线以较近的距离(小于 5mm)平行布线,减小坏路面积,是最好的解决方式。

【思考与启示】

本案例涉及的接地问题是传导骚扰测试中常见的问题,也是很值得注意的问题。传导测试时,一定要将接地线与电源线一起走线,不能按"就近接地"方式,以免造成较大的环路,接收意外的骚扰。

参考文献

[1] 陈穷, 等. 电磁兼容性工程设计手册. 北京:国防工业出版社,1993.

[2] 姚世全. 电磁兼容标准实施指南. 北京:电子工业出版社,1999.

[3] 王庆斌. 电磁干扰与电磁兼容技术. 北京:机械工业出版社,1999.

[4] 陈伟华. 电磁兼容实用手册. 北京:机械工业出版社,2000.